普通高等教育"十二五"规划教材

污水处理全过程系统实践教程

代群威　康军利　主　编
沈淞涛　黄云碧　副主编

化学工业出版社

·北　京·

本教材由污水处理过程涉及的实验、实习、设计三大部分组成，共十八章。结合环境工程专业在本科培养过程中的实践内容及课堂知识体系要求，将本专业的认识实习、课程实验、生产实习及课程设计等实践内容有效融合，重点对污水处理厂运行过程中所涉及的物理、化学及微生物学等基础内容设计相关监测实验，并针对不同构筑单元展开具体的实习与设计指导。全书选材广泛、内容丰富、实用性强，特别是附录中所补充的几种典型污水处理工艺的工艺流程及实践内容指引，使得相关内容更易被理解与消化掌握，增加了本教材的可读性和实用性。本教材适用于高等院校环境工程专业本科生的实践教学，也可供从事环境保护、环境监测、环境工程及相关工作的技术人员参考。

图书在版编目（CIP）数据

污水处理全过程系统实践教程/代群威，康军利主
编．—北京：化学工业出版社，2014.5
普通高等教育"十二五"规划教材
ISBN 978-7-122-20174-4

Ⅰ.①污⋯　Ⅱ.①代⋯②康⋯　Ⅲ.①污水处理-高
等学校-教材　Ⅳ.①X703

中国版本图书馆 CIP 数据核字（2014）第 057519 号

责任编辑：满悦芝　　　　　　　　　　　　装帧设计：尹琳琳
责任校对：徐贞珍

出版发行：化学工业出版社（北京市东城区青年湖南街 13 号　邮政编码 100011）
印　　装：大厂聚鑫印刷有限责任公司
787mm×1092mm　1/16　印张 18½　插页 3　字数 461 千字　2014 年 8 月北京第 1 版第 1 次印刷

购书咨询：010-64518888（传真：010-64519686）　售后服务：010-64518899
网　　址：http://www.cip.com.cn
凡购买本书，如有缺损质量问题，本社销售中心负责调换。

定　　价：49.00 元

前　言

结合教育部高等学校"十二五"科学和技术发展规划，根据我国工科人才培养目标、未来社会对工科专业人才的要求及我国工程教育的发展方向，普通高校以输送实用型、高级专业技术人才为定位将成必要。

实践教学是高等学校工程教育的重要内容。我校环境工程专业近年来开展了国家级特色专业、省级实验教学示范中心、国家级卓越工程师培养计划等专业建设工作，围绕校内自建污水处理厂开展了专业实验、实习及设计等系列实践教学活动，形成持续性、递进的系统实践训练体系，并在环境工程专业本科生培养方面取得显著成效。鉴于目前环境工程专业系统实践教程较少，及实践教学在本科工程技能培养上的迫切需求。编者在大量实践教学经验及总结前人经验基础上完成了对本教材的编写。本书内容共分三篇，十八章，涵盖了污水处理过程中所涉及的实验、实习、设计三大部分。

本书中所述污水处理全过程系统实践共包括两层含义。第一个全过程是时间上的，是将围绕污水处理的实践教学融入到从大一到大四的整个本科培养期间；第二个全过程是工艺上的，是主体围绕污水处理的实践教学，从对污水厂的认识、污水厂各类指标监测、到对污水厂自动控制监控及日常维护管理的实践锻炼。

本书编者长期担任"水污染控制工程"、"环境工程微生物"、"环境监测"等课程的课堂教学和实践教学工作，结合我校环境工程专业10余年来依托自建污水处理厂所开展的各类实践教学内容，形成了围绕污水处理工程的全过程实践教学思路，并整理成册供教学参考之用。本书：第一篇及附录内容由黄云碧、代群威编写，第二篇第五、六、七章及第三篇由康军利编写，第二篇第八、九、十、十一章由沈淞涛编写。全书由代群威负责统稿，杨丽君老师、赵丽老师参与部分章节的资料整理工作，谭江月老师、王彬老师等参与部分图表绘制和文稿校对工作。西南科技大学环境与资源学院李虎杰教授在本书的构思及撰写过程中，提出了宝贵的建议。

由于编者理论水平与实践经验有限，不妥之处在所难免，热忱希望读者提出批评和意见。

编者

2014 年 5 月

目　　录

第一篇　污水处理厂实验环节

第二篇　污水处理厂实习环节

第一篇　污水处理厂实验环节

第一章　污水处理厂水处理相关实验

第一节　化学混凝实验

一、实验目的

分散在水中的胶体颗粒带有电荷，同时在布朗运动及其表面水化作用下，长期处于稳定分散状态，不能用自然沉淀方法去除。向这种水中投加混凝剂后，可以使分散颗粒相互结合聚集增大，从水中分离出来。

由于各种废水差别很大，混凝效果不尽相同。混凝剂的混凝效果不仅取决于混凝剂种类、投加量，同时还取决于水的 pH 值、水温、浊度、水流速度梯度等的影响。

通过本次实验，希望达到以下目的。

① 加深对混凝沉淀原理的理解；

② 掌握化学混凝工艺最佳混凝剂的筛选方法；

③ 掌握化学混凝工艺最佳工艺条件的确定方法。

二、实验原理

化学混凝的处理对象主要是废水中的微小悬浮物和胶体物质。根据胶体的特性，在废水处理过程中通常采用投加电解质、相反电荷的胶体或高分子物质等方法破坏胶体的稳定性，使胶体颗粒凝聚在一起形成大颗粒，然后通过沉淀分离，达到废水净化效果的目的。关于化学混凝的机理主要有以下四种解释。

(1) 压缩双电层机理　当两个胶粒相互接近以至双电层发生重叠时，就产生静电斥力。加入的反离子与扩散层原有反离子之间的静电斥力将部分反离子挤压到吸附层中，从而使扩散层厚度减小。由于扩散层减薄，颗粒相撞时的距离减少，相互间的吸引力变大。颗粒间排斥力与吸引力的合力由斥力为主变为以引力为主，颗粒就能相互凝聚。

(2) 吸附电中和机理　异号胶粒间相互吸引达到电中和而凝聚；大胶粒吸附许多小胶粒或异号离子，ξ 电位降低，吸引力使同号胶粒相互靠近发生凝聚。

(3) 吸附架桥机理　吸附架桥作用是指链状高分子聚合物在静电引力、范德华力和氢键力等作用下，通过活性部位与胶粒和细微悬浮物等发生吸附桥连的现象。

(4) 沉淀物网捕机理　当采用铝盐或铁盐等高价金属盐类作凝聚剂时，当投加量很大形成大量的金属氢氧化物沉淀时，可以网捕、卷扫水中的胶粒，水中的胶粒以这些沉淀为核心产生沉淀。这基本上是一种机械作用。

在混凝过程中，上述现象常不是单独存在的，往往同时存在，只是在一定情况下以某种现象为主。

三、实验材料及装置

1. 主要实验装置及设备

① 化学混凝实验装置采用是六联搅拌器，其结构如图 1-1 所示。

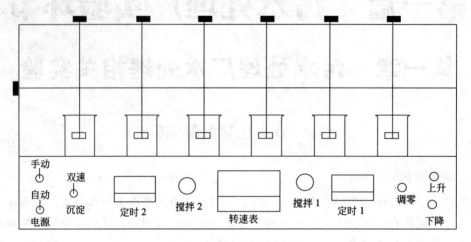

图 1-1　化学混凝实验装置

② 精密酸度计。

③ COD 测定装置。

④ 干燥箱。

⑤ 分析天平。

2. 实验用水

生活污水。

3. 实验药品

① 混凝剂：聚合硫酸铁（PFS）、聚合氯化铝（PAC）、聚合硫酸铁铝（PAFS）、聚丙烯酰胺（PAM）等。

② COD 测试相关药品。

四、实验内容

1. 实验方法

取 300mL 生活污水于 500mL 烧杯中，加酸或碱调整 pH 值后，按一定的比例投加混凝剂，在六联搅拌器上先快速搅拌（转速 200r/min）2min，再慢速搅拌（80r/min）10min，然后静置，观察并记录实验过程中絮体形成的时间、大小及密实程度、沉淀快慢、废水颜色变化等现象。静置沉淀 30min 后，于距表面 2～3cm 深处取上清液测定其 pH 值和 COD。

2. 实验步骤

（1）最佳混凝剂的筛选　根据所选废水的水质特点，利用聚合硫酸铁（PFS）、聚合氯化铝（PAC）、聚合硫酸铁铝（PAFS）、聚丙烯酰胺（PAM）等常规混凝剂进行初步实验，根据实验现象和检测结果，筛选出适宜处理该废水的最佳混凝剂。

（2）混凝剂最佳投加量的确定　利用筛选出的混凝剂，取不同的投加量进行混凝实验，实验结果记入表 1-1。根据实验结果绘制 COD 去除率与混凝剂投加量的关系曲线，确定最佳的混凝剂投加量。

表 1-1　最佳投药量实验记录

第_____组　　　姓名_____　　　实验日期_____

原水温度_____℃　　　色度_____　　　pH 值_____　　　COD_____ mg/L

使用混凝剂的种类及浓度_____

水 样 编 号	1	2	3	4	5	6
混凝剂投加量/(mg/L)						
矾花形成时间/min						
絮体沉降快慢						
絮体密实						
实验水样水质　pH 值						
色度						
COD/(mg/L)						
搅拌条件　快速						
中速　转速(r/min)						
慢速						
搅拌时间/min						
沉降时间/min						

（3）最佳 pH 值的确定　调整废水的 pH 值分别为 6.0、6.5、7.0、7.5、8.0 进行混凝实验，实验结果记入表 1-2。根据实验结果绘制 COD 去除率与 pH 值的关系曲线，确定最佳的 pH 值条件。

表 1-2　最佳 pH 值实验记录

第_____组　　　姓名_____　　　实验日期_____

原水温度_____℃　　　色度_____　　　pH 值_____　　　COD_____ mg/L

使用混凝剂的种类及浓度_____

水 样 编 号	1	2	3	4	5	6
HCl 投加量/(mg/L)						
NaOH 投加量/(mL)						
絮体沉降快慢						
混凝剂的投加量/(mg/L)						
实验水样 pH 值						
pH						
实验水样水质　色度						
COD/(mg/L)						
搅拌条件　快速						
中速　转速/(r/min)						
慢速						
搅拌时间/min						
沉降时间/min						

（4）考察搅拌强度和搅拌时间对混凝效果的影响　在混合阶段要求混凝剂与废水迅速均匀混合，以便形成众多的小矾花；在反应阶段既要创造足够的碰撞机会和良好的吸附条件让小矾花长大，又要防止生成的絮体被打碎。根据本实验装置——六联搅拌器的特点，通过烧杯混凝搅拌实验，确定最佳的搅拌强度和搅拌时间。

五、实验结果与讨论

1. 不同混凝剂对 COD 去除率的影响是什么？

2. 混凝剂的投加量对 COD 去除率的影响是什么？

3. pH 值对 COD 去除率的影响是什么？

4. 搅拌速度和搅拌时间对 COD 去除率的影响是什么？

5. 混凝最佳工艺条件如何确定？

6. 简述影响混凝效果的几个主要因素。

7. 为什么投药量大时，混凝效果不一定好？

8. 和西南科技大学污水厂氧化沟工艺出水相比较 COD 去除率区别在于哪些因素？

第二节   加压溶气气浮实验

一、实验目的

在水处理工程中，固-液分离是一种很重要的、常用的物理方法。气浮法是固液分离的方法之一，它常被用来分离密度小于或接近于水、难以用重力自然沉降法去除的悬浮颗粒。气浮法广泛应用于分离水中的细小悬浮物、藻类及微絮体；回收造纸废水的纸浆纤维；分离回收废水中的浮油和乳化油等。通过本实验希望达到以下目的。

① 了解压力溶气气浮法处理废水的工艺流程；

② 了解溶气水回流比对处理效果的影响；

③ 掌握色度的测定方法。

二、气浮原理

气浮法是在水中通入空气，产生细微气泡（有时还需要同时加入混凝剂），使水中细小的悬浮物黏附在气泡上，随气泡一起上浮到水面形成浮渣，再用刮渣机收集。这样，废水中的悬浮物质得到了去除，同时净化了水质。

气浮分为射流气浮、叶轮气浮和压力溶气气浮。气浮法主要用于洗煤废水、含油废水、造纸和食品等废水的处理。

三、实验水样

自配模拟水样或直接选择西南科技大学污水处理厂污水。

四、实验设备及工艺流程

气浮实验装置及工艺流程见图 1-2。

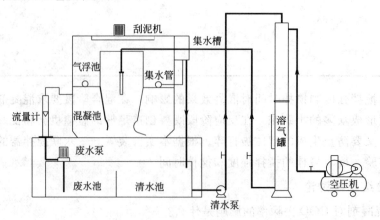

图 1-2 气浮实验装置及工艺流程

五、实验步骤

① 熟悉实验工艺流程。

② 废水用 6mol/L 的 NaOH 溶液调至 pH＝8～9，在 500mL 的量筒内分别加入废水 200mL、250mL、300mL、350mL、400mL。

③ 启动废水泵，将混凝池和气浮池注满水。

④ 启动空气压缩机，待气泵内有一定压力时开启清水泵，同时向加压溶气罐内注水、进气，打开溶气罐的出水阀。

⑤ 迅速调节进水量使溶气罐内的水位保持在液位计的 2/3 处，压力为 0.3～0.4MPa。如进气量过大，液位不能稳定，可适当打开溶气罐的放水阀（或关闭进气阀，采取间歇进气），使液位基本保持稳定，直到释放器释放出含有大量微气泡的乳白色的溶气水。观察实验现象。

⑥ 向各水样加入混凝剂，使其浓度为 250～350mg/L，并搅拌均匀。

⑦ 从溶气罐取样口向各水样中注入溶气水，使最终体积为 500mL。静置 20～30min，取样测定色度。实验数据填入表 1-3。

表 1-3　加压溶气气浮实验记录表

废水体积/mL		0	200	250	300	350	400	450	备注
溶气水体积/mL									
回流比									
气浮时间/min									
色度	原水								
	出水								
色度去除率/%									

⑧ 根据实验数据绘制色度去除率与回流比之间的关系曲线。

六、实验结果与讨论

1. 应用已掌握的知识分析取得释气量测定结果的正确性。

2. 试述工作压力对溶气效率的影响。

3. 拟定一个测定气固比与工作压力之间关系的实验方案。

第三节　活性炭吸附实验

一、实验目的

① 了解活性炭的吸附工艺及性能；

② 掌握用实验方法（含间歇法、连续法）确定活性炭吸附处理污水的设计参数的方法。

二、实验原理

活性炭具有良好的吸附性能和稳定的化学性质，是目前国内外应用比较多的一种非极性吸附剂。与其他吸附剂相比，活性炭具有微孔发达、比表面积大的特点。通常比表面积可以达到 500～1700m²/g，这是其吸附能力强、吸附容量大的主要原因。

活性炭吸附主要为物理吸附。吸附机理是活性炭表面的分子受到不平衡的力，而使其他分子吸附于其表面上。当活性炭溶液中的吸附处于动态平衡状态时称为吸附平衡，达到平衡时，单位活性炭所吸附的物质的量称为平衡吸附量。在一定的吸附体系中，平衡吸附量是吸附质浓度和温度的函数。为了确定活性炭对某种物质的吸附能力，需进行吸附实验。当被吸附物质在溶液中的浓度和在活性炭表面的浓度均不再发生变化，此时被吸附物质在溶液中的浓度称为平衡浓度。活性炭的吸附能力用吸附量 q 表示，即

$$q = \frac{V(c_0 - c)}{m}$$

式中，q 为活性炭吸附量，即单位质量的吸附剂所吸附的物质质量，g/g；V 为污水体积，L；c_0、c 分别为吸附前原水及吸附平衡时污水中的物质的浓度，g/L；m 为活性炭投加量，g。

在温度一定的条件下，活性炭的吸附量 q 与吸附平衡时的浓度 c 之间关系曲线称为等温线。在水处理工艺中，通常用的等温线有 Langmuir 和 Freundlich 等。其中 Freundlich 等温线的数学表达式为：

$$q = Kc^{\frac{1}{n}}$$

式中，K 为与吸附剂比表面积、温度和吸附质等有关的系数；n 为与温度、pH 值、吸附剂及被吸附物质的性质有关的常数；q 同前。

K 和 n 可以通过间歇式活性炭吸附实验测得。将上式取对数后变换为：

$$\lg q = \lg K + \frac{1}{n}\lg c$$

将 q 和 c 相应值绘在双对数坐标上，所得直线斜率为 $1/n$，截距为 K。

由于间歇式静态吸附法处理能力低，设备多，故在工程中多采用活性炭进行连续吸附操作。连续流活性吸附性能可用博哈特（Bohart）和亚当斯（Adams）关系式表达，即

$$\ln\left[\frac{c_0}{c_B} - 1\right] = \ln\left[\exp\left(\frac{KN_0H}{v}\right) - 1\right] - Kc_0 t$$

因 $\exp(KN_0H/v) \gg 1$，所以上式等号右边括号的 1 可忽略不计，则工作时间 t 由上式可得：

$$t = \frac{N_0}{c_0 v}\left[H - \frac{v}{KN_0}\ln\left(\frac{c_0}{c_B} - 1\right)\right]$$

式中，t 为工作时间，h；v 为流速，即空塔速度，m/h；H 为活性炭层高度，m；K 为速度常数，m³/(mg·h) 或 L/(mg·h)；N_0 为吸附容量，即达到饱和时被吸附物质的吸附量，mg/L；c_0 为入流溶质浓度，mol/m³ 或 mg/L；c_B 为允许流出溶质浓度，mol/m³ 或 mg/L。

在工作时间为零的时候，能保持出流溶质浓度不超过 c_B 的炭层理论高度称为活性炭层的临界高度 H_0。其值可根据上述方程当 $t=0$ 时进行计算，即

$$H_0 = \frac{v}{KN_0}\ln\left(\frac{c_0}{c_B} - 1\right)$$

在实验时，如果取工作时间为 t，原水样溶质浓度为 c_{01}，用三个活性炭柱串联（见图 1-3），第一个柱子出水为 c_{B1}，即为第二个活性炭柱的进水 c_{02}，第二个活性炭柱的出水为 c_{B2}，就是第三个活性炭柱的进水 c_{03}，由各炭柱不同的进、出水浓度 c_0、c_B 便可求出流速常数 K 值及吸附容量 N。

三、实验设备及试剂

① 间歇式活性炭吸附装置：间歇吸附用三角烧杯，在烧杯内放入活性炭和水样进行

振荡。

② 连续流式活性炭吸附装置：连续式吸附采用有机玻璃柱 $D25mm \times 1000mm$，柱内 $500 \sim 750mm$ 高烘干的活性炭，上、下两端均用单孔橡皮塞封牢，各柱下端设取样口。装置具体结构如图 1-3 所示。

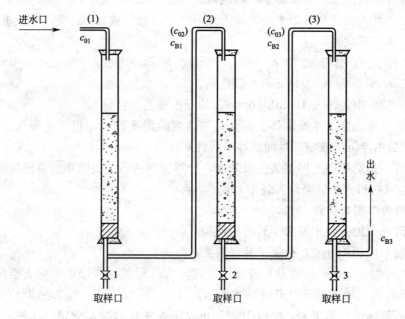

图 1-3 活性炭柱串联工作图

③ 间歇与连续流实验所需的实验器材

a. 振荡器（一台）；

b. 有机玻璃柱（3 根 $D25mm \times 1000mm$）；

c. 活性炭；

d. 三角烧瓶（11 个，250mL）；

e. 可见光光度计；

f. 漏斗（10 个）及滤纸；

g. 配水及投配系统；

h. 酸度计（1 台）；

i. 温度计（1 支）；

j. 亚甲基蓝（分析纯）。

四、实验步骤

1. 画出标准曲线

① 配制 100mg/L 亚甲基蓝溶液。

② 用紫外可见分光光度计对样品在 $250 \sim 750nm$ 波长范围内进行全程扫描，确定最大吸收波长。一般最大吸收波长为 $662 \sim 665nm$。

③ 测定标准曲线（亚甲基蓝浓度 $0 \sim 4mg/L$ 时，浓度 c 与吸光度 A 成正比）。

分别移取 0mL、0.5mL、1.0mL、2.0mL、2.5mL、3.0mL、4.0mL 的 100mg/L 亚甲基蓝溶液于 100mL 容量瓶中，加水稀释至刻度，在上述最佳波长下，以蒸馏水为参比，测定吸光度。

以浓度为横坐标，吸光度为纵坐标，绘制标准曲线，拟合出标准曲线方程。

2. 间歇式吸附实验步骤

① 将活性炭放在蒸馏水中浸泡 24h，然后在 105℃烘箱内烘至恒重（烘 24h），再将烘干的活性炭研碎成能通过 200 目的筛子的粉状活性炭。

因为粒状活性炭要达到吸附平衡耗时太长，往往需数日或数周，为了使实验能在短时间内结束，所以多用粉状炭。

② 在三角烧瓶中分别加入 0mg、20mg、40mg、60mg、80mg、100mg、120mg、140mg、160mg、180mg 和 200mg 粉状活性炭。

③ 在三角烧瓶中各注入 100mL 10mg/L 的亚甲基蓝溶液。

④ 将上述三角烧瓶放在振荡器上振荡，当达到吸附平衡时即可停止振荡（振荡时间一般为 2h），然后用静沉法或滤纸过滤法移除活性炭。

⑤ 测定各三角烧瓶中亚甲基蓝的吸光度，计算亚甲基蓝的去除率、吸附量。

上述原始资料和测定结果计入表 1-4 中。

3. 连续流吸附实验步骤

① 在吸附柱中加入经水洗烘干后的活性炭。

② 用蒸馏水配制 10mg/L 的亚甲基蓝溶液。

③ 以 40～200mL/min 的流量，按降流方式运行（运行时炭层中不应有空气气泡）。实验至少要用三种以上的不同流速进行。

④ 在每一流速运行稳定后，每隔 10～30min 由各炭柱取样，测定出水的亚甲基蓝的吸光度。

五、实验数据及结果整理

1. 间歇式吸附实验

表 1-4　实验原始资料和测定结果记录表

编号	进水性状		出水性状		活性炭	吸附量
	亚甲基蓝 吸光度	亚甲基蓝 浓度/(mg/L)	亚甲基蓝 吸光度	亚甲基蓝 浓度/(mg/L)	投加量 /mg	$q=\dfrac{V(c_0-c)}{m}$
1						
2						
3						
4						
5						
6						
7						
8						
9						
10						
11						

根据记录的数据，以 $\lg q$ 为纵坐标，$\lg c$ 为横坐标，得出 Freundlich 吸附等温线，该等温线截距为 $\lg K$，斜率为 $1/n$，或利用 q、c 相应数据和式 $\lg q=\lg k+\dfrac{1}{n}\lg c$ 经回归分析，求出 K、n 值。

2. 连续流吸附实验

① 绘制穿透曲线，同时表示出亚甲基蓝在进水、出水中的浓度与时间的关系。

② 计算亚甲基蓝在不同时间内转移到活性炭表面的量。计算方法可以采用图解积分法（矩形法或梯形法），求得吸附柱进水或出水曲线与时间之间的面积。

③ 画出去除量与时间的关系曲线。

六、思考题

1. 吸附等温线有什么实际意义？
2. 作吸附等温线时为什么要用粉状活性炭？
3. 间歇式吸附与连续式吸附相比，吸附容量 q 是否一样？为什么？
4. Freundlich 吸附等温线和 Bohart-Adams 关系式各有什么实验意义？

第四节　活性污泥评价指标实验

一、实验目的

在废水生物处理中，活性污泥法是很重要的一种处理方法，也是城市污水处理厂最广泛使用的方法。活性污泥法是指在人工供氧的条件下，通过悬浮在曝气池中的活性污泥与废水的接触，以去除废水中有机物或某种特定物质的处理方法。在这里，活性污泥是废水净化的主体。所谓活性污泥，是指充满了大量微生物及有机物和无机物的絮状泥粒。它具有很大的表面积和强烈的吸附和氧化能力，沉降性能良好。活性污泥生长的好坏，与其所处的环境因素有关，而活性污泥性能的好坏，又直接关系到废水中污染物的去除效果。为此，水质净化厂的工作人员经常要通过观察和测定活性污泥的组成和絮凝、沉降性能，以便及时了解曝气池中活性污泥的工作状况，从而预测处理出水的好坏。

本实验的目的如下。

① 了解评价活性污泥性能的四项指标及其相互关系；

② 掌握 SV、SVI、MLSS、MLVSS 的测定和计算方法。

二、实验原理

活性污泥的评价指标一般有生物相、混合液悬浮固体浓度（MLSS）、混合液挥发性悬浮固体浓度（MLVSS）、污泥沉降比（SV）、污泥体积指数（SVI）和污泥龄（θ_C）等。

混合液悬浮固体浓度（MLSS）又称混合液污泥浓度。它表示曝气池单位容积混合液内所含活性污泥固体物的总质量，由活性细胞（M_a），内源呼吸残留的不可生物降解的有机物（M_e）、入流水中生物不可降解的有机物（M_i）和入流水中的无机物（M_{ii}）4部分组成。混合液挥发性悬浮固体浓度（MLVSS）表示混合液活性污泥中有机性固体物质部分的浓度，即由 MLSS 中的前三项组成。活性污泥净化废水靠的是活性细胞（M_a），当 MLSS 一定时，M_a 越高，表明污泥的活性越好，反之越差。MLVSS 不包括无机部分（M_{ii}），所以用其来表示活性污泥的活性数量上比 MLSS 为好，但它还不真正代表活性污泥微生物（M_a）的量。这两项指标虽然在代表混合液生物量方面不够精确，但测定方法简单易行，也能够在一定程度上表示相对的生物量，因此广泛用于活性污泥处理系统的设计、运行。对于生活污水和以生活污水为主体的城市污水，MLVSS 与 MLSS 的比值在

0.75 左右。

性能良好的活性污泥，除了具有去除有机物的能力以外，还应有好的絮凝沉降性能。这是发育正常的活性污泥所应具有的特性之一，也是二沉池正常工作的前提和出水达标的保证。活性污泥的絮凝沉降性能，可用污泥沉降比（SV）和污泥体积指数（SVI）这两项指标来加以评价。污泥沉降比是指曝气池混合液在 100mL 量筒中沉淀 30min，污泥体积与混合液体积之比，用百分数（％）表示。活性污泥混合液经 30min 沉淀后，沉淀污泥可接近最大密度，因此可用 30min 作为测定污泥沉降性能的依据。一般生活污水和城市污水的 SV 为 15％～30％。污泥体积指数是指曝气池混合液经 30min 沉淀后，每克干污泥所形成的沉淀污泥所占有的容积，以 mL 计，即 mL/g，但习惯上把单位略去。SVI 的计算式为：

$$SVI = \frac{SV(mL/L)}{MLSS(g/L)}$$

在一定的污泥量下，SVI 反映了活性污泥的凝聚沉淀性能。如 SVI 较高，表示 SV 较大，污泥沉降性能较差；如 SVI 较小，污泥颗粒密实，污泥老化，沉降性能好。但如 SVI 过低，则污泥矿化程度高，活性及吸附性都较差。一般来说，当 SVI＜100 时，污泥沉降性能良好；当 SVI＝100～200 时，沉降性能一般；而当 SVI＞200 时，沉降性能较差，污泥易膨胀。一般城市污水的 SVI 在 100 左右。

三、实验装置与设备

①曝气池：1 套；②电子分析天平：1 台；③烘箱：1 台；④马福炉：1 台；⑤量筒：100mL，1 个；⑥三角烧瓶：250mL，1 个；⑦短柄漏斗：1 个；⑧称量瓶：φ40mm×70mm，1 只；⑨瓷坩埚：30mL，1 个；⑩干燥器：1 台。

四、实验步骤

① 将 φ12.5cm 的定量中速滤纸折好并放入已编号的称量瓶中，在 103～105℃的烘箱中烘 2h，取出称量瓶，放入干燥器中冷却 30 min，在电子天平上称重，记下称量瓶编号和质量 m_1(g)。

② 将已编号的瓷坩埚放入马福炉中，在 600℃温度下灼烧 30min，取出瓷坩埚，放入干燥器中冷却 30min，在电子天平上称重，记下坩埚编号和质量 m_2(g)。

③ 用 100mL 量筒量取曝气池混合液 100mL(V_1)，静止沉淀 30min，观察活性污泥在量筒中的沉降现象，到时记录下沉淀污泥的体积 V_2(mL)。

④ 从已知编号和称重的称量瓶中取出滤纸，放置到已插在 250mL 三角烧瓶上的玻璃漏斗中，取 100mL 曝气池混合液慢慢倒入漏斗过滤。

⑤ 将过滤后的污泥连滤纸放入原称量瓶中，在 103～105℃的烘箱中烘 2h，取出称量瓶，放入干燥器中冷却 30min，在电子天平上称重，记下称量瓶编号和质量 m_3(g)；

⑥ 取出称量瓶中已烘干的污泥和滤纸，放入已编号和称重的瓷坩埚中，在 600℃温度下灼烧 30min，取出瓷坩埚，放入干燥器中冷却 30 min，在电子天平上称重，记下瓷坩埚编号和质量 m_4(g)。

五、实验数据整理

① 实验数据记录：参考表 1-5 记录实验数据。

表 1-5 活性污泥评价指标实验记录表

实验日期：_____

| 编号 | 称量瓶质量/g | | | 编号 | 瓷坩埚质量/g | | | 挥发分质量/g |
	m_1	m_3	m_3-m_1		m_2	m_4	m_4-m_2	$(m_3-m_1)-(m_4-m_2)$

② 污泥沉降比计算：

$$SV=\frac{V_2}{V_1}$$

③ 混合液悬浮固体浓度计算：

$$MLSS(mg/L)=\frac{m_3-m_1}{V_1}$$

④ 污泥体积指数计算：

$$SVI=\frac{SV(mL/L)}{MLSS(g/L)}$$

⑤ 混合液挥发性悬浮固体浓度计算：

$$MLVSS=\frac{(m_3-m_1)-(m_4-m_2)}{v_1\times10^{-3}}$$

六、实验结果与讨论

1. 测污泥沉降比时，为什么要规定静止沉淀 30min？
2. 污泥体积指数 SVI 的倒数表示什么？为什么可以这么说？
3. 当曝气池中 MLSS 一定时，如发现 SVI 大于 200，应采用什么措施？为什么？
4. 对于城市污水来说，SVI 大于 200 或小于 50 各说明什么问题？

第五节 活性污泥法处理系统实验

一、实验目的

① 熟悉采用活性污泥法处理系统的各控制参数的操作；
② 掌握活性污泥法主要运行参数的测定方法。

二、实验原理与内容

活性污泥法是采用人工曝气的手段，使活性污泥悬浮分散在曝气池中，和废水充分接触，在有氧或无氧的条件下，完成对水中有机物、氨和磷的去除。在活性污泥法中，微生物是主体，因此创造微生物所需的环境条件，使微生物得以正常生长、繁殖是关键。只有这样，才能使活性污泥生物处理过程正常进行，水中有机物等物质才能被去除。因此，在活性污泥法处理系统中，人工强化、控制技术是至关重要的。一般来说，维持活性污泥系统的正常运行需要达到以下目标。①被处理的原水水质、水量得到控制，使其能够适应活性污泥处理系统的要求；②活性污泥微生物量，是指在系统中保持数量一定，并相对稳定，具有活性的活性污泥量；③在混合液中保持能够满足微生物需要的溶解氧浓度；④在曝气池内，活性污泥、有机污染物或氮磷、溶解氧三者能够充分接触，以强化传质过程。为了保证各项目标能够切实达到，对各项目标都制定有特定的控制指标，这些指标也是对活性污泥的评价指标，在工程上，这些指标就是活性污泥处理系统的设计和运行参数。主要指标如下：①MLSS：混合液悬浮固体浓度，也称混合液污泥浓度。它表示在曝气池单位容积混合液内所含有的活性污泥固体物的总质量，可以表示活性污泥的相对数量。②MLVSS：混合液挥发性悬浮固体浓度，也用来表示活性污泥的相对数量，比 MLSS 更加精确。③SV：污泥沉降比，也称30min 沉降率。混合液在量筒内静置 30min 后形成污泥沉淀的容积占原混合液的体积百分比，用％表示。污泥沉降比能够反映曝气池运行过程的活性污泥量，可以用来控制、调节剩余污泥的排放量，还能通过它及时发现污泥膨胀等异常现象的发生，是活性污泥处理系统重要的运行参数，也是评定活性污泥数量和质量的重要指标。④SVI：污泥容积指数，也称污泥指数。表示曝气池出口的混合液，在经过 30min 静沉后，每克干污泥所形成的污泥沉淀占有的容积，以 mL 表示。SVI 和 SV 以及 MLSS 有如下关系，$SVI = \dfrac{SV(mL/L)}{MLSS(g/L)}$。SVI 的单位是 mL/g，习惯上把单位略去。SVI 反映污泥的凝聚沉降性能，是活性污泥系统运行中重要的指标。⑤SRT（MCRT）：污泥停留时间，也称污泥龄、生物固体平均停留时间、细胞平均停留时间，表示活性污泥在曝气池内的平均停留时间，用曝气池内活性污泥量与每日剩余污泥排放量之比来计算，单位是 d。⑥负荷：活性污泥反应的核心物质是活性污泥微生物，而决定污染物降解速度、活性污泥增长速度和溶解氧利用速度等重要因素的是污染物量和活性污泥量的比值。该比值在工程应用上用负荷来表示。负荷常用的有污泥负荷 N_s 和容积负荷 N_v 两种。污泥负荷表示曝气池内单位质量的活性污泥在单位时间内能够接受，并将其去除到预定程度的污染物量，单位是吨污染物/（kgMLSS·d）或吨污染物/（kgMLVSS·d）。容积负荷则表示单位曝气池容积在单位时间内能够接受，并将其去除到预定程度的污染物量，单位是吨污染物/（m^3曝气池·d）。上述指标在活性污泥系统的设计和运行中，都是重要的参数，也是污水厂常规监测项目。本实验即通过一套间歇式活性污泥法（SBR）系统，对污水进行处理，通过上述参数的调整，了解活性污泥系统的运行和控制，并熟悉各个参数的监测方法。SBR 系统也称序批式活性污泥法处理系统，通过其主要反应器——曝气池的运行操作实现了活性污泥系统的间歇运行。其操作过程分为五个步骤：进水、反应、沉淀、处理水排放和待机。在功能上，SBR 可以实现有机物（BOD）、氮和磷的去除，是一种操作灵活、运行方便的活性污泥工艺，在中小型规模的城市污水和部分工业废水处理中被广泛应用。

三、实验装置

SBR 活性污泥模拟系统 1 套；溶解氧、BOD、COD、SS 分析化验设备各 1 套。

四、实验步骤与记录

① 活性污泥的驯化和培养。采用自然培养法或接种法对活性污泥进行驯化和培养，同时测定待处理水样的 COD 和 BOD 浓度、SS 浓度。

② 设定 SBR 系统的一次进水量、反应时间、沉淀时间三个参数并按照设定参数运行，观察运行中情况。

③ 运行过程中对以下项目进行测定和计算：系统进出水 COD 或 BOD 浓度、SS 浓度；MLSS、MLVSS、N_s、N_v、SVI、SV、曝气池内溶解氧浓度（应至少测定反应开始时、进行中和反应结束时三个水样）。

④ 对实测参数进行分析，找出 SBR 运行参数不合理的地方并重新设定。

⑤ 按照重新设定的运行参数运行 SBR 系统，并重新测定系统进出水 COD 或 BOD 浓度、SS 浓度；MLSS、MLVSS、N_s、N_v、SVI、SV、曝气池内溶解氧浓度等参数。检验重新设定的参数是否合理。

五、实验数据与整理

① 应详细记录实验所测定的各项参数。

② 应有实验参数的分析过程。

六、思考题

1. 与普通活性污泥法相比，SBR 具有哪些特点？

2. N_s 和 N_v 的关系如何？

第六节　多阶完全混合曝气污水处理模拟实验

一、实验目的

通过操纵多功能多阶完全混合曝气微型污水处理系统，透彻了解活性污泥法水处理的具体工艺及原理，并通过对处理过程中溶解氧的测定，评价曝气设备的充氧能力。

二、实验原理

普通活性污泥法处理工艺流程如下。

进水──→粗格栅──→提升泵──→细格栅──→沉沙池──→初沉池──→曝气池──→二沉池──→出水

曝气处理过程是普通活性污泥法的核心，是通过空气、活性污泥和污染物三者充分混合，使活性污泥处于悬浮状态，促使氧气从气相转移到液相，从液相转移到活性污泥上，保证微生物有足够的氧进行物质代谢。本实验的曝气过程是通过多阶完全混合曝气微型污水处理系统完成的。

三、实验仪器

KL-1 型微型表曝机（单机共 8 台）组成的污水处理系统；快速 DO 测定仪；移液管；烧杯（200mL，4 个）。

四、方法及步骤

① 启动微型污水处理系统，调节系统至稳定工作状态。

② 系统稳定运行 30min 后测定各模型曝气池内的溶解氧，此后每隔 1min 测定一次，共测 10 次，并记录测定结果。

五、注意事项

① 因此实验系统电线较多，操作时注意安全。

② 溶解氧的测定点（或取样点）应在距池面 20cm 处。

六、实验结果

① 绘制普通活性污泥法工艺流程图。

② 数据记录见表 1-6。

表 1-6　数据记录表

曝气池 DO 值	一阶	二阶	三阶	四阶	五阶	六阶	七阶	八阶
1								
2								
3								
4								
5								
6								
7								
8								
9								
10								

第二章 环境监测实验

第一节 实验基础及污水处理厂处理水样的采集

通过本实验了解环境监测的基础知识，掌握水样的正确采集、保存方法。

一、实验基础

首先应该分析实验室用水规格和实验方法

（1）外观 分析实验室用水目视观察应为无色透明的液体。

（2）级别 分析实验室用水的原水应为饮用水或适当纯度的水。

分析实验室用水共分三个级别：一级水、二级水和三级水。

① 一级水 一级水用于有严格要求的分析实验，包括对颗粒有要求的实验。如高压液相色谱分析用水。一级水可用二级水经过石英设备蒸馏或离子交换混合床处理后，再经 $0.2\mu m$ 微孔滤膜过滤来制取。

② 二级水 二级水用于无机痕量分析等实验，如原子吸收光谱分析用水。二级水可用多次蒸馏或离子交换等方法制取。

③ 三级水 三级水用于一般化学分析实验。三级水可用蒸馏或离子交换等方法制取。

（3）技术要求 分析实验室用水应符合表 2-1 所列规格。

表 2-1 分析实验室用水规格

名　　称		一级	二级	三级
pH 值范围(25℃)		—	—	5.0~7.5
电导率(25℃)/(μS/cm)	$\leqslant$	0.1	1.0	5.0
可氧化物质(以 O 计)/(mg/L)	<	—	0.08	0.4
吸光度(254nm,1cm 光程)	$\leqslant$	0.001	0.01	—
蒸发残渣[(105±2)℃]/(mg/L)	$\leqslant$	—	1.0	2.0
可溶性硅(以 SiO_2 计)/(mg/L)	<	0.02	0.05	—

注：1. 由于在一级水、二级水的纯度下，难于测定其真实的 pH 值，因此，对一级水、二级水的 pH 值范围不作规定。

2. 一级水、二级水的电导率需用新制备的水"在线"测定。

3. 由于在一级水的纯度下，难于测定可氧化物质和蒸发残渣，对其限量不作规定。可用其他条件和制备方法来保证一级水的质量。

（4）取样与贮存

① 容器 各级用水均使用密闭的专用聚乙烯容器。三级水也可使用密闭的专用玻璃容器。新容器在使用前需用盐酸溶液（20%）浸泡 2~3d，再用待测水反复冲洗，并注满待测水浸泡 6h 以上。按本标准进行实验，至少应取 3L 有代表性水样。取样前用待测水反复清洗容器。取样时要避免沾污。水样应注满容器。

② 贮存 各级用水在贮存期间，其沾污的主要来源是容器可溶成分的溶解、空气中二

氧化碳和其他杂质。因此，一级水不可贮存，使用前制备。二级水、三级水可适量制备，分别贮存在预先经同级水清洗过的相应容器中。各级用水在运输过程中应避免沾污。

（5）实验方法　在实验方法中，各项实验必须在洁净环境中进行。并采取适当措施，以避免对试样的沾污。实验中均使用分析纯试剂和相应级别的水。

① pH 值的测定　量取 100mL 水样，按 GB 9724 之规定测定。

② 电导率的测定

a. 仪器　用于一、二级水测定的电导仪：配备电极常数为 $0.01\sim0.1cm^{-1}$ 的"在线"电导池。并且有温度自动补偿功能。若电导仪不具温度补偿功能，可装"在线"热交换器，使测量时水温控制在（25±1）℃。或记录水温，按温度系数进行换算。

用于三级水测定的电导仪：配备电极常数为 $0.01\sim0.1cm^{-1}$ 的电导池，并具有温度自动补偿功能。若电导仪不具温度补偿功能，可装恒温水浴槽，使待测水样温度控制在（25±1）℃，或记录水温，按如下电导率的换算公式进行换算。

当实测的各级水不是 25℃时，其电导率可按下式进行换算：

$$K_{25}=k_t(K_t-K_{p.t})+0.00548$$

式中，K_{25} 为 25℃时各级水的电导率，mS/m；K_t 为 t（℃）时各级水的电导率，mS/m；$K_{p.t}$ 为 t（℃）时理论纯水的电导率，mS/m；k_t 为换算系数；0.00548 为 25℃时理论纯水的电导率，mS/m。

b. 操作步骤　按电导仪说明书安装调试仪器。

一、二级水的测量：将电导池装在水处理装置流动出水口处，调节水流速，赶净管道及电导池内的气泡，即可进行测量。

三级水的测量：取 400mL 水样于锥形瓶中，插入电导池后即可进行测量。

c. 注意事项　测量用的电导仪和电导池应定期进行检定。

③ 可氧化物质限量实验

a. 试剂

Ⅰ. 硫酸溶液（20%）。

Ⅱ. 高锰酸钾标准溶液 A[$C(1/5KMnO_4)=0.1mol/L$]：称取 3.3g 高锰酸钾溶于 1000mL 水中，缓缓煮沸 15min，冷却后置于暗处保存两周，以 4 号玻璃滤锅过滤于干燥的棕色瓶中。

注意：过滤高锰酸钾溶液所使用的 4 号玻璃滤锅预先应以同样的高锰酸钾溶液缓缓煮沸 5min，收集瓶也要用此高锰酸钾溶液洗涤 2～3 次。

Ⅲ. 高锰酸钾标准溶液 B[$C(1/5KMnO_4)=0.01mol/L$]：量取 0.1mol/L 高锰酸钾标准溶液 10.00mL 于 100mL 容量瓶中，并稀释至刻度。

b. 操作步骤　量取 1000mL 二级水，注入烧杯中。加入 5.0mL 硫酸溶液，混匀。

量取 200mL 三级水，注入烧杯中。加入 1.0mL 高锰酸钾标准溶液 B，混匀。盖上表面皿，加热至沸并保持 5min，溶液的粉红色不得完全消失。

④ 吸光度的测定

a. 仪器　紫外可见分光光度计，石英吸收池：厚度 1cm、2cm。

b. 操作步骤　水样分别注入 1cm 和 2cm 吸收池中，在紫外可见分光光度计上，于 254nm 处，以 1cm 吸收池中水样为参比，测定 2cm 吸收池中水样的吸光度。

如仪器的灵敏度不够时，可适当增加测量吸收池的厚度。

⑤ 蒸发残渣的测定

a. 仪器　旋转蒸发器：配备 500mL 蒸馏瓶。

电烘箱：温度可保持（105±2）℃。

b. 操作步骤　水样预浓集：量取 1000mL 二级水（三级水取 500mL）。将水样分几次加入旋转蒸发器的蒸馏瓶中，于水浴上减压蒸发（避免蒸干）。待水样最后蒸至约 50mL 时，停止加热。

测定：按 GB 9740 之规定进行测定。

将上述预浓集的水样，转移至一个已于（105±2）℃恒重的玻璃蒸发皿中。并用 5～10mL 水样分 2～3 次冲洗蒸馏瓶，将洗液与预浓集水样合并，于水浴上蒸干，并在（105±2）℃的电烘箱中干燥至恒重。残渣质量不得大于 1.0mg。

⑥ 可溶性硅的限量实验

a. 试剂　二氧化硅标准溶液 A（1mL 溶液含有 1mg SiO_2）：按 GB 602 之规定配制。

二氧化硅标准溶液 B（1mL 溶液含有 0.01mg SiO_2）：量取 1.00mL 二氧化硅标准溶液 A 于 100mL 容量瓶中，稀释至刻度，摇匀。转移至聚乙烯瓶中，现用现配。

钼酸铵溶液（50g/L）：称取 5.0g 钼酸铵 [$(NH_4)_6Mo_7O_{24} \cdot 4H_2O$]，加水溶解，加入 20％硫酸溶液 20.0mL，稀释至 100mL，摇匀，贮于聚乙烯瓶中。发现有沉淀时应弃去。

草酸溶液（50g/L）：称取 5.0g 草酸，溶于水并稀释至 100mL。贮于聚乙烯瓶中。

对甲氨基酚硫酸盐（米吐尔）溶液（2g/L）：称取 0.20g 对甲氨基酚硫酸盐，溶于水，加 20.0g 焦亚硫酸钠，溶解并稀释至 100mL。摇匀贮于聚乙烯瓶中。避光保存，有效期两周。

b. 操作步骤　量取 520mL 一级水（二级水取 270mL），注入铂皿中。在防尘条件下，亚沸蒸发至约 20mL 时，停止加热。冷至室温，加 1.0mL 钼酸铵溶液，摇匀。放置 5min 后，加 1.0mL 草酸溶液摇匀。放置 1min 后，加 1.0mL 对甲氨基酚硫酸盐溶液，摇匀。转移至 25mL 比色管中，稀释至刻度，摇匀，于 60℃水浴中保温 10min。目视观察，试液的蓝色不得深于标准。

标准是取 0.50mL 二氧化硅标准溶液 B，加入 20mL 水样后，从加 1.0mL 钼酸铵溶液起与样品试液同时同样处理。

二、水样的保存和管理技术规定

1. 适用范围

本规定适用于天然水、生活污水及工业废水等，当所采集的水样（瞬时样或混合样）不能立即在现场分析，必须送往实验室测试时，本规定所提供的样品保存技术与管理程序是适用的。表 2-2 为理论纯水的电导率和换算系数。

2. 样品保存

分析对象为生活污水厂的废水，包括原水、处理过程水样以及出水、需要分析的工艺工程等水样，从采集到分析这段时间里，由于物理、化学、生物的作用会发生不同程度的变化，这些变化使得进行分析时的样品已不再是采样时的样品，为了使这种变化降低到最小的程度，必须在采样时对样品加以保护。

表 2-2   理论纯水的电导率和换算系数

$t/℃$	K_t	$K_{p.t}/(mS/m)$	$t/℃$	K_t	$K_{p.t}/(mS/m)$
0	1.7975	0.00116	26	0.9795	0.00578
1	1.7550	0.00123	27	0.9600	0.00607
2	1.7135	0.00132	28	0.9413	0.00640
3	1.6728	0.00143	29	0.9234	0.00674
4	1.6329	0.00154	30	0.9065	0.00712
5	1.5940	0.00165	31	0.8904	0.00749
6	1.5559	0.00178	32	0.8753	0.00784
7	1.5188	0.00190	33	0.8610	0.00822
8	1.4825	0.00201	34	0.8475	0.00861
9	1.4470	0.00216	35	0.8350	0.00907
10	1.4125	0.00230	36	0.8233	0.00950
11	1.3788	0.00245	37	0.8126	0.00994
12	1.3461	0.00260	38	0.8027	0.01044
13	1.3142	0.00276	39	0.7936	0.01088
14	1.2831	0.00292	40	0.7855	0.01136
15	1.2530	0.00312	41	0.7782	0.01189
16	1.2237	0.00330	42	0.7719	0.01240
17	1.1594	0.00349	43	0.7664	0.01298
18	1.1679	0.00370	44	0.7617	0.01351
19	1.1412	0.00391	45	0.7580	0.01410
20	1.1155	0.00418	46	0.7551	0.01464
21	1.0906	0.00441	47	0.7532	0.01521
22	1.0667	0.00466	48	0.7521	0.01582
23	1.0436	0.00490	49	0.7518	0.01650
24	1.0213	0.00519	50	0.7525	0.01728
25	1.0000	0.00548	—	—	—

（1）水样变化的原因

① 生物作用：细菌、藻类及其他生物体的新陈代谢会消耗水样中的某些组分，产生一些新的组分，改变一些组分的性质，生物作用会对样品中待测的一些项目如溶解氧、二氧化碳、含氮化合物、磷及硅等的含量及浓度产生影响。

② 化学作用：水样各组分间可能发生化学反应，从而改变了某些组分的含量与性质。例如溶解氧或空气中的氧能使二价铁、硫化物等氧化；聚合物可能解聚；单体化合物也有可能聚合。

③ 物理作用：光照、温度、静置或振动，敞露或密封等保存条件及容器材质都会影响水样的性质。如温度升高或强振动会使得一些物质如氧、氰化物及汞等挥发；长期静置会使 $Al(OH)_3$、$CaCO_3$ 及 $Mg_3(PO_4)_2$ 等沉淀；某些容器的内壁能不可逆地吸附或吸收一些有机物或金属化合物等。

水样在储存期内发生变化的程度主要取决于水的类型及水样的化学性质和生物学性质，也取决于保存条件、容器材质、运输及气候变化等因素。

必须强调的是这些变化往往是非常快的，常在很短的时间里样品就明显地发生了变化，因此必须在一切情况下采取必要的保护措施，并尽快地进行分析。

保护措施在降低变化的程度或减缓变化的速度方面是有作用的，但到目前为止所有的保护措施还不能完全抑制这些变化，而且对于不同类型的水，产生的保护效果也不同，饮用水很易贮存，因其对生物或化学的作用很不敏感，一般的保护措施对地面水和地下水可有效地储存，但对废水就不同了。采自不同地点或废水性质不同，其保存的效果也就不同，如采自城市污水和污水处理厂的水其保存效果就不同，采自生化厂的废水及未经处理的污水其保存效果也不同。

由于样品中成分性质不同，有的分析项目要求单独取样，有的分析项目要求在现场分析，有些项目的样品能保存较长时间。

由于采样地点和样品成分的不同，迄今为止还没有找到适用于一切场合和情况的绝对准则。

在各种情况下，贮存方法应与使用的分析技术相匹配，本标准规定了最通用的适用技术。

（2）盛装水样容器的选择及清洗　盛装水样容器材质的选择及清洗是样品保存的首要问题。

① 对容器的要求　选择容器的材质必须注意以下几点。

a. 容器不能引起新的沾污。一般的玻璃在贮存水样时可溶出钠、钙、镁、硅、硼等元素，在测定这些项目时就避免使用玻璃容器，以防止新的污染。

b. 容器器壁不应吸收或吸附某些待测组分。一般的玻璃容器吸附金属，聚乙烯等塑料吸附有机物质、磷酸盐和油类，在选择容器材质时应予以考虑。

c. 容器不应与某些待测组分发生反应。如测氟时，水样不能贮于玻璃瓶中，因为玻璃与氟化物发生反应。深色玻璃能降低光敏作用。

② 容器的清洗规则　根据水样测定项目的要求来确定清洗容器的方法。

a. 用于进行一般化学分析的样品　分析废水中微量化学组分时，通常要使用彻底清洗过的新容器，以减少再次污染的可能性。清洗的一般程序是：用水和洗涤剂洗，再用铬酸-硫酸洗液，然后用自来水蒸馏水冲洗干净即可，所用的洗涤剂类型和选用的容器材质要随待测组分来确定。测磷酸盐则不能使用含磷洗涤剂；测硫酸盐或铬则不能用铬酸-硫酸洗液。测重金属的玻璃容器及聚乙烯容器通常用盐酸或硝酸（$C=1mol/L$）洗净并浸泡一至两天然后用蒸馏水或去离子水冲洗。

b. 用于微生物分析的样品　容器及塞子、盖子应经灭菌并且在此温度下不释放或产生出任何能抑制生物活性、灭活或促进生物生长的化学物质。

玻璃容器按一般清洗原则洗涤，用硝酸浸泡再用蒸馏水冲洗以除去重金属或铬酸盐残留物。

在灭菌前可在容器里加入硫代硫酸钠（$Na_2S_2O_3$）以除去余氯对细菌的抑制作用（以每125mL 容器加入 0.1mL 的 10％ $Na_2S_2O_3$ 计量）。

③ 水样的过滤和离心分离　在采样时或采样后不久，用滤膜或砂芯漏斗、玻璃纤维等来过滤样品或将样品离心分离都可以除去其中的悬浮物、沉淀、藻类及其他微生物。

在分析时，过滤的目的主要是区分过滤态和不可过滤态，在滤器的选择上要注意可能的吸附损失，如测有机项目时一般选用砂芯漏斗和玻璃纤维过滤，而在测定无机项目时则常用 $0.45\mu m$ 的滤膜过滤。

④ 水样的保存措施

a. 将水样充满容器至溢流并密封 为避免样品在运输途中的振荡，以及空气中的氧气、二氧化碳对容器内样品组分和待测项目的干扰，对酸碱度、BOD、DO 等产生影响，应使水样充满容器至溢流并密封保存。但对准备冷冻保存的样品不能充满容器，否则水冰冻之后，会因体积膨胀致使容器破裂。

b. 冷藏 水样冷藏时的温度应低于采样时水样的温度，水样采集后立即放在冰箱或冰-水浴中，置暗处保存，一般于 2～5℃冷藏。冷藏并不适用长期保存，对废水的保存时间则更短。

c. 冷冻（—20℃） 冷冻一般能延长贮存期，但需要掌握熔融和冻结的技术，以使样品在融解时能迅速、均匀地恢复其原始状态。水样结冰时，体积膨胀，一般都选用塑料容器。

d. 加入保护剂（固定剂或保存剂） 投加一些化学试剂可固定水样中某些待测组分，保护剂应事先加入空瓶中，有些亦可在采样后立即加入水样中。

经常使用的保护剂有各种酸、碱及生物抑制剂，加入量因需要而异。

所加入的保护剂不能干扰待测成分的测定，如有疑义应先做必要的实验。

所加入的保护剂，因其体积影响待测组分的初始浓度，在计算结果时应予以考虑，但如果加入足够浓的保护剂，因加入体积很小而可以忽略其稀释影响。

所加入的保护剂有可能改变水中组分的化学或物理性质，因此选用保护剂时一定要考虑到对测定项目的影响。如因酸化会引起胶体组分和悬浮在颗粒物上组分的溶解；如待测项目是溶解态物质，则必须在过滤后酸化保存。

对于测定某些项目所加的固定剂必须要做空白实验，如测微量元素时就必须确定固定剂可引入的待测元素的量（如酸类会引入不可忽视量的砷、铅、汞）。

必须注意：某些保护剂是有毒有害的，如氯化汞（$HgCl_2$）、三氯甲烷及酸等，在使用及保管时一定要重视安全防护。

⑤ 常用样品保存技术 表 2-3（只是保存样品的一般要求。由于天然水和废水的性质复杂，在分析之前，需要验证一下按所述方法处理过的每种类型样品的稳定性）列出的是有关水样保存技术的要求，样品的保存时间、容器材质和选择以及保存措施的应用都要取决于样品中的组分及样品的性质，而现实的水样又是千差万别的，因此表 2-3 中所列的要求不可能是绝对的准则。因此每个分析工作者都应结合具体工作验证这些要求是否适用，在制定分析方法标准时应明确指出样品采集和保存的方法。

此外，如果要采用的分析方法和使用的保护剂及容器材质间有不相容的情况，则常需从同一水体中取数个样品，按几种保存措施进行分析以求找出最适宜的保护方法和容器。

3. 水样的管理

样品是从各种水体及各类型水中取得的实物证据和资料，水样妥善而严格的管理是获得可靠监测数据的必要手段，规定了水样管理方法和程序。

（1）水样的标签设计 水样采集后，往往根据不同的分析要求，分装成数份，并分别加入保存剂。对每一份样品都应附一张完整的水样标签。水样标签的设计可以根据实际情况，一般包括：采样目的，课题代号，监测点数目、位置，监测日期，时间，采样人员等。标签应用不褪色的墨水填写，并牢固地贴于盛装水样的容器外壁上。对需要现场测试的项目，如

表 2-3　常用样品保存技术

	待测项目	容器类别	保存方法	分析地点	可保存时间	建　　议
A 物理化学及生化分析	pH值	P或G		现场		现场直接测试
	酸度及碱度	P或G	在2~5℃暗处冷藏	实验室	24h	水样充满容器
	溴	P或G		实验室	6h	最好在现场测试
	电导	G	冷藏于2~5℃	实验室	24h	最好在现场测试
	色度	P或G	在2~5℃暗处冷藏	现场、实验室	24h	单独定容采样
	悬浮物及沉积物	P或G		实验室	24h	最好在现场测试
	浊度	P或G		实验室	尽快	最好在现场测试
	臭氧	P或G		现场		
	余氯	P或G		现场		最好在现场分析,如果做不到,在现场用过量NaOH固定。保存不应超过6h
	二氧化碳	P或G		见酸碱度		
	溶解氧	(溶解氧瓶)	现场固定氧并存放暗处	现场、实验室	几小时	碘量法加1mL 1mol/L高锰酸钾和2mL 1mol/L碱性碘化钾
	油脂,油类,碳氢化合物、石油及衍生物	用分析时使用的溶剂洗容器	现场萃取冷冻至-20℃	实验室	24h 数月	建议于采样后立即加入在分析方法中所用的萃取剂,或进行现场萃取
	离子型表面活性剂	G	在2~5℃下冷藏酸化pH<2	实验室	尽快48h	不能使用硝酸酸化的生活污水及工业废水应使用这种方法
	非离子型表面活性剂	G	加入40%(体积分数)的甲醛,使样品成为含1%(体积分数)的甲醛溶液,在2~5℃下冷藏,并使水样充满容器	实验室	1月	
	砷		加 H₂SO₄使pH=2,并加入5%(体积分数)0.25mol/L的EDTA溶液	实验室	数月	
	硫化物	P	每100mL加2mL 2mol/L醋酸锌并加入2mL 2mol/L的NaOH并冷藏	实验室	24h	必须现场固定
	总氰	P	用NaOH调节至pH=12	实验室	24h	
	COD	G	在2~5℃暗处冷藏,用H₂SO₄酸化至pH<2,-20℃冷冻(一般不使用)	实验室	尽快1周 1月	如果COD是因为存在有机物引起的,则必须加以酸化;COD值低时,最好用玻璃瓶保存
	BOD	G	在2~5℃暗处冷藏,-20℃冷冻(一般不使用)	实验室	尽快1月	BOD值低时,最好用玻璃瓶
	基耶达氮氨氮	P或G	用硫酸H₂SO₄酸化至pH<2并在2~5℃冷藏	实验室	尽快	为了阻止硝化细菌的新陈代谢,应考虑加入杀菌剂如丙烯基硫脲或三氯甲烷等

续表

待测项目	容器类别	保存方法	分析地点	可保存时间	建议
硝酸盐氮	P或G	酸化至pH<2并在2~5℃冷藏	实验室	24h	有些废水样品不能保存,需要现场分析
亚硝酸盐氮	P或G	在2~5℃下冷藏	实验室	尽快	应该尽快测试,有些情况下,可以应用于冷冻法(-20℃)。建议于采样后立即加入分析方法中所用方法中所用的萃取剂,或在现场进行分析
有机碳	G	用H_2SO_4酸化至pH<2并在2~5℃冷藏	实验室	24h 1周	
有机氯农药	G	在2~5℃下冷藏	实验室	24h	建议于采样后立即加入分析方法中所用萃取剂,或在现场进行萃取
有机磷农药	G	在2~5℃下冷藏	实验室	24h	
"游离"氰化物	P	保存方法取决于分析方法	实验室	24h	保存方法取决于所用的分析方法
酚	BG	用$CuSO_4$抑制生化并用H_3PO_4酸化或用NaOH调节至pH>12	实验室	24h	
叶绿素	P或G	2~5℃下冷藏过滤后冷冻滤渣	实验室	24h 1月	
肼	G	用HCl调至2mol/L(每升样品100mL)并于暗处贮存	实验室	24h	
洗涤剂		见表面活性剂			
汞	P、BG	保存方法取决于分析方法	实验室	2周	保存方法取决于分析方法
铝	P	在现场过滤并用HNO_3调节 pH值为1~2	实验室	1月	滤渣用实验室不可过滤态
可过滤铝		硝酸化滤液至pH<2(如测定时用原子吸收法则不能用H_2SO_4酸化)	实验室	1月	
附着在悬浮物上的铝		现场过滤	实验室	1月	
总铝	P或G	见铝			
	P、BG	酸化至pH<2	实验室	1月	取均匀样品消解后测定,酸化时不能使用H_2SO_4
钡	P、BG	见铝	见铝		
镉	P、BG	见铝	见铝		
铜	P、BG	见铝	见铝		
总铁	P、BG	见铝	见铝		
铅	P、BG	见铝	见铝		酸化时不能使用H_2SO_4
锰	P、BG	见铝	见铝		
镍	P、BG	见铝	见铝		
银	P、BG	见铝	见铝		
锡	P、BG	见铝	见铝		
铀	P、BG	见铝	见铝		

A 物理化学及生化分析

续表

	待测项目	容器类别	保存方法	分析地点	可保存时间	建议
A 物理化学及生化分析	锌	P,BG	酸化使 pH<2	见铝		不能使用磨口及内壁已磨毛的容器,以避免对铬的吸附
	总铬	P 或 G	用氢氧化钠调节使 pH 7~9	实验室	尽快	
	六价铬	P 或 G		实验室	24h	
	铝	P,BG	见铝	实验室	数月	酸化时不要用 H₂SO₄,酸化的样品可同时用于测定钙和其他钙金属
	钙	P,BG	过滤后将滤液酸化至 pH<2	实验室		
	总硬度	P,BG		见钙		
	镁			见钙		
	锂	P 或 G	酸化至 pH<2	实验室		
	钾	P 或 G		见锂		
	钠	P	于 2~5℃冷藏	实验室	尽快	样品应避光保存
	溴化物及含溴化合物	非光化玻璃	—	实验室	数月	
	氯化物	BG	于 2~5℃冷藏加碱调整 pH=8	实验室	若样品是中性的可保存数月	
	氟化物	BG	于 2~5℃冷藏	实验室	24h/1个月	样品应避免日光直射
	碘化物	G,BG	用 H₂SO₄ 酸化至 pH<2	实验室	24h	样品应立即过滤并分析溶解的磷酸盐
	正磷酸盐	P	1L水样中加 10mL 浓盐酸	实验室	数月	
	总磷	P 或 G	用 H₂SO₄ 酸化至 pH<2 于 2~5℃冷藏	实验室	24h	
	硒	P 或 G	于 2~5℃下冷藏	实验室	数月	
	硅酸盐	P	在现场按每 100mL 水样加 1mL 25%(质量分数)的 EDTA 溶液	实验室	一周	
	总硅			实验室	1周	
	硫酸盐	P		实验室	数月	
	亚硫酸盐					
	硼及硼酸盐					
B 微生物分析	细菌总计数 大肠菌总数 粪便大肠菌 粪便链球菌 沙门菌 志贺菌等	灭菌容器 G	2~5℃冷藏	实验室	尽快(地表水、污水及饮用水)	取氯化或溴化过的水样时,所用的样品瓶清毒之前,按每 125mL 加入 0.1mL 10%(质量分数)的硫代硫酸钠 Na₂S₂O₃ 以消除氯或溴对细菌的抑制作用。对重金属含量高于 0.01mg/L 的水样,应在容器消毒之前,按每 125mL 容积加入 0.3mL 的 15%(质量分数)EDTA

续表

待测项目	容器类别	保存方法	分析地点	可保存时间	建议
C 生物学分析 鉴定和计数 (1)底栖类无脊椎动物——大样品	P或G	加入70%(体积分数)乙醇	实验室	1年	样品中的水应先倒出以达到最大的防腐剂的浓度
		加入40%(体积分数)的中性甲醛(用硼酸钠调节)使水样成为含2%~5%(体积分数)的溶液	实验室	1年	
小样品(如参考样品)	G	转入防腐剂溶液,含70%(体积分数)乙醇,40%(体积分数)的甲醛和甘油,其三者比例为:100:2:1	实验室		当心甲醛蒸气!工作范围内应有大量放放
(2)水中间丛生物	G	1份体积样品加入100份卢戈氏溶液。卢戈氏溶液,每升用150g碘化钾,100g碘,18mL乙酸$\rho=1.04g/L$,配成水样,应存放于冷暗处	实验室	1年	
(3)浮游植物浮游动物	G	加40%(体积分数)甲醛卢尔马林或加卢戈氏溶液。使用40%(体积分数)的福尔马林或加卢戈氏溶液	实验室 实验室	1年 1年	若发生脱色则加更多的卢戈氏溶液
本表所列分析项目不可能包括所有的生物分析项目,仅仅是研究工作所常涉及的动植物种群 湿重和干重 (1)底栖大型无脊椎动物 (2)大型植物 (3)浮游植物 (4)浮游动物 (5)鱼		干2~5℃冷藏	现场或实验室	24h	不要冷冻至-20℃,尽快进行分析,不得超过24h
灰分重量 (1)底栖大型无脊椎动物 (2)大型植物 (3)悬垂植物 (4)浮游植物	P或G	过滤后冷藏于-20℃保存 过滤并冷藏-20℃保存	实验室	6个月	
热值测定 (1)浮游植物 (2)浮游动物	P或G	过滤后冷藏至2~5℃,保存于干燥器皿中	实验室	24h	尽快分析,不得超过24h
毒性试验	P或G	2~5℃冷藏冻结至-20℃	实验室 实验室	36h 36h	保存期随所用分析方法不同
D 放射性分析	P或G	有关放射性分析用的样品保存方法所进行的许多研究都表明不可能找到适用于一切情况的保存办法,必须依据分析的类型[测量总放射性(α、β、γ辐射)或是测量一个或多个放射性核素的放射性]以及放射性核素的壁及其的保存期。因此选择样品主要是研究这类样品中的吸附物质的吸附现象时应进行解吸附处理,通常采用的保存方法即可单独使用。如用HNO₃酸化样品至pH<2,或冷冻至-20℃,或加入稳定剂	实验室	依赖于放射性核素的半衰期	

注:1. P—聚乙烯;G—玻璃;BG—硼硅玻璃。
2. 有"—"者表示不采取任何保存措施。

pH 值、电导、温度、流量等应按表 2-4 进行记录，并妥善保管现场记录（见表 2-4）。

表 2-4　采样现场数据记录

采样人员____

____

____

现场数据记录

采样地点	样品编号	采样日期	时间/h		pH 值	温度	其他参量
			采样开始	采样结束			

（2）水样的运送　装有水样的容器必须加以妥善的保护和密封，并装在包装箱内固定，以防在运输途中破损，包括材料和运输水样的条件都应严格要求。除了防震、避免日光照射和低温运输外，还要防止新的污染物进入容器和沾污瓶口使水样变质。

在水样转运过程中，每个水样都要附有一张管理程序登记卡（见表 2-5）。在转交水样时，转交人和接收人都必须清点和检查水样并在登记卡上签字，注明日期和时间。

管理程序登记卡是水样在运输过程中的文件，必须妥为保管，防止差错和备查。尤其是通过第三者把水样从采样地点转移到实验室分析人员手中时，这张管理程序登记卡就显得更为重要了（见表 2-5）。

表 2-5　管理程序记录卡片

采样点编号	课题编号			课题名称		样品容器编号	备　注
	日期	采样人员（签字）			采样点位置		
		时刻	混合样	定时样			

转交人签字：	日期　时刻	接收人签字	转交人签字：	日期　时刻	接收人签字
转交人签字：	日期　时刻	接收人签字	转交人签字：	日期　时刻	接收人签字
转交人签字：	日期　时刻	接收人签字	转交人签字：	备注：	

（3）实验室对水样的接收　水样送至实验室时，首先要核对水样，验明标签，确切无误时签字验收。如果不能立即进行分析时，则应尽快采取保存措施，并防止水样被污染。

三、水样的采集

1. 实验仪器

有机玻璃深水采样桶（2.5～5L）。

2. 实验内容

基本的实验过程包括：

采样点的布设 ──────→ 样品的采集

（1）样品的采集　采集水样前，先用水样洗涤取样瓶及塞子 2～3 次。然后，一手拉住长绳将采集瓶抛入水体中，同时另一手捏住胶管头，当采样瓶深入到既定深度后，松开胶管，采集一定量的水样。

对采集到的每一个水样都要做好记录，并在每一个瓶子上做相应的标记，要记录足够的资料及为日后提供确定的水样鉴别，同时记录水样采集者的姓名、采样日期及地点、采样的时间及深度、气候条件等。见表2-6。

表 2-6　采样现场数据记录表

采样地点	样品编号	采样时间	深度	温度	其他参数

采样人＿＿＿＿＿
日期：　　年　月　日

（2）水样的现场测定　有条件的情况下，可以对 pH 值、氧化还原电位、溶解氧等进行现场测定。

实验课预备知识如下。

① 除了实验前详读本实验的具体内容外，还应预习采样断面的布设、采样垂线的布设等内容。

② 掌握简易水样采集瓶的制备。

（3）水样的保存　采集的水样从采集到分析这段时间，由于物理、化学和生物的作用会发生各种变化，为了使这些变化降低到最小的程度，必须在采样时根据水样的不同情况和要测定的项目，采取必要的保护措施，并尽可能快地进行分析。

① 水样保存的基本要求

a. 减缓生物作用。

b. 减缓化合物或者络合物的水解及氧化还原作用。

c. 减少组分的挥发和吸附损失。

② 保存措施

a. 选择适当材料的容器：如测定硅、硼不能使用硼硅玻璃瓶。

b. 控制溶液的 pH 值。

c. 加入化学试剂抑制氧化还原反应和生化作用。

d. 冷藏或冰冻以降低细菌活性和化学反应速度。

四、思考题

1. 如何采氧化沟水样？

2. 水样保存应注意什么问题？

第二节　水样理化性质及 pH 值的测定

水样理化性质的测定包括颜色、浊度、嗅、透明度、电导率、pH 值、氧化还原电位、残渣和矿化度的测定，本实验主要是颜色、总残渣、电导率和 pH 值的测定。

一、总残渣

水样残渣分为总残渣、总可滤残渣和总不可滤残渣三种。

总残渣指水或废水在一定温度下蒸发，烘干后剩余留在器皿中的物质，包括"总不可滤残渣"（即截留在滤器上的全部残渣，也称悬浮物）和"总可滤残渣"（即通过滤器的全部残渣，也称为溶解总固体）。

1. 基本原理

用已知质量的蒸发皿盛取废水样，在蒸汽浴或水浴上蒸干，然后在烘箱中 103～105℃烘干至恒重，蒸发皿增加的质量即代表总残渣。

2. 仪器

① 瓷蒸发皿：直径 90mm（或用 150mL 硬质烧杯）。

② 烘箱。

③ 蒸汽浴或水浴锅。

④ 分析天平。

3. 实验步骤

将瓷蒸发皿每次 103～105℃烘箱中烘 30min，冷却后称重至恒重。

分取适量振荡均匀的水样（如 50mL），使残渣量大于 25mg 置上述蒸发皿内，在蒸汽浴或水浴上蒸干（水浴面不可接触皿底），移入 103～105℃烘箱内烘 1h，冷却后称重，直到恒重。

4. 计算

$$总残渣(mg/L) = \frac{(A-B) \times 1000 \times 1000}{V}$$

式中，A 为总残渣＋蒸发皿重，g；B 为蒸发皿重，g；V 为水样体积，mL。

5. 水中悬浮物（SS）的测定（重量法）

（1）适用范围 本标准方法适用于地面水、地下水，也适用于生活污水和工业废水中悬浮物测定。

水质中的悬浮物是指水样通过孔径为 0.45μm 的滤膜，截留在滤膜上并于 103～105℃烘干至恒重的固体物质。

（2）试剂 蒸馏水或同等纯度的水。

（3）仪器 常用实验室仪器和以下仪器。

① 全玻璃微孔滤膜过滤器。

② CN-CA 滤膜、孔径 0.45μm、直径 60mm。

③ 吸滤瓶、真空泵。

④ 无齿扁嘴镊子。

（4）采样及样品贮存

① 采样 所用聚乙烯瓶或硬质玻璃瓶要用洗涤剂洗净。再依次用自来水和蒸馏水冲洗干净。在采样之前，再用即将采集的水样清洗三次。然后，采集具有代表性的水样 500～1000mL，盖严瓶塞。

注意：漂浮或浸没的不均匀固体物质不属于悬浮物质，应从水样中除去。

② 样品贮存 被采集的水样应尽快分析测定。如需放置，应贮存在 4℃冷藏箱中，但最长不得超过 7d。

注意：不能加入任何保护剂，以防破坏物质在固、液间的分配平衡。

（5）步骤

① 滤膜准备 用无齿扁嘴镊子夹取微孔滤膜放于事先恒重的称量瓶里，移入烘箱中于

103～105℃烘干半小时后取出置干燥器内冷却至室温，称其质量。反复烘干、冷却、称量，直至两次称量的质量差≤0.2mg。将恒重的微孔滤膜正确地放在滤膜过滤器的滤膜托盘上，加盖配套的漏斗，并用夹子固定好。以蒸馏水湿润滤膜，并不断吸滤。

② 测定

量取充分混合均匀的试样 100mL，抽吸过滤。使水分全部通过滤膜。再以每次 10mL 蒸馏水连续洗涤三次，继续吸滤以除去痕量水分。停止吸滤后，仔细取出载有悬浮物的滤膜放在原恒重的称量瓶里，移入烘箱中于 103～105℃下烘干一小时后移入干燥器中，使冷却到室温，称其质量。反复烘干、冷却、称量，直至两次称量的质量差≤0.4mg 为止。

注意：滤膜上截留过多的悬浮物可能夹带过多的水分，除延长干燥时间，还可能造成过滤困难，遇此情况，可酌情少取试样。滤膜上悬浮物过少，则会增大称量误差，影响测定精度，必要时，可增大试样体积，一般以 5～100mg 悬浮物量作为量取试样体积的实用范围。

(6) 结果的表示   悬浮物含量 C(mg/L) 按下式计算：

$$C = \frac{(A-B) \times 1000 \times 1000}{V}$$

式中，C 为水中悬浮物浓度，mg/L；A 为悬浮物＋滤膜＋称量瓶质量，g；B 为滤膜＋称量瓶质量，g；V 为试样体积，mL。

二、色度的测定

1. 适用范围

水的颜色：改变透射可见光光谱组成的光学性质。

水的表观颜色：由溶解物质及不溶解性悬浮物产生的颜色，用未经过滤或离心分离的原始样品测定。

水的真实颜色：仅由溶解物质产生的颜色，用经 0.45μm 滤膜过滤器过滤的样品测定。

色度的标准单位，度：在每升溶液中含有 2mg 六水合氯化钴（Ⅱ）和 1mg 铂［以六氯铂（Ⅳ）酸的形式］时产生的颜色为 1 度。

色度的测定常用铂钴比色法和稀释倍数法两种方法。测定经 15min 澄清后样品的颜色。pH 值对颜色有较大影响，在测定颜色时应同时测定 pH 值。

铂钴比色法适用于清洁水、轻度污染并略带黄色调的水，比较清洁的地面水、地下水和饮用水等。

稀释倍数法适用于污染较严重的地面水和工业废水。

两种方法应独立使用，一般没有可比性。

样品和标准溶液的颜色色调不一致时，本方法不适用。

2. 铂钴比色法

(1) 原理   用氯铂酸钾和氯化钴配制颜色标准溶液，与被测样品进行目视比较，以测定样品的颜色强度，即色度。样品的色度以与之相当的色度标准溶液的度值表示。

产生干扰的因素主要是水样的混浊情况，可采用放置澄清或过滤法去除。

注意：此标准单位导出的标准度有时称为"Hazen 标"或"Pt-Co 标"［《液体化学产品颜色测定法（Hazen 单位-铂-钴色号）》(GB 3143)］或毫克铂/升。

(2) 试剂   除另有说明外，测定中仅使用光学纯水及分析纯试剂。

① 光学纯水：将 0.2μm 滤膜（细菌学研究中所采用的）在 100mL 蒸馏水或去离子水中浸泡 1h，用它过滤 250mL 蒸馏水或去离子水，弃去最初的 25mL，以后用这种水配制全部

标准溶液并作为稀释水。

② 色度标准贮备液，相当于 500 度：将（1.245±0.001）g 六氯铂（Ⅳ）酸钾（K_2PtCl_6）及（1.000±0.001）g 六水合氯化钴（Ⅱ）（$CoCl_2 \cdot 6H_2O$）溶于约 500mL 水中，加（100±1）mL 盐酸（$\rho = 1.18g/mL$），并在 1000mL 的容量瓶内用水稀释至标线。

将溶液放在密封的玻璃瓶中，存放在暗处，温度不能超过 30℃。本溶液至少能稳定 6 个月。

注意：若无上述药品，可采用重铬酸钾代替，称取 0.0437g 重铬酸钾及 1.000g 硫酸钴，溶于少量蒸馏水中，加入 0.5mL 浓硫酸，用水稀释至 500mL，此溶液色度为 500 度。

③ 色度标准溶液：在一组 250mL 的容量瓶中，用移液管分别加入 2.50mL、5.00mL、7.50mL、10.00mL、12.50mL、15.00mL、17.50mL、20.00mL、25.00mL、30.00mL、35.00mL 贮备液并用水稀释至标线。溶液色度分别为：5 度、10 度、15 度、20 度、25 度、30 度、35 度、40 度、50 度、60 度和 70 度。

溶液放在严密盖好的玻璃瓶中，存放于暗处，温度不能超过 30℃。这些溶液至少可稳定 1 个月。

（3）仪器　常用实验室仪器及下述仪器。

① 具塞比色管，50mL。规格一致，光学透明玻璃底部无阴影。

② pH 计，精度±0.1pH 单位。

③ 容量瓶，250mL。

（4）采样和样品　所用与样品接触的玻璃器皿都要用盐酸或表面活性剂溶液加以清洗，最后用蒸馏水或去离子水洗净、沥干。

将样品采集在容积至少为 1L 的玻璃瓶内，在采样后要尽早进行测定。如果必须贮存，则将样品贮于暗处。在有些情况下还要避免样品与空气接触，同时要避免温度的变化。

（5）步骤

① 试样　将样品倒入 250mL（或更大）量筒中，静置 15min，倾取上层液体作为试样进行测定。

② 测定　将一组具塞比色管用色度标准溶液充至标线。将另一组具塞比色管用试样充至标线。

将具塞比色管放在白色表面上，比色管与该表面应呈合适的角度，使光线被反射自具塞比色管底部向上通过液注。垂直向下观察液柱，找出与试样色度最接近的标准溶液。

如色度≥70 度，用光学纯水将试样适当稀释后，使色度落入标准溶液范围之中再行测定。另取试样测定 pH 值。

（6）结果的表示　以色度的标准单位报告与试样最接近的标准溶液的值，在 0～40 度（不包括 40 度）的范围内，准确到 5 度。40～70 度范围内，准确到 10 度。在报告样品色度的同时报告 pH 值。

稀释过的样品色度（A_0），以度计，用下式计算：

$$A_0 = (V_1/V_0)A_1$$

式中，V_1 为样品稀释后的体积，mL；V_0 为样品稀释前的体积，mL；A_1 为稀释样品色度的观察值，度。

3. 稀释倍数法

（1）原理　将样品用光学纯水稀释至用目视比较与光学纯水相比刚好看不见颜色时的稀

释倍数作为表达颜色的强度，单位为倍。

同时用目视观察样品，检验颜色性质、颜色的深浅（无色、浅色或深色）、色调（红、橙、黄、绿、蓝和紫等），如果可能，包括样品的透明度（透明、混浊或不透明）。用文字予以描述。

结果以稀释倍数值和文字描述相结合表达。

（2）试剂　光学纯水。

（3）仪器　实验室常用仪器及具塞比色管、pH 计，同铂钴比色法。

（4）采样和样品　同铂钴比色法。

（5）步骤

① 试样　同铂钴比色法。

② 测定　分别取试样和光学纯水于具塞比色管中，充至标线，将具塞比色管放在白色表面上，具塞比色管与该表面应呈合适的角度，使光线被反射自具塞比色管底部向上通过液柱。垂直向下观察液柱，比较样品和光学纯水，描述样品呈现的色度和色调，如果可能，包括透明度。

将试样用光学纯水逐级稀释成不同倍数，分别置于具塞比色管并充至标线。将具塞比色管放在白色表面上，用上述相同的方法与光学纯水进行比较。将试样稀释至刚好与光学纯水无法区别为止，记下此时的稀释倍数值。

稀释的方法：试样的色度在 50 倍以上时，用移液管计量吸取试样于容量瓶中，用光学纯水稀至标线，每次取大的稀释比，使稀释后色度在 50 倍之内。

试样的色度在 50 倍以下时，在具塞比色管中取试样 25mL，用光学纯水稀至标线，每次稀释倍数为 2。

试样或试样经稀释至色度很低时，应自具塞比色管倒至量筒适量试样并计量，然后用光学纯水稀至标线，每次稀释倍数小于 2。记下各次稀释倍数值。

另取试样测定 pH 值。

（6）结果的表示　将逐级稀释的各次倍数相乘，所得之积取整数值，以此表达样品的色度。

同时用文字描述样品的颜色深浅、色调，如果可能，包括透明度。

在报告样品色度的同时，报告 pH 值。

三、电导率的测定

电导率是以数字表示溶液传导电流的能力。电导率常用于间接推测水中离子成分的总浓度，水溶液的电导率取决于离子的性质和浓度、溶液的温度和黏度等。

电导率的标准单位 S/m（西门子/米）。通常规定 25℃为测定电导率的标准温度。

1. 基本原理

电导是电阻的倒数。根据欧姆定律，在温度一定时：

$$R(\text{电阻}) = \frac{\rho L}{A}$$

式中，L 为电极间距离，cm；A 为电极之截面积，cm^2；ρ 为电阻率。

L/A 为常数，称为电导池常数 Q。

ρ 之倒数为 $1/\rho$，称之为电导率 K，即 $K = \frac{1}{\rho} = \frac{Q}{R}$。

当已知电导池常数，并测出电阻后，即可求出电导率。

2. 仪器

① 电导率仪：DDS-11A 型（上海雷磁公司）、HI8733P（HANNA 公司），误差不超过 1%。

② 温度计：能读至 0.1℃。

③ 恒温水浴锅：(25±0.2)℃。

3. 试剂

① 纯水：电导率小于 0.1mS/m。

② 0.0100mol/L 标准氯化钾溶液：称取 0.7456g 于 105℃ 干燥 2h 后并冷却的氯化钾，溶解于纯水中，于 25℃ 下定容至 1000mL，此溶液在 25℃ 时的电导率为 141.3mS/m。必要时，可将标准溶液用纯水加以稀释，各种浓度氯化钾溶液的电导率（25℃）见表 2-7。

表 2-7　各种浓度氯化钾溶液的电导率（25℃）

浓度/(mol/L)	电导率/(mS/m)	浓度/(mol/L)	电导率/(mS/m)
0.0001	1.494	0.001	14.7
0.0005	7.39	0.005	71.78

4. 实验步骤

实验前首先阅读所用型号电导率仪的说明书。

（1）干扰及消除　样品中含有粗大悬浮物质、油和脂会干扰测定，可先测水样，再测标准溶液，以了解干扰情况，若有干扰，应过滤或萃取除去之。

（2）电导常数 Q 之测定　用 0.01mol/L 标准氯化钾溶液冲洗电导池三次。

将此电导池注满标准溶液，放入恒温水浴约 15min。

测定溶液电阻 R_{KCl}，更换标准溶液后再进行测定，重复数次，使电阻稳定在 ±2% 范围内，取其平均值。

用公式 $Q = KR_{KCl}$，对于 0.01mol/L 氯化钾溶液，在 25℃ 时 $K = 141.3$mS/m，则

$$Q = 141.3 R_{KCl}$$

（3）样品测定　用水冲洗数次电导池，再用水样冲洗后，装满水样，测定水样电阻 $R_{水样}$。由已知电导池常数 Q，得出水样电导率 $K_{水样}$，同时记录测量温度。

（4）计算

$$K_{水样}\left(\frac{mS}{m}\right) = \frac{Q}{R_{水样}} = 141.3\,\frac{R_{KCl}}{R_{水样}}$$

当测量水样温度为 $t(t \neq 25℃)$ 时，则由下式求出 25℃ 时水样之电导率：

$$K_{水样} = K_{水样}^{25℃}[1 + \alpha(t-25)]$$

式中，α 为各离子电导率平均温度系数，取为 0.022。

（5）注意事项　测定过程中，最好使用和水样电导率相近的氯化钾标准溶液测定电导池常数 Q。若使用已知电导池常数的电导池，实验步骤如下。

① 消除干扰。

② 仪器校正（具体过程详见各型号电导仪之说明书）。

③ 水样测定（直接读数，并记录测定时之温度）。计算公式同上。

四、pH 值的测定

1. 基本原理

以玻璃电极为指示电极，饱和甘汞电极为参比电极组成测量电池，在 25℃条件下，溶液每变化 1 个 pH 单位，使电位差变化 59.16mV，将电压表的刻度变为 pH 刻度，便可直接读出溶液的 pH 值，其温度的差异则通过仪器上的温度补偿装置加以补偿校正。

玻璃电极法基本上不受水的色度、浊度、胶体物质、氧化剂、还原剂及含盐量多少的干扰，但在 pH 值大于 10 时，会产生"钠差"，从而使读数偏低。为克服其误差可以选用特制的"低钠差"电极，或使用与水样的 pH 值相近的标准缓冲溶液对仪器进行校正。

现在一般采用复合电极法测定，特点：结构简单，使用方便。

2. 仪器

pHS-2B 型酸度计或其他各种型号的 pH 计和离子活度计，精度 0.02pH；pHSJ-3F 复合电极；磁力搅拌器；50mL 烧杯，最好是聚乙烯或聚四氟乙烯烧杯。

3. 试剂

作校正用的缓冲溶液（亦称标准液）一般可用计量部门出售的 pH 标准物质直接溶解定容而成，也可按表 2-8 的浓度要求称取化学药品，溶于 25℃的蒸馏水中，转移到 1L 的容量瓶中，用蒸馏水稀释至标线，蒸馏水要二次蒸馏，电导率小于 2 微姆欧/厘米，pH 值在 5.6～6.0 之间，用前煮沸数分钟，冷却以排除水中的 CO_2，使 pH 值为 6.7～7.3，磷酸氢二钠要事先在 110～130℃下烘干 2h，不稳定的四草酸钾烘干温度不得超过 60℃，配好的溶液应贮于聚乙烯瓶中（若无聚乙烯瓶可用硬质玻璃瓶代替）。有效期 1 个月。若发现絮凝变质，应弃去重新配制。

表 2-8　pH 值标准液的配制

	标准液	pH 值 (25℃)	每 1000mL 水溶液所含药品的质量(25℃)
	酒石酸氢钾（25℃饱和）	3.557	6.4g $KHC_4H_4O_6$ [①]
	0.05mol/L 柠檬酸二氢钾	3.776	11.41g $KH_2C_6H_5O_7$
基本标准	0.5mol/L 磷苯二甲酸氢钾	4.008	10.21g $KH_8H_4O_4$
	0.025mol/L 磷酸二氢钾＋0.025mol/L 磷酸氢二钠	6.865	3.388g KH_2PO_4 [②] ＋3.533g Na_2HPO_4 [②,③]
	0.008695mol/L 磷酸二氢钾＋0.03043mol/L 磷酸氢二钠	7.413	1.179g KH_2PO_4 [②] ＋4.302g Na_2HPO_4 [②,③]
	0.01mol/L 四硼酸钠（硼砂）	9.180	3.81g $Na_2B_4O_7 \cdot 10H_2O$ [②]
	0.025mol/L 碳酸氢钠＋0.025mol/L 碳酸钠	10.012	2.092g $NaHCO_3$＋2.640g Na_2CO_3
补充标准	0.05mol/L 二草酸二氢钾	1.679	12.61g $KH_3C_4O_8 \cdot 2H_2O$
	氢氧化钙（25℃饱和）	12.454	1.5g $Ca(OH)_2$ [①]

① 大约溶解度。

② 在 110～130℃烘干 2h。

③ 用新煮过并冷却的蒸馏水（不含 CO_2）配制。

4. 实验步骤

① 按照仪器说明书准备。

② 将水样与标准溶液调到同一温度，记录测定温度，把仪器温度补偿旋到该温度处，选与水样 pH 值相差不超过 2 个 pH 单位的标准溶液校准仪器。

③ 从第一个标准液中取出两个电极，彻底冲洗，并用滤纸吸干，再浸入第二个标准溶液中，其 pH 值约与前一个相差 3 个 pH 单位，如测定值与第二个标准溶液 pH 值之差大于 0.1pH 值时，就要检查仪器、电极或标准溶液是否有问题，当三者均无异常情况并符合要

求时方可测定水样。

④ 水样测定：先用水仔细冲洗两个电极，再用水样冲洗，然后将电极浸在水样中，小心搅拌或摇动使其均匀，待读数稳定后记录 pH 值。

5. 注意事项

① 测定时，玻璃电极的球泡应全部浸入溶液中，使它稍高于甘汞电极的陶瓷芯端。

② 甘汞电极使用前必先拔掉上孔胶塞。

③ 为防止空气中二氧化碳溶入或水样中二氧化碳逸失，测定前不宜提前打开水样瓶塞。

五、思考题

1. 如何测定生活污水的色度？

2. 测定电导率的意义是什么？

3. pH 值测定需注意哪些问题？

第三节　污水厂进出口或氧化沟的水中氨氮的测定——纳氏试剂分光光度法

一、实验意义和目的

氮是蛋白质，核酸，某些维生素等有机物中的重要组分。纯净天然水体中的含氮物质是很少的，水体中含氮物质的主要来源是生活污水和某些工业废水。当含氮有机物进入水体后，由于微生物和氧的作用，可以逐步分解或氧化为无机氨、铵、NO_2^- 和 NO_3^-。因此氮在水中以无机氮和有机氮两大形态存在，无机氮包括 NH_4^+（或 NH_3）、NO_2^-、NO_3^- 等，有机氮主要有蛋白质、氨基酸、胨、肽、核酸、尿素、硝基、亚硝基、肟、腈等含氮有机化合物。各种形式的氮在一定条件下可以互相转换。

$$有机氮 \xrightarrow[\text{(快)}]{\text{生物代谢或细菌作用下}} NH_4^+ \xrightarrow[\text{存在 DO}]{\text{亚硝化菌}} NO_2^- \xrightarrow[\text{存在 DO}]{\text{硝化菌}} NO_3^- \xrightarrow[\text{进入大气}]{\text{反硝化菌}} N_2$$

因此，NH_4^+（NH_3）、NO_2^-、NO_3^- 这三种形态氮的含量都可以作为水质指标，分别代表有机氮转化为无机氮的不同阶段。随着含氮物质的逐步氧化分解，水体中的微生物和其他有机污染物也被分解破坏，从而达到净化水体的作用。分别测定 NH_4^+（NH_3）、NO_2^-、NO_3^-，可在一定程度上反映水体受含氮污染的情况。

氨氮是指水中以游离 NH_3 和 NH_4^+ 形式存在的氮。NH_3 对水生生物及人体均有毒害作用，因此非常具有测定的必要。NH_3 和 NH_4^+ 的存在比例与 pH 值有关，pH 值高时，NH_3 的比例较高；反之，则 NH_4^+ 的比例较高。

$$NH_3 \cdot H_2O \longrightarrow NH_4^+ + OH^-$$

氨氮的测定方法，通常有纳氏比色法、苯酚-次氯酸盐（或水杨酸-次氯酸盐）比色法、电极法等。纳氏试剂比色法是测氨氮的国家标准方法，GB 7479—87，具有操作简便、灵敏等特点，但钙、镁、铁等金属离子，硫化物、醛、酮类，以及水中色度和混浊等干扰测定，需要相应的预处理。苯酚-次氯酸盐比色法具灵敏、稳定等优点，干扰情况和消除方法同纳氏试剂比色法。电极法通常不需要对水样进行预处理和具测量范围宽等优点。氨氮含量较高时，可采用蒸馏-酸滴定法。

实验选用纳氏试剂分光光度法来测定污水处理厂的进、出口水样的氨氮，不仅了解了氨氮测定的环境意义，也将掌握纳氏试剂分光光度法测定水中氨氮的原理及操作方法，更通过具体操作熟悉了 KDN 凯氏定氮仪的工作原理及操作方法，并能够将其自动蒸馏系统与传统蒸馏方法进行比较。

二、实验仪器

KDN 系列凯氏定氮蒸馏仪、KDN-20C 远红外消煮炉、分光光度计。

三、氨氮的测定原理

碘化汞和碘化钾的碱性溶液与氨反应生成淡红棕色胶态化合物，其色度与氨氮含量成正比，通常可在波长 410～425nm 范围内测其吸光度，计算其含量。本法最低检出浓度为 0.025mg/L（光度法），测定上限为 2mg/L。采用目视比色法，最低检出浓度为 0.02mg/L。

实验注意事项如下。

① 所用试剂均应为无氨水。

② 应做全程序空白实验。

③ 收集时应将冷凝管的导管浸入吸收液。

④ 蒸馏结束 2～3min，应把锥形瓶放低，使吸收液面脱离冷凝管，并再蒸馏片刻以洗净冷凝管和导管，用无氨水稀释至 250mL 备用。

⑤ 蒸馏时应避免暴沸，否则可造成馏出液温度升高，氨吸收不完全。

⑥ 加入少量石蜡，可防止蒸馏时产生泡沫。

⑦ 纳氏试剂中 HgI_2 和 KI 的比例，对显色反应的灵敏度有很大的影响，理论上 HgI_2 和 KI 的质量比为 1.37∶1.00。静置后生成的沉淀应除去，取上清液使用。

四、实验步骤

1. 水样预处理——蒸馏

$$(NH_4)_2SO_4 + 2OH^- \xrightarrow{\text{高温蒸汽}} 2NH_3 \uparrow$$

消解液在碱性条件下，加热蒸馏，用硼酸溶液吸收馏出液。

本实验采用 KDN 系列凯氏定氮仪的自动测氮蒸馏系统进行蒸馏前，用配套的远红外消煮炉进行消煮。

方法如下。

① 取 100mL 待测定水样，置于样品消煮管中，进行消煮，待样品中的试液消煮彻底后，移出消煮炉自然冷却到室温再进行蒸馏，定氮仪自动加碱，加一定量碱液后进行蒸馏，用硼酸溶液吸收氨蒸气。

② 将馏出液用无氨水稀释至 100mL 备用。

③ 用无氨水代替水样做空白实验。

2. 标准曲线的绘制

移取 5.00mL 氨标准贮备溶液（每毫升含 1.00mg 氨氮）于 500mL 容量瓶中，用水稀释至标线。此溶液每毫升含 0.010mg 氨氮。分别取 0mL、0.5mL、1.00mL、3.00mL、5.00mL、7.00mL、10.00mL 氨标准使用液于 50mL 比色管内，稀释至标线，加入 0.1mL 酒石酸钾钠溶液，混匀。加 1.5mL 纳氏试剂，混匀。放置 10min，在 420nm 处，用 20mm 比色皿测定吸光度。以测定的吸光度 A_0 减去零浓度空白管的吸光度，得到校正吸光度 A，绘制氨氮含量（mg）对校正吸光度 A 的标准曲线。

以氨浓度对校正吸光度绘制标准曲线，求出线性回归曲线和相关系数（excel 软件）。

3. 水样的测定

取适量馏出液（清洁水样取 50mL，含氨较高的污染水样取 5～30mL），加入到 50mL 比色管内，稀释至标线，加入 0.1mL 酒石酸钾钠溶液，混匀。加 1.5mL 纳氏试剂，混匀。放置 10min，在 420nm 处，用 20mm 比色皿，以蒸馏水为参比，测定吸光度。

4. 空白实验

用无氨水代替水样，做全程序空白测定。

五、数据处理和数据分析

数据记录表见表 2-9。

表 2-9　数据记录表

氨标准使用液/mL	0	0.5	1.00	3.00	5.00	7.00	10.00
氨氮含量/mg	0	0.005	0.010	0.030	0.050	0.070	0.100
测定吸光度 A_0							
校正吸光度 A							
线性回归方程							
线性相关系数 r							

水样测得的吸光度减去空白实验的吸光度后，从标准曲线上查找氨氮量（mg）后，按下式计算：

$$氨基(N, mg/L) = \frac{m}{V} \times 1000$$

式中，m 为由校准曲线查得的氨氮量，mg；V 为水样体积，mL。

六、实验注意事项

① 在氨标准使用液的配置上，必须稀释重新配置再测定吸光度，导致了不必要的重复操作。

② 在绘制标准曲线时，纳氏试剂加入后比色管搁置时间不等，而纳氏试剂显色后的溶液颜色会随时间而变化，对吸光度的测定会有影响。

③ 我们采集回的水样如果没有进行预处理，有可能有部分铵根离子逸出成为氨气，纳氏试剂对实验结果会造成一定影响。

第四节　废水中化学需氧量（COD_{Cr}）的测定及高锰酸盐指数

化学需氧量反映了水体受还原性物质污染的程度。化学需氧量是指在一定条件下用强氧化剂处理水样时所消耗氧化剂的量，以氧的 mg/L 表示。

水中还原物质包括有机物、亚硝酸盐、亚铁盐、硫化物等。水样的化学需氧量，可受加入氧化剂的种类及浓度、反应溶液的酸度、反应时间和温度，以及催化剂的有无而获得不同的结果。因此，化学耗氧量是一个条件性指标，必须严格按操作步骤进行。

对于工业废水，我国规定用重铬酸钾法测得值称为化学需氧量。另外，还有高锰酸盐指数这一指标。

一、重铬酸钾法（国家标准法）

1. 基本原理

在一定条件下，经重铬酸钾氧化处理时，水样中的溶解性物质和悬浮物所消耗的重铬酸盐相对应的氧的质量浓度。

在水样中加入已知量的重铬酸钾溶液，并在强酸介质下以银盐作催化剂，经沸腾回流后，以试亚铁灵为指示剂，用硫酸亚铁铵滴定水样中未被还原的重铬酸钾，由消耗的硫酸亚铁铵的量换算成消耗氧的质量浓度。

2. 方法的适用范围

本方法适用于各种类型的含 COD 值大于 30mg/L 的水样（用 0.025mol/L 浓度的重铬酸钾溶液可测定 5～50mg/L 的 COD 值，但准确度较差），对未经稀释的水样的测定上限为 700mg/L。本方法不适用于含氯化物浓度大于 1000mg/L（稀释后）的含盐水。

3. 干扰因素及消除的方法

重铬酸钾氧化性很强，可氧化大部分有机物。加入硫酸银作催化剂时，直链脂肪族化合物可被氧化，而芳香族化合物难于氧化，吡啶不被氧化，挥发性直链脂肪族化合物、苯等有机物则存在于蒸气相，不能与氧化液体接触，氧化不明显。

氯离子能被重铬酸钾氧化，并且能与硫酸银作用产生沉淀，影响测定结果，故在蒸馏前向水样中加入硫酸汞，使其成为络合物以消除干扰。氯离子含量高于 2000mg/L 时应先做定量稀释，使含量降至 2000mg/L 以下，再行测定。

4. 试剂

除非另有说明，实验时所用试剂均为符合国家标准的分析纯试剂，试验用水均为蒸馏水或同等纯度的水。

① 硫酸银（Ag_2SO_4），化学纯。

② 硫酸汞（$HgSO_4$），化学纯。

③ 硫酸（H_2SO_4），$\rho = 1.84g/mL$。

④ 硫酸银-硫酸试剂：向 1L 硫酸中加入 10g 硫酸银，放置 1～2 天使之溶解，并混匀，使用前小心摇动。

⑤ 重铬酸钾标准溶液 A[$C(1/6K_2Cr_2O_7) = 0.250mol/L$]：将 12.258g 在 105℃ 干燥 2h 后的重铬酸钾溶于水中，稀释至 1000mL。

⑥ 重铬酸钾标准溶液 B[$C(1/6K_2Cr_2O_7) = 0.025mol/L$]：将 A 溶液稀释 10 倍而成。

⑦ 硫酸亚铁铵标准滴定溶液 $C[(NH_4)_2Fe(SO_4)_2 \cdot 6H_2O] \approx 0.10mol/L$：溶解 39g 硫酸亚铁铵[$(NH_4)_2Fe(SO_4)_2 \cdot 6H_2O$]于水中，加入 20mL 硫酸，待其溶液冷却后稀释至 1000mL。

临用前，必须用重铬酸钾标准溶液 A 准确标定此溶液的浓度。

取 10.00mL 重铬酸钾标准溶液 A 置于锥形瓶中，用水稀释至约 100mL。加入 30mL 硫酸，混匀，冷却后，加 3 滴（约 0.15mL）试亚铁灵指示剂，用硫酸亚铁铵滴定溶液的颜色由黄色经蓝绿色变为红褐色，即为终点。记录下硫酸亚铁铵的消耗量（mL）。

硫酸亚铁铵标准滴定溶液浓度的计算：

$$C[(NH_4)_2Fe(SO_4)_2 \cdot 6H_2O] = (10.00 \times 0.250)/V = \frac{2.50}{V}$$

式中，V 为滴定时消耗硫酸亚铁铵溶液的毫升数。

⑧ 硫酸亚铁铵标准滴定溶液 D$\{C[(NH_4)_2Fe(SO_4)_2\cdot 6H_2O]\}\approx 0.010mol/L$：将 C 溶液稀释 10 倍，用重铬酸钾标准溶液 B 标定，其滴定步骤及浓度计算同上。

⑨ 邻苯二甲酸氢钾标准溶液 $C(KC_6H_5O_4)=2.0824mmol/L$：称取 105℃ 干燥 2h 的邻苯二甲酸氢钾（$HOOCC_6H_4COOK$）0.4251g 溶于水，并稀释至 1000mL，混匀。以重铬酸钾为氧化剂，将邻苯二甲酸氢钾完全氧化的 COD 值为 1.176g 氧/克（指 1g 邻苯二甲酸氢钾耗氧 1.176g），故该标准溶液的理论 COD 值为 500mg/L。临用现配。

⑩ 1,10-邻菲罗啉指示剂溶液：溶解 0.7g 七水合硫酸亚铁（$FeSO_4\cdot 7H_2O$）于 50mL 的水中，加入 1.5g 1,10-邻菲罗啉，搅动至溶解，加水稀释至 100mL。

⑪ 防爆沸玻璃珠。

5. 仪器

常用实验室仪器和下列仪器。

① 回流装置：带有 24 号标准磨口的 250mL 锥形瓶的全玻璃回流装置。回流冷凝管长度为 300～500mm。若取样量在 30mL 以上，可采用带 500mL 锥形瓶的全玻璃回流装置。

② 加热装置：电热板或电热套。

③ 25mL 或 50mL 酸式滴定管。

6. 采样和样品

(1) 采样　水样要采集于玻璃瓶中，应尽快分析。如不能立即分析时，应加入硫酸至 pH<2，置 4℃ 下保存。但保存时间不多于 5 天。采集水样的体积不得少于 100mL。

(2) 试料的准备　将试样充分摇匀，取出 20.00mL 作为试样。

7. 步骤

对于 COD 值小于 50mg/L 的水样，应采用低浓度的重铬酸钾标准溶液 B 氧化，加热回流以后，采用低浓度的硫酸亚铁铵标准溶液 D 回滴。

该方法对未经稀释的水样其测定上限为 700mg/L，超过此限时必须经稀释后测定。

对于污染严重的水样，可选取所需体积 1/10 的试料和 1/10 的试剂，放入 10mm×150mm 硬质玻璃管中，摇匀后，用酒精灯加热至沸数分钟，观察溶液是否变成蓝绿色。如呈蓝绿色，应再适当少取试料，重复以上实验，直至溶液不变蓝绿色为止。从而确定待测水样适当的稀释倍数。

取试样 [上述 6. 采样和样品中的 (2)] 于锥形瓶中，或取适量试样加水至 20.0mL。

(1) 空白实验

按相同步骤以 20.0mL 水代替试样进行空白实验，其余试剂和试样与测定相同，记录下空白滴定时消耗硫酸亚铁铵标准溶液的毫升数 V_1。

(2) 校核实验　按测定试样测定方法分析 20.0mL 邻苯二甲酸氢钾标准溶液的 COD 值，用以检验操作技术及试剂纯度。

该溶液的理论 COD 值为 500mg/L，如果校核实验的结果大于该值的 96%，即可认为实验步骤基本上是适宜的，否则，必须寻找失败的原因，重复实验，使之达到要求。

(3) 去干扰实验　无机还原性物质如亚硝酸盐、硫化物及二价铁盐将使结果增加，将其需氧量作为水样 COD 值的一部分是可以接受的。

该实验的主要干扰物为氯化物，可加入硫酸汞部分地除去，经回流后，氯离子可与硫酸汞结合成可溶性的氯汞络合物。

当氯离子含量超过 1000mg/L 时，COD 的最低允许值为 250mg/L，低于此值结果的准确度就不可靠了。

（4）水样的测定   于水样中加入 10.0mL 重铬酸钾标准溶液 A 和几颗防暴沸玻璃珠，摇匀。

将锥形瓶接到回流装置冷凝管下端，接通冷凝水。从冷凝管上端缓慢加入 30mL 硫酸银-硫酸试剂，以防止低沸点有机物的逸出，不断旋动锥形瓶使之混合均匀。自溶液开始沸腾起回流两小时。

冷却后，用 20~30mL 水自冷凝管上端冲洗冷凝管后，取下锥形瓶，再用水稀释至 140mL 左右。

水样加热回流后，溶液中重铬酸钾剩余量应为加入量的 1/5~4/5 为宜。

溶液冷却至室温后，加入 3 滴 1,10-邻菲罗啉指示剂溶液，用硫酸亚铁铵标准滴定溶液滴定，溶液的颜色由黄色经蓝绿色变为红褐色即为终点，记下硫酸亚铁铵标准滴定溶液的消耗毫升数 V_2。

在特殊情况下，需要测定的试样在 10.0~50.0mL 之间，试剂的体积或质量要按表 2-10 作相应的调整。

表 2-10   不同取样量采用的试剂用量

样品量 /mL	0.250mol/L $K_2Cr_2O_7$/mL	Ag_2SO_4-H_2SO_4 /mL	$HgSO_4$ /g	$(NH_4)_2Fe(SO_4)_2 \cdot 6H_2O$ /(mol/L)	滴定前体积 /mL
10.0	5.0	15	0.2	0.05	70
20.0	10.0	30	0.4	0.10	140
30.0	15.0	45	0.6	0.15	210
40.0	20.0	60	0.8	0.20	200
50.0	25.0	75	1.0	0.25	350

8. 结果的表示

以 mg/L 计的水样化学需氧量，计算公式如下：

$$COD(mg/L) = [C(V_1 - V_2) \times 8000]/V_0$$

式中，C 为硫酸亚铁铵标准滴定溶液的浓度，mol/L；V_1 为空白实验所消耗的硫酸亚铁铵标准滴定溶液的体积，mL；V_2 为水样测定所消耗的硫酸亚铁铵标准滴定溶液的体积，mL；V_0 为试料的体积，mL；8000 为 1/4 O_2 的摩尔质量以 mg/L 为单位的换算值。

测定结果一般保留三位有效数字，对 COD 值小的水样，当计算出 COD 值小于 10mg/L 时，应表示为 "COD<10mg/L"。

二、高锰酸盐指数

高锰酸盐指数，是指在一定条件下，以高锰酸钾为氧化剂，处理水样时所消耗的量，以氧的 mg/L 来表示。水中的亚硝酸盐、亚铁盐、硫化物等还原性无机物和在此条件下可被氧化的有机物，均可消耗高锰酸钾。因此，高锰酸盐指数常被作为水体受还原性有机（和无机）物质污染程度的综合指标。

我国规定了环境水质的高锰酸盐指数的标准。

高锰酸盐指数在以往的水质监测分析书上，亦被称为化学需氧量的高锰酸钾法。由于在规定条件下，水中有机物只能部分被氧化，并不是理论上的需氧量，也不是反映水体中总有机物含量的尺度。因此，用高锰酸盐指数这一术语作为水质的一项指标以有别于重铬酸钾法的化学需氧量（应用于工业废水），更符合客观实际。

1. 酸性法

（1）方法原理 水样加入硫酸使呈酸性后，加入一定量的高锰酸钾溶液，并在沸水浴中加热反应一定的时间。剩余的高锰酸钾，用草酸钠溶液还原并加入过量。再用高锰酸钾溶液回滴过量的草酸钠，通过计算求出高锰酸盐指数值。显然，高锰酸盐指数是一个相对的条件指标，其测定结果与溶液的酸度、高锰酸盐浓度、加热温度和时间有关。因此，测定时必须严格遵守操作规定，使结果具可比性。

（2）方法适用范围 酸性法适用于氯离子含量不超过 300mg/L 的水样。

当水样的高锰酸盐指数值超过 5mg/L 时，则酌情分取少量，并用水稀释后再行测定。

（3）水样的采集和保存 水样采集后，应加入硫酸使 pH 调至 <2，以抑制微生物活动。样品应尽快分析，必要时应在 0~5℃冷藏保存，并在 48h 内测定。

（4）仪器 沸水浴装置、250mL 锥形瓶、50mL 酸式滴定管、定时钟。

（5）试剂

① 高锰酸钾溶液（1/5 KMnO$_4$＝0.1mol/L）：称取 3.2g 高锰酸钾溶于 1.2L 水中，加热煮沸，使体积减少到约 1L，放置过夜，用 G-3 玻璃砂芯漏斗过滤后，滤液贮于棕色瓶中保存。

② 高锰酸钾溶液（1/5 KMnO$_4$＝0.01mol/L）：吸取 100mL 上述高锰酸钾溶液，用水稀释至 1000mL，贮于棕色瓶中。使用当天应进行标定，并调节至 0.01mL/L 准确浓度。

③ （1+3）硫酸。

④ 草酸钠标准溶液（1/2 Na$_2$C$_2$O$_4$＝0.1000mol/L）：称取 0.6705g 在 105~110℃烘干 1h 并冷却的草酸钠溶于水，移入 100mL 容量瓶中，用水稀释至标线。

⑤ 草酸钠标准溶液（1/2 Na$_2$C$_2$O$_4$＝0.0100mol/L）：吸取 10.00mL 上述草酸溶液，移入 100mL 容量瓶中，用水稀释至标线。

（6）实验步骤 分取 100mL 混匀水样（如高锰酸盐指数高于 5mg/L，则酌情少取并用水稀释至 100mL）于 250mL 锥形瓶中。

加入 5mL(1+3) 硫酸，混匀。

加入 10.00mL 0.01mol/L 高锰酸钾溶液，摇匀，立即放入沸水浴中加热 30min（从水浴重新沸腾起计时）。沸水浴液面要高于反应溶液的液面。

取下锥形瓶，趁热加入 0.0100mol/L 草酸钠标准溶液 10.00mL，摇匀。立即用 0.01mol/L 高锰酸钾溶液滴定至显微红色。记录高锰酸钾溶液消耗量。

高锰酸钾溶液浓度的标定：将上述已滴定完毕的溶液加热至约 70℃。准确加入 10.00mL 草酸钠标准溶液（0.0100mol/L），再用 0.01mol/L 高锰酸钾溶液滴定至显微红色。记录高锰酸钾溶液的消耗量，按下式求得高锰酸钾溶液的校正系数（K）：

$$K = 10.00/V$$

式中，V 为高锰酸钾溶液消耗量，mL。

若水样经稀释时，应同时另取 100mL 蒸馏水，同水样操作步骤进行空白实验。

（7）计算 水样不经稀释：

$$高锰酸盐指数(O_2, mg/L) = [(10 + V_1)K - 10] \times M \times 8 \times 1000/100$$

式中，V_1 为滴定水样时，高锰酸钾溶液的消耗量，mL；K 为校正系数；M 为高锰酸钾溶液浓度，mol/L；8 为氧（1/2 O）摩尔质量。

水样经稀释：

$$\text{高锰酸盐指数}(O_2,\text{mg/L})=\{[(10+V_1)K-10]-[(10+V_0)K-10]\times c\}\times M\times 8\times 1000/V_2$$

式中，V_0 为空白实验中高锰酸钾溶液消耗量，mL；V_2 为分取水样量，mL；c 为稀释的水样中含蒸馏水的比值，例如，10.00mL 水样用 90mL 蒸馏水稀释至 100mL，则 $c=0.90$。

（8）注意事项　在水浴中加热完毕后，溶液仍应保持淡红色，如变浅或全部褪去，说明高锰酸钾的用量不够。此时，应将水样稀释倍数加大后再测定。

在酸性条件下，草酸钠和高锰酸钾的反应温度保持在 60～80℃，所以滴定操作必须趁热进行，若溶液温度过低，需适当加热。

2. 碱性法

（1）方法原理　在碱性溶液中，加一定量高锰酸钾溶液于水样中，加热一定时间以氧化水中的还原性无机物和部分有机物。加酸酸化后，用草酸钠溶液还原剩余的高锰酸钾并加入过量，再以高锰酸钾溶液滴定至微红色。

（2）仪器　同酸性法。

（3）试剂　50%氢氧化钠溶液。其余同酸性法试剂。

（4）步骤　分取 100mL 混匀水样（或酌情少取，用蒸馏水稀释至 100mL）于锥形瓶中，加入 0.5mL 50%氢氧化钠溶液，加入 10.00mL 0.01mol/L 高锰酸钾溶液。

将锥形瓶放于沸水浴中加热 30min（从水浴重新沸腾起计时），沸水浴的液面要高于反应的液面。

取下锥形瓶，冷却至 70～80℃，加入（1+3）硫酸 5mL，加入 0.0100mol/L 草酸钠溶液 10.00mL，摇匀。用 0.01mol/L 高锰酸钾溶液滴回到溶液呈微红色为止。

高锰酸钾溶液校正系数的测定与酸性法同。计算：同酸性法。

3. 快速密闭催化消解法（含光度法）

（1）方法原理　本方法是在经典的重铬酸钾-硫酸消解体系中加入催化剂硫酸铝钾与钼酸铵。同时密封消解过程是在加压下进行的，因此大大缩短消解时间，消解后测定化学需氧量的方法既可以用滴定法，亦可采用光度法。

（2）方法使用范围　本方法可以测定地表水、生活污水、工业废水（包括高盐废水）的化学需氧量。水样因其化学需氧量值有高有低，因此在消解时应选择不同浓度的重铬酸钾消解液进行消解。

参考表 2-11 选择消解液。

表 2-11　COD 值不同的水样应选择不同浓度重铬酸钾消解液

COD 值/(mg/L)	<50	50～1000	1000～2500
消解液中重铬酸钾浓度/(mol/L)	0.05	0.2	0.4

（3）水样的采集与保存　水样采集后，应加入硫酸将 pH 值调至 2，以抑制微生物活动。样品应尽快分析，必要时应在 4℃冷藏保存，并在 48h 内测定。

（4）仪器

① 供密封塞的消解管：50mL。

② 锥形瓶：150mL。

③ 酸式滴定管：25mL（或分光光度计）。

④ 恒温定时加热装置（消解器）。

（5）试剂

① 重铬酸钾标准溶液 $[C(1/6\ K_2Cr_2O_7)=0.1000mol/L]$：称取经 120℃ 干燥 2h 后的基准或优级纯重铬酸钾 4.903g 溶于水中，转入 1000mL 容量瓶，用水稀释至标线。

② 硫酸亚铁铵标准溶液 $C[(NH_4)_2Fe(SO_4)_2 \cdot 6H_2O]\approx 0.10mol/L$：溶解 39.2g 硫酸亚铁铵 $[(NH_4)_2Fe(SO_4)_2 \cdot 6H_2O]$ 于水中，加入 20.0mL 硫酸，待其溶液冷却后稀释至 1000mL。临用前用 0.1000mol/L 的 $K_2Cr_2O_7$ 标准溶液标定。

③ 消解液：称取 19.6g $K_2Cr_2O_7$，50.0g 硫酸铝钾，10.0g 钼酸铵，溶解于 500mL 水中，加入 200mL 浓硫酸，冷却后，转移至 1000mL 容量瓶中，用水稀释至标线。该溶液 $C(1/6K_2Cr_2O_7)=0.4mol/L$。

另外分别称取 9.8g、2.45g $K_2Cr_2O_7$（硫酸铝钾、钼酸铵称取量同上），按上述方法分别配置 0.2mol/L、0.05mol/L 的消解液，用于测定不同 COD 值的水样。

④ 硫酸银-硫酸试剂：称取 8.8g 分析纯硫酸银溶解于 1L 硫酸中。

⑤ 1,10-邻菲罗啉指示剂溶液：溶解 0.695g 七水合硫酸亚铁（$FeSO_4 \cdot 7H_2O$）和 1.485g 1,10-邻菲罗啉，溶解于 50mL 的水中，搅动至溶解，加水稀释至 100mL 棕色瓶中待用。

⑥ 掩蔽剂：称取 10.0g 分析纯 $HgSO_4$，溶解于 100mL 10%硫酸中。

（6）步骤　准确吸取 3.00mL 水样，置于 50mL 具塞密封的消解加热管中，加入 1mL 掩蔽剂，混匀，然后加入 3.0mL 消解液和 5.0mL 催化剂，旋紧密封盖，混匀。待消解器温度达到 165℃ 时，再将消解热管放入消解器中，打开计时开关，经 6~7min 左右，待液体也达到 165℃ 时，消解器自动复零计时。待消解进行 15min 后自动报时。取出消解管，冷却后用硫酸亚铁铵标准溶液滴定，同时做空白实验。

（7）计算

$$\mathrm{COD_{Cr}}(O_2,\text{mg/L})=\frac{(V_0-V_1)\times c\times 8\times 1000}{V}$$

式中，c 为硫酸亚铁溶液的浓度，mol/L；V_0 为滴定空白时硫酸亚铁铵标准溶液用量，mL；V_1 为滴定水样时硫酸亚铁铵标准溶液的用量，mL；V 为水样的体积，mL；8 为氧（1/2 O）摩尔质量，g/mol。

（8）注意事项

① 测定高氯水样时，水样取完后，一定要先加掩蔽剂而后再加其他试剂。次序不能颠倒。若出现沉淀时，说明掩蔽剂使用的浓度不够，适当提高掩蔽剂使用浓度。

② 为了提高分析的精密度与准确度，在分析低 COD 值水样时，滴定用的硫酸亚铁铵标准溶液浓度要进行适当的稀释。本分析方法对于 10mg/L 左右的样品，一般相对标准偏差可保持在 10% 左右。对于 5mg/L 的样品，仍可进行分析测定，但相对标准偏差将会超过 15%。

③ 对于 50 mg/L 以上的样品，若经消解后水样为无色，且没有悬浮物时，也可以用比色法进行测定，手续更为简单，操作方法如下。

a. 标准曲线的绘制：称取 0.8502g 邻苯二甲酸氢钾（基准试剂）用重蒸水溶解后，转移至 1000mL 容量瓶，用重蒸水稀释至标线。此贮备液 COD 值为 1000mg/L。分别取上述贮备液 5mL、10mL、20mL、40mL、60mL、80mL 于 100mL 容量瓶中，加水稀释至标线，得到 COD 值分别为 50mg/L、100mg/L、200mg/L、400mg/L、600mg/L、800mg/L 及原液为 1000mg/L 的标准使用液系列。然后按滴定法操作取样并进行消解。消解完毕后，打开加热管的密封盖，用吸管加入 3.0mL 蒸馏水，盖好盖，摇匀冷却后，将溶液倒入 3cm 比色皿中（空白按全过程操作），在 600nm 处以试剂空白为参比，读取吸光度。绘制标准曲线，并求出回归方程式。

b. 样品测定：准确吸取 3.00mL 水样，置 50mL 具密封塞的加热管中，加入 1mL 掩蔽剂，混匀。然后再加入 3.0mL 消解液和 5mL 催化剂。旋紧密封塞，混匀。将加热管置于加热器中进行消解，消解后的操作与标准曲线绘制的操作相同，进行测量，读取吸光度，按下式计算 COD 值。

$$COD(O_2, mg/L) = AFK$$

式中，A 为样品的吸光度；F 为稀释倍数；K 为曲线的斜率，即 $A=1$ 时的 COD 值。

三、思考题

1. 生化需氧量、高锰酸盐指数和化学需氧量的区别是什么？
2. 化学需氧量的测定方法有哪些？
3. 重铬酸钾法测定化学需氧量的干扰因素如何排除？
4. 高锰酸盐指数测定中注意事项是什么？

第五节　污水厂环境空气氮氧化物（一氧化氮和二氧化氮）的测定——盐酸萘乙二胺分光光度法（HJ 479—2009）

氮的氧化物种类繁多，但在大气中产生危害的只有 NO 和 NO_2，NO_x 代表大气中此两种成分，称为氮氧化物。一般条件下空气中的氮和氧并不能直接化合，只有在温度高达 1200℃时，氮才能与氧结合成 NO，温度愈高，NO 的生成率愈高，因此，凡属高温燃烧的场所均为 NO 的发生源；另外，以汽油为燃料的各种机动车辆特别是汽车尾气中排出的 NO_x 占大气总排放量的 40%，近年来 NO_x 的流动源已开始被重视。

NO_x 和 SO_2 一样，能够形成酸雨造成危害，NO_x 更严重的危害在于它是光化学烟雾的引发剂之一，而光化学烟雾能够对人的视觉和呼吸道产生强烈的刺激和损伤作用，这种现象在汽车工业发达的国家尤为突出。

测定空气中的 NO_x 有盐酸萘乙二胺分光光度法、化学发光法（NO_x 分析仪）等方法，本实验采用盐酸萘乙二胺分光光度法，它具有灵敏度高、采样与显色同步进行、操作简便等优点，为国内外普遍采用。

目前，我国《环境空气质量标准》（GB 3095—1996）中 NO_x 项目改为 NO_2，因此本实验介绍我国 NO_2 的标准方法——Saltzman 法。通过本实验训练大气采样器的使用方法，学习并掌握 Saltzman 法测定环境空气 NO_2 的原理及方法。

一、适用范围

当采样体积为 4~24L 时，本标准适用于测定空气中二氧化氮的浓度范围为 0.015~2.0mg/m³。

二、原理

空气中的二氧化氮与吸收液中的对氨基苯磺酸进行重氮化反应，再与 N-(1-萘基) 乙二胺盐酸盐作用，生成粉红色的偶氮染料，于波长 540~545nm 之间处，测定吸光度。

Saltzman 实验系数（f）：用渗透法制备的二氧化氮校准用混合气体，在采气过程中被吸收液吸收生成的偶氮染料相当于亚硝酸根的量与通过采样系统的二氧化氮总量的比值。该系数为多次重复实验测定的平均值，测定方法见补充二。

三、试剂

除另有说明外，分析时应使用符合国家标准的分析纯试剂和无亚硝酸根的蒸馏水或同等纯度的水，必要时可在全玻璃蒸馏器中加少量高锰酸钾和氢氧化钡重新蒸馏。

1. N-(1-萘基)乙二胺盐酸盐贮备液

称取 0.50g N-(1-萘基)乙二胺盐酸盐 $[C_{10}H_7NH(CH_2)_2NH_2 \cdot 2HCl]$ 于 500mL 容量瓶中，用水溶解稀释至刻度。此溶液贮于密封的棕色试剂瓶中，在冰箱中冷藏，可稳定三个月。

2. 显色液

称取 5.0g 对氨基苯磺酸 $[NH_2C_6H_4SO_3H]$，溶于约 200mL 热水中，将溶液冷却至室温，全部移入 1000mL 容量瓶中，加入 50mL 冰乙酸和 50.0mL N-(1-萘基)乙二胺盐酸盐贮备液，用水稀释至刻度。此溶液于密闭的棕色瓶中，在 25℃ 以下暗处存放，可稳定三个月。

3. 吸收液

使用时将显色液和水按 （4+1）(体积分数) 比例混合，即为吸收液。此溶液于密封棕色瓶中，25℃ 以下暗处存放，可稳定三个月。若呈现淡红色，应弃之重配。

4. 亚硝酸盐标准贮备溶液：$250mgNO_2^-/L$

准确称取 0.3750g 亚硝酸钠（$NaNO_2$，优级纯，预先在干燥器内放置 24h），移入 1000mL 容量瓶中，用水稀释至标线。此溶液贮于密闭瓶中于暗处存放，可稳定三个月。

5. 亚硝酸盐标准工作溶液：$2.50mgNO_2^-/L$

用亚硝酸盐标准贮备液稀释 100 倍，临用前现配。

6. 校准用混合气

使用时，按 GB 5275 规定的渗透法制备零气及能覆盖欲测范围的至少四种浓度的二氧化氮校准用混合气体。

四、仪器

1. 采样探头

硼硅玻璃、不锈钢、聚四氟乙烯或硅胶管，内径约为 6mm，尽可能短一些，任何情况下不得长于 2m，配有朝下的空气入口。

2. 吸收瓶

内装 10mL、25mL 或 50mL 吸收液的多孔玻板吸收瓶，液柱不低于 80mm，按补充一检查吸收瓶的玻板阻力、气泡分散的均匀性及采样效率。

3. 空气采样器

（1）便携式空气采样器　流量范围 0~1L/min。采气流量为 0.4L/min 时，误差小于 ±5%。

（2）恒温自动连续采样器　采气流量为 0.2 L/min 时，误差小于 ±5%。能将吸收液温度保持在 （20±4）℃。

4. 分光光度计

5. 硅胶管

内径约 6mm。

五、样品采集

1. 短时间采样（1h 以内）

取一支多孔玻板吸收瓶，装入 10.0mL 吸收液，标记吸收液液面位置，以 0.4L/min 流量采气 6～24L。

2. 长时间采样（24h 以内）

用大型多孔玻板吸收瓶，内装 25.0mL 或 50.0mL 吸收液，液柱不低于 80mm，标记吸收液液面位置，使吸收液温度保持在（20±4）℃，从当日 9：00 到次日 9：00 以 0.2L/min 流量采气 288L。

采样、样品运输及存放过程中应避免阳光照射。

气温超过 25℃时，长时间运输及存放样品应采取降温措施。

3. 干扰及排除

大气中二氧化硫浓度为氧化氮浓度的 10 倍时，对氧化氮的测定无干扰；30 倍时，使颜色稍有减退，但在城市环境大气中，较少遇到这种情况。臭氧浓度为氧化氮浓度的 5 倍时，对氧化氮的测定略有干扰，在采样后 3 小时，使实验呈现微红色，影响较大。过氧乙酰硝酸酯（PAN）能使试液显色而产生干扰，一般环境大气中（PAN）浓度甚低，不会导致显著的误差。空气中臭氧浓度超过 0.25mg/m³ 时，使吸收液略显红色，对二氧化氮的测定产生负干扰。采样时在吸收瓶入口端串接一段 15～20cm 长的硅胶管，即可将臭氧浓度降低到不干扰二氧化氮测定的水平。

六、分析步骤

1. 校准曲线的绘制

（1）用亚硝酸盐标准溶液绘制标准曲线   取 6 支 100mL 具塞比色管，按表 2-12 制备标准色列。

表 2-12   亚硝酸盐标准色列

管 号	0	1	2	3	4	5
标准工作溶液/mL	0	0.40	0.80	1.20	1.60	2.00
水/mL	2.00	1.60	1.20	0.80	0.40	0
显色液/mL	8.00	8.00	8.00	8.00	8.00	8.00
NO_2 浓度/(μg/mL)	0	0.10	0.20	0.30	0.40	0.50

各管混匀，于暗处放置 20min（室温低于 20℃时，应适当延长显色时间。如室温为 15℃时，显色 40min），用 10mm 比色皿，以水为参比，在波长 540～545nm 之间处，测量吸光度。扣除空白实验（零浓度）的吸光度以后，对应 NO_2^- 的浓度（μg/mL），用最小二乘法计算标准曲线的回归方程。

（2）用二氧化氮标准气体绘制工作曲线   按 GB 5275 规定的方法，制备零气和能覆盖欲测浓度范围的至少四种浓度的二氧化氮标准混合气体，按采样操作条件采气，采样体积应与预计在现场采集空气样品的体积相近。按上述操作测量吸光度。以能过采样系统的标准混合气体中二氧化氮的含量（μg）与采样瓶中吸收液的体积（mL）之比为横坐标；以各浓度点样品溶液的吸光度（A）与零浓度点样品溶液的吸光度（A_0）之差为纵坐标，绘制工作曲线。

2. 样品测定

采样后放置 20min（气温低时，适当延长显色时间。如 15℃时，显色 40min），用水将采样瓶中吸收液的体积补至标线，混匀，测量样品的吸光度和空白实验样品的吸光度。

若样品的吸光度超过校准曲线的上限，应用空白实验溶液稀释，再测量其吸光度。

采样后应尽快测量样品的吸光度，若不能及时分析，应将样品低温暗处存放。样品于30℃暗处存放，可稳定 8h；20℃暗处存放，可稳定 24h；于 0～4℃冷藏，至少可稳定三天。

3. 空白实验

与采样用吸收液同一批配制的吸收液。

七、结果的表示

1. 用亚硝酸盐标准溶液绘制标准曲线时

空气中二氧化氮的浓度 C_{NO_2}（mg/m^3）用下式计算：

$$C_{NO_2} = \frac{[(A - A_0 - a) \times V \times D]}{b \times f \times V_0}$$

式中：A 为样品溶液的吸光度；A_0 为空白实验溶液的吸光度；b 为测得的标准曲线的斜率，吸光度·$mL/\mu g$；a 为测得的标准曲线的截距；V 为采样用吸收液体积，mL；V_0 为换算为标准状态（273K、101.3kPa）下的采样体积，L；D 为样品的稀释倍数；f 为 Saltzman 实验系数，0.88（二氧化氮浓度高于 $0.72mg/m^3$ 时，f 值为 0.77）。

2. 用二氧化氮标准气体绘制工作曲线时

空气中二氧化氮的浓度 C_{NO_2}（mg/m^3）用下式计算：

$$C_{NO_2} = (C \times V \times D)/V_0$$

式中：C 为由测得的工作曲线上查得的 NO_2 浓度，$\mu g/mL$；V 为采样用吸收液体积，mL；V_0 为换算到标准状态（273K、01.3kPa）下的采样体积，L；D 为样品的稀释倍数。

八、注意事项

① 配制吸收液时，应避免溶液在空气中长时间暴露，以防吸收空气中氮化物。日光照射以使吸收液显色，因此在采样运送及存放过程中，都应采取避光措施。

② 在质量控制方面，若斜率达不到要求，应重新配制亚硝酸钠标准液；若截距 a（即吸收液的吸光度）达不到要求，应检查蒸馏水及试剂质量，重新配制吸收液。

九、思考题

1. 测定过程中怎样排除臭氧的影响？

2. 在样品运送及存放过程中要注意什么问题？

补充一：吸收瓶的检查

1. 玻板阻力及微孔均匀性检查

新的多孔玻板吸收瓶在使用前，应用（1+1）HCl 浸泡 24h 以上，用清水洗净，每支吸收瓶在使用前或使用一段时间以后应测定其玻板阻力，检查通过玻板后气泡分散的均匀性。阻力不符合要求和气泡分散不均匀的吸收瓶不宜使用。

内装 10mL 吸收液的多孔玻板吸收瓶，以 0.4L/min 流量采样时，玻板阻力为 4～5kPa。通过玻板后的气泡应分散均匀。

内装 50mL 吸收液的多孔玻板吸收瓶，以 0.2L/min 流量采样时，玻板阻力为 5～6kPa。通过玻板后的气泡应分散均匀。

2. 采样效率的测定

吸收瓶在使用前和使用一段时间后，应测定其采样效率。将两支吸收瓶串联，按短时间采样的操作，采集环境空气，当第一支吸收瓶中 NO_2 浓度约为 $0.4\mu g/mL$ 时，停止采样。测量前后两支吸收瓶中样品的吸光度，按下式计算第一支吸收瓶的采样效率 (E)：

$$E = \frac{C_1}{(C_1 + C_2)}$$

式中，C_1、C_2 分别为串联的第一支和第二支吸收瓶中 NO_2 的浓度，$\mu g/mL$。

注意：采样效率 E 低于 0.97 的吸收瓶不宜使用。

补充二：Saltzman 实验系数的测定

按 GB 5275 规定的方法，制备零气和欲测浓度范围的二氧化氮标准混合气体。按短时间采样操作采集气样，当吸收液中 NO_2^- 浓度达到 $0.4\mu g/mL$ 左右时，停止采样。测量样品的吸光度。按下式计算 Saltzman 实验系数 (f)：

$$f = \frac{[(A - A_0 - a) \times V]}{(b \times V_0 \times C_{NO_2})}$$

式中，A 为样品溶液的吸光度；A_0 为空白实验（零浓度）样品的吸光度；b、a 为测得的标准曲线的斜率（吸光度·$mL/\mu g$）和截距；V 为采样用吸收液体积，mL；V_0 为换算为标准状态（273K、101.3kPa）的采样体积，L；C_{NO_2} 为通常采样系统的 NO_2 标准混合气体的浓度，mg/m^3（273K、101.3kPa）。

f 值的大小受空气中 NO_2 的浓度、采样流量、吸收瓶类型、采样效率等因素的影响，故测定 f 值时，应尽量使测定条件与实际采样时保持一致。

补充三：采样装置安装图

手工采样装置示意图见图 2-1。

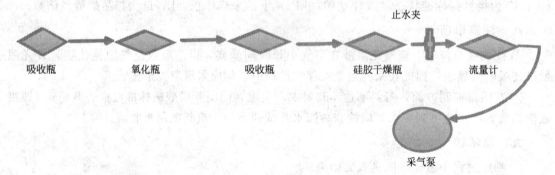

图 2-1 手工采样装置示意图

连续自动采样装置示意图见图 2-2。

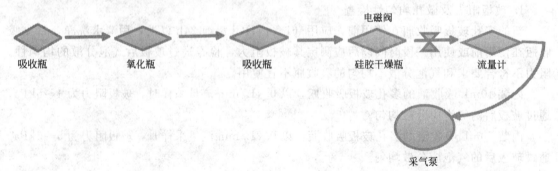

图 2-2 连续自动采样装置示意图

第六节　污水处理厂环境空气质量监测

污水处理厂因为处理的是来自于生活区和食堂的生活污水，其中有大量的微生物，同时氧化沟采用的是微生物处理降解废水方式，有大量的硫化物、氮氧化物以及氨、硫化氢等有毒有害气体，剩余污泥和粗格栅栅渣也含有大量的有毒物质及病菌等。大量的气体的释放势必对污水厂的环境空气质量造成很大的影响，同时在污水厂四周分布有实验室和试验大棚，试验过程中也会有大量的气体释放，污水厂的空气质量关乎污水厂工作人员的健康，也影响着周边生活区的环境质量。关注环境空气质量在当下主要必测项目是 SO_2、NO_x、TSP、$PM_{2.5}$。

一、实验目的和要求

① 根据采样布点原则，选择适宜的方法进行布点，特别是污染源和敏感目标注意增加布点，确定采样频率及采样时间。掌握空气中的 SO_2、NO_x、TSP、PM_{10}、$PM_{2.5}$ 采样和监测方法。

② 根据这几项污染物的监测结果，计算污水厂空气质量综合指数（API），描述空气质量状况。

③ 通过实验和计算，掌握基本的环境空气质量监测方法。

二、空气中的 SO_2 的测定

1. 基本原理

二氧化硫被甲醛缓冲溶液吸收后，生成稳定的羟甲基磺酸加成化合物。在样品溶液中加入氢氧化钠使加成化合物分解，释放出二氧化硫与副玫瑰苯胺、甲醛作用，生成紫红色化合物，用分光光度计在 577nm 处进行测定。

2. 试剂

除非另有说明，分析时均使用符合国家标准的分析纯试剂和蒸馏水或同等纯度的水。

要求：25℃时电导率小于 1.0 微姆欧/厘米，pH 值为 6.0～7.2。

检验方法：在具塞锥形瓶中加 500mL 蒸馏水，然后再加 1mL 浓 H_2SO_4。取 0.2mL $KMnO_4$ 溶液（0.316g/L）加入具塞锥形瓶中，在室温条件下放置 1h，若 $KMnO_4$ 不褪色，则认为蒸馏水符合要求，否则应重新蒸馏。重蒸馏时，每升蒸馏水中加 1g $KMnO_4$ 及 1g $Ba(OH)_2$，在全玻璃蒸馏器中蒸馏。重蒸馏水经过检验，直至符合要求。

(1) 氢氧化钠溶液，$C(NaOH)=1.5mol/L$

(2) 环己二胺四乙酸二钠溶液，$C(CDTA-2Na)=0.05mol/L$　称取 1.82g 反式 1,2-环己二胺四乙酸 [trans-1,2-diaminocyclohexane tetraacetic acid，CDTA]，加入氢氧化钠溶液 6.5mL，用水稀释至 100mL。

(3) 甲醛缓冲吸收液贮备液　吸取 36%～38% 的甲醛溶液 5.5mL，CDTA-2Na 溶液 20.00mL；称取 2.04g 邻苯二甲酸氢钾，溶于少量水中；将三种溶液合并，再用水稀释至 100mL，贮于冰箱可保存 1 年。

(4) 甲醛缓冲吸收液　用水将甲醛缓冲吸收液贮备液稀释 100 倍而成。临用现配。

(5) 氨磺酸钠溶液，0.60g/100mL　称取 0.60g 氨磺酸（H_2NSO_3H）于 100mL 容量瓶中，加入 4.0mL 氢氧化钠溶液，用水稀释至标线，摇匀。此溶液密封保存可用 10 天。

(6) 碘贮备液，$C(1/2I_2)=0.1mol/L$　称取 12.7g 碘（I_2）于烧杯中，加入 40g 碘化钾

和 25mL 水，搅拌至完全溶解，用水稀释至 1000mL，贮存于棕色细口瓶中。

（7）碘溶液，$C(1/2I_2)=0.05mol/L$　量取碘贮备液 250mL，用水稀释至 500mL，贮于棕色细口瓶中。

（8）淀粉溶液，0.5g/100mL　称取 0.5g 可溶性淀粉，用少量水调成糊状，慢慢倒入 100mL 沸水中，继续煮沸至溶液澄清，冷却后贮于试剂瓶中。临用现配。

（9）碘酸钾标准溶液，$C(1/6KIO_3)=0.1000mol/L$　称取 3.5667g 优级纯碘酸钾（KIO_3），经 110℃ 干燥 2h 溶于水，移入 1000mL 容量瓶中，用水稀释至标线，摇匀。

（10）盐酸溶液（1+9）

（11）硫代硫酸钠贮备液，$C(Na_2S_2O_3)=0.10mol/L$　称取 25.0g 硫代硫酸钠（$Na_2S_2O_3 \cdot 5H_2O$），溶于 1000mL 新煮沸但已冷却的水中，加入 0.2g 无水碳酸钠，贮于棕色细口瓶中，放置一周后备用。如溶液呈现混浊，必须过滤。

（12）硫代硫酸钠标准溶液，$C(Na_2S_2O_3)=0.05mol/L$　取 250mL 硫代硫酸钠贮备液置于 500mL 容量瓶中，用新煮沸但已冷却的水稀释至标线，摇匀。

标定方法：吸取三份 10.00mL 碘酸钾标准溶液分别置于 250mL 碘量瓶中，加 70mL 新煮沸但已冷却的水，加 1g 碘化钾，振摇至完全溶解后，加 10mL 盐酸溶液，立即盖好瓶塞，摇匀。于暗处放置 5min 后，用硫代硫酸钠标准溶液滴定溶液至浅黄色，加 2mL 淀粉溶液，继续滴定溶液至蓝色刚好褪去为终点。硫代硫酸钠标准溶液的浓度按下式计算：

$$C=0.1000 \times 10.00/V$$

式中，C 为硫代硫酸钠标准溶液的浓度，mol/L；V 为滴定所耗硫代硫酸钠标准溶液的体积，mL。

（13）乙二胺四乙酸二钠盐（EDTA）溶液，0.05g/100mL　称取 0.25gEDTA $[-CH_2N(CH_2COONa)CH_2COOH]_2 \cdot H_2O$ 溶于 500mL 新煮沸但已冷却的水中。临用现配。

（14）二氧化硫标准溶液　称取 0.200g 亚硫酸钠（Na_2SO_3）溶于 200mL EDTA-2Na 溶液[（13）]中，缓缓摇匀以防充氧，使其溶解。放置 2～3h 后标定。此溶液每毫升相当于 320～400μg 二氧化硫。

标定方法：吸取三份 20.00mL 二氧化硫标准溶液[（14）]分别置于 250mL 碘量瓶中，加入 50mL 新煮沸但已冷却的水，20.00mL 碘溶液[（7）]及 1mL 冰乙酸，盖塞，摇匀。于暗处放置 5min 后，用硫代硫酸钠标准溶液[（12）]滴定溶液至浅黄色，加入 2mL 淀粉溶液[（8）]，继续滴定至溶液蓝色刚好褪去为终点。记录滴定硫代硫酸钠标准溶液的体积 V，mL。

另吸取三份 EDTA-2Na 溶液[（13）]20mL，用同法进行空白实验。记录滴定硫代硫酸钠标准溶液[（12）]的体积 V_0，mL。

平行样滴定所耗硫代硫酸钠标准溶液体积之差应不大于 0.04mL。取其平均值。二氧化硫标准溶液浓度按下式计算：

$$C=[(V_0-V) \times C(Na_2S_2O_3) \times 32.02] \times 1000/20.00$$

式中，C 为二氧化硫标准溶液的浓度，μg/mL；V_0 为空白滴定所耗硫代硫酸钠标准溶液的体积，mL；V 为二氧化硫标准溶液滴定所耗硫代硫酸钠标准溶液的体积，mL；$C(Na_2S_2O_3)$ 为硫代硫酸钠标准溶液[（12）]的浓度，mol/L；32.02 为二氧化硫（$1/2SO_2$）的摩尔质量。

标定出准确浓度后，立即用吸收液[（4）]稀释为每毫升含 1.00μg 二氧化硫的标准溶液。

在冰箱中 5℃保存。10.00μg/mL 的二氧化硫标准溶液贮备液可稳定 6 个月；1.00μg/mL 的二氧化硫标准溶液可稳定 1 个月。

（15）副玫瑰苯胺（Pararosaniline，PRA，即副品红、对品红）贮备液，0.20g/100mL　其纯度应达到质量检验的指标。

（16）PRA 溶液，0.05g/100mL　吸取 25.00mL PRA 贮备液[（15）]于 100mL 容量瓶中，加 30mL 85％的浓磷酸，12mL 浓盐酸，用水稀释至标线，摇匀，放置过夜后使用。避光密封保存。

3. 仪器、设备

除一般通用化学分析仪器外，还应具备以下设备。

① 分光光度计（可见光波长 380～780nm）。

② 多孔玻板吸收管（瓶）10mL，用于短时间采样。多孔玻板吸收瓶 50mL，用于 24h 连续采样。

③ 恒温水浴器：广口冷藏瓶内放置圆形比色管架，插一支长约 150mm，0～40℃的酒精温度计，其误差应不大于 0.5℃。

④ 具塞比色管：10mL。

⑤ 空气采样器。

用于短时间采样的普通空气采样器，流量范围 0～1L/min。用于 24h 连续采样器应具有恒温、恒流、计时、自动控制仪器开关的功能。流量范围 0.2～0.3L/min。

各种采样器均应在采样前进行气密性检查和流量校准。吸收器的阻力和吸收效率应满足技术要求。

4. 采样及样品保存

① 短时间采样　根据空气中二氧化硫浓度的高低，采用装 10mL 吸收液的 U 形多孔玻板吸收管，以 0.5L/min 的流量采样。采样时吸收液温度的最佳范围在 23～29℃。

② 24h 连续采样　用内装 50mL 吸收液的多孔玻板吸收瓶，以 0.2～0.3L/min 的流量连续采样 24h。吸收液温度须保持在 23～29℃范围。

③ 放置在室（亭）内的 24h 连续采样器，进气口应连接符合要求的空气质量集中采样管路系统，以减少二氧化硫气样进入吸收器前的损失。

④ 样品运输和贮存过程中，应避光保存。

5. 分析步骤

（1）校准曲线的绘制　取 14 支 10mL 具塞比色管，分 A、B 两组，每组 7 支，分别对应编号。A 组按表 2-13 配制校准溶液系列。

表 2-13　校准溶液系列的配置

管号	0	1	2	3	4	5	6
二氧化硫标准溶液/mL	0	0.50	1.00	2.00	5.00	8.00	10.00
甲醛缓冲吸收液/mL	10.00	9.50	9.00	8.00	5.00	2.00	0
二氧化硫含量/μg	0	0.50	1.00	2.00	5.00	8.00	10.00

B 组各管加入 1.00mL PRA 溶液[（16）]，A 组各管分别加入 0.5mL 氨磺酸钠溶液[（5）]和 0.5mL 氢氧化钠溶液[（1）]，混匀。再逐管迅速将溶液全部倒入对应编号并盛有 PRA 溶液的 B 组管中，立即具塞混匀后放入恒温水浴中显色。显色温度与室温之差应不超过 3℃，根据不同季节和环境条件按表 2-14 选择显色温度与显色时间。

表 2-14　显色温度与显色时间的选择

显色温度/℃	10	15	20	25	30
显色时间/min	40	25	20	15	5
稳定时间/min	35	25	20	15	10
试剂空白吸光度 A_0	0.03	0.035	0.04	0.05	0.06

在波长 577nm 处，用 1cm 比色皿，以水为参比溶液测量吸光度。

用最小二乘法计算校准曲线的回归方程：

$$Y = bX + a$$

式中，Y 为（$A-A_0$），校准溶液吸光度 A 与试剂空白吸光度 A_0 之差；X 为二氧化硫含量，μg；b 为回归方程的斜率（由斜率倒数求得校正因子：$B_s = 1/b$）；a 为回归方程的截距（一般要求小于 0.005）。

本方法的校准曲线斜率为 0.044±0.002，试剂空白吸光度 A_0 在显色规定条件下波动范围不超过±15%。

正确掌握本方法的显色温度、显色时间，特别在 25～30℃ 条件下，严格控制反应条件是实验成败的关键。

（2）样品测定

① 样品溶液中如有混浊物，则应离心分离除去。

② 样品放置 20min，以使臭氧分解。

③ 短时间采样　将吸收管中样品溶液全部移入 10mL 比色管中，用吸收液[(4)]稀释至标线，加 0.5mL 氨磺酸钠溶液[(5)]，混匀，放置 10min 以除去氮氧化物的干扰，以下步骤同校准曲线的绘制。

如样品吸光度超过校准曲线上限，则可用试剂空白溶液稀释，在数分钟内再测量其吸光度，但稀释倍数不要大于 6。

④ 连续 24h 采样　将吸收瓶中样品溶液移入 50mL 容量瓶（或比色管）中，用少量吸收溶液洗涤吸收瓶，洗涤液并入样品溶液中，再用吸收液[(4)]稀释至标线。吸取适量样品溶液（视浓度高低而决定取 2～10mL）于 10mL 比色管中，再用吸收液[(4)]稀释至标线，加 0.5mL 氨磺酸钠溶液[(5)]，混匀，放置 10min 以除去氮氧化物的干扰，以下步骤同校准曲线的绘制。

6. 结果表示

空气中二氧化硫的浓度按下式计算：

$$C(SO_2, mg/m^3) = [(A-A_0) \times B_s/V_s] \times (V_t/V_a)$$

式中，A 为样品溶液的吸光度；A_0 为试剂空白溶液的吸光度；B_s 为校正因子，$\mu gSO_2/12mL/A$；V_t 为样品溶液总体积，mL；V_a 为测定时所取样品溶液体积，mL；V_s 为换算成标准状况下（0℃，101.325kPa）的采样体积，L。

二氧化硫浓度计算结果应准确到小数点后第三位。

三、NO_x 的测定

1. 原理

空气中的二氧化氮与吸收液中的对氨基苯磺酸进行重氮化反应，再与 N-(1-萘基)乙二胺盐酸盐作用，生成粉红色的偶氮染料，于波长 540～545nm 之间处，测定吸光度。

Saltzman 实验系数（f）：用渗透法制备的二氧化氮校准用混合气体，在采气过程中被吸收液吸收生成的偶氮染料相当于亚硝酸根的量与通过采样系统的二氧化氮总量的比值。该系数为多次重复实验测定的平均值，测定方法见补充二。

2. 试剂

除另有说明外，分析时应使用符合国家标准的分析纯试剂和无亚硝酸根的蒸馏水或同等纯度的水，必要时可在全玻璃蒸馏器中加少量高锰酸钾和氢氧化钡重新蒸馏。

(1) N-(1-萘基)乙二胺盐酸盐贮备液　称取 0.50g N-(1-萘基)乙二胺盐酸盐[$C_{10}H_7NH(CH_2)_2NH_2 \cdot 2HCl$] 于 500mL 容量瓶中，用水溶解稀释至刻度。此溶液贮于密封的棕色试剂瓶中，在冰箱中冷藏，可稳定三个月。

(2) 显色液　称取 5.0g 对氨基苯磺酸 [$NH_2C_6H_4SO_3H$]，溶于约 200mL 热水中，将溶液冷却至室温，全部移入 1000mL 容量瓶中，加入 50mL 冰乙酸和 50.0mL N-(1-萘基)乙二胺盐酸盐贮备液，用水稀释至刻度。此溶液于密闭的棕色瓶中，在 25℃ 以下暗处存放，可稳定三个月。

(3) 吸收液　使用时将显色液和水按 (4+1)（体积分数）比例混合，即为吸收液。此溶液于密封棕色瓶中，25℃ 以下暗处存放，可稳定三个月。若呈现淡红色，应弃之重配。

(4) 亚硝酸盐标准贮备溶液，250mgNO_2^-/L　准确称取 0.3750g 亚硝酸钠（$NaNO_2$，优级纯，预先在干燥器内放置 24h），移入 1000mL 容量瓶中，用水稀释至标线。此溶液贮于密闭瓶中于暗处存放，可稳定三个月。

(5) 亚硝酸盐标准工作溶液，2.50mgNO_2^-/L　用亚硝酸盐标准贮备液稀释 100 倍，临用前现配。

(6) 校准用混合气　使用时，按 GB 5275 规定的渗透法制备零气及能覆盖欲测范围的至少四种浓度的二氧化氮校准用混合气体。

3. 仪器

(1) 采样探头　硼硅玻璃、不锈钢、聚四氟乙烯或硅胶管，内径约为 6mm，尽可能短一些，任何情况下不得长于 2m，配有朝下的空气入口。

(2) 吸收瓶　内装 10mL、25mL 或 50mL 吸收液的多孔玻板吸收瓶，液柱不低于 80mm，按附录 1 检查吸收瓶的玻板阻力，气泡分散的均匀性及采样效率。

(3) 空气采样器

① 便携式空气采样器：流量范围 0～1L/min。采气流量为 0.4L/min 时，误差小于±5%。

② 恒温自动连续采样器：采气流量为 0.2L/min 时，误差小于±5%。能将吸收液温度保持在 (20±4)℃。

(4) 分光光度计

(5) 硅胶管　内径约 6mm。

4. 样品采集

(1) 短时间采样（1h 以内）　取一支多孔玻板吸收瓶，装入 10.0mL 吸收液，标记吸收液液面位置以 0.4L/min 流量采气 6～24L。

(2) 长时间采样（24h 以内）　用大型多孔玻板吸收瓶，内装 25.0mL 或 50.0mL 吸收液，液柱不低于 80mm，标记吸收液液面位置，使吸收液温度保持在 (20±4)℃，从 9：00 到次日 9：00 以 0.2L/min 流量采气 288L。

采样、样品运输及存放过程中应避免阳光照射。

气温超过 25℃时，长时间运输及存放样品应采取降温措施。

（3）干扰及排除 同本章第五节（五、样品采集）中的干扰及排除。

5. 分析步骤

（1）校准曲线的绘制

① 用亚硝酸盐标准溶液绘制标准曲线 取 6 支 100mL 具塞比色管，按表 2-15 制备标准色列。

表 2-15 亚硝酸盐标准色列

管号	0	1	2	3	4	5
标准工作溶液/mL	0	0.40	0.80	1.20	1.60	2.00
水/mL	2.00	1.60	1.20	0.80	0.40	0
显色液/mL	8.00	8.00	8.00	8.00	8.00	8.00
NO_2浓度/($\mu g/mL$)	0	0.10	0.20	0.30	0.40	0.50

各管混匀，于暗处放置 20min（室温低于 20℃时，应适当延长显色时间。如室温为 15℃时，显色 40min），用 10mm 比色皿，以水为参比，在波长 540～545nm 之间处测量吸光度。扣除空白实验（零浓度）的吸光度以后，对应 NO_2 的浓度（$\mu g/mL$），用最小二乘法计算标准曲线的回归方程。

② 用二氧化氮标准气体绘制工作曲线 按 GB 5275 规定的方法，制备零气和能覆盖欲测浓度范围的至少四种浓度的二氧化氮标准混合气体，按采样操作条件采气，采样体积应与预计在现场采集空气样品的体积相近。按操作测量吸光度。以能过采样系统的标准混合气体中二氧化氮的含量（μg）与采样瓶中吸收液的体积（mL）之比为横坐标；以各浓度点样品溶液的吸光度（A）与零浓度点样品溶液的吸光度（A_0）之差为纵坐标，绘制工作曲线。

（2）样品测定 采样后放置 20min（气温低时，适当延长显色时间。如 15℃时，显色 40min），用水将采样瓶中吸收液的体积补至标线，混匀，按测定 SO_2 的方法测量样品的吸光度和空白实验样品的吸光度。

若样品的吸光度超过校准曲线的上限，应用空白实验溶液稀释，再测量其吸光度。

采样后应尽快测量样品的吸光度，若不能及时分析，应将样品低温暗处存放。样品于 30℃暗处存放，可稳定 8h；20℃暗处存放，可稳定 24h；于 0～4℃冷藏，至少可稳定三天。

（3）空白实验 与采样用吸收液同一批配制的吸收液。

6. 结果的表示

（1）用亚硝酸盐标准溶液绘制标准曲线时 空气中二氧化氮的浓度 C_{NO_2}（mg/m^3）用下式计算：

$$C_{NO_2}=[(A-A_0-a)\times V\times D]/(b\times f\times V_0)$$

式中，A 为样品溶液的吸光度；A_0 为空白实验溶液的吸光度；b 为测得的标准曲线的斜率，吸光度·$mL/\mu g$；a 为测得的标准曲线的截距；V 为采样用吸收液体积，mL；V_0 为换算为标准状态（273K、101.3kPa）下的采样体积，L；D 为样品的稀释倍数；f 为 Saltzman 实验系数，0.88（二氧化氮浓度高于 0.72mg/m³时，f 值为 0.77）。

（2）用二氧化氮标准气体绘制工作曲线时 空气中二氧化氮的浓度 C_{NO_2}（mg/m^3）用下式计算：

$$C_{NO_2}=(C\times V\times D)/V_0$$

式中，C 为由测得的工作曲线上查得的 NO_2 浓度，$\mu g/mL$；V 为采样用吸收液体积，

mL；V_0为换算到标准状态（273K、01.3kPa）下的采样体积，L；D为样品的稀释倍数。

四、TSP、PM$_{10}$、PM$_{2.5}$的测定

1. 基本原理

通过具有一定切割特性的采样器，以恒速抽取定量体积的空气，悬浮在空气中，空气动力学直径$\leqslant 100\mu m$(TSP)、$\leqslant 10\mu m$(PM$_{10}$)、$\leqslant 2.5\mu m$(PM$_{2.5}$)的悬浮颗粒物，被截留在已恒重的滤膜上。根据采样前、后滤膜质量之差及采样体积，计算 TSP、PM$_{10}$、PM$_{2.5}$的浓度。滤膜经处理后，可进行组分分析。

2. 仪器和材料

（1）大流量或中流量采样器　总悬浮颗粒物的仪器和采样切割头应按《总悬浮颗粒物采样器技术要求（暂行）》（HYQ 1.1—89）的规定，PM$_{10}$、PM$_{2.5}$的切割器和采样系统等性能指标要符合 HJ/T 93—2003 的相关要求。

（2）孔口流量计　对三种颗粒物采样均适合的流量计要求如下。

① 大流量孔口流量计：量程$0.7\sim 1.4m^3/min$；流量分辨率$0.01m^3/min$；精度优于$\pm 2\%$。

② 中流量孔口流量计：量程$70\sim 160L/min$；流量分辨率$1L/min$；精度优于$\pm 2\%$。

对 PM$_{2.5}$、PM$_{10}$而言还可以有一种适合的小流量计。

小流量流量计：量程小于$30L/min$，误差精度优于2%。

（3）U 形管压差计　最小刻度 0.1hPa。

（4）X 光看片机　用于检查滤膜有无缺损。

（5）打号机　用于夹取滤膜。

（6）镊子　用于夹取滤膜。

（7）滤膜　超细玻璃纤维滤膜，对$0.3\mu m$标准粒子的截留效率不低于99%，在气流速度为$0.45m/s$时，单张滤膜阻力不大于 3.5kPa，在同样气流速度下，抽取经高效过滤器交换的空气 5h，$1cm^2$滤膜失重不大于 0.012mg。

（8）滤膜袋　用于存放采样后对折的采尘滤膜。袋面印有编号、采样日期、采样地点、采样人等项栏目。

（9）滤膜保存盒　用于保存、运送滤膜，保证滤膜在采样前处于平展不受折状态。

（10）恒温恒湿箱　箱内空气温度要求在$15\sim 30℃$范围内连续可调，精确温度至$\pm 1℃$；箱内空气相对湿度应控制在$(50\pm 5)\%$。恒温湿箱可连续工作。

（11）天平　分析天平：感量 0.1mg 或 0.01mg；再现性（标准差）$\leqslant 0.2mg$。

3. 实验步骤

（1）滤膜准备

① 滤膜检查　每张滤膜均需用 X 光看片机进行检查，不得有针孔或任何缺陷。在选中的滤膜光滑表面的两个对角上打印编号。滤膜袋上打印同样编号备用。

② 平衡　将滤膜放在恒温恒湿箱中平衡 24h，平衡温取$15\sim 30℃$中任一点，记下平衡温度与湿度。

③ 称量　在上述平衡条件下称量滤膜，大流量采样器滤膜称量精确到 1mg，中流量采样器滤膜称量精确到 0.1mg。记录下滤膜质量W_0(g)。

④ 保存　称量好的滤膜平展地放在滤膜保存盒中，采样前不得将滤膜弯曲或折叠。

（2）安放滤膜及采样

① 打开采样头顶盖，取出滤膜夹。用清洁干布擦去采样头内及滤膜夹的灰尘。

② 将已编号并称量过的滤膜绒面向上，放在滤膜支持网上，放上滤膜夹，对正，拧紧，使不漏气。安好采样头顶盖，按照采样器使用说明，设置采样时间，即可启动采样。

③ 样品采完后，打开采样头，用镊子轻轻取下滤膜，采样面向里，将滤膜对折，放入号码相同的滤膜袋中。取滤膜时，如发现滤膜损坏，或滤膜上尘的边缘轮廓不清晰、滤膜安装歪斜（说明漏气），则本次采样作废，需重新采样。

（3）尘膜的平衡及称量

① 尘膜在恒温恒湿箱中，与干净滤膜平衡条件相同的温度、湿度，平衡 24h。

② 在上述平衡条件下称量滤膜，大流量采样器滤膜称量精确到 1mg，中流量采样器滤膜称量精确到 0.1mg。记录下滤膜质量 W_1（g）。滤膜增重，大流量滤膜不小于 100mg，中流量滤膜不小于 10mg。

（4）计算

$$TSP(\mu g/m^3) = (W_1 - W_0) \times 10^9 / V$$

$$PM_{10}(\mu g/m^3) = (W_1 - W_0) \times 10^9 / V$$

$$PM_{2.5}(\mu g/m^3) = (W_1 - W_0) \times 10^9 / V$$

式中，V 为已换算成标准状况下的采样体积，m^3；W_1 为采样后滤膜的质量，g；W_0 为空白滤膜的质量，g。

（5）结果表示 计算结果保留 3 位有效数字。小数点后数字保留到第 3 位。

4. 测试方法的再现性

当两台颗粒物采样器安放位置相距不太于 4m、不少于 2m 时，同时采样测定总悬浮颗粒物含量，相对偏差不大于 15%，PM_{10}、$PM_{2.5}$ 含量很低时采样时间不能太短，对于感量为 0.1mg 和 0.01mg 的分析天平，滤膜上的负载质量要分别大于 1mg 和 0.1mg，以减少称量误差。

5. 注意事项

① 采样前，如发现有针孔、皱褶、团块物或其他缺陷者，应废弃不用。

② 采样完毕，从滤膜采样夹上取下滤膜时，应检查滤膜有无破损，样品轮廓界线是否清楚。如有损坏或任何一边的轮廓模糊或轮廓线外无清洁的边缘，都说明采样过程中有漏过现象，应废弃该样品。另外，取滤膜和对折时应防止松散的颗粒丢失。

③ 称重前，应将滤膜取出放在天平室内平衡 24h（温度 15～35℃，温差不大于 3℃，相对湿度小于 50%，变化不大于 5%），再作称重分析。

④ 滤膜上集尘较多或电源电压变化时，采样流量会有波动，应随时检查并调整。

⑤ 抽气动力的排气口应放在采样夹的下风向，必要时将排气口垫高，以免排气将地面尘土扬起。

⑥ 采样高度为 3～5m，若在层顶上采样，应距层顶 1.5m，采样点应选择在不接近烟囱、材料仓库、施工工地及停车场等局部污染源的地方，也不能在靠近离墙、树木的地方及层檐下采样。

五、CO 的测定

1. 基本原理

一氧化碳对不分光红外线具有选择性的吸收。在一定范围内，吸收值与一氧化碳浓度呈线性关系。根据吸收值确定样品中的一氧化碳的浓度。

2. 适用范围

本方法也适用于公共场所 CO 的浓度测定。

3. 试剂和材料

① 变色硅胶：于 120℃下干燥 2h。

② 无水氯化钙：分析纯。

③ 高纯氮气：纯度 99.99。

④ 霍加拉特（HOPCALLITE）氧化剂：10～20 目颗粒。霍加拉特氧化剂主要成分为氧化锰和氯化铜，它的作用是将空气中的一氧化碳氧化成二氧化碳，用于仪器调零，此氧化剂在 100℃以下的氧化率应达到 100%，为保证其氧化效率，在使用存放过程中应保持干燥。

⑤ 一氧化碳标准气体：贮于铝合金瓶中。

4. 仪器和设备

① 一氧化碳不分光红外线气体分析仪。仪器主要性能如下。

测量范围：$0～30\times10^{-6}$（$0～37.5mg/m^3$）；$0～100\times10^{-6}$（$0～125mg/m^3$）两档。

重现性：≤0.5%（满刻度）。

零点漂移：≤±2%满刻度/4h。

跨度漂移：≤±2%满刻度/4h。

线性偏差：≤±1.5%满刻度。

启动时间：30min～1h。

抽气流量：0.5L/min。

响应时间：指针指示或数字显示到满刻度的 90%的时间<15s。

② 记录仪 0～10mV。

5. 采样

用聚乙烯薄膜采气袋，抽取现场空气冲洗 3～4 次，采气 0.5L 或 1.0L，密封进气口，带回实验室分析。也可以将仪器带到现场间歇进样，或连续测定空气中一氧化碳的浓度。

6. 分析步骤

（1）仪器的启动和校准

① 启动和零点校准：仪器接通电源稳定 30min～1h 后，用高纯氮气或空气经霍加拉特氧化管和干燥管进入仪器进气口，进行零点校准。

② 终点校准：用一氧化碳标准气（如 30×10^{-6}）进入仪器进样口，进行终点刻度校准。

③ 零点与终点校准重复 2～3 次，使仪器处在正常工作状态。

（2）样品测定　将空气样品的聚乙烯薄膜采气袋接在仪器的进气口，样品被自动抽到气室中，表头指出一氧化碳的浓度。如果仪器带到现场使用，可直接测定现场空气中一氧化碳的浓度。仪器接上记录仪表，可长期监测空气中的一氧化碳浓度。

7. 计算结果

一氧化碳体积浓度（μL/L），可按公式（1）换算成标准状态下质量浓度（mg/m³），

$$c_1=\frac{c_2}{B}\times28 \tag{1}$$

c_1 为标准状态下质量浓度，mg/m³；c_2 为一氧化碳体积浓度，mL/m³；B 为标准状态下的气体摩尔体积，当 0℃、101kPa 时，$B=22.41$，当 25℃、101kPa 时，$B=24.46$；

28 为一氧化碳分子量。

8. 测量范围、精密度和准确度

① 测量范围　$0\sim30\times10^{-6}$（$0\sim37.5\mathrm{mg/m^3}$）；$0\sim100\times10^{-6}$（$0\sim125\mathrm{mg/m^3}$）两档。

② 检出下限　最低检出浓度为 0.1×10^{-6}（$0\sim125\mathrm{mg/m^3}$）。

③ 干扰和排除　环境空气中非待测组分，如甲烷、二氧化碳、水蒸气等能影响测定结果。但是采用串联式红外线检测器，可以大部分消除以上非待测组分的干扰。

④ 重现性小于 1%，漂移 4h 小于 4%。

⑤ 准确度取决于标准气的不确定度（小于 2%）和仪器的稳定性误差（小于 4%）。

9. 思考题

(1) CO 的测定原理是什么？

(2) 使用非色散红外 CO 测定仪应注意哪些问题？污水厂环境中 CO 的可能来源是什么？

六、O_3 的测定

1. 基本原理

空气中的臭氧在磷酸盐缓冲溶液存在下，与吸收液中蓝色的靛蓝二磺酸钠等摩尔反应，褪色生成靛红二磺酸钠，在 610nm 处测量吸光度，根据蓝色减退的程度定量空气中臭氧的浓度。

2. 适用范围

本方法规定了测定环境空气中臭氧的靛蓝二磺酸钠分光光度法。

本方法适用于环境空气中臭氧的测定。相对封闭环境（如室内、车内等）空气中臭氧的测定也可参照本方法。

当采样体积为 30L 时，本方法测定空气中臭氧的检出限为 $0.010\mathrm{mg/m^3}$，测定下限为 $0.040\mathrm{mg/m^3}$。

当采样体积为 30L 时，吸收液质量浓度为 $2.5\mu\mathrm{g/mL}$ 或 $5.0\mu\mathrm{g/mL}$ 时，测定上限分别为 $0.50\mathrm{mg/m^3}$ 或 $1.00\mathrm{mg/m^3}$。当空气中臭氧质量浓度超过该上限时，可适当减少采样体积。

3. 试剂和材料

除非另有说明，本方法所用试剂均使用符合国家标准的分析纯化学试剂，实验用水为新制备的去离子水或蒸馏水。

(1) 溴酸钾标准贮备溶液，$c(1/6\mathrm{KBrO_3})=0.1000\mathrm{mol/L}$　准确称取 1.3918g 溴酸钾（优级纯，180℃烘 2h），置烧杯中，加入少量水溶解，移入 500mL 容量瓶中，用水稀释至标线。

(2) 溴酸钾-溴化钾标准溶液，$c(1/6\mathrm{KBrO_5})=0.0100\mathrm{mol/L}$　吸取 10.00mL 溴酸钾标准贮备溶液[(1)]于 100mL 容量瓶中，加入 1.0g 溴化钾（KBr），用水稀释至标线。

(3) 硫代硫酸钠标准贮备溶液，$c(\mathrm{Na_2S_2O_3})=0.1000\mathrm{mol/L}$。

(4) 硫代硫酸钠标准工作溶液，$c(\mathrm{Na_2S_2O_3})=0.00500\mathrm{mol/L}$　临用前，取硫代硫酸钠标准贮备溶液[(3)]用新煮沸并冷却到室温的水准确稀释 20 倍。

(5) 硫酸溶液（1+6）。

(6) 淀粉指示剂溶液，$\rho=2.0\mathrm{g/L}$　称取 0.20g 可溶性淀粉，用少量水调成糊状，慢慢倒入 100mL 沸水，煮沸至溶液澄清。

（7）磷酸盐缓冲溶液，$c(KH_2PO_4\text{-}Na_2HPO_4)=0.050mol/L$　　称取 6.8g 磷酸二氢钾（KH_2PO_4）、7.1g 无水磷酸氢二钠（Na_2HPO_4），溶于水，稀释至 1 000mL。

（8）靛蓝二磺酸钠（$C_{16}H_8O_8Na_2S_2$）（IDS）　分析纯、化学纯或生化试剂。

（9）IDS 标准贮备溶液　称取 0.25g 靛蓝二磺酸钠[（8）]溶于水，移入 500mL 棕色容量瓶内，用水稀释至标线，摇匀，在室温暗处存放 24h 后标定。此溶液在 20℃以下暗处存放可稳定 2 周。

标定方法：准确吸取 20.00mL IDS 标准贮备溶液[（9）]于 250mL 碘量瓶中，加入 20.00mL 溴酸钾-溴化钾溶液[（2）]，再加入 50mL 水，盖好瓶塞，在（16±1）℃生化培养箱（或水浴）中放置至溶液温度与水浴温度平衡时，加入 5.0mL 硫酸溶液[（5）]，立即盖塞、混匀并开始计时，于（16±1）℃暗处放置（35±1.0)min 后，加入 1.0g 碘化钾，立即盖塞，轻轻摇匀至溶解，暗处放置 5min，用硫代硫酸钠溶液[（4）]滴定至棕色刚好褪去呈淡黄色，加入 5mL 淀粉指示剂溶液[（6）]，继续滴定至蓝色消退，终点为亮黄色。记录所消耗的硫代硫酸钠标准工作溶液[（4）]的体积。达到平衡的时间与温差有关，可以预先用相同体积的水代替溶液，加入碘量瓶中，放入温度计观察达到平衡所用的时间。

平行滴定所消耗的硫代硫酸钠标准溶液体积不应大于 0.10mL。

每毫升靛蓝二磺酸钠溶液相当于 O_3 的质量浓度（$\mu g/mL$）由下式计算：

$$\rho = \frac{C_1 V_1 - C_2 V_2}{V} \times 12.00 \times 10^3$$

式中，ρ 为每毫升靛蓝二磺酸钠溶液相当于 O_3 的质量浓度，$\mu g/mL$；C_1 为溴酸钾-溴化钾标准溶液的浓度，mol/L；V_1 为加入溴酸钾-溴化钾标准溶液的体积，mL；C_2 为滴定所消耗的硫代硫酸钠标准溶液的浓度，mol/L；V_2 为滴定所消耗的硫代硫酸钠标准溶液的体积，mL；V 为 IDS 标准贮备液的体积，mL；12.00 为臭氧的摩尔质量（$1/4 O_3$），g/mol。

（10）IDS 标准工作溶液　将标定后的 IDS 标准贮备液[（9）]用磷酸缓冲溶液[（7）]逐级稀释成每毫升相当于 $1.00\mu g O_3$ 的 IDS 标准工作溶液，此溶液于 20℃以下暗处可稳定 1 周。

（11）IDS 吸收溶液　取适量 IDS 标准贮备溶液[（9）]，根据空气中 O_3 的质量浓度高低，用磷酸缓冲溶液[（7）]稀释成每毫升相当于 $2.5\mu g$（或 $5.0\mu g$）O_3 的 IDS 吸收液，此溶液此溶液于 20℃以下暗处可稳定 1 月。

4. 仪器和设备

本方法除非另有说明，分析时均使用符合国家 A 级标准的玻璃量器。

① 空气采样器：流量范围 0.0～1.0 L/min，流量稳定。使用时，用皂膜流量计校准采样系统在采样前和采样后的流量，相对误差应小于±5%。

② 多孔玻板吸收管：内装 10mL 吸收液，以 0.50 L/min 流量采气，玻板阻力应为 4～5 kPa，气泡分散均匀。

③ 具塞比色管：10mL。

④ 生化培养箱或恒温水浴：温控精度为±1%。

⑤ 水银温度计：精度为±0.5%。

⑥ 分光光度计：具 20mm 比色皿，可于波长 610 nm 处测量吸光度。

⑦ 一般实验室常用玻璃仪器。

5. 样品

（1）样品的采集与保存　用内装（10.00±0.02)mL IDS 吸收液[（11）]的多孔玻板吸收

管，罩上黑色避光套，以 0.5L/min 流量采气 5~30L。当吸收液褪色约 60% 时（与现场空白样品比较），应立即停止采样。样品在运输及存放过程中应严格避光。当确信空气中臭氧的质量浓度较低，不会穿透时，可以用棕色玻板吸收管采样。

样品于室温暗处存放至少可稳定 3d。

（2）现场空白样品　用同一批配制的 IDS 吸收液[(11)]，装入多孔玻板吸收管中，带到采样现场。除了不采集空气样品外，其他环境条件保持与采集空气的采样管相同。

每批样品至少带两个现场空白样品。

6. 分析步骤

（1）绘制校准曲线

① 取 10mL 具塞比色管 6 支，按表 2-16 制备标准色列。

表 2-16　标准色列

管号	1	2	3	4	5	6
IDS标准工作溶液[(10)]/mL	10.00	8.00	6.00	4.00	2.00	0.00
磷酸缓冲溶液[(7)]/mL	0.00	2.00	4.00	6.00	8.00	10.0
O_3的质量浓度/(μg/mL)	0.00	0.20	0.40	0.60	0.80	1.00

② 各管摇匀，用 20mm 比色皿，以水作参比，在波长 610 nm 下测量吸光度。以校准系列中零浓度管的吸光度（A_0）与各标准色列管的吸光度（A）之差为纵坐标，臭氧质量浓度为横坐标，用最小二乘法计算校准曲线的回归方程：

$$y = bx + a$$

式中，y 为 $A_0 - A$，空白样品的吸光度与各标准色列管的吸光度之差；x 为 O_3 的质量浓度，μg/mL；b 为回归方程的斜率，吸光度·mL/μg；a 为回归方程的截距。

（2）用已知浓度的臭氧标准气体绘制工作曲线　借助于臭氧发生器和配气装置，制备浓度范围在 50~1000μg/m³ 的至少四种浓度的臭氧标准气体。标准气体的浓度用紫外吸收法或气相滴定法测定。同时用 IDS 吸收液采集不同浓度的臭氧标准气体，按下面[(3)]测量样品的吸光度。根据采样体积，臭氧标准气体的浓度和分析时吸收液的总体积计算采集到样品溶液中的臭氧浓度（μg/mL）。以样品溶液的浓度为横坐标，以空白实验样品的吸光度（A_0）与样品的吸光度（A）之差（$A_0 - A$）为纵坐标，用最小二乘法计算工作曲线的回归方程。

（3）样品测定　在吸收管的入口端串接一个玻璃尖嘴，用吸耳球将前、后两支吸收管中的样品溶液挤入一个 25mL（或 50mL）容量瓶中，第一次尽量挤净，然后每次用少量水反复多次洗涤吸收管，洗涤液一并挤入容量瓶中，再滴加少量水至标线。按（1）所述绘制标准曲线方法测量样品的吸光度。

（4）空白实验　空白实验用与样品溶液同一批配制的 IDS 吸收液，按第（3）条测量吸光度。

7. 结果表示

（1）用 IDS 标准溶液制备标准曲线时，按下式计算空气中臭氧的浓度

$$C = \frac{(A_0 - A - a_1) \times V}{b_1 \times V_0}$$

用已知浓度的臭氧标准气体制备工作曲线时，按下式计算空气中臭氧的浓度：

$$C = \frac{(A_0 - A - a_2) \times V}{b_2 \times V_0}$$

式中，C 为空气中臭氧的质量浓度，mg/m^3；A_0 为现场空白样品吸光度的平均值；A 为样品的吸光度；b_1、b_2 分别由 6(1) 和 6(2) 测得的校准曲线的斜率，吸光度，$mL/\mu g/2.0cm$；a_1、a_2 分别由 6(1) 条和 6(2) 测得的校准曲线的截距；V 为样品溶液的总体积，mL；V_0 为换算为标准状态（101.325 kPa、273 K）的采样体积，L。

所得结果精确至小数点后三位。

（2）准确度和精密度　6个实验室 IDS 标准曲线的斜率在 0.863～0.935 之间，平均值为 0.899。

6个实验室测定 0.085～0.918mg/L 三个质量浓度水平的 IDS 标准溶液，每个质量浓度水平重复测定 6 次，重复性精密度≤0.004mg/L，再现性精密度≤0.030mg/L。

6个实验室测定质量浓度范围在 0.088～0.946mg/m³ 之间的臭氧标准气体，重复性变异系数小于 10%，相对误差小于±5%。

七、空气质量计算

1. 空气质量分指数分级方案

空气质量分指数级别及对应的污染物浓度限制见表 2-17。

表 2-17　空气质量分指数级别及对应的污染物浓度限值

空气质量分指数(IAQI)	污染物项目浓度限值									
	二氧化硫(SO₂) 24小时平均 /(μg/m³)	二氧化硫(SO₂) 1小时平均 /(μg/m³)①	二氧化氮(NO₂) 24小时平均 /(μg/m³)	二氧化氮(NO₂) 1小时平均 /(μg/m³)	颗粒(粒径≤10μm) 24小时平均 /(μg/m³)	一氧化碳(CO) 24小时平均 /(mg/m³)	一氧化碳(CO) 1小时平均 /(mg/m³)①	臭氧(O₃) 1小时平均 /(μg/m³)	臭氧(O₃) 8小时滑动平均 /(μg/m³)	颗粒(粒径≤2.5μm) 24小时平均 /(μg/m³)
0	0	0	0	0	0	0	0	0	0	0
50	50	150	40	100	50	2	5	160	100	35
100	150	500	80	200	150	4	10	200	160	75
150	475	650	180	700	250	14	35	300	215	115
200	800	800	280	1200	350	24	60	400	265	150
300	1600	②	565	2340	420	36	90	800	800	250
400	2100	②	750	3090	500	48	120	1000	③	350
500	2620	②	940	3840	600	60	150	1200	③	500

① 二氧化硫（SO₂）、二氧化氮（NO₂）和一氧化碳（CO）的1小时平均浓度限值仅用于实时报，在日报中需使用相应的24小时平均浓度限值。

② 二氧化硫（SO₂）1小时平均浓度限值超过 800μg/m³ 的，不再进行空气质量分指数计算，二氧化硫（SO₂）空气质量分指数按24小时平均浓度计算的分指数报告。

③ 臭氧（O₃）8小时滑动平均（μg/m³）超过 800μg/m³ 的不再进行 O₃ 空气质量分指数计算，O₃ 空气质量分指数按1小时平均浓度计算的分指数报告。

2. 空气质量分指数计算方法

污染物项目 P 的空气质量分指数按下式计算：

$$IAQI_P = \frac{IAQI_{Hi} - IAQI_{LO}}{BP_{Hi} - BP_{LO}} (C_P - BP_{LO}) + IAQI_{LO}$$

式中，$IAQI_P$ 为污染物项目 P 的空气质量分指数；C_P 为污染物项目 P 的质量浓度值；BP_{Hi} 为表 2-17 中与 C_P 相近的污染物浓度限值的高位值；BP_{LO} 为表 2-17 中与 C_P 相近的污染物浓度限值的低位值；$IAQI_{Hi}$ 为表 2-17 中与 BP_{Hi} 对应的空气质量分指数；$IAQI_{LO}$ 为表 2-17 中与 BP_{LO} 对应的空气质量分指数。

3. 空气质量指数级别

空气质量指数级别及相关信息见表 2-18。

表 2-18 空气质量指数级别及相关信息

空气质量指数	空气质量指数级别	空气质量指数类别及表示颜色		对健康影响情况	建议采取的措施
0~50	一级	优	绿色	空气质量令人满意，基本无空气污染	各类人群可正常活动
51~100	二级	良	黄色	空气质量可接受，但某些污染物可能对极少数异常敏感人群健康有较弱影响	极少数异常敏感人群应减少户外活动
101~150	三级	轻度污染	橙色	易感人群症状有轻度加剧，健康人群出现刺激症状	儿童、老年人及心脏病、呼吸系统疾病患者应减少长时间、高强度的户外锻炼
151~200	四级	中度污染	红色	进一步加剧易感人群症状，可能对健康人群心脏、呼吸系统有影响	儿童、老年人及心脏病、呼吸系统疾病患者避免长时间、高强度的户外锻炼，一般人群适量减少户外运动
201~300	五级	重度污染	紫色	心脏病和肺病患者症状显著加剧，运动耐受力降低，健康人群普遍出现症状	儿童、老年人和心脏病、肺病患者应停留在室内，停止户外运动，一般人群减少户外运动
>300	六级	严重污染	褐红色	健康人群运动耐受力降低，有明显强烈症状，提前出现某些疾病	儿童、老年人和病人应当留在室内，避免体力消耗，一般人群应避免户外活动

4. 空气质量指数及首要污染物的确定方法

（1）空气质量指数计算方法　空气质量指数按下式计算：

$$AQI = \max\{IAQI_1, IAQI_2, IAQI_3, \cdots, IAQI_n\}$$

式中，IAQI 为空气质量分指数；n 为污染物项目。

（2）首要污染物及超标污染物的确定方法　AQI 大于 50 时，IAQI 最大的污染物为首要污染物。若 IAQI 最大的污染物为两项或两项以上时，并列为首要污染物。IAQI 大于 100 的污染物为超标污染物。

八、结果

1. 计算 SO_2、NO_x、O_3、TSP、PM_{10}、$PM_{2.5}$ 的空气质量分指数。

2. 计算空气质量指数（API），并判断出主要污染物质及首要污染物质。

第三章 噪 声 监 测

第一节 污水厂噪声监测

一、实验目的和要求

① 掌握环境噪声监测的一般过程和工业企业环境噪声监测的监测方案设计;

② 掌握环境噪声和工业企业噪声监测方法;

③ 熟悉声级计的使用;

④ 掌握对非稳态的噪声监测数据的处理方法。

二、仪器

普通声级计（Ⅱ型：HS5633）。

三、实验内容

① 选择西南科技大学污水处理厂的鼓风机房、压滤机房、氧化沟作为监测点,在这些监测点用声级计测量噪声。

② 对以上几点的环境噪声测量,分别计算测点的白天和黑夜的 L_{50}、L_{10}、L_{90}、L_{eq},然后以该点的一天的 L_{eq} 算术平均值作为该点的噪声评价量;并计算该点的昼夜等效声级。

四、测量步骤

① 确定测定点：鼓风机房、压滤机房、氧化沟。

② 两人一组,话筒远离发声器和吸声物,传声器离地约 1.2m 高度;选择白天和晚上分别测定,鼓风机房空压机工作时和不工作时分别测定,压滤机房选择压滤和非压滤工作状态分别测定,氧化沟选择排水、排空气时测定。

③ 每次测量读数：读 dB(A)。

a. 监测为稳态噪声,选择"慢"档。

b. 每隔 5s 读一个数据,连续读取 100 个数据。

c. 记录噪声源和天气条件、测量时间。

④ 若周围于明显的噪声源要同时记录噪声源情况。

五、数据记录及结果评价

用数据平均法或者图示法表示：各监测点的 L_{50}、L_{10}、L_{90}、L_{eq};得到污水厂区的噪声污染图。

六、注意事项

① 测量选择在无雨、无雪的天气进行。

② 当风速大于四级时停止测量,声级计加风罩防止风噪声影响,同时保持声级计的传声器的清洁。

第二节　污水厂厂界噪声测量

一、实验目的和要求

① 适用于工厂及有可能造成噪声污染的企事业单位的边界噪声的测量；

② 掌握稳态噪声测量等效声级。周期性噪声测量一个周期的等效声级，非周期性非稳态噪声测量整个正常工作时间的等效声级的监测方法。

二、仪器

普通声级计（Ⅱ型：HS5633）。

三、测量记录及数据处理

1. 测量记录

围绕厂界布点。布点数目及间距视实际情况而定。在每一测点测量，计算正常工作时间内的等效声级，填入工业企业厂界噪声测量记录表（见表 3-1）。

表 3-1　工业企业厂界噪声测量记录表

工厂名称		适用标准类型		测量仪器	测量时间	测量人
测点编号	主要声源	测量值			测点示意图	
		昼间	夜间			
					备注	

2. 背景值修正

背景噪声的声级值应比待测噪声的声级值低 10dB(A) 以上，若测量值与背景值差值小于 10dB(A)，按表 3-2 进行修正。

表 3-2　修正表

差值 3	4~6	7~9
修正值 −3	−2	−1

四、思考题

1. 污水厂厂界周围怎样布置监测点？

2. 计算全部网络中心测点测得的 10min 的连续等效 A 声级的平均值，并针对本区域所执行的区域环境噪声标准，评价该区域的环境噪声水平。

第四章　污水及污泥微生物检测

第一节　水体中细菌总数检测实验

细菌种类多、繁殖快、适应环境能力强，并广泛分布于自然界中，在水、土壤、空气中，常有各种细菌和其他微生物存在。多数情况下我们通过对环境中细菌总数的检测来了解整体微生物状况。

细菌菌落总数是指 1mL 水样在营养琼脂培养基中，于 37℃培养 24h 后所生长的腐生性细菌菌落总数。现在倾向用菌落形成单位（Colony Forming Units，CFU）来表示样品的活菌含量。它是有机物污染程度的指标，也是卫生指标。在饮用水中所测得的细菌菌落总数除说明水被生活废弃物污染程度外，还指示该饮用水能否饮用。但水源水中的细菌菌落总数不能说明污染的来源。因此，结合大肠菌群数以判断水的污染源的安全程度就更全面。我国现行生活饮用水卫生标准（BG 5749—85）规定：细菌菌落总数在自来水中不得超过 100 个。

细菌种类很多，有各自的生理特征，必须用适合它们生长的培养基才能进行分离培养。然而，在实际工作中不易做到，通常用一种适合大多数细菌生长的培养基培养腐生性细菌，以它的菌落总数表明有机物污染程度。

一、目的要求

① 熟练平板菌落计数的原理和方法；
② 学习并掌握水体中细菌总数检测方法。

二、实验材料

① 1mL 和 10mL 无菌移液管、试管、锥形瓶、培养皿、高压蒸汽灭菌器、恒温培养箱等。
② 菌液：大肠杆菌菌悬液。
③ 培养基：营养琼脂培养基，无菌生理盐水。

三、操作步骤

① 编号：取无菌培养皿 9 套，每 3 套为一组，在每组皿底分别写上 10^{-1}、10^{-2}、10^{-3}。另取 3 支无菌空试管排列于试管架上，依次标明 10^{-1}、10^{-2}、10^{-3}，并向试管中各加入 9mL 无菌生理盐水。

② 稀释：用 1mL 无菌吸管精确地吸取 1mL 已充分混匀的菌悬液，注入 10^{-1} 试管中（注意吸管不要碰到水面）。然后另取 1 支无菌吸管，于 10^{-1} 试管中来回吹吸三次，使之混匀，即成 10^{-1} 稀释液。再从 10^{-1} 试管中吸 1mL 注入 10^{-2} 试管中，重复上述操作，直至制成 10^{-3} 稀释液。

③ 取样：用三支 1mL 无菌吸管分别吸取 10^{-1}、10^{-2} 和 10^{-3} 稀释液各 1mL，对号放入编好号的无菌培养皿中。

④ 倾注平板：尽快向上述盛有不同稀释度菌液的平皿中倒入融化后冷却至 45℃左右的营养琼脂培养基，每皿约 15mL，置水平位置迅速旋转平皿，使培养基与菌液混合均匀，而

又不使培养基荡出或溅到皿盖上。

⑤ 培养：待培养基凝固后，倒置于 37℃恒温培养箱中培养 24h。

⑥ 计数：数各皿中菌落数，算出同一稀释度三个平皿上菌落平均数，按下述报告计算结果。

菌落数报告原则如下。

① 选择平均菌落数在 30～300 之间的稀释度，乘以稀释倍数。

② 若有两个稀释度的菌落数均在 30～300 之间，则应视二者菌数之比值如何。如果比值小于 2.0，应报告其平均数；如果比值大于 2.0，则报告其中较小的数字。

③ 如所有稀释度的菌落数均大于 300，则应以稀释度最高的平均菌落数计算。

④ 如所有稀释度的菌落数均小于 30，则应以稀释度最低的平均数菌落计算。

⑤ 如果所有稀释度的菌落数均不在 30～300 之间，其中一部分大于 300，一部分小于 30，则应以最接近 30 或 300 的平均菌落数计算。

⑥ 菌落总数在 100 以内，按实有数报告，大于 100 时，采用两位有效数字，后面的数字四舍五入处理，为了缩短数字的长度，可用 10 的指数来表示。

四、实验报告

将各稀释平板上的菌落数记录于表 4-1 中，并计算出样品中的细菌含量。

表 4-1　实验各菌株菌落计数结果

项目 例次	各稀释度平均菌落数			两稀释度 菌落之比	菌落总数 /(CFU/mL)
	10^{-1}	10^{-2}	10^{-3}		
1					
2					
3					
4					
5					
6					

五、思考题

1. 为什么融化后培养基要冷却到 50℃左右方可倒平板？过冷或过热行不行？为什么？

2. 同一酵母菌液用血球计数板和平板菌落计数法同时计数，所得结果是否一样？为什么？进一步比较两种计数法的优缺点。

第二节　水体中粪便污染指示菌的检测——多管发酵法

水中的病菌如伤寒杆菌、痢疾杆菌、霍乱弧菌、钩端螺旋体等主要来自人和动物的粪便及污染物。因此，粪便管理在控制和消灭消化道传染病有重要意义。由于肠道病原菌在水中数量较少，故直接检查水中的病原菌比较困难。大肠菌群细菌是肠道好氧菌中最普遍和数量最多的一类细菌，所以常常将其作为粪便污染的指示菌。即根据水中大肠菌群细菌的数目来判断水源的污染程度，并间接推测水源受肠道病原菌污染的可能性。目前我国规定生活饮用水的标准为 1mL 水中细菌总数不超过 100 个；每升水中大肠菌群数不超过 3 个。超过此数，表示水源可能受粪便等污染严重，水中可能有病原菌存在。大肠菌群细菌是指一类好氧或兼性厌氧，能发酵乳糖，在乳糖培养基中经 37℃、24 小时培养，能产酸产气，革兰阴性，无芽孢的杆菌。

总大肠菌群可用多管发酵法或滤膜法检验。多管发酵法的原理是根据大肠菌群细菌能发酵乳糖、产酸产气以及具备革兰染色阴性，无芽孢，呈杆状等有关特性，通过三个步骤进行检验求得水样中的总大肠菌群数。实验结果以最可能数（Most Probable Number，MPN）表示。

一、目的要求

① 学习测定水中大肠菌群数量的多管发酵法；

② 了解大肠菌群的数量在饮水中的重要性。

二、实验材料

① 实验仪器设备：高压蒸汽灭菌器、恒温培养箱、冰箱、生物显微镜、载玻片、酒精灯、镍铬丝接种棒、培养皿（Φ90mm）、试管（5mm×150mm）、移液管（1mL、5mL、10mL）、烧杯（200mL、500mL、2000mL）、锥形瓶（500mL、1000mL）。

② 药品：牛肉膏、蛋白胨、乳糖、琼脂、氯化钠、磷酸氢二钾、5%碱性品红乙醇溶液、2%伊红水溶液、0.5%美蓝水溶液、革兰染色剂一套。

③ 水样：污水处理厂出水及水源水各一瓶。

三、实验方法与步骤

（一）培养基的制备

1. 乳糖蛋白胨培养液

将10g蛋白胨、3g牛肉膏、5g乳糖和5g氯化钠加热溶解于1000mL蒸馏水中，调节溶液pH值为7.2～7.4，再加入1.6%溴甲酚紫乙醇溶液1mL，充分混匀，分装于试管中，于121℃高压灭菌器中灭菌15min，贮存于冷暗处备用。

2. 三倍浓缩乳糖蛋白胨培养液

按上述乳糖蛋白胨培养液的制备方法配制。除蒸馏水外，各组分用量增加至三倍。

3. 品红亚硫酸钠培养基

① 贮备培养基的制备：于2000mL烧杯中，先将20～30g琼脂加到900mL蒸馏水中，加热溶解，然后加入3.5g磷酸氢二钾及10g蛋白胨，混匀，使其溶解，再用蒸馏水补充到1000mL，调节溶液pH值至7.2～7.4。趁热用脱脂棉或绒布过滤，再加10g乳糖，混匀，定量分装于250mL或500mL锥形瓶内，置于高压灭菌器中，在121℃灭菌15min，贮存于冷暗处备用。

② 固体平板的制备：将上法制备的贮备培养基加热融化。根据锥形瓶内培养基的容量，用灭菌吸管按比例吸取一定的5%碱性品红乙醇溶液，置于灭菌试管中；再按比例称取无水亚硫酸钠，置于另一灭菌空试管内，加灭菌水少许使其溶解，再置于沸水浴中煮沸10min（灭菌）。用灭菌吸管吸取已灭菌的亚硫酸钠溶液，滴加于碱性品红乙醇溶液内至深红色再褪至淡红色为止（不宜加多）。将此混合液全部加入已融化的贮备培养基内，并充分混匀（防止产生气泡）。立即将此培养基适量（约15mL）倾入已灭菌的培养皿内，待冷却凝固后获得固体平板，置于4℃冰箱内备用，但保存时间不宜超过两周。如培养基已由淡红色变成深红色，则不能再用。

4. 伊红美蓝培养基

① 贮备培养基的制备：于2000mL烧杯中，先将20～30g琼脂加到900mL蒸馏水中，加热溶解。再加入2g磷酸二氢钾及10g蛋白胨，混合使之溶解，用蒸馏水补充至1000mL，

调节溶液 pH 值至 7.2～7.4。趁热用脱脂棉或绒布过滤，再加入 10g 乳糖，混匀后定量分装于 250mL 或 500mL 锥形瓶内，于 121℃高压灭菌 15min，贮于冷暗处备用。

② 培养皿培养基的制备：将上述制备的贮备培养基融化。根据锥形瓶内培养基的容量，用灭菌吸管按比例分别吸取一定量已灭菌的 2%伊红水溶液（0.4g 伊红溶于 20mL 水中）和一定量已灭菌的 0.5%美蓝水溶液（0.065g 美蓝溶于 13mL 水中），加入已融化的贮备培养基内，并充分混匀（防止产生气泡），立即将此培养基适量倾入已灭菌的空培养皿内，待冷却凝固后，置于冰箱内备用。

（二）水样中大肠杆菌菌群测试

1. 污水处理厂出水口出水

（1）初发酵实验　在两个装有已灭菌的 50mL 三倍浓缩乳糖蛋白胨培养液的大试管或烧瓶中（内有倒管），以无菌操作各加入已充分混匀的水样 100mL。在 10 个装有已灭菌的 5mL 三倍浓缩乳糖蛋白胨培养液的试管中（内有倒管），以无菌操作加入充分混匀的水样 10mL，混匀后置于 37℃恒温箱内培养 24h。

（2）平板分离　上述各发酵管经培养 24h 后，将产酸、产气及只产酸的发酵管分别接种于伊红美蓝培养基或品红亚硫酸钠培养基上，置于 37℃恒温箱内培养 24h，挑选符合下列特征的菌落。

① 伊红美蓝培养基上：深紫黑色，具有金属光泽的菌落；紫黑色，不带或略带金属光泽的菌落；淡紫红色，中心色较深的菌落。

② 品红亚硫酸钠培养基上：紫红色，具有金属光泽的菌落；深红色，不带或略带金属光泽的菌落；淡红色，中心色较深的菌落。

（3）取有上述特征的群落进行革兰染色　用已培养 18～24h 的培养物涂片，涂层要薄；然后进行革兰染色，判断其革兰属性，染色结果红色为革兰阴性菌，紫色为革兰阳性菌。

（4）复发酵实验　上述涂片镜检的菌落如为革兰阴性无芽孢的杆菌，则挑选该菌落的另一部分接种于装有普通浓度乳糖蛋白胨培养液的试管中（内有倒管），每管可接种分离自同一初发酵管（瓶）的最典型菌落 1～3 个，然后置于 37℃恒温箱中培养 24h，有产酸、产气者（不论导管内气体多少皆作为产气论），即证实有大肠菌群存在。根据证实有大肠菌群存在的阳性管（瓶）数查表 4-2 "大肠菌群检数表"，报告每升水样中的大肠菌群数。

2. 水源水

① 于各装有 5mL 三倍浓缩乳糖蛋白胨培养液的 5 个试管中（内有倒管），分别加入 10mL 水样；于各装有 10mL 乳糖蛋白胨培养液的 5 个试管中（内有倒管），分别加入 1mL 水样；再于各装有 10mL 乳糖蛋白胨培养液的 5 个试管中（内有倒管），分别加入 1mL 1：10 稀释的水样。共计 15 管，三个稀释度。将各管充分混匀，置于 37℃恒温箱内培养 24h。

② 平板分离和复发酵实验的检验步骤同 "污水处理厂出水口出水检验方法"。

③ 根据证实总大肠菌群存在的阳性管数，查表 4-3 "最可能数（MPN）表"，即求得每100mL 水样中存在的总大肠菌群数。我国目前系以 1L 为报告单位，故 MPN 值再乘以 10，即为 1L 水样中的总大肠菌群数。

对污染严重的地表水和废水，初发酵实验的接种水样应作 1：10、1：100、1：1000 或更高倍数的稀释，检验步骤同 "水源水" 检验方法。

如果接种的水样量不是 10mL、1mL 和 0.1mL，而是较低或较高的三个浓度的水样量，也可查表求得 MPN 指数，再经下面公式换算成每 100mL 的 MPN 值。

$$MPN \text{ 值} = MPN \text{ 指数} \times \frac{10(\text{mL})}{\text{接种量最大的一管}(\text{mL})}$$

表 4-2 大肠菌群检数表

接种水样总量 300mL（100mL 2 份，10mL 10 份）

10mL 水量的阳性管数	100mL 水量的阳性瓶数		
	0	1	2
	1L 水样中大肠菌群数	1L 水样中大肠菌群数	1L 水样中大肠菌群数
0	<3	4	11
1	3	8	18
2	7	13	27
3	11	18	38
4	14	24	52
5	18	30	70
6	22	36	92
7	27	43	120
8	31	51	161
9	36	60	230
10	40	69	>230

表 4-3 最可能数（MPN）表

出现阳性分数			每 100mL 水样中细菌数的最可能数	95％可信限值		出现阳性分数			每 100mL 水样中细菌数的最可能数	95％可信限值	
10mL 管	1mL 管	0.1mL 管		下限	上限	10mL 管	1mL 管	0.1mL 管		下限	上限
0	0	0	<2			4	2	1	26	9	78
0	0	1	2	<0.5	7	4	3	0	27	9	80
0	1	0	2	<0.5	7	4	3	1	33	11	93
0	2	0	4	<0.5	11	4	4	0	34	12	93
1	0	0	2	<0.5	7	5	0	0	23	7	70
1	0	1	4	<0.5	11	5	0	1	34	11	89
1	1	0	4	<0.5	15	5	0	2	43	15	110
1	1	1	6	<0.5	15	5	1	0	33	11	93
1	2	0	6	<0.5	15	5	1	1	46	16	120
2	0	0	5	<0.5	13	5	1	2	63	21	150
2	0	1	7	1	17	5	2	0	49	17	130
2	1	0	7	1	17	5	2	1	70	23	170
2	1	1	9	2	21	5	2	2	94	28	220
2	2	0	9	2	21	5	3	0	79	25	190
2	3	0	12	3	28	5	3	1	110	31	250
3	0	0	8	1	19	5	3	2	140	37	310
3	0	1	11	2	25	5	3	3	180	44	500
3	1	0	11	2	25	5	4	0	130	35	300
3	1	1	14	4	34	5	4	1	170	43	190
3	2	0	14	4	34	5	4	2	220	57	700
3	2	1	17	5	46	5	4	3	280	90	850
3	3	0	17	5	46	5	4	4	350	120	1000
4	0	0	13	3	31	5	5	0	240	68	750
4	0	1	17	5	46	5	5	1	350	120	1000
4	1	0	17	5	46	5	5	2	540	180	1400
4	1	1	21	7	63	5	5	3	920	300	3200
4	1	2	26	9	78	5	5	4	1600	640	5800
4	2	0	22	7	67	5	5	5	≥2400		

注：接种 5 份 10mL 水样、5 份 1mL 水样、5 份 0.1mL 水样时，不同阳性及阴性情况下 100mL 水样中细菌数的最可能数和 95％可信限值。

四、实验报告

将实验结果填入表 4-4 中。

表 4-4　两种水样实验测试结果

样品管/mL		100	10	1.0	0.1	0.01
发酵	出水口出水					
结果	水源水					

注：1. 阳性结果记"＋"；阴性结果记"－"。

2. 查表 4-2、表 4-3 获得每升水样中大肠菌群数是多少？

五、思考题

1. 大肠菌群的定义是什么？

2. EMB 培养基含有哪几种主要成分？在检查大肠菌群时，各起什么作用？

第三节　污水生物处理过程中微生物的简单分析

污水生物处理主要是指利用微生物的新陈代谢作用，分解转化污水中的污染物，达到净化水质的目的。生物处理是目前污水处理最有效、最经济的方法之一。污水生物处理过程中微生物占有主导地位，分析微生物的生长情况，可以了解和判断污水处理的运行效果。污水处理过程中的微生物与进水和出水微生物在种类、数量上都有很大差异。污水处理过程中的微生物种类繁多，采用传统技术方法和镜检来分纯、计数、观察其中的优势菌株，对比其与进水和出水中主要菌株的差异，有助于我们了解污水生物处理过程中微生物的生长情况，巩固基本操作技术。长期对不同阶段、环境下污水处理中优势菌株观察，有助于正确判断污水处理运行情况。

一、目的要求

① 综合前面所学基础实验操作，完成对污水中微生物的分析工作；

② 了解污水处理不同阶段微生物情况；

③ 强化微生物基础操作能力。

二、实验材料

① 仪器：试管 30 个，培养皿 60 个，1mL 移液管 30 支，5mL 移液管 3 支，100mL 锥形瓶各 2 个，250mL 锥形瓶各 1 个，400mL 烧杯 1 个，吸耳球 1 个，剪刀 1 把，酒精灯 1 个，火柴 1 盒，接种环 1 个，记号笔 1 支，试管架 2 个，血球计数板 6 个，显微镜 1 台。漏斗、量筒、天平、高压蒸汽消毒器、电炉等分别共用。

② 药品：牛肉膏，蛋白胨，琼脂粉，氯化钠，革兰染液一套。

三、实验方法与步骤

（一）实验准备环节

① 配制固体基础培养基（200mL）、0.85％生理盐水（配 200mL）；分装固体培养基——6 支试管（每支 5mL）做斜面，剩余装入锥形瓶中。

② 做试管、锥形瓶的棉塞，并对试管、锥形瓶、培养皿、移液管进行包扎。

③ 在高压消毒过程中，开启操作台紫外灯消毒 30min 左右。

④ 用无菌锥形瓶分别取生物处理前、处理中、出水水样。

（二）细菌计数

① 将水样梯度稀释。

将所取生物处理前、处理中、出水三种水样分别梯度稀释到 10^{-7}、10^{-9}、10^{-5}，备用。

注意：在每次梯度稀释中都要使试管中样品振荡均匀，保证实验的准确性。利用旋涡混合器振荡 10s 左右，直接手动振荡要保证振荡 80 次左右。

② 取适当稀释管进行平板涂布法计数。

平板涂布法：将灭菌后的固体培养基倒至平板，待平板冷却后，用 1mL 移液管取 0.5mL 菌液滴加到平板表面，并用无菌刮刀涂匀；对于进水、处理中和出水三种水样的稀释液，分别取进水的（10^{-5}、10^{-6}、10^{-7}）管稀释液、处理中水样的（10^{-7}、10^{-8}、10^{-9}）管稀释液和出水水样的（10^{-2}、10^{-3}、10^{-4}）管稀释液进行平板涂布。

注意：在进行菌液涂布时，一定要用玻璃刮刀把菌液均匀涂布到平板表面，另外要待经酒精灯加热消毒的玻璃刮刀基本冷却后再进行涂布，以免过热将细菌杀死而影响实验结果。

③ 取适当稀释管进行平板倾倒法计数。

平板倾倒法：取稀释后水样 0.5mL 加入无菌培养皿中，将冷却至 45℃ 左右的固体培养基倒入培养皿中，轻轻摇匀，放置平面上待凝固。对于生物处理前、处理中和出水三种水样的稀释液，分别取处理前水样的（10^{-5}、10^{-6}、10^{-7}）管稀释液、处理中水样的（10^{-7}、10^{-8}、10^{-9}）管稀释液和出水水样的（10^{-2}、10^{-3}、10^{-4}）管稀释液进行平板涂布。

注意：在倾倒培养基时，温度要保持在 45℃ 左右，如果难以把握，可以在实验前将融化后的固体培养基放入 45℃ 干燥箱中保存一段时间而保证其维持恒定所取温度。倾倒后要迅速轻摇培养皿，使得菌液与培养基混合均匀，避免由于菌体分散不充分而影响实际结果。

④ 取适当稀释管用血球计数板直接进行细菌计数。

取稀释后水样滴加到盖玻片的边缘，让菌液自动渗入，多余菌液用滤纸吸去，1min 后，镜检菌体数量；对于生物处理前、处理中和出水三种水样的稀释液，分别取生物处理前水样的（10^{-5}、10^{-6}、10^{-7}）管稀释液、处理中水样的（10^{-7}、10^{-8}、10^{-9}）管稀释液和出水水样的（10^{-2}、10^{-3}、10^{-4}）管稀释液进行平板涂布。

注意：实验计数时，应该严格遵循"数上（下）不数下（上），数左（右）不数右（左）"的原则进行，以减少误差，同时应该尽量多数小方格，取平均值。

（三）划线分纯

① 用接种环分别蘸取三种水样，在准备好的固体培养基平板上进行平板划线。

② 然后将已划线固体平板放入培养箱中，倒置培养 24h，取出观察。

③ 根据微生物菌落特征分别选取分散开的不同菌落进行再次划线后继续培养，直到获得多个不同菌株。

④ 在已准备好的固体斜面上接种所得已分纯菌株，培养 24h 后取出，在 4℃ 条件下保存。

（四）形态观察

取出前一天培养的平板，对细菌的菌落形态和菌体形态分别进行观察。

① 菌落形态：在培养皿内观察不同菌落形态，初步分析自己分离微生物的种类，并和其他同学的实验结果进行对比，大致判断污水处理不同阶段微生物的差异。

② 菌体形态：分别挑取具有不同特征的菌落，按照已掌握染色方法进行革兰染色，镜检观察。

四、实验报告

① 将细菌计数结果填入表 4-5 中。

表 4-5　不同方法计数结果

计数方法	编号	处 理 前			氧 化 沟			出　水		
		10^{-5}	10^{-6}	10^{-7}	10^{-7}	10^{-8}	10^{-9}	10^{-2}	10^{-3}	10^{-4}
平板涂布法	1#									
	2#									
	平均									
菌体浓度（CFU/mL）										
倾倒法	1#									
	2#									
	平均									
菌体浓度（CFU/mL）										
显微镜直接计数法	1#									
	2#									
	平均									
菌体浓度（CFU/mL）										

② 将菌落观察结果填入表 4-6 中。

表 4-6　不同实验方法菌落观察结果

培养方式	编号	处 理 前			氧 化 沟			出　水		
		颜色	形状	大小	颜色	形状	大小	颜色	形状	大小
平板涂布法	1#									
	2#									
倾倒法	1#									
	2#									
平板划线	1#									
	2#									
	3#									

③ 描绘划线分纯结果于图 4-1 中。

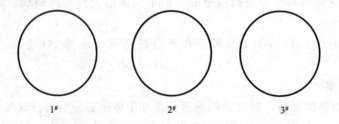

1#　　　　　　2#　　　　　　3#

图 4-1　划线分纯结果

④ 将分纯菌株的镜检结果填入表 4-7 中。

表 4-7 不同菌株染色镜检观察结果

编　号	革兰属性	大　小	形　态	备　注
1#				
2#				
3#				
4#				
5#				
6#				

五、思考题

1. 污水处理过程中的常见菌大致有哪些？你分离出了哪些菌？

2. 结合自己实验，判断污水处理过程中有没有菌在不同阶段都存在？如果存在，有哪些？

第四节　活性污泥微生物的镜检分析

活性污泥或生物膜是生物法处理废水的主体。污泥中微生物的生长、繁殖、代谢活动以及微生物之间的演替情况往往直接反映了处理状况。

在活性污泥法中起主要作用的是由各种微生物组成混合体——菌胶团，细菌是菌胶团的主体，活性污泥的净化能力和菌胶团的组成和结构密切相关。活性污泥菌胶团的微生物中除细菌外，还有真菌、原生动物和后生动物等多种微生物群体，当运行条件和环境因素发生变化时，原生动物种类和形态亦随之变化。若游泳型或固着型的纤毛类大量出现时，说明处理系统运行正常。因此，原生动物在某种意义上可以用来指示活性污泥系统的运行状况和处理效果。通过菌胶团的形状、颜色、密度以及有无丝状菌存在还可以判断有无污泥膨胀的倾向等。

因此，我们在操作管理中除了利用物理、化学的手段来测定活性污泥的性质以外，还可借助于显微镜观察微生物的状态来判断废水处理的运行状况，以便及早发现异常情况，及时采取适当的对策，保证稳定运行，提高处理效果。为了监测微型动物演替变化状况还需要定时进行计数。

一、目的要求

① 了解活性污泥或生物膜中微生物及微型动物的数量及生长状况；

② 学习利用微生物生长情况镜检结果初步判断污水处理的运行状况是否正常。

二、实验材料

① 活性污泥或生物膜样品。

② 显微镜、载玻片、盖玻片、微型动物计数板。

三、实验方法与步骤

(一) 压片标本的制备

① 取活性污泥法曝气池混合液一小滴，放在洁净的载玻片中央。

注意：如混合液中污泥较少，可待其沉淀后取沉淀的活性污泥一小滴放在载玻片上；如混合液中污泥较多，则应稀释后进行观察。

② 盖上盖玻片，即制成活性污泥压片标本。

注意：在加盖玻片时，要先使盖玻片的一边接触水滴，然后轻轻放下，否则会形成气泡，影响观察结果。

③ 在制作生物膜标本时，可用镊子从填料上刮取一小块生物膜，并用无菌生理盐水稀释，制成菌液。其他步骤与活性污泥标本的制备方法相同。

（二）显微镜观察

1. 低倍镜观察

要注意观察污泥絮粒的大小、污泥结构的松紧程度、菌胶团和丝状菌的比例及其生长状况，并加以记录和作必要的描述。观察微型动物的种类、活动状况，对主要种类进行计数。

污泥絮粒大小对污泥初始沉降速率影响较大，絮粒大的污泥沉降快。污泥絮粒大小按平均直径可分成以下三等。

大粒污泥：絮粒平均直径>$500\mu m$；

中粒污泥：絮粒平均直径在$150\sim500\mu m$之间；

细小污泥：絮粒平均直径<$150\mu m$。

污泥絮粒性状是指污泥絮粒的形状、结构、紧密度及污泥中丝状菌的数量。镜检时可把近似圆形的絮粒称为圆形絮粒；与圆形截然不同的称为不规则形状絮粒。絮粒中网状空隙与絮粒外面悬液相连的称为开放结构；无开放空隙的称为封闭结构。絮粒中菌胶团细菌排列致密，絮粒边缘与外部悬液界限清晰的称为紧密的絮粒；絮粒边缘界线不清的称为疏松的絮粒。实践证明，圆形、封闭、紧密的絮粒相互间易于凝聚，浓缩、沉降性能良好；反之则沉降性能差。

活性污泥中丝状菌数量是影响污泥沉降性能最重要的因素，当污泥中丝状菌占优势时，可从絮粒中向外伸展，阻碍了絮粒间的浓缩，使污泥 SV 值和 SVI 值升高，造成活性污泥膨胀。根据活性污泥中丝状菌与菌胶团细菌的比例，可将丝状菌分成以下五个等级。

○级：污泥中几乎无丝状菌存在；

±级：污泥中存在少量丝状菌；

＋级：存在中等数量的丝状菌，总量少于菌胶团细菌；

＋＋级：存在大量丝状菌，总量与菌胶团细菌大致相等；

＋＋＋级：污泥絮粒以丝状菌为骨架，数量超过菌胶团而占优势。

2. 高倍镜观察

用高倍镜观察，可进一步看清微型动物的结构特征。观察时注意微型动物的外形和内部结构，如钟虫体内是否存在食物胞、纤毛环的摆动情况等。观察菌胶团时，应注意胶质的厚薄和色泽、新生菌胶团出现的比例。观察丝状菌时，注意丝状菌生长、细胞的排列、形态和运动特征，以判断丝状菌的种类，并进行记录。

3. 油镜观察

鉴别丝状菌的种类时，需要使用油镜。这时可将活性污泥样品先制成涂片后再染色，应注意观察丝状菌是否存在假分支和衣鞘，菌体在衣鞘内的空缺情况，菌体内有无贮藏物质的积累和贮藏物质的种类等，还可借助鉴别染色技术观察丝状菌对该染色的反应。

（三）微型动物的计数

① 取活性污泥法曝气池混合液盛于烧杯内，用玻棒轻轻搅匀，如混合液较浓，可稀释

成 1∶1 的液体后观察。

② 取洗净的滴管 1 支（滴管每滴水的体积应预先测定，一般可选一滴水的体积为 0.05mL 的滴管），吸取搅匀的混合液，加一滴到计数板的中央方格内。然后加上一块洁净的大号盖玻片，使其四周正好搁在计数板四周凸起的边框上。

③ 用低倍镜进行计数。注意所滴加的液体不一定布满整个 100 格小方格。计数时，只要把充有污泥混合液的小方格挨着次序依次计数即可。观察时，同时注意各种微型动物的活动能力、状态等。若是群体，则需将群体上的个体分别计数。

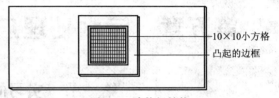

　　　　　　　　　　　　　　　　　10×10小方格
　　　　　　　　　　　　　　　　　凸起的边框

④ 计算。

设在一滴水中测得钟虫 20 只，样品按

图 4-2　计数板结构

1∶10 稀释，则每毫升混合液中含钟虫数应为：20 只×20×10＝4000 只。如图 4-2 所示。

四、实验报告

将观察结果填入表 4-8 中。

表 4-8　实验微型动物特征观察结果

指　标		特　征	结　果
絮凝体大小		大；中；小	
絮凝体形态		圆形；不规则	
絮凝体结构		开放；封闭	
絮凝体密度		紧密；疏松	
丝菌体数量		○；±；＋；＋＋；＋＋＋	
游离细菌		极少；少量；多	
微型动物	优势种	数量及状态	
	其他种	数量、种类、状态	

五、思考题

1. 怎样通过了解微型动物的种类或数量变化来反映废水处理情况？

2. 试比较生活污水中活性污泥与工业废水处理系统中的活性污泥性状以及微型动物的种类、数量等有何差异。

第二篇 污水处理厂实习环节

第五章 污水处理厂实习的目的和内容

第一节 实习的目的和目标

一、实习的目的

实习是实习者将所学的理论知识带到实际工作中去应用和检验以锻炼工作能力的过程，是从理论走向实践的重要一环，也是学生从学校走向生产岗位的第一步。它是实现理论与实际相结合、教育与生产相结合的重要途径，是巩固理论知识、培养动手能力和独立工作能力的重要手段。为了将学生培养成为既具有理论知识，又具有一定实践认识的全方位的新一代人才，不能仅通过实验室的实验环节来培养，而是应当走入社会，真正走上第一线去了解、认识具体的生产过程，只有这样才能达到教学目的。

污水处理是环境科学与工程学科的重要内容，也是我国环境保护、实现可持续发展战略的重要措施。污水处理厂是承担污水处理工作的公益性单位，是各种污水处理技术和设备的集成与应用。通过在污水处理厂进行实习，达到理论联系实际，强化综合职业能力、独立思考能力、实践技能、提高业务素质的目的，为今后从事污水处理技术工作、生产工作和管理工作奠定基础。

二、实习的目标

污水处理厂实习的主要目标有以下几个方面。

① 知识方面。在课堂学习的基础上，加深对污水处理技术、污水处理厂运营管理、环保设备选型与设计等知识的理解，掌握现行污水处理技术的基本原理。

② 能力方面。具备识别污染因子的能力，能够进行环保设施或设备的操作、运行管理与维护，具备水污染防治的初步能力及工程设计的能力。

③ 素质方面。具备用于探索的科学精神，爱岗敬业、严谨求实、勤奋刻苦的工作作风，具有良好的职业道德和法律、安全意识。

第二节 实习的内容

一、污水处理工艺的学习与深化

污水处理工艺就是对城市生活污水和工业废水的各种经济、合理、科学、行之有效的工艺方法。现代污水处理技术，按处理程度划分，可分为一级、二级和三级处理。一级处理，主要去除污水中呈悬浮状态的固体污染物质，物理处理法大部分只能完成一级处理的要求。经过一级处理的污水，BOD 一般可去除 30% 左右，达不到排放标准。一级处理属于二级处理的预处理。二级处理，主要去除污水中呈胶体和溶解状态的有机污染物质（BOD，COD物质），去除率可达 90％以上，使有机污染物达到排放标准。三级处理，进一步处理难降解的有机物、氮和磷等能够导致水体富营养化的可溶性无机物等。主要方法有生物脱氮除磷法，混凝沉淀法，砂率法，活性炭吸附法，离子交换法和电渗分析法等。

污水处理厂实习的主要内容之一就是对污水处理工艺的进一步学习和深化，通过现场的实习更深刻地领会各种处理工艺的特点和应用。

二、污水处理厂的运行管理

污水处理厂是从污染源排出的污（废）水，因含污染物总量或浓度较高，达不到排放标准要求或不符合环境容量要求，从而降低水环境质量和功能目标时，必须经过人工强化处理的场所，是多种设施、设备的系统化集中场所。

污水处理厂运行管理涉及专业性强、内容多、领域广，对于提高学生的实践动手能力和沟通管理能力具有重要意义。掌握污水处理厂各单元的运行特点，并对其管理进行学习，是污水处理厂实习不可或缺的重要内容。

三、污水处理厂的设计

污水处理厂设计包括各种不同处理的构筑物、附属建筑物、管道的平面和高程设计，并进行道路、绿化、管道综合、厂区给排水、污泥处置及处理系统管理自动化等设计，以保证污水处理厂达到处理效果稳定、满足设计要求、运行管理方便、技术先进、投资运行费用省等各种要求。

高等学校工科专业本科培养的主要目标是培养高级工程技术人才，污水处理是环境科学与工程学科的重要方向之一。掌握污水处理厂设计理念和方法，具备初步的工程设计能力，是污水处理厂实习（尤其是污水处理方面的生产实习和毕业实习）的内在要求和重要内容。

第六章　污水处理系统的实习

第一节　预处理的运行管理

污水预处理是去除污水中那些性质上或颗粒大小上不利于后续处理的物质，是污水进入传统的沉淀、生物等处理之前根据后续处理流程对水质的要求而设置的预处理设施。对于城市污水集中处理厂，预处理主要包括格栅、调节、沉砂等处理设施。而对于某些工业废水除需要进行上述一般的预处理外，还需进行一些特殊的预处理，例如中和、捞毛、预沉、预曝气等。西南科技大学污水处理厂的预处理主要包括粗格栅、细格栅和离心沉砂处理设施。

一、格栅

1. 格栅的作用

格栅是一种用以拦截水中较大尺寸的漂浮物或其他杂物的装置。是由一组平行的金属栅条制成的金属框架，斜置在废水流经的渠道上，或泵站集水池的进口处，用以截阻大块的呈悬浮或漂浮状态的固体污染物，以免堵塞水泵和沉淀池的排泥管。

由于污水中混有纤维、木材、塑料制品和纸张等大小不同的杂物，为了防止水泵和处理构筑物的机械设备和管道被磨损或堵塞，使后续处理流程能顺利进行，《室外排水设计规范》（GB 50014—2006）第 6.3.1 条规定：污水处理系统或水泵前，必须设置格栅。

2. 格栅的分类

格栅的分类方式有多种，根据栅间净间距的大小，格栅可以分为细格栅和粗格栅两种。格栅栅间间距在 1.5～10mm 的为细格栅；栅间间距大于 10mm 的为粗格栅，一般在机械清除时宜为 16～25mm，人工清除时宜为 25～40mm，特殊情况下，最大间隙可为 100mm。

根据格栅的清渣方式，格栅机分为机械格栅和人工格栅。

根据格栅适用的水深，可以分为深水用格栅和浅水用格栅。

根据形状来分，格栅分为平面格栅、曲面格栅（多为弧形）、阶梯形格栅三种。

3. 西南科技大学污水厂格栅的类型与构造

（1）粗格栅　西南科技大学污水处理厂采用粗细两组格栅。粗格栅设置在粗格栅间内，其建筑平面尺寸 7.8m×10.0m×12.0m。格栅间操作层为半地下式，地下 7.2m，地上 4.0m，栅槽为钢筋混凝土结构。粗格栅为高链式格栅除污机（见图 6-1），栅间间距 20mm，型号为 FA87-N1.1-6P 钢索式，格栅单台功率 $N=2.2$kW，设备宽度 1.1m，过栅流速<0.8m/s，栅前水深 0.8m，栅后水深 0.7m，栅前后允许最大水位差 0.1m，格栅安装倾角 75°，渠深 7.2m。

高链式格栅除污机结构如图 6-2 所示，主要由驱动装置、机架、导轨、齿耙和卸污装置等组成。三角形齿耙架的滚轮设置在导轨内，另一主滚轮与环形链铰接。由驱动机构传动分置于两侧的环形链，牵引三角形齿耙架沿导轨升降。

图 6-3 为高链式格栅除污机的运行情况。其运行状况如下。

下行时，三角形齿耙架的主滚轮，是环形链条的外侧，齿耙张开下行，见图 6-3(a) 至下行终端，主滚轮回转到链轮内侧，三角形齿耙插入格栅栅隙内，见图 6-3(b)。

图 6-1 西南科技大学污水处理厂粗格栅

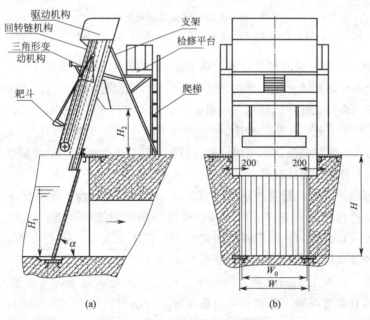

图 6-2 高链式格栅除污机的结构

上行时，耙齿把截留于格栅上的栅渣扒集至卸污料口，由卸污装置将污物推入滑板，排至集污槽内，见图 6-3(c)。此时三角形齿耙架的主滚轮已上行至环链的上端，回转至环链的外侧，齿耙张开，完成一个工作程序。

为防止由于齿耙歪斜或栅渣嵌入栅条造成卡死现象，在驱动减速机与主动链轮的连接部位，安装了过力矩开关。当负荷达到额定限度时，极限开关便切断电源并停机报警。高链式自动格栅除污机的链条和链轮全部在水面以上工作。由于固定于环行链上的主滚轮在滚轮导轨内向下动作，齿耙与格栅保持较大的间距下降；主滚轮绕从动轮外围转动，当来到上链的

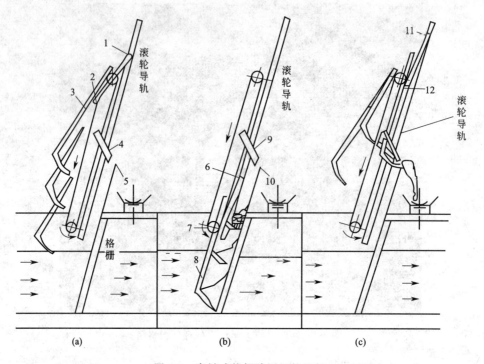

图 6-3　高链式格栅除污机的运行

1、6、11—滚轮；2、7、12—主滚轮；3、8—齿耙；4、9—小耙；5、10—滑板

位置时，根据滚轮与主滚轮的相关位置，齿耙吃入格栅内，同时开始上升，随即耙捞栅渣；主滚轮达到最上部的驱动链轮处，齿耙开始抬起，在该处设置小耙将齿耙上的栅渣除掉，完成一个动作的循环。高链式除污机适用条形格栅的有效间距是 8～25mm，除渣速度 6～8m/min。为了防止齿耙歪斜而卡死，在驱动减速机与主动轮的连接部位安装了扭矩开关。当负荷增大到超过一定限度时，极限开关便切断电源，停机报警。有些机型则安装了摩擦联轴器，当负荷超过极限时，联轴器打滑，可保护链条机齿耙。

高链式除污机的电机及行星减速器安装在除污机上部的平台。保持减速机的良好润滑是保证该设备安全运行的必要条件。对于扭矩极限开关或摩擦联轴器，应经常效验其安全扭矩。扭矩太大，一旦出现卡死现象将使齿耙变形，扭矩如太小，则会出现正常运行时打滑、停机。由于是开放式传动，润滑脂会不断地粘上尘土、细砂等污物，加速这些部位的磨损，因此要经常清除。它的主要缺点是齿耙经常不能正确地吃入栅条，造成这种情况的原因很多，如格栅下部有大量泥砂、杂物堆积；栅条变形、扭曲；链条变松或张紧度不一致甚至错位，造成齿耙歪斜。

（2）细格栅　西南科技大学污水处理厂细格栅为回转式机械格栅（见图 6-4），栅间间距 5mm，单台功率 $N=0.75$kW，过栅流速 <0.5m/s，栅前水深 1.0m，栅后水深 0.8m，栅前后允许最大水位差 0.20m。每格栅渠净宽 500mm，渠深 1.3m。

在渠上设无轴螺旋输渣机 1 台，输渣机直径 260mm，长 3.8m，功率 1.1kW。每天的产渣量为 1.5m³/d，含水率 80%，容重 0.98t/m。

螺旋输渣机的运行与细格栅机联锁。细格栅采用水位差控制，伴有高水位监测。细格栅池内每台格栅机前、后均设有闸板，格栅池每格均可单独运行或检修，管理操作方便。

图 6-4 西南科技大学污水处理厂细格栅间

回转式机械格栅是一种可以连续自动清渣的格栅，所以也成为自清式格栅除污机。它由多个相同的耙齿机件平行和垂直地组装成一组封闭的耙齿链，在减速机的驱动下，通过一组槽轮使耙齿链形成了连续不断自上而下的循环运动，达到不间断除渣的目的。当齿耙链运转到上部至后部时，由于链轮和弯轨的导向作用，可使每组平行耙齿之间产生相对的错位运动，促使大部分的固体杂物靠自重下落到渣槽内。如果有部分粘在耙齿上的杂物，则靠设备背部的橡胶刷板反向运动刷洗干净。其安装结构图参见图 6-5。

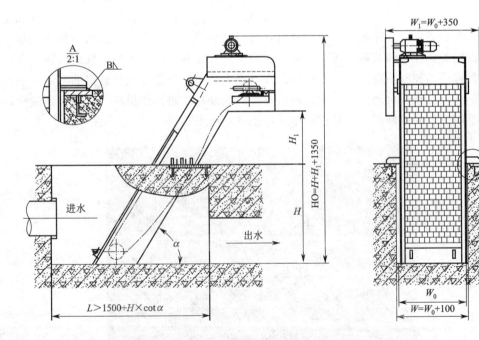

图 6-5 回转式格栅安装示意图

该设备的优点有以下几点：①有一定的自净能力，运行平稳、无噪声；②无堵塞现象，很适合制作栅片间距 1~10mm 的细格栅除污机，在城市污水处理工程中采用栅片间距 10~25mm 的格栅除污机效果也很好；③由于耙齿弯钩的承托，截留的污物不会下坠，同时，到顶部翻转时，易于卸料；④在无人看管的情况下，可以连续稳定运行。

4. 格栅的运行管理

（1）格栅工作台数的确定　通过污水厂前部设置的流量计、水位计可得知进入污水厂的污水流量及渠内水深，再按设计推荐或运行操作规程设计的入流污水量与格栅工作的关系，确定投入运行的格栅数量。也可通过最佳过栅流速的计算来确定格栅投入运行的台数。

（2）栅渣的清除　及时清除栅渣，保证过栅流速控制在合理的范围之内。清污次数太少，栅渣将在格栅上长时间附着，使过栅断面减少，造成过栅流速增大，拦污效率下降。格栅若不及时清污，导致阻力增大，会造成流量在每台格栅上分配不均匀，同样降低拦污效率。因此，操作人员应将每一台格栅上的栅渣及时清除。值班人员应经常到现场巡检，观察格栅上栅渣的累积情况，并估计栅前后液位差是否超过最大值，做到及时清污。超负荷运转的格栅间，尤应加强巡检。值班人员注意摸索总结这些规律，以提高工作效率。

（3）定期检查渠道的沉砂　格栅前后渠道内积砂与流速有关外，还与渠道底部流水面的坡度和粗糙度等因素有关系，应定期检查渠道内的积砂情况，及时清砂并排除积砂原因。

（4）格栅除污机的维护管理　格栅除污机是污水处理厂内最易发生故障的设备之一，巡查时应注意有无异常声音，栅耙是否卡塞，栅条是否变形，并应定期加油保养。

（5）分析测量与记录　记录每天发生的栅渣量。根据栅渣量的变化，间接判断格栅的拦污效率。当栅渣比历史记录减少时，应分析格栅是否运行正常。

5. 格栅的自动控制

格栅的自动控制保证了在无人看管的情况下可保证连续稳定工作，并且设置了过载安全保护装置，在设备发生故障时，会自动停机，可以避免设备超负荷工作。西南科技大学粗细格栅均可根据需要任意调节设备运行间隔，实现周期性运转；可以根据格栅前后液位差自动控制；并且有手动控制功能，以方便检修。在自动模式下，格栅将根据预定的时间周期及设定的水位差进行工作，自动清污，螺旋输送器将一起联动，将污物排除。中心控制室可以设定为远程手动或自动控制模式。其控制单元见图 6-6 和图 6-7。

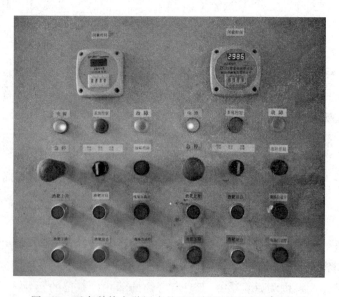

图 6-6　西南科技大学污水处理厂粗格栅现场控制单元

图 6-7　西南科技大学污水处理厂细格栅现场控制单元

二、调节池

1. 调节池的作用

由于污水的流量或浓度在不同的时段内有较大变化，为了使管渠和构筑物正常工作，不受废水高峰流量或浓度变化的影响，需在废水处理设施之前设置调节池。调节池的作用主要体现在以下几个方面。

① 提供对污水处理负荷的缓冲能力，防止处理系统负荷的急剧变化；

② 减少进入处理系统污水流量的波动，使处理污水时所用化学品的加料速率稳定，适合加料设备的能力；

③ 在控制污水的 pH 值、稳定水质方面，可利用不同污水自身的中和能力，减少中和作用中化学品的消耗量；

④ 防止高浓度的有毒物质直接进入生物化学处理系统；

⑤ 当工厂或其他系统暂时停止排放污水时，仍能对处理系统继续输入污水，保证系统的正常运行。

2. 调节池的分类

调节池按其主要调节功能分为水量调节池和水质调节池两类。

（1）水量调节池　污水处理中单纯的水量调节池有两种方式：一种为线内调节池，进水一般采用重力流，出水用泵提升，池中最高水位不高于进水管的设计水位，最低水位为死水位，有效水深一般为 2～3m。另一种为线外调节池，调节池设在旁路上，当污水流量过高时，多余污水用泵打入调节池，当流量低于设计流量时，再从调节池回流至集水井，并送去后续处理。

线外调节池与线内调节池相比，其不受进水管高度限制，施工和排泥较方便，但被调节水量需要两次提升，消耗动力大，故线内调节池应用较多。

（2）水质调节池　水质调节池的任务是对不同时间或不同来源的污水进行混合，使流出的水质比较均匀，以避免后续处理设施承受过大的冲击负荷。水质调节池从结构上可以分为以下两类。

① 对角线调节池　对角线调节池的特点是出水槽沿对角线方向设置，污水由左右两侧

进入池内，经不同的时间流到出水槽，从而使先后过来的、不同浓度的废水混合，达到自动调节均和的目的。

为了防止污水在池内短路，可以在池内设置若干纵向隔板。污水中的悬浮物会在池内沉淀，对于小型调节池，可考虑设置沉渣斗，通过排渣管定期将污泥排出池外；如果调节池的容积很大，需要设置的沉渣斗过多，这样管理太麻烦，可考虑将调节池做成平底，用压缩空气搅拌，以防止沉淀，空气用量为 $1.5\sim3m^3/(m^2\cdot h)$ 调节池的有效水深采取 $1.5\sim2m$，纵向隔板间距为 $1\sim1.5m$。如果调节池采用堰顶溢流出水，则这种形式的调节池只能调节水质的变化，而不能调节水量和水量的波动。

如果后续处理构筑物要求处理水量比较均匀和严格，可把对角线出水槽放在靠近池底处开孔，在调节池外设水泵吸水井，通过水泵把调节池出水抽送到后续处理构筑物中，水泵出水量可认为是稳定的。或者使出水槽能在调节池内随水位上下自由波动，以便贮存盈余水量，补充水量短缺。

② 同心圆调节池　在池内设置许多折流隔墙，控制污水 $1/3\sim1/4$ 流量从调节池的起端流入，在池内来回折流，延迟时间，充分混合、均衡；剩余的流量通过设在调节池上的配水槽的各投配口等量地投入池内前后各个位置。从而使先后过来的、不同浓度的废水混合，达到自动调节均和的目的。

另外，利用部分水回流方式、沉淀池沿程进水方式，也可实现水质均和调节。在实际生产中，可结合具体情况选择一种合适的调节方法。

3. 调节池的运行管理

① 调节池在运行过程中需要控制的技术指标主要包括合适的停留时间、合理的水深和正常用量投加的辅助材料，应注意对以上技术指标的校核和计算，保证调节池在最佳工作状态。

② 定期检查池内的设备运行状态，原则上每天一次。

③ 检查调节池水位高度及液位开关或水位仪是否正常使用，以避免因仪器问题导致水泵空载或不运行等情况。

④ 定期对调节池进行清理，以避免存在大量淤泥堵塞水泵而影响后续工作。清池工作最重要的是人身安全问题。在干管内腐败的污水会带入有毒气体，在池内沉积的污泥也会厌氧分解产生出有毒气体，甚至会产生出甲烷等可燃气体。清池时，先停止进水，用泵排空池内存水，然后强制通风，方可下池工作。注意：操作人员下池以后，通风强度可适当减小，但绝不能停止通风，因为池内积泥的厌氧分解并没停止，还有硫化氢等有毒气体不断产生并释放出来。每个操作人员在池下工作时间不可超过 30min。

⑤ 定期对调节池人孔盖进行检查，避免因腐蚀气体使人孔盖板腐烂而导致操作人员在不注意的情况下掉入水池造成人员伤害。

三、沉砂池

1. 沉砂池的作用

沉砂池是指利用自然沉降作用，去除水中砂粒或其他相对密度较大的无机颗粒的构筑物。污水在迁移、流动和汇集过程中不可避免会混入泥砂。污水中的砂如果不预先沉降分离去除，则会影响后续处理设备的运行，最主要的是磨损机泵、堵塞管网，干扰甚至破坏生化处理工艺过程。

沉砂池主要用于去除污水中粒径大于 0.2mm，密度大于 $2.65t/m^3$ 的砂粒，以保护管道、阀门等设施免受磨损和阻塞。

2. 沉砂池的分类

常用的沉砂池有平流式、曝气式、旋流式和多尔沉砂池等。

① 平流式沉砂池是平面为长方形的沉砂池。沉砂池由入流渠、沉砂区、出流渠、沉砂斗等部分组成，两端设有闸板以控制水流，在池底设置 1～2 个贮砂斗，下接排砂管。平流式沉砂池因构造简单，除砂效果好，加之除砂设备国产化率高，已成为我国城市污水处理厂沉砂池的主要池型。

② 曝气沉砂池的特点是通过曝气形式来产生旋转水流，用以提高除砂效率及有机物的分离效率。通过在曝气池一侧鼓入空气，会使水流产生竖向流，并于水平流叠加产生螺旋流。图 6-8 为曝气沉砂池的断面图，其水流部分是一个矩形渠道，沿池壁一侧的整个长度上设置曝气装置。池底沿渠长设有一集砂槽，池底以坡度 $i=0.1～0.5$ 向集砂槽倾斜，以保证砂粒滑入；吸砂机或刮砂机安置在集砂槽内。

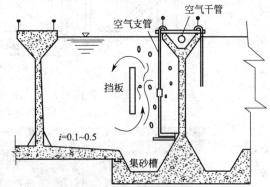

图 6-8　曝气沉砂池的断面图

③ 旋流沉砂池是利用机械力控制水流流态与流速、加速沙粒的沉淀并使有机物随水流带走的沉砂装置。它由流入口、流出口、沉砂区、砂斗、涡轮驱动装置以及排沙系统等组成。污水由流入口切线方向流入沉砂区，进水渠道设一跌水堰，使可能沉积在渠道底部的砂子向下滑入沉砂池；还设有一挡板，使水流及砂子进入沉砂池时向池底流行，并加强附壁效应。在沉砂池中间设有可调速的桨板，使池内的水流保持环流。桨板、挡板和进水水流组合在一起，旋转的涡轮叶片使砂粒呈螺旋形流动，促进有机物和砂粒的分离，由于所受离心力不同，相对密度较大的砂粒被甩向池壁，在重力作用下沉入砂斗；而较轻的有机物，则在沉砂池中间部分与砂子分离，有机物随出水旋流带出池外。通过调整转速，可以达到最佳的沉砂效果。砂斗内沉砂可以采用空气提升、排沙泵排沙等方式排除，再经过砂水分离达到清洁排沙的标准。

旋流式沉砂池具有占地少、除渣效率高、操作环境好、设备运行可靠等优点。其中最具代表性的就是美国 Smith&Loveless 公司的比式（PISTA）沉砂池和英国 Jones&Attwood 公司的钟式（JETA）沉砂池。

④ 多尔沉砂池为一个浅的方形水池，主要由污水入口、整流器、沉砂池、刮砂机、排砂坑、洗砂机、有机物回流装置、回流管以及排砂机等组成（见图 6-9）。在池的一边设有与池壁平行的进水槽，并在整个池壁上设有整流器。沉砂池底的砂粒用一台安装在转轴上的刮砂机，把砂粒从中心刮到边缘，进入集砂斗。砂粒用往复式刮砂机或螺旋式输送器进行淘洗，以去除有机物。刮砂机上装有桨板，用以产生一股反方向的水流，将从砂上洗下来的有机物带走，回流到沉砂池中，淘洗的砂粒以及其他无机颗粒由排砂机排出。

3. 西南科技大学污水厂沉砂池的类型与构造

西南科技大学污水处理厂沉砂池为钟式沉砂池（见图 6-10）。钟式沉砂池结构见

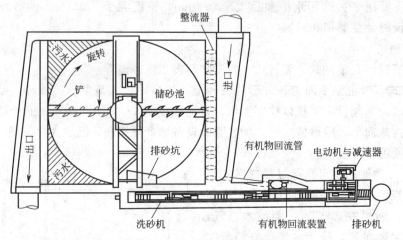

图 6-9　多尔沉砂池结构示意图

图 6-10　西南科技大学污水处理厂的钟式沉砂池

图 6-11，由减速电机、减速箱、叶片驱动杆、转盘叶片、空气提升和空气冲洗系统、吸砂管及平台钢梁组成。水流流经较短的进水渠进入沉砂池，由驱动装置带动叶片旋转；由于重力作用，分选区水流分为两个环流：内环在叶轮推动下向上流动，外环则基本保持静止。砂粒以重力沉降到外环的斜底上，并顺斜坡滑入集砂区；轻的有机物则在径向叶轮的推力作用下与砂粒分离，返回到水流中去。

西南科技大学污水厂沉砂池直径 1830mm，总高度 2.50m，水力停留时间 32s。钟式沉砂池配有搅拌叶轮 2 台，叶轮转速 12～20r/min，功率 0.75kW；空压机 2 台，单台风量 15m³/h，功率 $N=1.5$kW。该组空压机就近设置于细格栅间内；螺旋式砂水分离机 1 台，洗砂能力：5～12L/s 砂水混合液，电功率 $N=0.37$kW。

钟式沉砂池沉砂量为 0.9m³/d，含水率 60%，容重 1.5t/m³。

4. 沉砂池的运行管理

① 各类沉砂池均应根据池组的设置与水量变化情况，调节进水闸阀的开启度。

② 对于平流式沉砂池，常设置浮渣挡板，挡板前浮渣应每天清捞一次。

③ 沉砂池最重要的工作是及时排砂，沉砂池的排砂时间和排砂频率应根据沉砂池类别、污水中含砂量及含砂量的变化情况设定。排砂次数太多，可能会使排砂含水率太高（除抓斗提砂以外）或因不必要操作增加运行费用；排砂次数太少，就会造成积砂，增加排砂难度，甚至破坏排砂设备。应在定期排砂时，密切注意排砂量、排砂含水率、设备运行状况，及时调整排

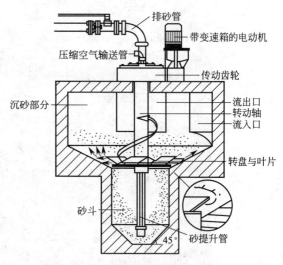

图 6-11　钟式沉砂池结构示意图

砂次数。无论是行车带泵排砂或链条式刮砂机，由于故障或其他原因停止排砂一段时间后，都不能直接启动。应认真检查池底集砂槽内砂量的多少，如沉砂太多，应排空沉砂池人工清砂，以免由于过载而损坏设备。对于重力排砂，一般应每天一次，排砂时，应关闭进出水闸门，逐一打开排砂闸门，把沉砂池排空。

④ 曝气沉砂池的每一格，一般都有配水调节闸门和空气调节阀门，应经常巡查沉砂池的运行状况，及时调整入流污水量和空气量，使每一格沉砂池的工作状况（液位、水量、气量、排砂次数）相同。曝气沉砂池的空气量应根据水量的变化进行调节，应保证每天检查和调节一次，调节的依据是空气流量计。

⑤ 沉砂量应有记录统计，并定期对沉砂颗粒进行有机物含量分析。

⑥ 当采用机械除砂时，应每日检查吸砂机的液压站油位，并应每月检查除砂机的限位装置；吸砂机在运行时，同时在桥架上的人数，不得超过允许的重量荷载。

⑦ 旋流沉砂池的搅拌器应保持连续运转，并合理设置搅拌器叶片的转速。当搅拌器发生故障时，应立即停止向该池进水。

⑧ 采用气提式排砂的沉砂池，应定期检查储气罐安全阀、鼓风机过滤芯及气提管，严禁出现失灵、饱和及堵塞的问题。

⑨ 对沉砂池上的电气设备应做好防潮湿，抗腐蚀处理。

⑩ 沉砂池池底排出的积砂，一般含有一些有机物，容易发臭。洗砂间应及时清洗沉砂，并清运出去，还应经常清洗维护洗砂、除砂设备，保持洗砂间环境卫生良好。

⑪ 做好测量与运行记录。每日测量或记录的项目为除砂量、曝气量。定期测量的项目为湿砂中的含砂量、有机成分含量。可测量的项目为干砂中砂粒级配，一般应按 0.10、0.15、0.20 和 0.30 四级进行筛分测试。

5. 沉砂池的控制

沉砂池有闸门、桨叶分离机、吸砂泵、砂水分离器等设备。设备之间存在联锁关系，在上位机发出启动指令后，桨叶分离机先连续运转，吸砂泵在桨叶分离机运行时按程序自动定时启停，砂水分离器与砂泵同步启动，延时停机。西南科技大学污水厂沉砂池现场控制单元见图 6-12。

图 6-12　西南科技大学污水厂沉砂池现场控制单元

四、预处理对后续工艺的影响

1. 预处理对初级处理的影响

如若格栅设计或运行不合理，拦截栅渣的能力降低，则会有大量的栅渣流过格栅，将使初沉池浮渣量增多，会增加清除浮渣的工作量，并且有可能挂在出水堰板上影响出水均匀程度；由于其上附着的有机物易腐败，并会增加恶臭，影响水厂的工作环境；如果用机械刮泥设备，除了增加其负荷外，有时由于某些物质的存在会损坏刮泥设备，如用链条式刮泥机，丝状物将在链条上缠绕，增大运行阻力，损坏设备。

从沉砂池流走砂粒太多，砂粒有可能在配水渠道内沉积，影响配水均匀和水力条件；砂粒进入初沉池内将使污泥刮泥板过度磨损，缩短使用寿命；进入泥斗后将会干扰正常排泥或堵塞排泥管路；进入泥泵后将使污泥泵过度磨损，降低其使用寿命。

2. 预处理对二级处理的影响

栅渣进入曝气池会在表曝机或水下搅拌设备桨板上缠绕，增大阻力；进入二沉池将使浮渣增加，挂在出水堰板上影响出水的均匀；进入生物滤池会堵塞配水管，进入生物转盘将在转盘上缠绕。在一些不设初沉池或部分污水跨越初沉池的处理厂，砂粒将直接进入曝气池，在池底沉积，减少有效容积，有时还会堵塞微孔扩散器；进入生物转盘也会在池内沉积，减少有效容积。

3. 预处理对污泥处理的影响

极易从格栅流走的是一些破布条、塑料袋等杂物，这些杂物进入浓缩池后将在浓缩机栅条上缠绕，增加阻力，并影响浓缩效果，或在上清液出流堰上缠绕，影响出水均匀，还将堵塞排泥管路或排泥泵。这些杂物进入消化池，极易堵塞的是热交换器，而堵塞以后清理又非常困难。

第二节　污水泵站的运行管理

污水处理厂在运行工艺流程中一般采用重力流的方法通过各个构筑物和设备。但由于厂区地形和地质的限制，必须在前处理处加提升泵站将污水提到某一高度后才能按重力流方法运行。污水提升泵站的作用就是将上游来的污水提升至后续处理单元所要求的高度，使其实现重力流。提升泵站一般由水泵、集水池和泵房组成。

泵站内的水泵是多种多样，一般以离心泵为主。按照安装方式分为干式泵和潜污泵，干式泵又有立式泵和卧式泵。潜污泵有可在污水中安装和干式安装两种类型。泵的类型主要取决于污水处理厂的规模、要求的扬程、工作介质和控制方式等具体情况。西南科技大污水处理厂污水泵采用 150QW 型潜污泵，水泵扬程 30m，额定流量 200m³/h，共设置 4 台，其中 3 用 1 备。

一、QW 型潜污泵的结构

QW 潜污泵的结构见图 6-13。

1. 结构说明

QW 系列潜水排污泵由水泵和干式潜水电机组成，机泵共轴，二者之间用油室和双层机械密封分隔，整体结构紧凑；既可采用自动耦合式安装，也可采用固定式安装和硬（软）管移动式安装。

泵体及叶轮：大流道叶轮及泵体，具有过流面积大，通污能力强的特点。叶轮经过严格的平衡试验，使振动减少到最低值，最大限度地提高了轴承和机械密封的使用寿命。

潜水电机：防护等级为 IP68，F 级绝缘设计，具有独特的电缆接线盒和电缆密封设计，绝缘材料的极限工作温度 155℃，绕阻内嵌有过热保护元件，通过电控柜对电机进行保护。

冷却方式：18.5kW 以上的电机，设有自流内循环冷却系统，冷却介质在电机外壳与冷却套之间流动，冷却介质可以是外接冷却水，也可以是泵送介质。当采用泵送介质作冷却时，泵的结构可以防止大颗粒进入冷却通道；长时间运行后，应对冷却通道进行冲洗，冲洗掉可能在通道中形成的污物沉积。有自流内循环冷却系统的泵允许电机露出

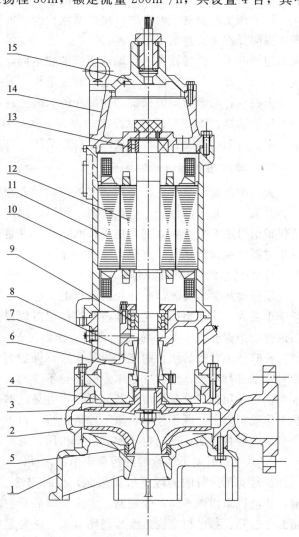

图 6-13 QW 型潜污泵结构示意图

1—底座；2—泵体；3—叶轮；4—泵盖；5—密封环；6—轴；
7—机械密封；8—油室；9—下轴承；10—机壳；11—定子；
12—转子；13—上轴承；14—上端盖；15—密封盖

液面运行，故能最大限度地排空集水井中的污水。18.5kW 及以下电机，不设内循环冷却系统，通过机壳外表面与泵送液体接触来冷却，电机外壳至少得淹没一半。

油室与机械密封：双层保护机械密封位于泵盖与电机之间的密闭油室中，第一层机械密封阻止泵送液体进入油室。油室中的油对机封起润滑和冷却作用，同时还有阻止液体渗透的

安保功能。第二层机械密封将油室与轴承室隔开，阻止油或因第一层机械密封失效而渗入油室中的水进入轴承室。

2. 保护装置

潜污泵内装有电机绕阻过热保护元件、油水探头和浮子开关等保护装置，这些元件均与电控柜相连。保护装置必须与潜污泵专用电控柜相连才能起作用。

过热保护元件：嵌装于电机绕组内，当绕组温度超过额定值时，过热保护元件通过电控柜发出过热指示并停止电机，当温度下降后，电机会恢复到开机状态。

油水探头：设置于油室中，用作漏水检测，能感应油室中的渗入水，通过电控柜发出报警，提醒操作人员换油或更换密封。

浮子开关：设置在电机下轴承座旁的腔室内，腔室与轴承室相通，无论油或水进入轴承室，都会将浮子开关中的浮子浮起，通过电控柜发出报警，并自动切断电源。

电控柜：与潜污泵的保护是相配套的，除上述控制功能外，还有主回路短路、过载、缺相等保护功能。配有进行液位控制的浮球开关，能根据水位情况自动开停及控制运行的台数。主、备泵自动交替运行，故障泵自动关闭，备用泵自动投入运行。

二、潜污泵的运行影响因素

大功率的潜污泵在正常使用情况下有两种安全保护形式：一是电气保护：包括缺相、欠压、过载。二是控制保护：包括泄漏、超温、湿度、浸水和轴温。在水泵的日常巡视中对以上保护信号进行检查，做到泵机不带病运行，这是保证潜污泵稳定、高效运行的前提。以下因素对潜污泵高效运行也有很大关系。

1. 潜污泵的使用时间间隔

虽然潜污泵本身就是允许长期运行的，但一台潜污泵长期不停地运行，对它的使用寿命影响也很大。潜污泵需要定期地进行维护保养以提高它的工作效率和使用寿命，如长期运行不进行维护保养则水泵容易发生超温、轴温过载等故障。而一台水泵如果长期不运行也不行，长时间不运行的水泵的定子容易受潮，保护容易失灵。因为水泵在运行时会发出热量，能对定子进行烘干。所以一台水泵既不能不停地运行也不能长时间地不运行。而各个泵房内水泵都有备用的，合理地使用备泵可以很容易地解决这一问题，只要做好每台水泵的定期切换工作就可以了。既不让哪台泵不停地运行，也不让哪台泵长时间地不运行，做到每台泵每个月最少运行一次，既对定子起到烘干作用，也可以检测一下潜污泵的保护装置。

2. 对于长时间不运行的潜污泵应吊离水面

长时间不运行的潜污泵吊离水面，长时间地浸泡在水中容易使水泵定子受潮，甚至泄漏，使电机室内进水而产生短路。水泵受潮后开启时电流偏大，温度升高，容易产生跳闸和超温等故障，如电机室内进水短路则水泵无法开启或线圈烧掉。如果线圈在污水中浸泡时间过长，电机室内会严重腐蚀而使水泵报废。所以对于长时间不运行的潜污泵应该吊离水面，不能浸泡在污水中。

3. 使用变频器来提高水泵的使用效率

大功率的水泵一般采用软启动和变频启动两种启动方式。

使用软启动的水泵工作在工频状态之下，不能进行流量调节，有时为了控制流量会通过关小阀门来控制泵的流量，这样做有不少的弊端。首先，泵在开启后不会因为流量的减小而降低功率，也就是说泵的效率降低了，相反成本增加了。其次，阀门关小，在一定程度上对于水泵来说就是在打闷泵，这对水泵的损伤非常大，不利于水泵的长期稳定运行。第三，阀门关小以后，水泵出水口的压力会相对升高，对阀门的冲击也就加大，影响阀门的使用时间。

使用变频器启动的水泵则可以控制水泵的流量，对应的流量有相应的功率，这样对于使用软启动的水泵来说效率就提高了，同时变频器本身也具有更为灵敏的保护装置，能杜绝一些不利于水泵安全运行的不安全启动状态，提前发现故障苗头尽早进行维护，所以在经常需要调节水泵流量的地方应尽量使用变频启动。但变频器因本身系统灵敏，故而它所体现的故障也较多，因此需要提高这方面的维修能力，以更好地保证每台水泵的高效稳定运行。

三、泵房操作规程

1. 运行管理

① 根据进水量的变化及工艺运行情况，应调节水量，保证处理效果。

② 水泵在运行中，必须严格执行巡回检查制度，并符合下列规定。

a. 应注意观察各种仪表显示是否正常、稳定。

b. 轴承温升不得超过环境温度35℃，总和温度最高不得超过75℃。

c. 应检查水泵填料压盖处是否发热，滴水是否正常。

d. 水泵机组不得有异常的噪声或振动。

e. 水池水位应保持正常。

③ 应使泵房的机电设备保持良好状态。

④ 操作人员应保持泵站的清洁卫生，各种器具应摆放整齐。

⑤ 应及时清除叶轮、闸阀、管道的堵塞物。

⑥ 泵房的提升水池应每年至少清洗一次，同时对有空气搅拌装置的进行检修。

2. 安全操作

① 水泵启动和运行时，操作人员不得接触转动部位。

② 当泵房突然断电或设备发生重大事故时，应打开事故排放口闸阀，将进水口处闸阀全部关闭，并及时向主管部门报告，不得擅自接通电源或修理设备。

③ 清洗泵房提升水池时，应根据实际情况，事先制订操作规程。

④ 操作人员在水泵开启至运行稳定后，方可离开。

⑤ 严禁频繁启动水泵。

⑥ 水泵运行中发现下列情况时，应立即停机。

a. 水泵发生断轴故障；

b. 突然发生异常声响；

c. 轴承温度过高；

d. 压力表、电流表的显示值过低或过高；

e. 机房管线、闸阀发生大量漏水；

f. 电机发生严重故障。

3. 维护和保养

① 水泵的日常保养应符合规程中的有关规定。

② 应至少半年检查、调整、更换水泵进出口闸阀调料一次。

③ 应定期检查提升水池水标尺或液位计及其转换装置。

④ 备用水泵应每月至少进行一次试运转。环境温度低于0℃时，必须放掉泵壳内的存水。

第三节　初沉池的运行管理

对于液态非均相物质可采用重力沉降和离心沉降两种方式进行去除。设置在生化处理单元前的沉淀池称为初沉池，初沉池可除去废水中的可沉物和漂浮物。废水经初沉后，约可去除可沉物、油脂和漂浮物的 50％、BOD 的 20％，按去除单位质量 BOD 或固体物计算。初沉池是经济上最为节省的净化步骤，对于生活污水和悬浮物较高的工业污水均易采用初沉池预处理。

一、初沉池的作用

① 去除可沉物和漂浮物，减轻后续处理设施的负荷。

② 使细小的固体絮凝成较大的颗粒，强化了固液分离效果。

③ 对胶体物质具有一定的吸附去除作用。

④ 一定程度上，初沉池可起到调节池的作用，对水质起到一定程度的均质效果，减缓水质变化对后续生化系统的冲击。

⑤ 有些废水处理工艺系统将部分二沉池污泥回流至初沉池，发挥二沉池污泥的生物絮凝作用，可吸附更多的溶解性和胶体态有机物，提高初沉池的去除效率。

⑥ 还可在初沉池前投加含铁混凝剂，强化除磷效果。含铁的初沉池污泥进入污泥消化系统后，还可提高产甲烷细菌的活性，降低沼气中硫化的含量，从而既可增加沼气产量，又可节省沼气脱硫成本。

初沉池运行效果不理想会对后续工艺造成影响，使二级处理会出现固体或 BOD 超负荷，并使二级处理产生更多的污泥，污泥中惰性成分较多。初沉池中油脂去除不好会影响二级处理的充氧及生物滤池的正常运行，还可影响到污泥泵，使之更容易损坏。

二、初沉池的形式及使用范围

根据池内的水流方向，初沉池通常有平流式、竖流式和辐流式三种基本形式。

竖流初沉池一般适用于中小处理水量的场合，其中竖流初沉池具有占地少、深度大的特点，大多应用于地质情况较好、地下水位较低的地区；大中型污水厂则广泛采用辐流式初沉池或平流初沉池。另外，根据浅层沉淀理论，在初沉池内设置斜管或斜板构成斜管和斜板沉淀池，以节省占地面积和提高沉淀效率。初沉池的排泥也有重力排泥、泵吸排泥等不同的方式，有些初沉池还设有机械驱动设备（中心驱动和周边驱动）以带动池表面的刮渣板和池底的刮泥板，以加速污泥的汇集与清除。

三、初沉池的运行管理

1. 检查和控制初沉池水力条件

操作人员应根据池组设置、进水量变化，调节各池进水量，使各池配水均匀。均匀进水和出水，防止异常水力条件是所有废水处理构筑物的运行管理中都应注意的问题。初沉池的进、出水口设置应该注意防止水的断流、偏流、出现死角以及防止已经沉降的悬浮颗粒重新泛起，以保证较高的沉淀效率，采取的措施有：进水口和出水口之间的距离宜尽可能加大；对进水进行导流和整流，如采用淹没潜孔、穿孔墙、导流筒和导流窗进水等；加大出水堰长度、降低堰口单位长度的过流量和过流速度。出水堰口须保持水平或设置锯齿堰，以保证流量均衡，防止发生短流。

　　长时间运行后，沉淀池的进出水堰板可能发生倾斜，导致沿堰板长度不均匀进出水现象，影响沉淀池工作效率，必须定期检查并进行必要的校正。一般通过调整堰板孔螺钉位置来校正堰板水平度，但铁螺钉经过长时间浸泡后极易生锈，使用不锈钢螺钉可以解决这个问题。

　　2. 浮渣清除

　　对浮渣斗和排渣管道的排渣情况，应经常检查，排出的浮渣应及时处理或处置。

　　初沉池浮渣清除有人工清捞和机械撇除两种。在带有回转式刮泥机的辐流式或平流式沉淀池中，电机往往同时带动沉淀池水面的浮渣刮除板工作。撇除的浮渣黏性强，难以自流出斗，必要时应辅以水冲或人工捞出，机械去除浮渣的装置要定期检查，对无该装置的初沉池，操作者需经常清除浮渣，减少苍蝇滋生、减少气味，改善厂区卫生。一般冬天油脂较多，浮渣也较多，污泥较难泵送，但腐败及气味问题较少，夏季情况正好相反。

　　3. 排泥

　　初沉池为间歇式排泥，也可连续式排泥。间歇式排泥需要掌握排泥设计间隔和排泥持续时间，排泥间隔时间过长将引起池底污泥厌氧产气而上浮，恶化出水水质；一次排泥持续时间过长则污泥含水率过高，将增加污泥处理设施的负担。排泥操作依据不同的污水类型和沉淀池工作情况具体确定，以保证排出污泥的含水率不低于 97% 作为标准。一般地，夏天排泥间隔时间为 8~12h，冬季排泥间隔时间可延长到 24h，一次持续排泥时间为几分钟到几十分钟。当采取重力排泥时，排泥水头应不低于 1.5m，排泥管管径一般不得小于 200mm。多个或多格沉淀池的排泥应逐个进行，连续式工作的沉淀池排泥时不需要关闭进出水闸门。

　　4. 设备保养

　　初沉池栏杆、排泥阀、配水阀等容易生锈，需要经常检查，定期除锈、油漆、保养。

　　5. 刮泥机检查、保养

　　根据运行情况应定期对斜板（管）和池体进行冲刷，并应经常检查刮泥机电机的电刷、行走装置、浮渣刮板、刮泥板等易磨损件，发现损坏应及时更换。

　　一般情况下，每 2h 巡视一次刮泥机的运行情况，包括机件紧固状态、温升、振动和噪声等，每班检查一次减速器润滑油情况，每隔 3 个月更换润滑油一次，驱动轮和链条经常加油。

　　6. 清洗

　　长时间运行后，沉淀池的出水管、堰口或渠道都会黏附有污物，必须定期清除，以保证排水通畅。

　　7. 正确投加混凝剂

　　当初沉池用于混凝工艺的液固分离时，正确投加混凝剂是沉淀池运行管理的关键之一。根据水质水量的变化及时调整投药量，特别要防止断药事故的发生，因为即使短时期停止加药也会导致出水水质的恶化。

　　8. 做好分析测量与记录

　　每班应记录以下内容：水温和 pH；刮泥机及泥泵运转情况；排泥次数和排泥时间；排浮渣次数及时间或浮渣量。每日应测定并记录的内容：COD、BOD_5、TS、pH、SS 进出水平均值、去除率；排泥的含固率；排泥的挥发性固体含量。

第四节　活性污泥法的运行与管理

　　污水生物处理是用生物学的方法处理污水的总称，是现代污水处理应用中最广泛的方法之一，主要借助微生物的分解作用把污水中有机物转化为简单的无机物，使污水得到净化。按对氧气需求情况可分为好氧生物处理和厌氧生物处理两大类。好氧生物处理系采用机械曝气或自然曝气（如藻类光合作用产氧等）为污水中好氧微生物提供活动能源，促进好氧微生物的分解活动，使污水得到净化，如活性污泥、生物滤池、生物转盘、污水灌溉、氧化塘。厌氧生物处理系利用厌氧微生物把有机物转化为有机酸，甲烷菌再把有机酸分解为甲烷、二氧化碳和氢等，如厌氧塘、化粪池、污泥的厌气消化和厌氧生物反应器等。本节及后面几节主要对活性污泥法、生物膜法和厌氧生物处理的运行管理进行介绍。

一、活性污泥法的净化过程

活性污泥法是以活性污泥为主体的污水生物处理技术。其原理是通过充分曝气供氧，使大量繁殖的微生物群体悬浮在水中，并利用其降解污水中的有机污染物；停止曝气时，悬浮微生物絮凝体易于沉淀与水分离，并使污水得到净化、澄清。

在活性污泥处理系统中，有机污染物从污水中去除过程的实质就是有机污染物作为营养物质被活性污泥微生物摄取、代谢与利用的过程，也就是所谓"活性污泥反应"的过程。这一过程的结果是污水得到净化，微生物获得能量合成新的细胞，使得活性污泥得到增长。这一过程大致上是由下列几个净化阶段所组成。

1. 初期吸附去除

在活性污泥系统内，在污水开始与活性污泥接触后的较短时间（5～10min）内，污水中的有机污染物即被大量去除，出现很高的 BOD 去除率，这种初期高速去除现象是由物理吸附和生物吸附交织在一起的吸附作用所导致产生的。活性污泥具有很强的吸附能力。

活性污泥有着很大的表面积（介于 2000～10000m^2/m^3 混合液），表面上富集着大量的微生物，在其外部覆盖着多糖类的黏质层。当其与污水接触时，污水中呈悬浮和胶体状态的有机污染物即被活性污泥所凝聚和吸附从而得以去除，这一现象就是"初期吸附去除"作用。

这一过程进行较快，能够在 30min 内完成，污水 BOD 的去除率可达 70%。它的速度取决于：①微生物的活性程度；②反应器内水力扩散程度与水动力学的规律。前者决定活性污泥微生物的吸附、凝聚功能；后者则决定活性污泥絮凝体与有机污染物的接触程度。一般处于"饥饿"状态的内源呼吸期的微生物，其"活性最强"，吸附能力也强。

2. 微生物的代谢

污水中的有机污染物，首先被吸附在有少量微生物栖息的活性污泥表面，并与微生物细胞表面接触，在微生物透膜酶的催化作用下，透过细胞壁进入微生物细胞体内，小分子的有机物能够直接透过细胞壁进入微生物体内，而如淀粉、蛋白质等大分子有机物，则必须在细胞外酶——水解酶的作用下，被水解为小分子后再为微生物摄入细胞体内。

被摄入细胞体内的有机污染物，在各种胞内酶的催化作用下，微生物对其进行代谢反应。微生物对一部分有机物进行氧化分解，最终形成 CO_2 和 H_2O 等稳定的无机物质，并从中获取合成新细胞物质所需要的能量。另一部分有机污染物为微生物用于合成新细胞，即合成代谢，所需能量取自分解代谢。

无论是分解代谢还是合成代谢，都能够去除污水中的有机污染物，但是产物却有所不同，分解代谢的产物是 CO_2 和 H_2O，可直接排入环境，而合成代谢的产物则是新生的微生物细胞，并以剩余污泥的方式排出活性污泥处理系统，对其需要进行妥善处理，否则可能造成二次污染。

二、活性污泥法的影响因素

能够影响微生物生理活动的因素较多，其中主要有：营养物质、溶解氧、pH 值、温度以及有毒物质等。

1. 营养物质的平衡

参与活性污泥处理的微生物，在其生命活动过程中，需要不断地从其周围环境的污水中吸取其所必需的营养物质，这里包括：碳源、氮源、磷源以及无机盐类等。待处理的污水中必须充分地含有这些物质。

碳是构成微生物细胞的重要物质，参与活性污泥处理的微生物对碳源的需求量较大，一般如以 BOD_5 计不应低于 100mg/L。

氮是组成微生物细胞内蛋白质和核酸的重要元素，其需要量可按 $BOD：N=100：5$ 考虑。

磷是合成核蛋白、卵磷脂及其他磷化合物的重要元素。微生物对磷的需求量，可按 $BOD：N：P=100：5：1$ 考虑。

对微生物，无机盐类可分为主要的和微量的两类。主要的无机盐类首推磷、钾、镁、钙、铁、硫等，它们参与细胞结构的组成、能量的转移、控制原生质的胶态等。微量的无机盐类则有铜、锌、钴、锰、钼，它们是酶辅基的组成部分，或是酶的活化剂，需求量很少，微量元素对微生物的生理活动有着刺激的作用。

生活污水是活性污泥微生物的最佳营养源，其 $BOD：N：P$ 的比值为 100：5：1。经过初次沉淀池或水解酸化工艺等预处理后，BOD 值有所降低，N 及 P 含量的相对值则提高，这样，进入生物处理系统的污水，其 $BOD：N：P$ 比值可能变化为 100：20：25。

2. 溶解氧含量

参与污水活性污泥处理的是以好氧呼吸的好氧菌为主体的微生物种群。这样在曝气池内必须有足够的溶解氧。

根据活性污泥法大量的运行经验数据，若使得曝气池内的微生物保持正常的生理活动，曝气池内的溶解氧浓度一般宜保持在不低于 2mg/L 的程度（以出口处为准）。在曝气池内的局部区域，如在进口区，有机污染物相对集中，浓度高，耗氧速率高，溶解氧浓度不易保持 2mg/L，可以有所降低，但是不宜低于 1mg/L。还应该指出，在曝气池内溶解氧也不宜过高，溶解氧过高能够导致有机污染物分解过快，从而使微生物缺乏营养，活性污泥易于老化，结构松散。此外，溶解氧过高，过量耗能，在经济上也是不适宜的。

3. pH

微生物的生理活动与环境的酸碱度密切相关，只有在适宜的酸碱度条件下，微生物才能进行正常的生理活动。污水生物处理的微生物最适宜的 pH 范围在 6.5～8.5 之间。

当污水（特别是工业废水）的 pH 变化较大时，应考虑设调节池，使污水的 pH 调节到适宜范围后再进入曝气池。

4. 水温

在影响微生物生理活动的各项因素中，温度的作用非常重要。在温度适宜的条件下，微生物的裂殖速度快，生理活动强劲、旺盛，世代时间短。参与活性污泥处理的微生物，多属嗜温菌，故污水厂内生物处理构筑物进水的水温宜为 10～37℃。

5. 有毒物质

"有毒物质"是指对微生物生理活动具有抑制作用的某些无机物质及有机物质，如重金属离子、酚、氰等，对微生物产生毒害作用，改变蛋白质性质，使其变性或沉淀，从而破坏了细胞的正常代谢作用。有毒物质对微生物的毒害作用，有一个量的概念，即在有毒物质在环境中达到某一浓度时，毒害与抑制作用才显露出来，这一浓度称之为有毒物质极限允许浓度。

我国《室外排水设计规范》（GB 50014—2006），对生物处理构筑物进水的有害物质允许浓度作了具体规定（见表6-1）。

表 6-1　生物处理构筑物进水中有害物质允许浓度

序号	有害物质名称	允许浓度/(mg/L)	序号	有害物质名称	允许浓度/(mg/L)
1	三价铬	3	9	锑	0.2
2	六价铬	0.5	10	汞	0.01
3	铜	1	11	砷	0.2
4	锌	5	12	石油类	50
5	镍	2	13	烷基苯磺酸钠	15
6	铅	0.5	14	拉开粉	100
7	镉	0.1	15	硫化物(以 S^{2-} 记)	20
8	铁	10	16	氯化钠	4000

注：表中所列允许浓度为持续性浓度，一般可按日平均浓度计。

三、活性污泥法曝气系统

1. 曝气系统的控制

传统活性污泥工艺采用的是好氧过程，因而必须供给活性污泥充足的溶解氧。根据活性污泥运行调度情况，对曝气系统可以进行所谓的实时控制，使曝气池混合液的 DO 值时时刻刻维持在所要求的数值。很多处理厂一般都设有 DO 自动控制系统，一旦 DO 偏离设定值，通过调节曝气量，可在几分钟或十几分钟之内使 DO 恢复到设定值。

(1) 鼓风曝气系统的控制　鼓风曝气系统的控制参数是曝气池污泥混合液的溶解氧 DO 值，控制变量是鼓入曝气池内的空气量 $Q_空$。曝气量越多，混合液的 DO 值也越高。传统活性污泥工艺的 DO 值一般控制在 2mg/L 左右。DO 控制在多少，与污泥浓度 MLVSS 以及有机负荷率 F/M 有关。一般地，F/M 较小时，MLVSS 较高，DO 值也应适当提高。一些处理厂控制曝气池出口混合液的 DO 值大于 3mg/L，以防止污泥在二沉池内厌氧上浮。当维持 DO 值不变时，曝气量 $Q_空$ 的变化主要取决于入流污水的 BOD_5，BOD_5 越高，$Q_空$ 越大。大型污水处理厂一般都采用计算机控制系统自动调节 $Q_空$，保持 DO 恒定在某一值。$Q_空$ 的调节可通过改变鼓风机的投运台数以及调节单台鼓风机的风量来实现，小型处理厂则一般人工调节。

(2) 表面曝气系统的控制　表面曝气系统是通过调节转速和叶轮淹没深度调节曝气池混合液的 DO 值。具体调节规律因设备而异。同鼓风机系统相比，表面曝气系统的曝气效率受入流水质、温度等因素的影响较小。为满足混合要求，控制输入每平方米混合液中的搅拌功率大于 10W，否则极易造成污泥沉积。

(3) 溶解氧 DO 和风机控制原理　DO 的自动控制包括鼓风压力和氧的溶解两个独立的控制回路。将曝气池 DO 浓度作为第一受控变量、以空气流量作为第二受控变量的独立的多级控制系统可有效地用于 DO 控制。一个缓慢作用控制器将测量获得的 DO 浓度与设定浓度进行比较，发出加大或减小风量的指令。风机的风量通常由流量控制器控制，该控制器的设定值则周期性地由缓慢反应溶解氧控制器来调节。

控制系统所需仪器有：DO探头、曝气空气流量传感器、曝气头压力传感器、风机流量传感器、曝气头温度传感器、蝶阀、PID控制器（DO、空气流量、压力控制）、顺序逻辑控制器、风机报警器和DO浓度报警器。

2. 空气扩散器的维护和管理

污水处理厂采用的曝气设备多种多样，但绝大多数处理厂，尤其新建厂经常采用的主要有三类：陶瓷微孔扩散器、橡胶膜微孔扩散器和曝气转刷。前两类为鼓风曝气设备，也称为曝气头，也是活性污泥工艺最常用的曝气装置。曝气转刷为表面曝气设备，主要用于氧化沟。

（1）微孔扩散器的堵塞问题及判断　扩散器的堵塞是指一些颗粒物质干扰气体穿过扩散器而造成的氧转移性能的下降。美国提出一个衡量堵塞程度的指标，叫做堵塞系数，用 F 表示。F 是指扩散器运行一年后实际氧转移效率与运行初始的氧转移效率之比。无堵塞的扩散器的 F 值应为1.0，堵塞的扩散器的 F 值小于1.0，但经过有效清洗后，F 值可恢复到1.0。若陶瓷扩散器的 $F<0.7$，即运行一年之后扩散器充氧性能指标降为原来的70%，则视为较为严重堵塞；F 值在 0.7～0.9 之间则为中等程度堵塞；$F>0.9$ 为轻度堵塞。按照堵塞原因，堵塞又可分为两类：内堵和外堵。内堵也称为气相堵塞，堵塞物主要来源于过滤空气中遗留的砂尘、鼓风机泄漏的油污、空气干管的锈蚀物、池内空气支管破裂后进入的固体物质。外堵也称为液相堵塞，堵塞物主要来源于污水中悬浮固体在扩散器上沉积，微生物附着在扩散器表面生长，形成生物垢，以及微生物生长过程中包埋的一些无机物质。

大多数堵塞是日积月累形成的，因此应经常观察。观察与判断堵塞的方法如下。

① 定期核算能耗并测量混合液的 DO 值。若设有 DO 控制系统，在 DO 恒定的条件下，能耗升高，则说明扩散器已堵塞。若没有 DO 控制系统，在曝气量不变的条件下，DO 降低，说明扩散器已堵塞。

② 定期观测曝气池表面逸出的气泡的大小。如果发现逸出气泡尺寸增大或气泡结群，说明扩散器已经堵塞。

③ 在曝气池最易发生扩散器堵塞的位置设置可移动式扩散器，使其工况与正常扩散器完全一致，定期取出检查测试是否堵塞。

④ 在现场最易堵塞的扩散器上设压力计，在线测试扩散器本身的压力损失，也称之为湿式压力 DWP。DWP 增大，说明扩散器已经堵塞。

（2）微孔扩散器的清洗方法　扩散器堵塞以后，应及时安排清洗计划，根据堵塞程度确定清洗方法。清洗方法有以下三类。

① 是在清洗车间进行清洗，包括回炉火化、磷硅酸盐冲洗、酸洗、洗涤剂冲洗、高压水冲洗等方法；

② 是停止运行，在池内清洗，包括酸洗、碱洗、水冲、气冲、氯冲、汽油冲、超声波清洗等方法；

③ 是不拆扩散器，也不停止运行，在工作状态下清洗，包括向供气管道内注入酸气或酸液、增压冲吹等方法。

其中②是最常用的方法。美国常采用标准清洗方法，首先将曝气池停水并泄空，用 415kPa 以上的水压喷射冲洗，然后用 10%～22% 的盐酸在扩散器上均匀喷洒酸雾，半小时后再用水冲洗。国外有的处理厂采用超声波清洗，将曝气池放空，注入清水，深度至淹没扩散器即可，并向清水中加入洗涤剂，再用 25kHz 的超声波器激励，以便充分洗涤污染物。

解决内堵主要采用向空气管内注入酸液或酸气的方法。可采用盐酸，也可采用羧酸类甲酸或乙酸，能有效去除 $Fe(OH)_3$、$CaCO_3$、$MgCO_3$ 等气相堵塞物，但对灰尘的去除效果不大。解决灰尘堵塞的根本方法是对空气进行有效地过滤。

3. 空气管道的维护和管理

压缩空气管道的常见故障有以下两类：①管道系统漏气。产生漏气的原因往往是选用材料质量或安装质量不好，或管路破裂等。②管道堵塞。管道堵塞表现在送气压力、风量不足，压降太大，引起的原因一般是管道内的杂质或填料脱落，阀门损坏，管内有水冻结。

排除办法是：修补或更换损坏管段及管件，清除管内杂质，检修阀门，排除管道内积水。在运行中应特别注意及时排水。空气管路系统内的积水主要是鼓风机送出的热空气遇冷形成的凝水，因此不同季节形成的冷凝水量是不同的。冬季的水量较多，应增加排放次数。排除的冷凝水应是清洁的，如发现有油花，应立即检查鼓风机是否漏油；如发现有污浊，应立即检查池内管线是否破裂导致混合液进入管路系统。

四、活性污泥的培养与驯化

1. 活性污泥的培养方式

污水处理厂建成以后，要进行单机试车和清水联动试车，如无问题，就应进行活性污泥培养，使处理厂尽早发挥污水处理功能。另外曝气池泄空检修完毕再运行，也有一个活性污泥培养问题。城市污水处理厂的污泥培养问题一般较简单，但当工业废水含量非常高时，应视具体情况进行专门的污泥驯化。

活性污泥从无到有，从不正常到正常的培养过程，有很多途径可以实现，培养方法主要有以下几种。

(1) 间歇培养 将曝气池注满污水，然后停止进水，开始曝气。闷曝 2~3d 后，停止曝气，静沉 1h，然后进入部分新鲜污水，这部分污水约占池容的 1/5 即可。以后循环进行闷曝、静沉和进水三个过程，但每次进水量应比上一次有所增加，每次闷曝时间应比上次缩短。当污水的温度为 15~20℃ 时，采用该法经过 15d 左右即可使得曝气池中 MLSS 超过 1000mg/L。此时可停止闷曝，连续进水、连续曝气，并开始污泥回流。最初的回流比不要太大，可取回流比 25%~70%，随着 MLSS 的升高，逐渐将回流比增至设计值。

(2) 低负荷连续培养 将曝气池注满污水，停止进水，闷曝 1d。然后连续进水、连续曝气，进水量控制在设计水量的 1/2 或更低。待污泥絮体出现时，开始回流，取回流比 25%，至 MLSS 超过 1000mg/L 时，开始按设计流量进水，MLSS 至设计值时，开始以设计回流比回流，并开始排放剩余污泥。

(3) 满负荷连续培养 将曝气池注满污水，停止进水，闷曝 1d。而后按设计流量连续进水、连续曝气，待污泥絮体形成后，开始回流，MLSS 至设计值时，开始排放剩余污泥。

(4) 接种培养 将曝气池注满污水，然后投入大量其他处理厂的正常污泥，开始满负荷连续培养。该种方法能大大缩短污泥培养时间，但受实际情况例如其他处理厂离该厂的距离、运输工具等的制约。该法一般仅适用于小处理厂。若在同一处理厂内，当一个系列或一座池子的污泥培养正常以后，可以大量为其他系列接种，从而缩短全厂总的污泥培养时间。

2. 不同污水的活性污泥驯化

(1) 生活污水或以生活污水为主的城市污水 对于城市污水或生活污水，菌种和营养物质都具备，因此可直接进行培养。方法如上面所述。活性污泥培养持续到混合液 30min 沉降比达到 15%~20% 时为止。在一般的污水浓度和水温在 15℃ 以上的情况下，经过 7~10d

便可大致达到上述状态。成熟的活性污泥，具有良好的凝聚、沉降性能，污泥内含有大量的菌胶团和纤毛虫原生动物，如钟虫、等枝虫、盖纤虫等，并可使 BOD 的去除率达到 90% 左右。当进入的污水浓度很低时，为使培养期不致过长，可将初沉池的污泥引入曝气池或不经过初沉池将污水直接引入曝气池。

（2）工业废水或以工业废水为主的城市污水　对于性质与生活污水类似的工业废水，也可按照上述方法培养，不过在开始培养时，宜投入一部分粪便污水作为菌种。对于工业废水或以工业废水为主的城市污水，由于其中缺乏专性菌种和足够的营养，因此在投产时除用一般菌种和所需营养培养足量的活性污泥外，还应对所培养的活性污泥进行驯化，使活性污泥微生物群体逐渐形成具有代谢特定工业废水的酶系统，具有某种专性。

在工业废水处理站，可先用粪便污水或生活污水培养活性污泥。当缺乏这类污水时，可用化粪池和排泥沟的污泥、初沉池或消化池的污泥等。采用粪便污水培养时，先将浓粪便污水过滤后投入曝气池，再用自来水稀释，使得 BOD 浓度控制在 500mg/L 左右，进行静态（闷曝）培养。同样经过 1~2d 后，为补充营养和排除代谢产物，需及时换水。对于生产性曝气池，由于培养液量大，收集比较困难，一般均采用间歇换水方式。而间歇换水又以静态操作为宜，即当第一次加料曝气并出现模糊的絮凝体后，就可停止曝气，使混合液静沉，经 1~1.5h 沉淀后排除上清液（其体积约占总体积的 50%~70%），然后再往曝气池内投加新的粪便污水和稀释水。粪便污水的投加量应根据曝气池内已有的污泥量在适当的范围内进行调节（即随污泥量的增加而相应增加粪便水量）。在每次换水时，从停止曝气、沉淀到重新曝气，总时间以不超过 2h 为宜。开始宜每天换水一次，以后可增加到两次，以便及时补充营养。

当活性污泥培养成熟，即可在进水中加入并逐渐增加工业废水的比重，使微生物在逐渐适应新的生活条件下得到驯化。开始时，工业废水可按设计流量的 10%~20% 加入，达到较好的处理效果后，再继续增加其比重。每次增加的百分比以设计流量的 10%~20% 为宜，并待微生物适应、巩固后再继续增加，直至满负荷为止。在驯化过程中，能分解工业废水的微生物得到发展繁殖，不能适应的微生物则被逐渐淘汰，从而使得驯化过的活性污泥具有处理该种工业废水的能力。

为了缩短培养和驯化时间，也可以把培养和驯化这两个阶段合并进行，即在培养开始就加入少量工业废水，并在培养过程中逐渐增加比重，使得活性污泥在增长过程中，逐渐适应工业废水并具有处理它的能力。这种做法的缺点是，在缺乏经验的情况下不够稳妥可靠，出现问题时不易确定是培养的问题还是驯化的问题。工业废水中，如缺乏氮、磷等养料，在驯化过程中则应把这些物质投加入曝气池中。

3. 活性污泥培养驯化应注意的问题

① 为提高培养速度，缩短培养时间，应在进水中增加营养。小型处理厂可投入足量的粪便，大型处理厂可让污水跨过初沉池，直接进入曝气池。

② 温度对培养速度影响很大。温度越高，培养越快。因此，污水处理厂一般应避免在冬季培养污泥，但实际中也应视具体情况。

③ 污泥培养初期，由于污泥尚未大量形成，产生的污泥也处于离散状态，因而曝气量一定不能太大，一般控制在设计正常曝气量的 1/2 即可。否则，污泥絮体不易形成。

④ 培养过程中应随时观察生物相，并测量 SV、MLSS 等指标，以便根据情况对培养过程作随时调整。

⑤ 并不是培养出了污泥或 MLSS 达到设计值，就完成了培养工作，而应该是出水水质达到设计要求，排泥量、回流量、泥龄等指标全部在要求的范围内。

第五节　活性污泥法的新工艺及其运行管理

一、氧化沟工艺

氧化沟又称氧化渠，因其构筑物呈封闭的沟渠而得名。它是一种平面呈椭圆环形或环形"跑道"式的活性污泥处理构筑物，它是人工生物处理——活性污泥法的一种变型。因为废水和活性污泥的混合液在环状的曝气渠道中不断循环流动，故又称其为"循环曝气池"。

1. 氧化沟的技术特点

氧化沟利用连续环式反应池（Continuous Loop Reactor，CLR）作生物反应池，混合液在该反应池中一条闭合曝气渠道进行连续循环，氧化沟通常在延时曝气条件下使用。氧化沟使用一种带方向控制的曝气和搅动装置，向反应池中的物质传递水平速度，从而使被搅动的液体在闭合式渠道中循环。

氧化沟一般由沟体、曝气设备、进出水装置、导流和混合设备组成。沟体的平面形状一般呈环形，也可以是长方形、L 形、圆形或其他形状，沟端面形状多为矩形和梯形。

氧化沟法由于具有较长的水力停留时间，较低的有机负荷和较长的污泥龄，因此相比传统活性污泥法，可以省略调节池、初沉池、污泥消化池，有的还可以省略二沉池。氧化沟能保证较好的处理效果，这主要是因为巧妙结合了 CLR 形式和曝气装置特定的定位布置，其技术特点主要体现在以下几个方面。

① 氧化沟结合推流和完全混合的特点，有利于克服短流和提高缓冲能力，通常在氧化沟曝气区上游安排入流，在入流点的再上游点安排出流。入流通过曝气区在循环中很好地被混合和分散，混合液再次围绕 CLR 继续循环。这样，氧化沟在短期内（如一个循环）呈推流状态，而在长期内（如多次循环）又呈混合状态。这两者的结合，既使入流至少经历一个循环而杜绝短流，又可以提供很大的稀释倍数而提高了缓冲能力。同时为了防止污泥沉积，必须保证沟内足够的流速（一般平均流速大于 0.3m/s），而污水在沟内的停留时间又较长，这就要求沟内有较大的循环流量（一般是污水进水流量的数倍乃至数十倍），进入沟内污水立即被大量的循环液所混合稀释，因此氧化沟系统具有很强的耐冲击负荷能力，对不易降解的有机物也有较好的处理能力。

② 氧化沟具有明显的溶解氧浓度梯度，特别适用于硝化-反硝化生物处理工艺。氧化沟从整体上说又是完全混合的，而液体流动却保持着推流前进，其曝气装置是定位的，因此，混合液在曝气区内溶解氧浓度是上游高，然后沿沟长逐步下降，出现明显的浓度梯度，到下游区溶解氧浓度就很低，基本上处于缺氧状态。氧化沟设计可按要求安排好氧区和缺氧区实现硝化-反硝化工艺，不仅可以利用硝酸盐中的氧满足一定的需氧量，而且可以通过反硝化补充硝化过程中消耗的碱度。这些有利于节省能耗和减少甚至免去硝化过程中需要投加的化学药品数量。

③ 氧化沟沟内功率密度的不均匀配备，有利于氧的传质、液体混合和污泥絮凝。传统曝气的功率密度一般仅为 $20 \sim 30 W/m^3$，平均速度梯度 G 大于 $100 s^{-1}$。这不仅有利于氧的传递和液体混合，而且有利于充分切割絮凝的污泥颗粒。当混合液经平稳的输送区到达好氧

区后期，平均速度梯度 G 小于 $30s^{-1}$，污泥仍有再絮凝的机会，因而也能改善污泥的絮凝性能。

④ 氧化沟的整体功率密度较低，可节约能源。氧化沟的混合液一旦被加速到沟中的平均流速，对于维持循环仅需克服沿程和弯道的水头损失，因而氧化沟可比其他系统以低得多的整体功率密度来维持混合液流动和活性污泥悬浮状态。据国外的一些报道，氧化沟比常规的活性污泥法能耗降低 $20\%\sim30\%$。

2. 氧化沟的工艺类型

氧化沟在污水处理方面的应用越来越广泛的一个重要原因是氧化沟技术和设备都取得了突破性的进展。这主要表现在三个方面：一是概念方面的突破，突破了氧化沟属于延时活性污泥法的概念；二是对氧化沟水力学和构筑物的研究有了重大进展；三是研究开发了各类氧化沟的全套设备，保证了各类氧化沟的高效运行。

目前已在普通型氧化沟工艺技术的基础上，开发出多种类型的氧化沟新工艺，我国环保部颁发的行业标准《氧化沟活性污泥法污水处理工程技术规范》（HJ 578—2010）对氧化沟的工艺类型分为如下几种。

（1）单槽氧化沟　单槽氧化沟系统由一座氧化沟和独立的二沉池组成。沉淀污泥一部分通过回流污泥设施提升至氧化沟进水处与污水混合，剩余污泥通过剩余污泥设施提升至剩余污泥处理系统处理，其典型工艺流程见图 6-14。

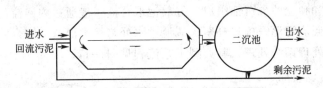

图 6-14　单槽氧化沟典型工艺流程

该工艺适用于以去除碳源污染物为主，对脱氮、除磷要求不高和小规模污水处理厂。

（2）双槽氧化沟　双槽氧化沟系统由厌氧池、两座串联的氧化沟和独立的二沉池组成。沉淀污泥一部分通过回流污泥设施提升至厌氧池进水处与污水混合，剩余污泥通过剩余污泥设施提升至剩余污泥处理系统处理，其典型工艺流程见图 6-15。

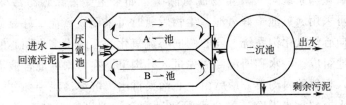

图 6-15　双槽氧化沟典型工艺流程

双槽氧化沟一个周期的运行过程可分为三个阶段：一阶段，A 池进水、缺氧运行，B 池好氧运行、出水；二阶段，进水井切换进水，出水井延时切换出水阀门；三阶段，B 池进水、缺氧运行，A 池好氧运行、出水。该系统可实现生物脱氮除磷，当除磷要求不高时，可不设厌氧池。

（3）三槽氧化沟　三槽氧化沟系统由厌氧池和三座串联的氧化沟组成。沉淀污泥一部分通过回流污泥设施提升至厌氧池进水处与污水混合，剩余污泥通过剩余污泥设施提升至剩余污泥处理系统处理，其典型工艺流程见图 6-16。

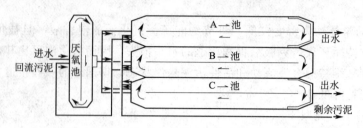

图 6-16　三槽氧化沟典型工艺流程

三槽氧化沟系统可实现生物脱氮除磷，当除磷要求不高时，可不设厌氧池和污泥回流系统。

三槽氧化沟一个周期的运行过程包括六阶段，每个周期可设置为 8h。

一阶段（1.5h），A 池进水、缺氧运行，B 池好氧运行，C 池沉淀出水；

二阶段（1.5h），A 池好氧运行，B 池进水、好氧运行，C 池沉淀出水；

三阶段（1.0h），A 池静止沉淀，B 池进水、好氧运行，C 池沉淀出水；

四阶段（1.5h），A 池沉淀出水，B 池好氧运行，C 池进水、缺氧运行；

五阶段（1.5h），A 池沉淀出水，B 池进水、好氧运行，C 池好氧运行；

六阶段（1.0h），A 池沉淀出水，B 池进水、好氧运行，C 池静止沉淀。

（4）竖轴表曝机氧化沟系统　竖轴表曝机氧化沟系统由厌氧池、缺氧池和多沟串联的氧化沟（即好氧池）和独立的二沉池组成。好氧池混合液一般通过内回流门回流至缺氧池。沉淀污泥一部分通过回流污泥设施提升至厌氧池进水处与污水混合，剩余污泥通过剩余污泥设施提升至剩余污泥处理系统处理，其典型工艺流程见图 6-17。

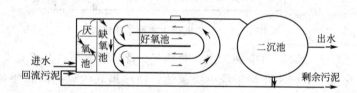

图 6-17　竖轴表曝机氧化沟典型工艺流程

竖轴表曝机氧化沟系统可实现生物脱氮除磷。如果主要去除碳源污染物时可只设好氧池，生物除磷时可采用厌氧池＋好氧池，生物脱氮时可采用缺氧池＋好氧池。

（5）同心圆向心流氧化沟系统　同心圆向心流氧化沟系统由多个同心的圆形或椭圆形沟渠和独立的二沉池组成。污水和回流污泥先进入外沟渠，在与沟内混合液不断混合、循环的过程中，依次进入相邻的内沟渠，最后由中心沟渠排出。沉淀污泥一部分通过回流污泥设施提升至厌氧池进水处与污水混合，剩余污泥通过剩余污泥设施提升至剩余污泥处理系统处理，其典型工艺流程见图 6-18。

（6）一体化氧化沟　一体化氧化沟是指将二沉池设置在氧化沟内，用于进行泥水分离，出水由上部排除，污泥则由沉淀池底部的排泥管直接排入氧化沟内。一体化氧化沟不设置污泥回流系统，其典型工艺流程见图 6-19。

（7）微孔曝气氧化沟　微孔曝气氧化沟系统由采用微孔曝气的氧化沟和分建的沉淀池组成。氧化沟内采用水下推流的方式，水深一般为 6m。供氧设备为鼓风机。其典型工艺流程见图 6-20。

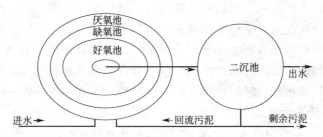

图 6-18　同心圆向心流氧化沟典型工艺流程

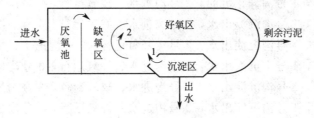

图 6-19　一体化氧化沟典型工艺流程
1—无泵污泥自动回流；2—水力内回流

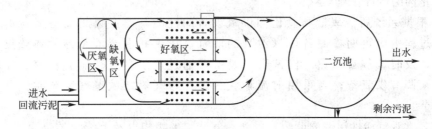

图 6-20　微孔曝气氧化沟典型工艺流程

3. 西南科技大学污水厂氧化沟的类型与构造

西南科技大学污水处理厂的核心工艺为改进型三沟式氧化沟。该工艺是在传统的三槽氧化沟的基础上采用鼓风曝气，氧化沟有效水深 5.5m，共设置两组，单组总容积 8000m³，有效容积 7300m³，设计水力停留时间 18.2h，设计泥龄 30d。其平面布置见图 6-21。

图 6-21　西南科技大学污水处理厂氧化沟平面布置

西南科技大学污水厂氧化沟采用微孔曝气器，曝气器总数量4021个，在氧化沟边沟进水端各装有一台剩余污泥泵，全厂共设置4台，污泥泵额定流量60m³/h，扬程13h，功率4kW。为保证氧化沟中污泥与原水充分混合，维持沟内混合液流速在0.3m/s，防止污泥沉降，每条氧化沟中均设有1台潜水搅拌机，共6台，单台搅拌器功率$N=7.6$kW。搅拌机的操作方式取决于周期运行，时间控制。该厂根据实际情况，将一个周期分为八个阶段，每个周期为8h，其各阶段运行如下：

A 阶段（90min），1号沟进水、缺氧运行，2号沟好氧运行，3号沟沉淀出水；

B 阶段（90min），1号沟好氧运行，2号沟进水、好氧运行，3号沟沉淀出水；

C 阶段（45min），1号沟静止沉淀，2号沟进水、缺氧运行，3号沟沉淀出水；

D 阶段（15min），1号沟沉淀出水，2号沟进水、好氧运行，3号沟沉淀出水；

E 阶段（90min），1号沟沉淀出水，2号沟好氧运行，3号沟进水、缺氧运行；

F 阶段（90min），1号沟沉淀出水，2号沟进水、好氧运行，3号沟好氧运行；

G 阶段（45min），1号沟沉淀出水，2号沟进水、缺氧运行，3号沟静止沉淀；

H 阶段（15min），1号沟沉淀出水，2号沟进水、好氧运行，3号沟沉淀出水。

其运行阶段是在传统三槽式氧化沟的基础上另增加了两个过渡阶段（每个过渡阶段15min），在两个过渡阶段内，A、C池均同时出水，以缓解出水堰启闭的时间差。

4. 氧化沟的运行管理

① 应根据系统所需氧量和氧化沟供氧设备的性能，确定曝气设备运行的数量和时间。运行过程中应定期检测各区（池）的溶解氧浓度和混合液悬浮固体浓度，并根据浓度情况，及时调节曝气量。机械曝气设备可通过调节曝气转刷、转碟、叶轮转速或淹没深度来调节供氧量；当采用射流曝气、微孔曝气等鼓风曝气系统时，可通过鼓风机加以调节。

② 应经常观察活性污泥的颜色、状态、气味、生物相以及上清液的透明度。正常的活性污泥为褐色或浅褐色，因为水质的不同也可以是其他颜色，具有特有的土腥味。如果污泥的颜色明显较深，则可能是 MLSS 较高，污泥过剩，要及时排泥。正常的活性污泥在镜检时会发现游离的菌体很少，大部分是结合性菌体，也能观察到少量短的丝状菌。原生动物多为游泳型纤毛虫类和有柄纤毛虫类，有时有少量的轮虫。性能良好的活性污泥沉降快，泥水界面清晰，在量筒中静置后能形成一个整体的绒团状絮体而沉降，污泥在沉降后虽然有时上清液稍有混浊，但基本上是清澈的。

③ 定时测试、计算混合液悬浮固体浓度、混合液挥发性悬浮固体浓度、污泥沉降比、污泥指数、污泥龄等技术指标。

④ 如果出水氨氮不达标，可通过以下方法进行调节：减少剩余污泥排放量，提高好氧污泥龄；提高好氧段溶解氧水平；系统碱度不够时可适当补充碱度。出水总氮不能达标排放时，可采用的调节方式有：使缺氧区（池）出水硝态氮浓度小于 1mg/L；增大好氧混合液的回流；投加甲醛或食品酿造厂等排放的高浓度有机废水，维持污水的碳氮比，满足反硝化细菌对碳源的需要。出水总磷不能达标时，可通过的调节方式有：控制系统的溶解量，好氧区溶解量应大于 2mg/L，厌氧区应小于 0.2mg/L；控制二沉池的泥层厚度，一般为 1m 左右；增大剩余污泥的排放；增加化学除磷设施。

⑤ 严格执行设备操作规程，定时巡视设备是否运转正常，包括温升、响声、振动、电压、电流等，发现问题及时检查排除。保持设备各运转部位和可调堰门良好的润滑状态，及

时添加润滑油、除锈，发现漏油、渗油情况，及时解决。定期检查可调堰门溢流口、叶轮、转碟或转刷勾带污物情况，并及时清理。

⑥ 鼓风曝气系统曝气开始时应排放管路中的存水，并经常检查自动排水阀的可靠性；及时检查曝气器堵塞和损坏情况，保持曝气系统状态良好。

⑦ 推流式潜水搅拌机无水工作时间不宜超过 3min。运行中应防止由于推流式潜水搅拌机叶轮损坏或堵塞、表面空气吸入形成涡流、不均匀水流等引起的振动。

⑧ 定期检查及更换不合格的零部件和易损件，必要时更换叶轮、导流罩和提升机构；经常检查可调堰门的螺杆、密封条、门框等有无变形、老化或损坏，堰门调节是否受影响。

5. 西南科技大学污水厂氧化沟的控制

西南科技大学污水处理厂控制系统采用了西门子 S7-300 可编程逻辑控制器和 1-LACS 原装工控机，根据污水处理工艺，控制系统由 4 个 PLC 站点组成，分别控制粗格栅提升泵、细格栅和带压机、氧化沟 1#、氧化沟 2#，其系统构成示意图见图 6-22。

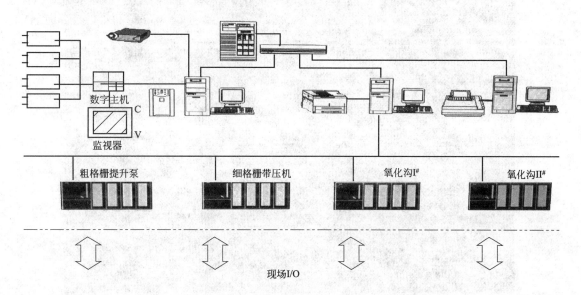

图 6-22　西南科技大学污水处理厂控制系统构成示意图

为了保证污水处理厂的安全运行，污水处理厂的自动控制系统通常设立三级控制层：就地手动控制、现场监控和远程监控。就地手动控制是指通过设备本地控制箱手动控制设备的开启或关闭，它具有最高的优先级。现场监控是指由现场各分控站 PLC 执行自己的控制程序，完成控制功能，它的优先级次之。远程监控是指由污水处理厂的中心控制室通过系统网络对全厂 PLC 站及设备进行控制，它具有最低的优先级。西南科技大学污水处理厂氧化沟现场控制单元见图 6-23～图 6-25。

二、SBR 工艺

SBR 是序列间歇式活性污泥法（Sequencing Batch Reactor Activated Sludge Process）的简称，是一种按间歇曝气方式来运行的活性污泥污水处理技术，又称序批式活性污泥法。与传统污水处理工艺不同，SBR 技术采用时间分割的操作方式替代空间分割的操作方式，非稳定生化反应替代稳态生化反应，静置理想沉淀替代传统的动态沉淀。它的主要特征是在

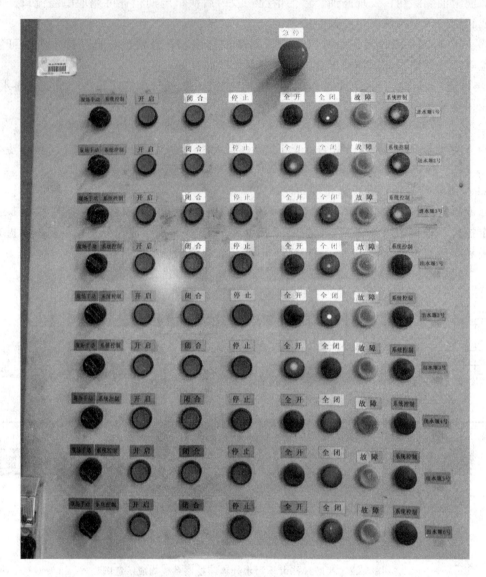

图 6-23 西南科技大学污水处理厂氧化沟进出水现场控制单元

运行上的有序和间歇操作，SBR 技术的核心是 SBR 反应池，该池集均化、初沉、生物降解、二沉等功能于一池，无污泥回流系统，其工艺运行方式见图 6-26。

1. SBR 工艺的技术特点

SBR 作为废水处理方法具有下述主要特点：在空间上完全混合，时间上完全推流式，反应速度高，为获得同样的处理效率，SBR 法的反应池理论明显小于连续式的体积，且池越多，SBR 的总体积越小；工艺流程简单，构筑物少，占地省，造价低，设备费、运行管理费用低；静止沉淀，分离效果好，出水水质高；运行方式灵活，可生成多种工艺路线；同一反应器仅通过改变运行工艺参数就可以处理不同性质的废水。由于进水结束后，原水与反应器隔离，进水水质水量的变化对反应器不再有任何影响，因此工艺的耐冲击负荷能力高。间歇进水排放以及每次进水只占反应器的 2/3 左右，其稀释作用进一步提高了工艺对进水冲击负荷的耐受能力。

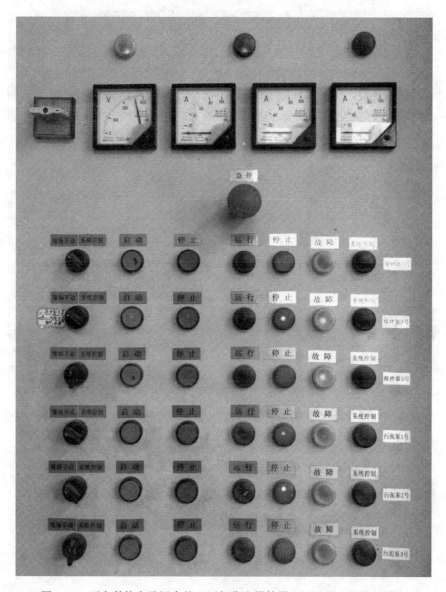

图 6-24 西南科技大学污水处理厂氧化沟搅拌器和污泥泵现场控制单元

另一方面，SBR 法能够有效地控制丝状菌的过量繁殖，这一特性是由缺氧好氧并存、反应中底物浓度较大、泥龄短、比增长速率大决定的。

2. SBR 系统的工艺类型

传统或经典的 SBR 工艺形式在工程中存在一定的局限性。譬如，若进水流量大，则需调节反应系统，从而增大投资；而对出水水质有特殊要求，如脱除磷等，则还需对工艺进行适当改进。因而在工程应用实践中，SBR 传统工艺逐渐产生了各种新的变型，以下分别介绍几种主要的形式。

（1）ICEAS 工艺 ICEAS（Intermittent Cycle Extended Aeration System）工艺的全称为间歇循环延时曝气活性污泥工艺。它于 20 世纪 80 年代初在澳大利亚兴起，是变形的 SBR 工艺。ICEAS 与传统的 SBR 相比，最大的特点是：在反应器的进水端增加了一个预反应区，运行方式为连续进水（沉淀期和排水期仍保持进水），间歇排水，没有明显的反应阶段

图 6-25　西南科技大学污水处理厂鼓风机现场控制单元

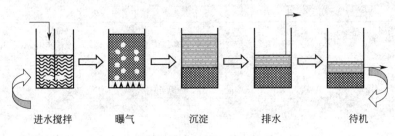

进水搅拌　　　曝气　　　　沉淀　　　　排水　　　　待机

图 6-26　SBR 工艺运行方式

和闲置阶段。这种系统在处理市政污水和工业废水方面比传统的 SBR 系统费用更省，管理更方便。但是由于进水贯穿于整个运行周期的每个阶段，沉淀期进水在主反应区底部造成水力紊动而影响泥水分离时间，因而进水量受到了一定限制。通常水力停留时间较长。ICEAS 工艺运行方式见图 6-27。

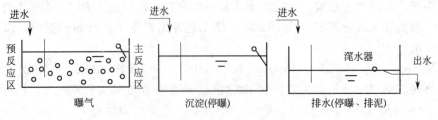

图 6-27　ICEAS 工艺运行方式

（2）CASS(CAST，CASP) 工艺 CASS(Cyclic Activated Sludge System) 或 CAST(-Technology) 或 CASP(-Process) 工艺是一种循环式活性污泥法。该工艺的前身为 ICEAS 工艺，由 Goronszy 开发并在美国和加拿大获得专利。

与 ICEAS 工艺相比，预反应区容积较小，是设计更加优化合理的生物反应器。该工艺将主反应区中部分剩余污泥回流至选择器中，在运作方式上沉淀阶段不进水，使排水的稳定性得到保障。该工艺的工艺流程见图 6-28。

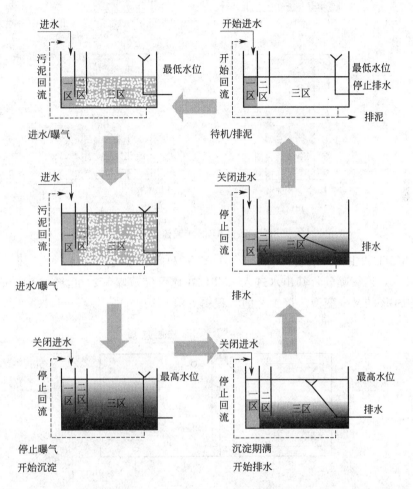

图 6-28 CASS 或 CAST 工艺流程图

CASS 工艺适用于含有较多工业废水的城市污水及要求脱氮除磷的处理。

（3）AICS 工艺 AICS (Alternated Internal Cyclic System) 工艺结合 SBR 工艺、活性污泥工艺和氧化沟工艺的优势，也叫做交替式（曝气-沉淀一体化）内循环活性污泥工艺，该工艺除了具有连续进水、连续出水、恒水位和交替式运行等特点，还具有独特的活性污泥内循环回流方式，克服了交替式存在的各反应区污泥浓度分布不均匀的特点。其基本工艺流程见图 6-29。

（4）DAT-IAT 工艺 DAT-IAT 工艺是利用单一 SBR 池实现连续运行的新型工艺，介于传统活性污泥法与典型的 SBR 工艺之间，既有传统活性污泥法的连续性和高效性，又具有 SBR 的法灵活性，适用于水质水量大的情况。

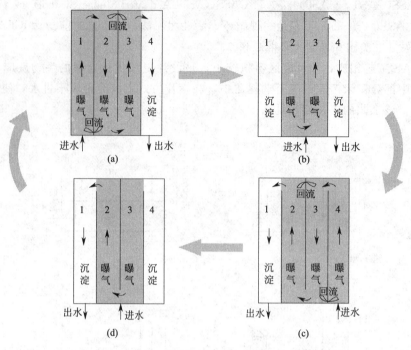

图 6-29 AICS 工艺流程图

DAT-IAT 工艺主体构筑物由需氧池（DAT）和间歇曝气池（IAT）组成。一般情况下 DAT 连续进水，连续曝气，其出水进入 IAT，在此可完成曝气、沉淀、滗水和排出剩余污泥工序，是 SBR 的又一变型。该工艺的流程图见图 6-30。

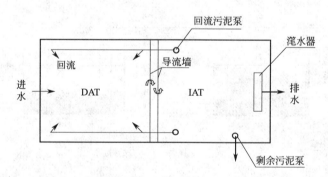

图 6-30 DAT-IAT 工艺流程图

（5）UNITANK 工艺 典型的 UNITANK 系统，其主体为三格池结构，三池之间为连通形式，每池设有曝气系统，既可采用鼓风曝气，也可采用机械表面曝气，并配有搅拌，外侧两池设出水堰以及污泥排放装置，两池交替作为曝气和沉淀池，污水可进入三池中的任何一个。在一个周期内，原水连续不断进入反应器，通过时间和空间的控制，形成好氧、厌氧或缺氧的状态。UNITANK 系统除保持原有的自控以外，还具有无滗水器、池子结构简单、出水稳定、不需回流等特点，而通过进水点的变化可达到回流和脱氮除磷等目的。UNITANK 工艺系统流程图见图 6-31。

3. SBR 工艺的运行管理

SBR 工艺进水方式的推流过程使池内厌氧好氧处于交替状态，运行效果稳定，污水在

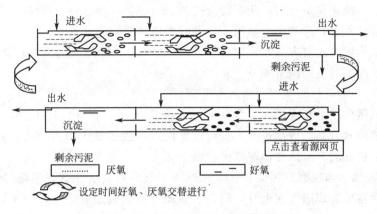

图 6-31　UNITANK 工艺流程图

相对的静止状态下沉淀，需要的时间短、出水水质较好，耐冲击负荷；加之池内有滞留的处理水，对污水有稀释、缓冲作用，能有效抵抗水量和有机污物的冲击。反应池内存在 DO、BOD_5 浓度梯度，能有效控制活性污泥膨胀，脱氮除磷，适当控制运行方式，实现好氧、缺氧、厌氧状态交替，具有良好的脱氮除磷效果。对于运行实际运行过程涉及的季节性进水差异或其他因素的影响而导致出现的污泥膨胀、脱氮除磷效果差，可以通过运行参数的适当调整加以解决。主要控制的因素有以下几个方面。

（1）运行周期的适度调整　SBR 的运行周期由进水时间、反应时间、沉淀时间、滗水时间、排泥时间和闲置时间来确定。进水时间有一个相对稳定的最大最佳值，进水时间应根据具体的进水水质及曝气方式来确定。当采用控制量的曝气方式及进水中污染物的浓度较高时，进水时间应适当取长一些；当采用不限量曝气方式及进水中污染物的浓度较低时，进水时间可适当取短一些（进水时间一般取 4～6h）。在运行的过程中，要尽量根据实际的进水情况对运行的周期时间进行调整。反应时间（T_f）是确定 SBR 反应器容积的一个非常重要的工艺设计参数，其数值的确定同样取决于运行过程中污水的性质、反应器中污泥的浓度及曝气方式等因素。对于生活污水类易处理废水，反应时间可以取短一些，反之对含有难降解物质或有毒物质的废水，反应时间可适当取长一些（一般在 2～4h）。沉淀排水时间（T_s+D）一般按 2～4h 计。闲置时间（T_x）一般按 0.5～1h 设计。一个周期所需时间 $T \geqslant T_f + T_s + D + T_x$。在调整运行方式的过程中，要根据设计所允许的操作范进行尽可能地修正，才可以最大限度地保证良好的出水水质。

（2）生物系统的诊断调整　好氧生化处理是由活性污泥中的微生物，在有氧存在的条件下将污水中的有机污染物氧化、分解、转化成 CO_2、NH_4^+-N、NO_x-N、PO_4^{3-}、SO_4^{2-} 等随出水排放的过程。

活性污泥中的微生物是凝聚、吸附、氧化分解污水中有机物的主力军，提高处理系统的效率，都与改善污泥性状、提高污泥微生物活性有关。因此，必须经常检查于观察活性污泥中微生物的组成与活动状况。活性污泥外观似棉絮状，亦称为絮粒或绒粒，正常的活性污泥沉降性能良好。在显微镜下可发现每个絮粒是由成千上万个细菌、少量微型动物及部分无机杂质组成，有时，污泥中还会出现真菌、藻类等生物。我们可定期对生物处理系统做巡视，考察各反应池运行的情况，运用各种手段和方法了解活性污泥的性能，借助显微镜观察活性污泥的结构和生物种群的组成。此外，还可通过对水质的化学测定来了解污水生物处理系统的运行状况。在系统正常运行时，应保持合适的运行参数和操作管理条件，使之长期达标运行；在发现异常现象时，应找出症结所在，及时加以调整，使之恢复。

巡视是发现问题的主要方式，所以操作管理人员每班须数次定时对反应池作一观察，了解系统运行的状况。其主要内容如下。

① 色、嗅。正常运行的城市生活污水处理厂，活性污泥一般显黄褐色。在曝气池溶解氧不足时，厌氧微生物会相应滋生，含硫有机物在厌氧时分解释放出 H_2S，污泥发黑、发臭；当曝气池溶解氧过高或进水过淡、负荷过低时，污泥中微生物因缺乏营养而自身氧化，污泥色泽转淡。良好的新鲜活性污泥略带有泥土味。

② 反应池曝气状态观察与污泥性状。在巡视曝气池时，应注意观察曝气池液面翻腾情况，曝气池中间若见有成团气泡上升，即表示液面下曝气管道有堵塞，应予以清洁或更换；若液面翻腾不均匀，说明有死角，尤应注意四角有无积泥。此外，还应注意气泡的性状：一是气量的多少。在污泥负荷适当、运行正常时，泡沫量较少，泡沫外观显新鲜的乳白色泡沫。污泥负荷过高、水质变化时，泡沫量往往增多，污泥龄过短或污水中含多量洗涤剂时，即会出现大量泡沫。二是泡沫的色泽。泡沫显白色且泡沫量增多，说明水中洗涤剂量较多；泡沫茶色、灰色，这是因为污泥龄太长或污泥被打碎而被吸附在气泡上所致，这时应增加排泥量。气泡出现其他颜色时，则往往因为是吸附了污水中染料等类发色物质的结果。三是气泡的黏性。用手沾一些气泡，检查是否容易破碎。在负荷过高、有机物分解不完全时，气泡较黏，不宜破碎。

③ 反应池沉淀状态观察与污泥性状。活性污泥性状的好坏可从沉淀状态及曝气时运行状况显示出来。因此，管理中应加强对现场的巡视，定时对活性污泥处理系统的"脸色"进行观察。沉淀的液面状态与整个系统的正常运与否密切相关，应注意观察沉淀时段泥面的高低、上清液透明程度、漂泥的有无、漂泥泥粒的大小等：上清液清澈透明表明运行正常，污泥性状良好；上清液混浊表明负荷过高，污泥对有机物氧化、分解不彻底；泥面上升、SVI 高表明污泥膨胀，污泥沉降性差；污泥成层上浮表明污泥中毒；大块污泥上浮表明反应池局部厌氧，导致该处污泥腐败；细小污泥漂泥表明水温过高、C/N 不适、营养不足等原因导致污泥解絮。对于生物系统中活性污泥异常现象之主要原因及其对策，在运行过程中可以初步根据经验总结来作出判断、改进。在实际的运行操作过程中，需要注意污泥回流比、进水速度、进水量等。

(3) 污泥沉降性能的控制　　活性污泥的良好沉降性能是保证活性污泥处理系统正常运行的前提条件之一。如果污泥的沉降性能不好，在 SBR 的反应期结束后，污泥的压密性差，上层清液的排除就受到限制，水泥比下降，导致每个运行周期处理污水量下降，出水 SS 会比较高。如果污泥的絮凝性能差，则出水中的 COD 上升，导致处理出水水质的下降。导致污泥沉降性能恶化的原因是多方面的，但都表现在污泥容积指数（SVI）的升高。SBR 工艺中由于反复出现高浓度基质，在菌胶团菌和丝状菌共存的生态环境中，丝状菌一般是不容易繁殖的，因而发生污泥丝状菌膨胀的可能性是非常低的。SBR 较容易出现高黏性膨胀问题，这可能是由于 SBR 工艺本身的处理过程是一个动态瞬间的过程，混合液内基质逐步降解，液相中基质浓度下降了，但并不完全说明基质已被氧化去除，加之许多污水的污染物容易被活性污泥吸附和吸收，在很短的时间内，混合液中的基质浓度可降至很低的水平。从污水处理的角度看，已经达到了处理效果，但这仅仅是一种相的转移，混合液中基质浓度的降低仅是一种表面现象。可以认为，在污水处理过程中，菌胶团之所以形成和有所增长，就要求系统中有一定数量的有机基质的积累,在胞外形成多糖聚合物(否则菌胶团不增长甚至出现细菌分散生长现象,出水浑浊)。在实际操作过程中,往往会因充水时间或曝气方式选择的不适当或操作不当而使基质的积累过量,致使发生污泥的高黏性膨胀。污染物在混合液内的积累是逐步的,在一个周期内一般难以马上表现出来,需通过观察各运行周期间的污泥沉降性能的变化才能体现出来。为使污泥具有良好的沉降性能,应注意每个运行周期内污泥的SVI变化趋势,及时调整运行方式以确保良好的处理效果。总之,在运行的过程中需要不断总结经验,对于出现的问题要及时取相应的措施进行解决。因为往往问题的出现是相对难以预测的,需要引起重视,加强现场的巡查,及早发现问题并尽可能及时采取措施,才能保证正常的出水水质。

(4) SBR池的维护　操作人员应严格执行设备操作规程,定时巡视设备运转是否正常,包括温升、响声、振动、电压、电流等;保持各设备运转部件良好的润滑状态,及时添加润滑油、清除污垢;定期检查滗水器排水的均匀性、灵活性、自控系统的可靠性,发现问题及时处理。

第六节　生物膜法的运行管理

生物膜法是利用附着生长于某些固体物表面的微生物(即生物膜)进行有机污水处理的方法。生物膜是由高度密集的好氧菌、厌氧菌、兼性菌、真菌、原生动物以及藻类等组成的生态系统,其附着的固体介质称为滤料或载体。生物膜自滤料向外可分为厌气层、好气层、附着水层、运动水层。生物膜法的原理是,生物膜首先吸附附着水层有机物,由好气层的好气菌将其分解,再进入厌气层进行厌气分解,流动水层则将老化的生物膜冲掉以生长新的生物膜,如此往复以达到净化污水的目的。

常用的生物膜法构筑物主要有生物滤池、曝气生物滤池、生物转盘、生物接触氧化池、生物流化床等,本节分别对其特点及运行管理进行介绍。

一、生物滤池

1. 生物滤池的构造

生物滤池由滤床、布水设备和排水系统组成。滤床由滤料组成。滤料是微生物生长栖息的场所,理想的滤料应具备下述特性:能为微生物附着提供大量的表面积;使污水以液膜状态流过生物膜;有足够的空隙率,保证通风(即保证氧的供给)和使脱落的生物膜能随水流出滤池;不被微生物分解,也不抑制微生物生长,有较好的化学稳定性;有一定机械强度;价格低廉。

生物滤池的布水设备分为两类:移动式(常用回转式)布水器和固定式喷嘴布水系统。回转式布水器的中央是一根空心的立柱,底端与设在池底下面的进水管衔接。布水横管的一侧开有喷水孔口,孔口直径10~15mm,间距不等,愈近池心间距愈大,使滤池单位平面面积接受的污水量基本上相等。布水器的横管可为两根(小池)或四根(大池),对称布置。污水通过中央立柱流入布水横管,由喷水孔口分配到滤池表面。污水喷出孔口时,作用于横管的反作用力推动布水器绕立柱旋转,转动方向与孔口喷嘴方向相反。所需水头在0.6~1.5m左右。如果水头不足,可用电动机转动布水器。固定式布水系统是由虹吸装置、馈水池、布水管道和喷嘴组成。这种形式布水设备较少使用。污水经过初次沉淀之后,流入馈水池。当馈水池水位上升到某一高度时,池中积蓄的污水通过设在池内的虹吸装置,倾泻到布水管系，喷嘴开始喷水，且因水头较大，喷水半径较大。由于出流水量大于入流水量，池中水位逐渐下降，因此喷嘴的水头逐渐降低，喷水半径也随之逐渐收缩。当池中水位降落到一定程度时，空气进入虹吸装置，虹吸被破坏，喷嘴即停止喷水。由于馈水池的调节作用，固定喷水系统的喷水是间隙的。这类布水系统需要较大的水头，约在 2m 左右。当采用回转式布水系统时，滤池的平面用圆形或正八角形。采用固定式喷嘴布水系统时，池面形状不受限制。

池底排水系统由池底、排水假底和集水沟组成。排水假底是用特制砌块或栅板铺成滤料堆在假底上面。早期都是采用混凝土栅板作为排水假底，自从塑料填料出现以后，滤料重量减轻，国外多用金属栅板作为排水假底。假底的空隙所占面积不宜小于滤池平面的 5%～8%，与池底的距离不应小于 0.4～0.6m。池底除支撑滤料外，还要排泄滤床上的来水，池底中心轴线上设有集水沟，两侧底面向集水沟倾斜，池底和集水沟的坡度约 1%～2%。集水沟要有充分的高度，并在任何时候不会满流，确保空气能在水面上畅通无阻，使滤池中空隙充满空气。

2. 生物滤池的工作情况

污水通过布水设备连续、均匀地喷洒到滤床表面上，在重力作用下，污水以水滴的形式向下渗沥，或以波状薄膜的形式向下渗流。最后，污水到达排水系统，流出滤池。

污水流过滤床时，有一部分污水、污染物和细菌附着在滤料表面上，微生物便在滤料表面大量繁殖，不久，形成一层充满微生物的黏膜，称为生物膜。这个起始阶段通常叫"挂膜"，是生物滤池的成熟期。

生物膜是由细菌（好氧、厌氧、兼性）、真菌、藻类、原生动物、后生动物以及一些肉眼可见的蠕虫、昆虫的幼虫等组成。

污水流过成熟滤床时，污水中的有机污染物被生物膜中的微生物吸附、降解，从而得到净化。生物膜表层生长的是好氧和兼性微生物，其厚度约 2mm。在这里有机污染物经微生物好氧代谢而降解，终点产物是 H_2O、CO_2、NH_3 等。由于氧在生物膜表层已耗尽，生物膜内层的微生物处于厌氧状态。在这里，进行的是有机物的厌氧代谢，终点产物为有机酸、乙醇、醛和 H_2S 等。由于微生物的不断繁殖，生物膜逐渐增厚，超过一定厚度后，吸附的有机物在传递到生物膜内层的微生物以前，已被代谢掉。此时，内层微生物因得不到充分的营养而进入内源代谢，失去其黏附在滤料上的性能，脱落下来随水流出滤池，滤料表面再重新长出新的生物膜。生物膜脱落的速度与有机负荷、水力负荷有关。

在低负荷生物滤池中，造成生物膜脱落的原因可能更复杂些，昆虫及其幼虫的活动可能促进生物膜脱落。在高负荷滤池中，因滤率高，靠着水力冲刷使生物膜不断脱落和被冲走，生物膜的厚度与滤率的大小有关。

3. 影响生物滤池性能的主要因素

生物滤池中有机物的降解过程复杂，同时发生着有机物在污水和生物膜中的传质过程；有机物的好氧和厌氧代谢；氧在污水和生物膜中的传质过程和生物膜的生长和脱落等过程。这些过程的发生和发展决定了生物滤池净化污水的性能。影响这些过程的主要因素如下。

（1）滤池高度　滤床的上层和下层相比，生物膜量、微生物种类和去除有机物的速率均不相同。滤床上层，污水中有机物浓度较高，微生物繁殖速率高，种属较低级、以细菌为主，生物膜量较多，有机物去除速率较高。随着滤床深度增加，微生物从低级趋向高级，种类逐渐增多，生物膜量从多到少。这是因为微生物的生长和繁殖同环境因素息息相关，所以当滤床各层的进水水质互不相同时，各层生物膜的微生物就不相同，处理污水（特别是含多种性质相异的有害物质的工业废水）的功能也随着不同。由于生化反应速率与有机物浓度有关，而滤床不同深度处的有机物浓度不同，自上而下递减。因此，各层滤床有机物去除率不同，有机物的去除率沿池深方向呈指数形式下降。生物滤池的处理效率，在一定条件下是随着滤床高度的增加而增加，在滤床高度超过某一数值（随具体条件而定）后，处理效率的提高是微不足道、不经济的。滤床不同深度处的微生物种群不同，反映了滤床高度对处理效率的影响同污水水质有关。对水质比较复杂的工业废水来讲，这一点是值得注意的。

（2）负荷率　　生物滤池的负荷率是一个集中反映生物滤池工作性能的参数，它直接影响生物滤池的工作。

水处理设施的负荷习惯上都以流量为准。生物滤池的负荷以污水流量表示时，负荷率的单位是 m^3（水）$/(m^3 \cdot d)$ 或 m^3（水）$/(m^2 \cdot d)$，后一单位相当于 m/d，又称平均滤率。但是，由于生物滤池的作用是去除污水中有机物或特定污染物，因此，它的负荷率应以有机物或特定污染物质为准较合理，对于一般污水则常以 BOD_5 为准，负荷率的单位以 kg（BOD_5 或特定物质）$/(m^3 \cdot d)$ 表示。这样，生物滤池的负荷率有三种表达方式。以流量为准的负荷率常称水力负荷率，水力负荷率采用滤率为单位时，又称为表面水力负荷率。以 BOD_5 为准的负荷率常称有机负荷率。

以往，城市污水厂采用普通生物滤池，滤率一般在 $1 \sim 2m/d$ 左右，不超过 $4m/d$。在此低负荷率的条件下，随着滤率的提高，污水中有机物的传质速率加快，生物膜量增多，滤床特别是它的表层很容易堵塞；因此，生物滤池的负荷率曾长期停留在较低的水平（当污水浓度和滤床高度为定值时，滤率与负荷率的比值是常数）。但是，当滤率提高到 $8m/d$ 以上时，下渗污水对生物膜的水力冲刷作用，使生物滤池堵塞现象又获改善。在高负荷条件下，随着滤率的提高，污水在生物滤池中的停留时间缩短，出水水质将相应下降。为此，可以利用污水厂出水回流（回流滤池），或提高滤床高度（塔式生物滤池）来改善进水水质，从而提高滤率和保证出水水质。

滤率对处理效率有影响，但对不同的污染物质，影响不同。如对氰的影响较小，对挥发酚和 COD 的影响颇为明显。城市污水中低负荷滤池出水硝化程度较高，而高负荷滤池，仅在负荷较低时才可能出现硝化。这也说明滤率对处理效率有影响。

讨论负荷率时，应与处理效率相对应。例如，采用生物滤池处理城市污水，要求处理效率在 $80\% \sim 90\%$ 左右（城市污水的 BOD_5 一般在 $200 \sim 300mg/L$ 左右，用生物滤池处理后，出水 BOD_5 一般在 $25mg/L$ 左右），这时，低负荷生物滤池的负荷率常在 $0.2kg/(m^3 \cdot d)$，高负荷生物滤池的负荷率在 $1.1kg/(m^3 \cdot d)$ 左右，若提高负荷率，出水水质将相应有所下降。

（3）回流　　利用污水厂的出水，或生物滤池出水稀释进水的做法称回流，回流水量与进水量之比叫回流比。回流对生物滤池性能有下述影响：①可提高生物滤池的滤率，使生物滤池由低负荷率演变为高负荷率（增大滤床高度也可提高负荷率）；②提高滤率有利于防止产生灰蝇和减少恶臭；③当进水缺氧、腐化、缺少营养元素或含有害物质时，回流可改善进水的腐化状况、提供营养元素和降低毒物浓度；④进水的质和量有波动时，回流有调节和稳定进水的作用。

回流将降低入流污水的有机物浓度，减少流动水与附着水中有机物的浓度差，因而降低传质和有机物去除速率。另一方面，回流增大流动水的紊流程度，增快传质和有机物去除速率，当后者的影响大于前者时，回流可以改善滤池的工作。

一些研究表明，用生物滤池出水回流，增加滤床的生物量，可以改善滤池的工作。但是，悬浮微生物的增加，又可能影响氧向生物膜的转移，影响生物滤池的效率。可见，回流对生物滤池性能的影响是多方面的，不可以一概而论。回流滤池的回流比与污水浓度有关。

（4）供氧　生物滤池中，微生物所需的氧一般直接来自大气，靠自然通风供给。影响生物滤池通风的主要因素是滤床自然拔风和风速。自然拔风的推动力是池内温度与气温之差，以及滤池的高度。温度差愈大，通风条件愈好。当水温较低，滤池内温度低于气温时（夏季），池内气流向下流动；当水温较高，池内温度高于气温时（冬季），气流向上流动。若池内外无温差时，则停止通风。正常运行的生物滤池，自然通风可以提供生物降解所需的氧量。入流污水有机物浓度较高时，供氧条件可能成为影响生物滤池工作的主要因素。为保证生物滤池正常工作，有人建议滤池进水 COD 应小于 400mg/L。当进水浓度高于此值时，可以通过回流的方法，降低滤池进水有机物浓度，以保证生物滤池供氧充足，正常运行。

4. 生物滤池的运行管理

（1）常规管理　生物滤池投入运行之前，先要检查各项机械设备（水泵、布水器等）和管道，然后用清水替代废水进行试运行，发现问题时需作必要的整修。

生物滤池的投产与活性污泥处理装置投产相类似，有一个生物膜的培养与驯化的阶段。这一阶段一方面是使微生物生长、繁殖直到滤料表面长满生物膜，微生物的数量满足污水处理的要求；另一方面则是使微生物能逐渐适应所处理的污水水质，即驯化微生物。可先将生活污水投配入滤池，待生物膜形成后（夏季时约 2～3 周即达成熟）再逐渐加入工业废水，或直接将生活污水与工业废水的混合液投入滤池或向滤池投配其他废水处理厂的生物膜或活性污泥等。当处理工业废水时，通常先投 20％的工业废水量和 80％生活污水量来培养生物膜。当观察到一定的处理效果时，逐渐加大工业废水量和生活污水量的比值，直到全部是工业废水时为止。当生物膜的培养与驯化结束，生物滤池便可按设计方案正常运行。

（2）生物滤池运行中异常问题及其处理措施　在污水生物处理设备中，虽然生物滤池的运转故障是很少的，但仍具有产生故障的可能性。下面介绍一些常见问题及处理措施。

① 滤池积水　滤池积水的原因有：a. 滤料的粒径太小或不够均匀；b. 由于温度的骤变使滤料破裂以致堵塞孔隙；c. 初级处理设备运转不正常，导致滤池进水中的悬浮物浓度过高；d. 生物膜的过度剥落堵塞了滤料间的孔隙；e. 滤料的有机负荷过高。

滤池积水的预防和补救措施有：a. 耙松滤池表面的滤料；b. 用高压水流冲洗滤料表面；c. 停止运行积水面积上的布水器，让连续的废水流将滤料上的生物膜冲走；d. 向滤池进水中投配一定量的游离氯（15mg/L），历时数小时，隔周投配。投配时间可在晚间低流量时期，以减小氯的需要量；e. 停转滤池一天或更长一些时间以便使积水滤干；f. 对于有水封墙和可以封住排水渠的滤池，可用污水淹没滤池并持续至少一天的时间；g. 如以上方法均无效时，可以更换滤料，这样做能比清洗旧滤料更经济。

② 滤池蝇问题　滤池蝇是一种小型昆虫，幼虫在滤池的生物膜上滋生，成体蝇在池周围飞翔，可飞越普通的窗纱，进入人体的眼、耳、口鼻等处，它的飞翔能力仅为方圆数百米，但可随风飞得更远。滤池蝇的生长周期随气温的上升而缩短，从 15℃的 22 天到 29℃的七天不等。在环境干湿交替条件下发生最频。滤池蝇的危害主要是影响环境卫生。

防治滤池蝇的方法有：a. 生物滤池连续进水不可间断；b. 按照与减少积水相类似方法减少过量的生物膜；c. 每周或隔周用污水淹没滤池一天；d. 彻底冲淋滤池暴露部分的内壁，

如尽可能延长布水横管，使废水能洒布于壁上，若池壁保持潮湿，则滤池蝇不能生存；e. 在厂区内消除滤池蝇的避难所；f. 在进水中加氯，使余氯为 0.5~1mg/L，加药周期为1~2 周，以避免滤池蝇完成生命周期；g. 在滤池壁表面施药灭杀欲进入滤池的成蝇，施药周期约 4~6 周，即可控制池蝇。但在施药前应考虑杀虫剂对受纳水体的影响。

③ 臭味　滤池是好氧的，一般不会有严重的臭味，若有臭皮蛋味，则表明有厌氧条件。

臭味的防治措施有：a. 维护所有设备（包括沉淀和废水系统）均为好氧状态；b. 降低污泥和生物膜的积累量；c. 当流量低时向滤池进水中短期加氯；d. 出水回流；e. 保持整个污水厂的清洁；f. 避免出现堵塞的下水系统；g. 清洗所有滤池通风口；h. 将空气压入滤池的排水系统以加大通风量；i. 避免高负荷冲击，如避免牛奶加工厂、罐头厂高浓度废水的进入，以免引起污泥的积累；j. 在滤池上加盖并对排放气体除臭。此外，美国还曾经用加过氧化氢到初级塑料滤池出水，丹麦还曾用塑料球覆盖在滤池表面上除臭等方法。

④ 滤池表面结冰问题　滤池在冬天不仅处理效率低，有时还可能结冰，使其完全失效。

防止滤池结冰的措施有：a. 减少出水回流倍数，有时可完全不回流，直至气候暖和为止；b. 调节喷嘴，使之布水均匀；c. 在上风向设置挡风屏；d. 及时清除滤池边表面出现的冰块；e. 当采用二级滤池时，可使其并联运行，减少回流量或不回流，直至气候转暖。

⑤ 布水管及喷嘴的堵塞问题　布水管及喷嘴的堵塞使废水在滤料表面上分布不均，结果进水面积减少，处理效率降低严重时大部分喷嘴堵塞，会使布水器内压增高而爆裂。

布水管及喷嘴堵塞的防治措施有：清洗所有孔口，提高初次沉淀池对油脂和悬浮物的去除率，维持滤池适当的水力负荷以及按规定对布水器进行涂油润滑等。

⑥ 蜗牛、苔藓和蟑螂问题　蜗牛、苔藓及蟑螂等常见于南方地区，可引起滤池积水或其他问题。蜗牛本身无害，但其繁殖快，可在短期内迅速增多，死亡后，其壳可导致某些设备堵塞。其防治措施有：a. 在进水中加氯，以维持滤池出水中余氯量 0.5~1.0mg/L 为限；b. 用最大回流量冲洗滤池。

⑦ 生物膜过厚的问题　生物膜内部厌氧层的异常增厚，可发生硫酸盐还原，污泥发黑发臭，可导致生物膜活性低下，大块脱落，使滤池局部堵塞，造成布水不均，不堵的部位流量及负荷偏高，出水水质下降。防止生物膜过厚的措施有：a. 加大回流量，借助水力冲脱过厚的生物膜；b. 采取两级滤池串联，交替进水；c. 低频进水，使布水器的转速减慢，从而使生物膜下降。

二、曝气生物滤池

曝气生物滤池（Biological Aerated Filter）简称 BAF，是 20 世纪 80 年代末在欧美发展起来的一种新型生物膜法污水处理工艺。其基本原理是在一级处理基础上，以颗粒状填料及其附着生长的生物膜为处理介质，充分发挥生物代谢作用、物理过滤作用、膜及膜和填料的物理吸附作用以及反应器内食物多级捕食作用，实现污染物在同一单元反应器内去除。通过使用特殊的滤料和正确的配气设计，使其与传统处理工艺相比具有优异的工艺性能。该工艺具有去除 SS、COD、BOD、硝化、脱氮、除磷、去除 AOX（有害物质）的作用，是集生物氧化和截留悬浮固体一体的新工艺。

1. 曝气生物滤池的结构

曝气生物滤池是普通生物滤池的一种变形形式，也可看成是生物接触氧化法的一种特殊形式，即在生物反应器内装填高比表面积的颗粒填料，以提供微生物膜生长的载体，并根据污水流向不同分为下向流或上向流，污水由上向下或由下向上流过滤料层，在滤料层下部鼓风曝气,使空气与污水逆向或同向接触,使污水中的有机物与填料表面生物膜通过生化反应得到稳定,填料同时起到物理过滤作用。

根据污水在滤池运行中过滤方向的不同,曝气生物滤池可分为上向流和下向流滤池,除污水在滤池中的流向不同外,上向流和下向流滤池的池型结构基本相同。早期曝气生物滤池的应用形式大多都是下向流态,但随着上向流态曝气生物滤池比下向流滤池的众多优点被人们所认同,近年来国内外实际工程中绝大多数采用上向流曝气生物滤池结构。

曝气生物滤池的构造与污水三级处理的滤池基本相同,只是滤料不同,一般采用单一均粒滤料。曝气生物滤池主体可分为布水系统、布气系统、承托层、生物填料层、反冲洗五个部分,见图6-32。

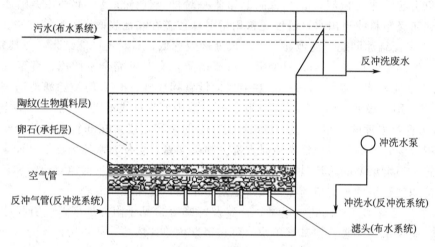

图 6-32   曝气生物滤池结构示意图

(1) 滤池池体   滤池池体的作用是容纳被处理水量和围挡滤料,并承托滤料和曝气装置的重量。池的形状有圆形、正方形和矩形三种,结构形式有钢制设备和钢筋混凝土结构等。

(2) 滤料   作为生物膜载体——填料的选择是生物膜反应器技术成功与否的关键之一,它决定了反应器能否高效运行,所以填料的选择总的应遵循以下原则:①机械强度好;②比表面积大;③载体的形状以球状为佳;④生物、化学稳定性好;⑤微生物一般带有负电荷,而且亲水,因此载体表面带有正电荷有利于微生物固着生长,载体表面的亲水性同样有利于微生物的附着,使附着的生物膜数量尽可能地多;⑥孔隙率及表面粗糙度;⑦密度。

(3) 承托层   承托层主要是为了支撑滤料,防止滤料流失和堵塞滤头,同时还可以保持反冲洗稳定进行。承托层常用材质为卵石或磁铁矿。为保证承托层的稳定,并对配水的均匀性起充分作用,要求材质具有良好的机械强度和化学稳定性,形状应尽量接近圆形,工程中一般选用鹅卵石作为承托层。

(4) 布水系统   曝气生物滤池的布水系统主要包括滤池最下部的配水室和滤板上的配水滤头。对于上向流滤池,配水室的作用是使某一短时段内进入滤池的污水能在配水室内混合均匀,并通过配水滤头均匀流过滤料层,并且该布水系统除作为滤池正常运行时布水用外,也作为定期对滤池进行反冲洗时布水用。

布水系统设计不合理或安装达不到要求,使反冲洗时配水不均匀。会产生下列不良后果。

① 整个生物滤池冲洗不均匀,部分区域冲洗强度大,部分区域冲洗强度小。通过生物

絮凝作用吸附部分胶体颗粒，同时微生物新陈代谢过程中老化的生物膜脱落后也将截留在生物填料层内。这些杂质的存在显著地增加了生物滤池的过滤能力，使处理能力下降；同时也使水溶液主体的溶解氧和生物易降解的有机物与生物膜上微生物之间的传质效率下降，影响生物滤池对有机物的去除效率。如果反冲洗布水不均匀，使部分区域反冲洗达不到要求，该区域的生物填料中杂质冲洗不干净，将影响生物滤池对污染物的去除效果。

② 冲洗强度大的区域，由于水流速度过大，会冲动承托层，引起生物滤料与承托层的混合，甚至引起生物填料的流失，有时也会引起布气系统的松动，对曝气生物滤池造成极大危害。

（5）布气系统　曝气生物滤池内的布气系统包括正常运行时曝气所需的曝气系统和进行气-水联合反冲洗时的供气系统两部分。

（6）反冲洗系统　反冲洗过程：先降低滤池内的水位并单独气洗，而后采用气-水联合反冲洗，最后再单独采用水洗。在反冲洗过程中必须掌握好冲洗强度和冲洗时间，既要达到使截留物质冲洗出滤池，又要避免对滤料过分冲刷，使生长在滤料表面的微生物膜脱落而影响处理效果。

（7）出水系统　曝气生物滤池出水系统有采用周边出水和采用单侧堰出水等。在大、中型污水处理工程中，为了工艺布置方便，一般采用单侧堰出水较多。

2. 曝气生物滤池的工艺特点

曝气生物滤池集生物氧化和截留悬浮固体与一体，节省了二沉池，其容积负荷、水力负荷大，水力停留时间短，所需基建投资少，出水水质好，运行能耗低，运行费用省。BAF属第三代生物膜反应器，不仅具有生物膜工艺技术的优势，同时也起着有效的空间过滤作用，通过使用特殊的滤料和正确的配气设计，BAF具有以下工艺特点。

① 采用气水平行上向流，使得气水进行极好均分，防止了气泡在滤料层中凝结核气堵现象，氧的利用率高，能耗低；

② 与下向流过滤相反，上向流过滤维持在整个滤池高度上提供正压条件，可以更好地避免形成沟流或短流，从而避免通过形成沟流来影响过滤工艺而形成的气阱；

③ 上向流形成了对工艺有好处的半柱推条件，即使采用高过滤速度和负荷，仍能保证BAF工艺的持久稳定性和有效性；

④ 采用气水平行上向流，使空间过滤能被更好地运用，空气能将固体物质带入滤床深处，在滤池中能得到高负荷、均匀的固体物质，从而延长了反冲洗周期，减少清洗时间和清洗时用的气水量；

⑤ 滤料层对气泡的切割作用使气泡在滤池中的停留时间延长，提高了氧的利用率；

⑥ 由于滤池极好的截污能力，使得BAF后面不需再设二次沉淀池。

3. 曝气生物滤池的运行管理

（1）挂膜　使具有代谢活性的微生物污泥在处理系统中滤料上固着生长的过程称之为挂膜。挂膜也就是生物膜处理系统中膜状微生物的培养和驯化过程。对于生活污水、城市污水以及与城市污水相近的工业废水，采用曝气生物滤池处理工艺的话，其挂膜过程一般采用直接挂膜法。

直接挂膜法即在合适的环境条件下（水温、溶解氧等）和水质条件（pH值、BOD、C/N等）下，让处理系统正常运行。该过程分两阶段进行，第一阶段是在滤池中连续鼓入空气的情况下，每隔半小时泵入半小时污水，空塔水流速控制在 1.5m/h 以内；第二阶段同样是在滤池中连续鼓入空气的情况下，连续泵入污水，使空塔水流速逐渐从 1.5m/h 增加到设计流速。第一阶段一般需要 10~15d 时间，第二阶段一般需要 8~10d 时间，这两阶段完后就可以完成挂膜过程。

对于不易生化处理的一些工业废水，采用曝气生物滤池工艺，为了保证挂膜的顺利进行，可以通过预先培养和驯化相应的活性污泥（或类似污水处理厂的污泥），然后再投入到曝气生物滤池中进行挂膜，即分布挂膜法。具体做法是先用生活污水或其与工业废水的混合污水培养出活性污泥，将该污泥和适量的工业废水放入一循环池中，从此池用泵打入生物滤池中，出水或反冲洗污泥回流入循环池。待滤料表面挂膜后，可以直接通水运行或继续循环运行，随着膜厚度的增长，可以逐步增大工业废水的比例，直至完成挂膜过程。

（2）布水与布气控制　对于生物滤池处理设施，为了保证其微生物膜的均匀增长，防止污泥堵塞滤料，保证处理效果的均匀，应对滤池均匀布水和布气。由于设计上不可能保证布水和布气的绝对均匀，运行时应利用布水、布气系统的调节装置，调节各池或池内各部分的配水或供气量，保证均匀布水、布气。

由于生物滤池采用滤头布水，所以滤头的堵塞会使污水在滤料层中分配不均，结果滤料层受水量影响发生差异，会导致微生物膜的不均匀生长，进一步又会造成布水布气的不均匀，最后使处理效率降低。为防止布水管和滤头的堵塞，必须提高预处理设施对油脂和悬浮物的去除率；保证通过滤头有足够的水力负荷。

对于布气系统，由于曝气生物滤池采用不易堵塞的单孔膜曝气器，所以在运行中被大量堵塞的概率不大，如有堵塞，则可根据具体情况调节空气阀门，使供气均匀，并可用曝气器冲洗系统进行冲洗。

（3）滤料运行管理

① 预处理。对于滤池中的生物滤料，在被装入滤池前需对其进行分选、浸洗等预处理，以提高滤料颗粒的均匀性，并去除尘土等杂质。

② 运行观察与维护。生物滤料在曝气生物滤池中正常运行时，应定期观察生物膜生长和脱膜情况，观察其是否被损害。有很多原因会造成微生物膜生长不均匀，这会表现在微生物膜颜色、微生物膜脱落的不均匀性上，一旦发现这些问题，应及时调整布水布气的均匀性，并调整曝气强度来予以纠正。

由于滤料容易堵塞，可能需要加大水力负荷或空气强度来冲洗。在某些情况下，如水温或气温过低，需要增加保温措施。另外，由于滤池反冲洗强度过大时有可能会使少量滤料流失，所以每年定期检修时需视情况给予添加。

（4）生物相观察　对于城市污水处理厂，生物膜外观粗糙，具有黏性，颜色是泥土褐色，厚度约 $300~400\mu m$。

滤池中滤料上生物膜的生物相特征与其他工艺有所区别，主要表现在微生物种类和分布方面。一般来说，由于水质的逐渐变化和微生物生长环境条件的改善，生物膜系统存在的微生物种类和数量均较活性污泥工艺大，尤其是丝状菌、原生动物、后生动物种类增加，厌氧菌和兼性菌占有一定比例。在分布方面的特点，主要是沿生物膜厚度和进水流向呈现出不同的微生物种类和数量。在滤料层的下部（对于上向流）、滤料层的上部（对于下向流）或生物膜的表层，生物膜往往以菌胶团细菌为主，膜也较厚；而在滤料层的上部（对于上向流）、滤料层的下部（对于下向流）或生物膜的内层，由于有机物浓度梯度的变化，生物膜中会逐渐出现丝状菌、原生动物、后生动物，生物的种类不断增多，但生物量及膜的厚度减少。

水质的变化会引起生物膜中微生物种类和数量的变化。在进水浓度增高时，可看到原有特征性层次的生物下移的现象，即原先在前级或上层的生物可在后级或下层中出现。因此，可以通过这一现象来推断污水有机物浓度和污泥负荷的变化情况。

（5）运行中应注意的问题

① 溶解氧控制　为了实现硝化、反硝化，必须在各段滤池中连续测定溶解氧数值，并加以控制调节。在 DC、N 滤池中的曝气阶段需要不断调节溶解氧水平，使溶解氧达到较高水平（约 $2\sim3mg\ O_2/L$），通过溶解氧（DO）在线检测仪表测定滤池出水中的溶解氧浓度，并反馈至 PLC 控制系统，由计算机控制变频器从而改变风机的转速来达到目的；而 DN 滤池反硝化必须在缺氧的条件下进行，而在有氧的条件下反硝化过程就停止，所以运行中应使滤池中溶解氧浓度达到较低水平（约 $0.2\sim0.5mg\ O_2/L$）。

② 滤料更新更换　因曝气生物滤池需定期进行反冲洗，滤料会因反冲洗强度控制不当或磨损等原因而少量流失或损耗，故要定期根据填料损耗程度和处理水质状况进行适量补充，该过程一般集中在每年大修时进行。

③ 反冲洗　在曝气生物滤池运行中，随着运行的进行，滤料上生长的微生物膜渐渐增厚，在增厚初期，有利于去除率的提高；而在增厚到一定程度时，微生物的活性降低，并开始有一定程度的脱落。正常运行时，微生物膜的厚度一般应控制在 $300\sim400\mu m$，此时生物膜新陈代谢能力强，出水水质好。当膜的厚度超过这一范围时：氧的传递速率减小，微生物吸收的氧量过低，影响微生物的增殖，生物膜活性变差，同时又抑制丝状菌的生长，结果使去除能力降低，出水水质变坏；传质速度减缓，使微生物吸收有机物浓度过低，造成营养不足。此外，进水中的颗粒物质被截留在滤池的滤料空隙中，同时，过量生长的微生物也聚集在生物曝气滤池表面和填料的空隙中。随着处理过程的持续运行，填料的空隙度减小，这时曝气生物滤池的运行加大了滤池的水头损失，最后总的水头损失可能达到或接近使设计流量通过生物曝气滤池所必需的水头或是出现颗粒穿透。在这种情况下，曝气生物滤池即应停止运行并进行反冲洗。

反冲洗是维持曝气生物滤池功能的关键，其基本要求是在较短的反冲洗时间内，使填料得到适度的清洗，恢复滤料上微生物膜的活性，并将滤料截留的悬浮物和老化脱落的微生物膜通过反冲洗而排出池外。反冲洗的质量对出水水质、工作周期、运行状况的影响很大。反冲洗程序为先单独用空气进行反冲洗，然后再采用气-水联合反冲洗，停止清洗 30s，最后用水清洗。在进水管、出水管、曝气管、反冲洗水管和空气管道上均安装有自动阀门，并通过微机对整个反冲洗过程进行自动程序控制。

曝气生物滤池的反冲洗周期必须根据出水水质、滤料层的水力损失，出水浊度综合而定，并由计算机系统自动程序控制。对于城市生活污水，一般情况下通常运行 $24\sim48h$ 反冲洗一次，而且在多格滤池并联运行的情况下，反冲洗过程是依次单格进行，从而保证了整个处理系统不受影响而能顺利工作。一般来说，反冲洗用水量为进水水量的 $7\%\sim10\%$，反冲洗排水中平均 TSS 浓度为 $500\sim650mg/L$，反冲洗时气速为 $60\sim90m/h$。

对曝气生物滤池，控制好气、水反冲洗强度显得尤为重要，过低达不到冲洗的目的，过高会使生物膜严重脱落，并造成填料的破损、流失及增加不必要的反冲洗耗水量、耗电量。反冲洗滤层的膨胀率较小，约为 10% 左右。

（6）滤池运行中出现的异常问题及解决对策

① 气味　对于曝气生物滤池，当进水有机物浓度过高或滤料层中截留的微生物膜过多

时，滤料层内局部会产生厌氧代谢，有可能会产生异味，解决办法如下。

a. 减少滤池中微生物膜的积累，让生物膜正常脱膜并通过反冲洗排出池外；

b. 保证曝气设施的正常工作；

c. 避免高浓度或高负荷污水冲出。

② 生物膜严重脱落　在滤池正常运行过程中，微生物膜的不正常脱落是不允许的，产生大量的脱膜主要是水质原因引起的，如抑制性或有毒性污染物浓度太高或 pH 值突变等，解决办法是必须改善水质，使进入滤池的水质基本稳定。

③ 处理效率降低　当滤池系统运行正常，且微生物膜生长情况较好，仅仅是处理效率有所下降，这种情况一般不会是水质的剧烈变化或有毒污染物质的进入造成的，而可能是进水的 pH 值、溶解氧、水温、短时间超负荷运行所致。对于这种现象，只要处理效率降低的程度不影响出水水质的达标排放，即可不采取措施，过一段时间便会恢复正常；若出水水质影响达标排放，则需采取一些局部调整措施加以解决，如调节进水的 pH 值、调整供气量、对反应器进行保温或对进水进行加热等。

④ 滤池截污能力下降　滤池运行过程中，当反冲洗正常，但滤池的截污能力下降，这种情况可能是预处理效果不佳，使得进水中的 SS 浓度较高所引起的，所以此时必须加强对预处理设施的运行管理。

⑤ 进水水质异常

a. 进水浓度偏高。这种情况很少出现，如果出现，应当通过加大曝气量和曝气时间来保持污泥负荷的稳定性。

b. 进水浓度偏低。这种情况主要出现在暴雨天气，应当通过减少曝气力度和曝气时间来解决，或雨污水直接通过超越管外排。

⑥ 出水水质异常

a. 出水带泥、水质浑浊。这种情况的出现主要是生物膜厚度太厚，反冲洗强度过高或冲洗次数过频。当生物膜长到一定厚度（300～400μm），立即进行反冲。反冲洗强度过高或次数过频，导致微生物流失，处理效率下降。解决办法是控制水解酸化池出水 SS，减少反冲洗次数，调整反冲洗合适强度。

b. 水质发黑、发臭。水质发黑、发臭的原因可能是溶解氧不够，造成污泥厌氧分解，产生 H_2S 气体。解决办法是加大曝气量，提高溶解氧的含量即可。还有可能局部布水系统堵塞，造成局部缺氧。解决办法是检修或加以反冲强度。

⑦ 出水呈微黄色　主要原因是 DN 滤池进水槽化学除磷的加药量太大，铁盐超标，减小加药量即可。

4. 曝气生物滤池的操作规程

① 根据实际运行中的具体情况调整对曝气生物滤池供气量，即通过控制风机的调节阀门，调整进气量。

② 曝气生物滤池应通过调整水力负荷、反冲洗周期及滤池内生物膜量进行工艺控制。

③ 曝气生物滤池池内处理水中的溶解氧宜为 4～6mg/L，出口处的溶解氧宜为 2mg/L。

④ 应经常观察滤池上清液的透明度、滤料表面生物膜的颜色、状态、气味等。

⑤ 因水温、水质或曝气生物滤池运行方式的变化而引起的出水浑浊、水质黑色等不正常现象，应分析原因，并针对具体情况，调整系统运行工况，采取适当措施使滤池的水质处理恢复正常。

⑥ 当曝气生物滤池水温较低时，应采取适当延长曝气时间、降低水力负荷的方法，保证污水的处理效果。

⑦ 当曝气生物池有浮渣时，应根据泡沫颜色及浮渣性状分析原因，采取调整反冲洗周期或其他相应措施使其恢复正常。

⑧ 当曝气生物滤池的微生物膜增长过快导致生物膜过厚或滤料层截留的悬浮物过多而影响了正常的处理水质量，则要对滤池进行反冲洗。

三、生物转盘

生物转盘（Biological Disc）工艺是生物膜法污水处理技术的一种，这种处理方法利用细菌和菌类的微生物、原生动物在生物转盘的载体上生长繁育，形成膜状生物性污泥——生物膜。污水经沉淀池初级处理后与生物膜接触，生物膜上的微生物摄取污水中的有机污染物作为营养，使污水得到净化。

1．生物转盘的结构

生物转盘主要由盘体、氧化槽、转动轴以及驱动装置三部分组成，见图 6-33。

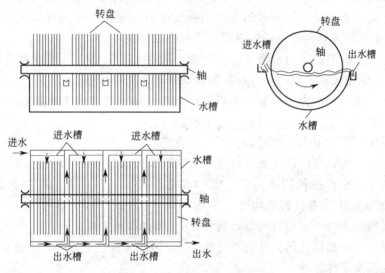

图 6-33　生物转盘结构示意图

（1）盘体　盘体作为生物膜的载体是生物转盘最重要的部分。它是挂膜介质，应具有质轻、耐腐蚀、易于挂膜、不变形、易于取材、便于加工等性质。盘片的形状有圆形或正多边形或多棱角形平板。为了提高单位体积盘片的表面积，也可采用正多角形和表面呈同心圆状波纹或放射状波纹的盘片。盘片直径一般为 1～4m。

盘片的间距一般为 15～30mm，这主要考虑不为生物膜增厚所堵塞，并保证良好的通风等条件而确定的。

（2）氧化槽　氧化槽又称曝气槽或接触反应槽，可用钢筋混凝土建成，也可用钢板或塑料板制作。为了避免水流短路及沉积和产生死角，氧化槽的断面大多做成与盘片外形基本吻合的半圆形。

（3）转动轴及驱动装置　转动轴是用来固定盘片并带动其旋转的装置，一般采用实心钢轴或无缝钢管制成，两端固定安装在氧化槽两端的支座上。转动轴的中心与氧化槽水面的距离一般不应小于 150mm，要根据转动轴直径与水力损失而定，并保证转动轴在液面之上。

生物转盘的驱动方式分为电力机械驱动、空气驱动及水力驱动等。大多数情况下采用电力机械驱动。驱动装置通过转动轴带动生物转盘一起转动，盘体的旋转速度对水中氧的溶解程度和槽内水流状态均有较大影响。搅拌强度过小，影响充氧效果并使槽内水流混合不好，搅拌强度过大，会损坏设备的机械强度，消耗电能，使生物膜过早剥离。因此，必须选择适宜的转盘转速。

2. 生物转盘的工作原理及工艺特点

生物转盘的净水机理主要依据于污水生物膜法处理的有关理论。生物转盘在气动转动装置的驱动下，在接触反应槽中以较低的线速度转动，利用盘片上的附着的生物膜外所吸附水层，不断地吸收氧，使水膜中的氧处于过饱和状态，并将其传递到生物膜和污水中；而污水中的有机物则通过吸附水层传递给生物膜上的微生物，并被其代谢所降解。代谢产物中的液体（如 H_2O）则通过吸附水层进入水体排走，气体（如 CO_2 等）则透过吸附水层进入空气。同样随着膜的增长和增厚，使生物膜不断"老化"，在盘片随轴转动与曝气的搅动作用下，老化膜脱落，生物膜得到更新。

与传统的活性污泥法相比，生物转盘的工艺特点主要体现在以下几个方面。

① 应用广泛，适合于生活污水和多种工业废水的处理。只要是可生化性较强的有机废水，不受水量多少和污染负荷高低的限制，均可采用此技术。

② 处理水净化程度高，出水清澈。生物膜上微生物种类多、浓度高且每级都有优势种属，还可以生长硝化细菌，具有较好的脱氮除磷功能。

③ 维护管理简单，动力费用低，噪声低，无盘面堵塞现象，无生物量调节和污泥膨胀的问题。

④ 相对于生物滤池卫生条件好，无恶臭及苍蝇。

⑤ 运行比较灵活，可以通过调节转盘转速来调节污水与微生物的接触时间及曝气强度。

⑥ 运行稳定，耐冲击负荷能力强。BOD 值在 1000mg/L 以上的超高浓度有机废水及 10mg/L 以下的超低浓度有机污水均可处理。

⑦ 生物膜的培养快，成熟时间短，通常 7～10d 内即可完成。

⑧ 产泥量少，约为活性污泥处理系统的 1/2，污泥沉淀性能好，易于泥水分离。

⑨ 容易受低温条件影响。

⑩ 不适宜处理含有毒挥发性气体的工业废水。

3. 生物转盘的运行管理

（1）生物转盘的投产　生物转盘与生物滤池同属生物膜法生物处理设备，因此，在转盘正式投产，发挥净化污水功能前，首先需要使转盘面上生长出生物膜（挂膜）。生物转盘挂膜的方法与生物滤池的方法相同。因转盘槽（氧化槽）内可以不让污水或废水排放，故开始时，可以按照培养活性污泥的方法，培养出适合于待处理污水的活性污泥，然后将活性污泥置于氧化槽中（如有条件，直接引入同类废水处理的活性污泥更佳），在不进水的情况下使盘片低速旋转 12～24h，盘片上便会黏附少量微生物，接着开始进水，进水量依生物膜逐渐生长而由小到大，直至满负荷运行。

生物转盘挂膜亦可按生物滤池驯化微生物的方法进行，这样可省去污泥驯化步骤，但整个周期稍长。用于硝化的转盘，挂膜时间要增加 2～3 周，并注意将进水生化需氧量浓度控制在 30mg/L 以下。因自养硝化细菌世代时间长，繁殖生长慢，若进水有机物浓度过高，会使膜中异常细菌占优势，从而抑制自养菌的生长。当水中出现亚硝酸盐时，表明生物膜上硝化作用已开始；当水中亚硝酸盐下降，并出现大量硝酸盐时，表明硝化菌在生物膜上已占优势，挂膜工作宣告结束。

挂膜所需的环境条件与前述生物处理设备微生物驯化时相同，即要求进水具有合适的营养、温度、pH 值等，避免毒物的大量进入；因初期膜量少，盘片转速低些，以免使氧化槽内溶解氧过高。

（2）生物相的观察　　生物转盘上的生物膜的特点与生物滤池上的生物膜完全相同，生物呈分级分布，第一级生物往往以菌胶团细菌为主，膜亦最厚，随着有机物浓度的下降，以下数级依次出现丝状菌、原生动物及后生动物，生物的种类不断增多，但生物膜量即膜的厚度减少，依污水水质的不同，每一级都有其特征性的生物类群。当水质浓度或转盘负荷有所变化时，特征性生物层次也随之前推或后移。通过生物相的观察可了解生物转盘的工作状况，发现问题，及时解决。

正常的生物膜较薄，厚度约 15mm 左右，外观粗糙，带黏性，呈灰褐色。盘片上过剩生物膜不时脱落，这是正常的更替，随之即被新膜覆盖。用于硝化的转盘，其生物膜较多，外观光滑，呈金黄色。

（3）生物转盘的检修维护　　为了保持生物转盘的正常运行，应对生物转盘的所有机械设备定期维护。

（4）异常问题及其预防措施　　一般来说，生物转盘是生化处理设备中最为简单的一种，只要设备运行正常，往往会获得令人满意的处理效果。但在水质、水量、气候条件大幅度变化的情况下，加上操作管理不慎，也会影响或破坏生物膜的正常工作，并导致处理效果的下降。常见的异常现象有如下几种。

① 生物膜严重脱落　　在转盘启动的两周内，盘面上生物膜大量脱落是正常的，当转盘采用其他水质的活性污泥来接种时，脱落现象更为严重。但在正常运行阶段，膜的大量脱落会给运行带来困难。产生这种情况的主要原因可能是由于进水中含有过量毒物或抑制生物生长的物质，如重金属、氯或其他有机毒物。此时应及时查明毒物来源、浓度、排放的频率与时间，立即将氧化槽内的水排空，用其他废水稀释。彻底解决的办法是防止毒物进入；如不能控制毒物进入时应尽量避免负荷达到高峰，或在污染源采取均衡的办法，使毒物负荷控制在允许的范围内。

pH 值突变是造成生物膜严重脱落的另一原因，当进水 pH 值在 6.0～8.5 范围时，运行正常，膜不会大量脱落。若进水 pH 值急剧变化，在 pH 小于 5 或大于 10.5 时，将导致生物膜大量脱落。此时，应投加化学药剂予以中和，以使进水 pH 值保持在 6.0～8.5 的正常范围内。

② 产生白色生物膜　　当进水发生腐败或含有高浓度的硫化物如硫化氢、硫化钠、硫酸钠等，或负荷过高使氧化槽内混合液缺氧时，生物膜中硫细菌（如贝氏硫细菌或发硫细菌）会大量繁殖，并占优势。有时除上述条件外，进水偏酸性，使膜中丝状真菌大量繁殖。此时，盘面会呈白色，处理效果大大下降。

防止产生白色生物膜的措施有：a. 对原水进行预曝气；b. 投加氧化剂（如水、硝酸钠等），以提高污水的氧化还原电位；c. 对污水进行脱硫预处理；d. 消除超负荷状况，增加第一级转盘的面积，将一、二级串联运行改为并联运行以降低第一级转盘的负荷。

③ 固体的累积　　沉砂池或初沉池中悬浮固体去除率不佳，会导致悬浮固体在氧化槽内积累并堵塞废水进入的通道。挥发性悬浮固体（主要是脱落的生物膜）在氧化槽内大量积累

也会产生腐败、发臭，并影响系统运行。

在氧化槽中积累的固体物数量上升时，应用泵将其抽去，并检验固体的类型，以针对产生累积的原因加以解决。如属原生固体积累则应加强生物转盘预处理系统的运行管理；若系次生固体积累，则应适当增加转盘的转速，增加搅拌强度，使其便于同出水一道排出。

④ 污泥漂浮　从盘片上脱落的生物膜呈大块絮状，一般用二沉池加以去除。二沉池的排泥周期通常采用 4h。周期过长会产生污泥腐化；周期过短，则会加重污泥处理系统的负担。当二沉池去除效果不佳或排泥不足或排泥不及时等都会形成污泥漂浮现象。由于生物转盘不需要回流污泥，污泥漂浮现象不会影响转盘生化需氧量的去除率，但会严重影响出水水质。因此，应及时检查排污设备，确定是否需要维修，并根据实际情况适当增加排泥次数，以防止污泥漂浮现象的发生。

四、生物接触氧化法

生物接触氧化法（Biological Contact Oxidation Process）是从生物膜法派生出来的一种废水生物处理法，即在生物接触氧化池内装填一定数量的填料，利用栖附在填料上的生物膜和充分供应的氧气，通过生物氧化作用，将废水中的有机物氧化分解，达到净化目的。

1. 生物接触氧化法的反应机理与特点

生物接触氧化法是一种介于活性污泥法与生物滤池之间的生物膜法工艺，其特点是在池内设置填料，池底曝气对污水进行充氧，并使池体内污水处于流动状态，以保证污水与污水中的填料充分接触，避免生物接触氧化池中存在污水与填料接触不均的缺陷。

该法中微生物所需氧由鼓风曝气供给，生物膜生长至一定厚度后，填料壁的微生物会因缺氧而进行厌氧代谢，产生的气体及曝气形成的冲刷作用会造成生物膜的脱落，并促进新生物膜的生长，此时，脱落的生物膜将随出水流出池外。其技术特点主要体现在以下几个方面。

① 由于填料比表面积大，池内充氧条件良好，池内单位容积的生物固体量较高，因此，生物接触氧化池具有较高的容积负荷；

② 由于生物接触氧化池内生物固体量多，水流完全混合，故对水质水量的骤变有较强的适应能力；

③ 剩余污泥量少，不存在污泥膨胀问题，运行管理简便。

生物接触氧化法具有生物膜法的基本特点，但又与一般生物膜法不尽相同。一是供微生物栖附的填料全部浸在废水中，所以生物接触氧化池又称淹没式滤池。二是采用机械设备向废水中充氧，而不同于一般生物滤池靠自然通风供氧，相当于在曝气池中添加供微生物栖附的填料，也可称为曝气循环型滤池或接触曝气池。三是池内废水中还存在约 2%～5% 的悬浮状态活性污泥，对废水也起净化作用。因此生物接触氧化法是一种具有活性污泥法特点的生物膜法，兼有生物膜法和活性污泥法的优点。

2. 生物接触氧化法的主要影响因素

（1）有机负荷　有机负荷是反应生物接触氧化法净化效能的重要指标。由于各种废水的浓度、组成不同，因此从广义上说，有机负荷应当包括具有抑制作用并足以影响处理效果的一切物质。能被微生物分解的污染物质数量用 BOD 表示，这一数值近似地等于各种物质所能生成能量的总和，所以有机负荷是指生物接触氧化处理中单位数量微生物所能处理的 BOD 数量（投加的、接受的）。

有机负荷有三种不同的表示方法：单位填料容积的污染物质负荷量（填料容积负荷）；

单位填料面积的污染物质负荷量（填料表面积负荷）；接触氧化池单位容积的污染物负荷量（氧化池容积负荷）。常用的是填料容积负荷。

（2）pH 值　生物接触氧化法作为一种生物处理方法来说，环境条件对生物膜的影响是重要的，有时甚至是决定性的。其中 pH 值是重要的环境因素之一。适合于微生物生长的 pH 值范围见表 6-2。

表 6-2　适合于微生物生长的 pH 值范围

pH 值	适合于生长繁殖的微生物和污泥性能
2.0	大部分霉菌，污泥的沉淀性不良
3～5	霉菌及细菌，污泥呈白褐色
7	污泥呈黄褐色，沉淀性与透明度都很好
8～10	污泥呈黄褐色，但透明度恶化
9～11	污泥呈粉红色，微生物增殖减少

虽然 pH 值的最广范围为 4～10，但由于异常的 pH 值能够损害细胞表面的渗透功能和细胞内的酶反应，因此适宜的 pH 值范围应为 6～8。

生物接触氧化法对 pH 值的适应性比较强。当污水的 pH 值为 8～10 时，微生物仍然有适应能力，对处理效果影响不大。pH 值为 10～10.5 时，则对处理效果有影响。当受到 pH 值冲击时（如 pH 值＞11），微生物是不能适应的，在这种情况下反应最敏感的是生物相。钟虫呈呆滞状态或消失，菌胶团解体，松散模糊，游离菌、豆形虫、草履虫增多。COD 和 BOD 去除率下降。但是，当受到高 pH 值冲击后，若能及时采取措施（如加酸中和）将污水 pH 值调整至 10 以下，则生物相的恢复比活性污泥法快。一般只需 5～15 天氧化池的工况即可恢复。同样，当污水 pH 值为 5～6 时，生物接触氧化池仍然有一定的适应能力。

pH 值不仅影响细菌的生长繁殖，而且影响有毒物质的含量。如重金属离子的溶解度因 pH 值的不同变化很大。此外，氨在碱性条件下形成的 NH_3，毒性较 NH_4^+ 为强。氰在酸性条件下形成 HCN，在碱性条件下形成氰酸盐，毒性作用减弱。

总的来说，无机质由 pH 值左右其离子化，从而影响其毒害作用。

（3）接触停留时间　在生物接触氧化处理条件下，氧化分解速度或硝化速度对接触时间的依赖性很大。微生物对有机物的转化过程与微生物机体的化学过程紧密地联系着，所以，无论是将复杂的有机物分解氧化为简单的无机物，或者是比较简单的分解氧化产物合成复杂的细胞物质，都需要一定的时间。从降低废水有机物含量这一角度来说，有机物转移到生物膜所需的时间是重要的。这个转移实质上是将微生物对废水中的有机物吸着、吸附过程。这个转移一般能够在废水同生物膜接触后数分钟内完成。但是，生物处理对废水中有机物的净化作用，不仅是由于生物吸附与吸着作用，更重要的是吸附、吸着后的氧化分解和细胞合成作用，使有机物无机化。被吸附在生物膜上的有机物，经氧化分解与合成全部转化为稳定物质所需时间较长（数小时乃至数十天）。因此，处理时间愈长，微生物对有机物的吸着、吸附、降解作用愈彻底，处理水 BOD 残留愈小，处理效果愈好；反之亦然。

（4）温度　温度对生物处理有一定的影响。温度高，微生物活力强，新陈代谢旺盛，氧化与呼吸作用强，处理效果较好；反之，温度较低，微生物的生命活动受到抑制，处理效率受到影响。在生物接触氧化法处理废水时，由于接触停留时间比活性污泥法短，因此，处理过程中污水受气温的影响不大，主要起作用的是水温。

水温对处理效果的影响主要是对氨氮的去除。因为当硝化或完全硝化时，废水中的氨氮被氧化呈亚硝酸盐或硝酸盐。而硝化细菌的繁殖常常受许多因素（水质、温度、pH 值）的影响，其中与温度的关系最人。

（5）供氧　一般供氧多有利于有机物的降解。当进水溶解氧较高时，则生物降解速度快，溶解氧迅速减少，出水溶解氧不会很多。当进水溶解氧较低时，则生物降解速度慢，溶解氧消耗少，出水仍有少量溶解氧。

溶解氧与处理水质及与水温有关。一般控制在在 3～6mg/L。

3. 生物接触氧化法的运行管理

与活性污泥法相比较，生物接触氧化法的运转管理有其特殊性。在活性污泥法处理中，整个处理系统的工作状态可通过曝气池、二次沉淀池和处理水水质来检测判断。当曝气池效能降低时，处理水质急剧地恶化，因而在变化初期就可以发现异常情况。但在生物接触氧化法处理中，即使氧化池污泥蓄积，填料局部发生堵塞，经沉淀池处理的处理水水质变化仍然是缓慢的，而不是简单的恶化。生物接触氧化系统的工况变化首先表现在氧化池出水中悬浮物质增加，水质混浊。同时由于流经填料的水流阻力增大，氧化池水位上升。

生物接触氧化池比活性污泥法维护管理方便，其要点是防止剩余生物膜堵塞填料。为此，在运转管理上应注意如下几点。

（1）原水

① 生物接触氧化法对冲击负荷的适应能力是强的，但仍需调节好原水水质与水量。

② 尽量除去原水中的各种悬浮物，特别是纤维状悬浮物，以防填料堵塞。

③ 测定氮、磷等营养物质含量，特别是处理生产废水时，要充分调查生产状况，掌握排水量和浓度的变化幅度。

（2）氧化池

① 要仔细地观察氧化池内的颜色、气泡、臭气、悬浮污泥和曝气等状况。一旦发现不正常，应立即采取相应措施。

② 通风量瞬时增大易引起生物膜脱落，因此，通风量宜徐徐增加。

③ 氧化池反冲洗排泥时，特别是氧化池几乎排空的时候，如反冲洗不充分，会使填料支架上的附着污泥增加荷重，因此必须在排水的同时，用压力水冲洗填料支架，使附着污泥完全冲掉。

（3）沉淀池

① 与曝气池相同，要仔细地观察工况，及早发现状态变化。

② 实施活性污泥法的维护管理办法，如坚持少排泥、勤排泥和定期排泥等。

五、生物流化床

生物流化床（Biological Fluidized Bed）是指为提高生物膜法的处理效率，以砂（或无烟煤、活性炭等）作填料并作为生物膜载体，废水自下向上流过砂床使载体层呈流动状态，从而在单位时间加大生物膜同废水的接触面积和充分供氧，并利用填料沸腾状态强化废水生物处理过程的构筑物。构筑物中填料的表面积超过 $3300m^2/m^3$ 填料，填料上生长的生物膜很少脱落，可省去二次沉淀池。床中混合液悬浮固体浓度达 8000～40000mg/L，氧的利用率超过 90%。

生物流化床工艺具有如下特点：带出体系的微生物较少；基质负荷较高时，污泥循环再生的生物量最小，不会因为生物量的累积而引起体系阻塞；生物量的浓度较高并可以调节；液-固接触面积较大；BOD 容积负荷高；占地面积小。在美、日等国已用于污水硝化、脱氮等深度处理和污水二级处理及其他含酚、制药等工业废水处理。

1. 生物流化床的类型

用于处理废水的生物流化床，按其生物膜特性等因素可分为好氧生物流化床和厌氧生物流化床两大类。

（1）好氧生物流化床　好氧生物流化床是以微粒状填料如砂、焦炭、活性炭、玻璃珠、多孔球等作为微生物载体，以一定流速将空气或纯氧通入床内，使载体处于流化状态，通过载体表面上不断生长的生物膜吸附、氧化并分解废水中的有机物，从而达到对废水中污染物的去除。

好氧生物流化床按床内气、液、固三相的混合程度的不同，以及供氧方式及床体结构、脱膜方式等的差别可分为两相生物流化床和三相生物流化床。

两相生物流化床的特点是充氧过程与流化过程分开并完全依靠水流使载体流化。在流化床外设充氧设备和脱膜设备，在流化床内只有液、固两相。原废水先经充氧设备，可利用空气或纯氧为氧源使废水中溶解氧达饱和状态。其工艺流程见图 6-34 所示。

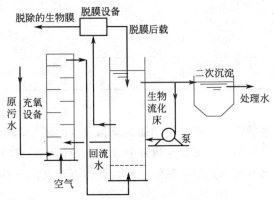

图 6-34　两相生物流化床工艺流程图　　　图 6-35　三相生物流化床工艺流程图

三相生物流化床反应器内气、液、固三相共存，污水充氧和载体流化同时进行，废水有机物在载体生物膜的作用下进行生物降解，空气的搅动使生物膜及时脱落，故不需脱膜装置。但有小部分载体可能从床中带出，需回流载体，其工艺流程见图 6-35。三相生物流化床的技术关键之一，是防止气泡在床内合并成大气泡而影响充氧效率，为此可采用减压释放或射流曝气方式进行充氧或充气。

（2）厌氧生物流化床　与好氧生物流化床相比，该法不仅在降解高浓度有机物方面显出独特优点，而且具有良好的脱氮效果。

厌氧生物流化床可视为特殊的气体进口速度为零的三相流化床。这是因为厌氧反应过程分为水解酸化、产酸和产甲烷 3 个阶段，床内虽无需通氧或空气，但产甲烷菌产生的气体与床内液、固两相混合即成三相流化状态。厌氧生物流化床工艺如图 6-36 所示。为维持较高的上流速度，需采用较大的回流比。厌氧生物流化床内微生物种群的分

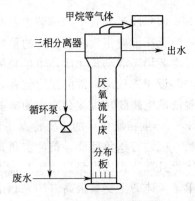

图 6-36　厌氧生物流化床工艺流程图

布趋于均一化，在床中央区域生物膜的产酸活性和产甲烷活性都很高，从而使其有效负荷大大提高。

2. 生物流化床的构造

生物流化床由床体、载体、布水装置、充氧装置和脱膜装置等部分组成，现分别简要阐述于下。

（1）床体 床体平面多呈圆形，多由钢板焊制，需要时也可以由钢筋混凝土浇灌砌制。

（2）载体 载体是生物流化床的核心部件。一般是砂、活性炭、焦炭等较小的颗粒物质，直径为 0.6～1.0mm，能提供的表面积十分大。表 6-3 为常用载体及其物理参数。

表 6-3 常用载体及其物理参数

载 体	粒径/mm	密度/(t/m³)	载体高度/m	膨胀率/%	空床时水上升速度/(m/h)
聚苯乙烯球	0.3～0.5	1.005	0.7	50	2.95
				100	6.90
活性炭(新华8″)	$\varphi(0.96～2.14)\times L(1.3～4.7)$	1.50	0.7	50	84.26
				100	160.50
焦炭	0.25～3.0	1.38	0.7	50	56
				100	77
无烟煤	0.5～1.2	1.67	0.45	50	53
				100	62
细石英砂	0.25～0.50	2.50	0.7	50	21.6
				100	40

注：本表所列数据为载体未被生物膜包覆时的数据。

（3）布水装置 均匀布水对生物流化床能够发挥正常的净化功能是至为重要的环节，特别是对液动流化床（二相流化床）更为重要。布水不均，可能导致部分载体沉积而不形成流化，使流化床的工作受到破坏。布水装置又是填料的承托层，在停水时，载体不流失，并易于再次启动。常用的布水设备见图 6-37。

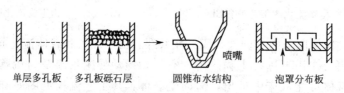

单层多孔板　　多孔板砾石层　　圆锥布水结构　　泡罩分布板

图 6-37 常用布水设备

（4）脱膜装置 脱膜装置及时脱除老化的生物膜，使生物膜经常保持一定的活性，是生物流化床维持正常净化功能的重要环节。气动流化床，一般不需另行设置脱膜装置。脱膜装置主要用于液动流化床，可单独另行设立，也可以设在流化床的上部。

设于流化床上部的脱膜装置，利用叶轮的旋转所产生的剪切作用使生物膜与载体分离，脱落的生物膜从沉淀分离室的排泥管排出，载体则沉降并返回流化床体。

3. 生物流化床的主要特点

（1）容积负荷高，抗冲击负荷能力强 由于生物流化床是采用小粒径固体颗粒作为载体，且载体在床内呈流化状态，因此其每单位体积表面积比其他生物膜法大很多。这就使其单位床体的生物量很高（10～14g/L），加上传质速度快，废水一进入床内，很快地被混合和稀释，因此生物流化床的抗冲击负荷能力较强，容积负荷也较其他生物处理法高。

（2）微生物活性强 由于生物颗粒在床体内不断相互碰撞和摩擦，其生物膜厚度较薄，

一般在 $0.2\mu m$ 以下，且较均匀。据研究，对于同类废水，在相同处理条件下，其生物膜的呼吸率约为活性污泥的两倍，可见其反应速率快，微生物的活性较强。这也是生物流化床负荷较高的原因之一。

（3）传质效果好　由于载体颗粒在床体内处于剧烈运动状态，气-固-液界面不断更新，因此传质效果好，这有利于微生物对污染物的吸附和降解，加快了生化反应速率。

生物流化床的缺点是设备的磨损较固定床严重，载体颗粒在湍动过程中会被磨损变小。此外，设计时还存在着生产放大方面的问题，如防堵塞、曝气方法、进水配水系统的选用和生物颗粒流失等。因此，目前我国废水处理还少有工业性应用，上述问题的解决，有可能使生物流化床获得较广泛的工业性应用。

4. 生物流化床的运行管理

① 根据进水情况调节运行参数。当设施进水悬浮物浓度大于 $300mg/L$ 时，应增加预处理混凝剂和絮凝剂投加量；当进水 COD 浓度出现异常波动，且日最高 COD 浓度与最低 COD 浓度比值大于 2 时，应调整工艺各构筑物的回流污泥量、水力停留时间和污泥停留时间等；当进水 NH_4^+-N 和 TN 浓度出现异常波动，且日最高 NH_4^+-N 和 TN 浓度与日最低 NH_4^+-N 和 TN 浓度比值大于 2 时，应及时调整工艺各构筑物的曝气量、回流污泥量、好氧池硝化液回流量（视 TN 去除率确定）和碳源投加量等；当进水 PO_4^{3-} 和 TP 浓度出现异常波动时，且日最高 PO_4^{3-} 或 TP 浓度与日最低 PO_4^{3-} 或 TP 浓度比值大于 2 时，应及时调整工艺各构筑物的曝气量、回流污泥量、好氧池硝化液回流量和除磷药剂投加量等。

② 当出水氨氮不达标时，可采取以下方式进行调整：a. 减少剩余污泥排放量，提高好氧污泥龄；b. 提高好氧段溶解氧水平；c. 系统碱度不够时宜适当补充碱度。当出水 TN 不达标时，可采取的措施有：a. 适当降低好氧区内溶解氧浓度，人为增设缺氧区容积；b. 投加甲醛、乙酸或食物酿造厂等排放的高浓度有机废水，维持污水的碳氮比，满足反硝化细菌对碳源的需要。当出水 TP 不能达标排放时，可通过投加化学除磷剂和增大剩余污泥排放的方法调节。

③ 曝气系统调节。应逐步开启各分区曝气器的供气阀门，调节各曝气区的供气平衡；曝气时，流化床好氧区溶解氧浓度宜为 $3mg/L$，缺氧区溶解氧浓度宜为 $0.5mg/L$，厌氧区溶解氧浓度不宜大于 $0.2mg/L$；曝气量应控制使流化床降流区的液体循环流大于 $0.5m/s$。

④ 应定期检查分离区内是否有载体的积存，如发现有载体积存说明载体分离器运行不正常，应检查载体分离器，调整供气量，并将固液分离区的载体收集后返回反应区。

⑤ 日常维护管理，参照活性污泥法的维护管理要点进行。

第七节　升流式厌氧污泥床的运行管理

升流式厌氧污泥床 UASB（Up-flow Anaerobic Sludge Bed）简称 UASB 工艺，由于具有厌氧过滤及厌氧活性污泥法的双重特点，作为能够将污水中的污染物转化成再生清洁能源——沼气的一项技术。1971 年荷兰瓦格宁根（Wageningen）农业大学拉丁格（Lettinga）教授通过物理结构设计，利用重力场对不同密度物质作用的差异，发明了三相分离器。使活性污泥停留时间与废水停留时间分离，形成了上流式厌氧污泥床（UASB）反应器的雏形。1974 年荷兰 CSM 公司在其 $6m^3$ 反应器处理甜菜制糖废水时，发现了活性污泥自身固定化机制形成的生物聚体结构，即颗粒污泥（granular sludge）。颗粒污泥的出现，不仅促进了以

UASB 为代表的第二代厌氧反应器的应用和发展，而且还为第三代厌氧反应器的诞生奠定了基础。目前，在欧洲的 UASB 工艺已普遍形成了颗粒污泥，这使得厌氧 UASB 工艺在欧洲迅速得到了推广和普及。我国于 1981 年开始了 UASB 反应器的研究工作，该技术在我国已得到了实际的推广应用。UASB 反应器是目前应用最为广泛的高速厌氧反应器，该技术在国内外已经发展成为厌氧处理的主流技术之一。

一、UASB 反应器的基本构成和原理

1. UASB 反应器的构成

UASB 反应器的主体部分主要由四个区域组成，即污泥床区、悬浮污泥层区、沉淀区和三相分离区，见图 6-38。

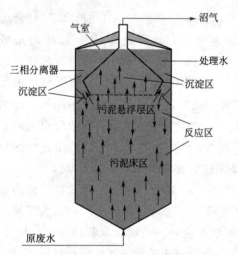

图 6-38　UASB 反应器的结构示意图

（1）污泥床　污泥床位于整个 UASB 反应器的底部，污泥床内具有很高的污泥生物量，其污泥浓度（MLSS）一般为 40000～80000mg/L。污泥床中的污泥由活性生物量（或细菌）占 70%～80% 以上的高度发展的颗粒污泥组成。正常运行的 UASB 中的颗粒污泥的粒径一般在 0.5～5.0mm 之间，具有优良的沉降性能，其沉降速度一般为 1.2～1.4cm/s，其典型的污泥容积指数（SVI）为 10～20mL/g。颗粒污泥中的生物相组成比较复杂，主要是杆菌、球菌和丝状菌等。污泥床的容积一般占整个 UASB 反应器容积的 30% 左右，但它对 UASB 反应器的整体处理效率起着极为重要的作用，对反应器中有机物的降解量占到整个反应器全部降解量的 70%～90%。

（2）污泥悬浮层　污泥悬浮层位于污泥床的上部，占据整个 UASB 反应器容积的 70% 左右，其中的污泥浓度要低于污泥床，通常为 15000～30000mg/L，由高度絮凝的污泥组成，一般为非颗粒状污泥，其沉降要明显小于颗粒污泥的沉速，污泥容积指数一般在 30～40mL/g 之间。靠来自污泥床中上升的气泡使此层污泥得到良好地混合。污泥悬浮层中絮凝污泥的浓度呈自下而上逐渐减小的分布状态。这一层污泥担负着整个 UASB 反应器有机物降解量的 10%～30%。

（3）沉淀区　沉淀区位于 UASB 反应器的顶部，其作用是使由于水流的夹带作用而随上升水流进入出水区的固体颗粒（主要是污泥悬浮层中的絮凝性污泥）在沉淀区沉淀下来，并沿沉淀区底部的斜壁滑下而重新回到反应区内（包括污泥床和污泥悬浮层），以保证反应器中污泥不致流失而同时保证污泥床中污泥的浓度。沉淀区的另一个作用是可以通过合理调整沉淀区的水位高度来保证整个反应器集气室的有效空间高度而防止集气空间的破坏。

（4）三相分离器　三相分离器一般设在沉淀区的下部，但有时也可将其设在反应器的顶部。三相分离器的主要作用是将气体（反应过程中产生的沼气）、固体（反应器中的污泥）和液体（被处理的废水）三相加以分离，将沼气引入集气室，将处理出水引入出水区，将固体颗粒导入反应区，它由气体收集器和折流挡板组成。只有三相分离器是 UASB 反应器污水厌氧处理工艺的主要特点之一。它相当于传统污水处理工艺中的二次沉淀池，并同时具有污泥回流的功能。因而三相分离器的合理设计是保证其正常运行的一个重要内容。

2. UASB 反应器的工作原理

在 UASB 反应器的反应区下部,是由沉淀性能良好的污泥(通常是颗粒污泥)形成的厌氧污泥床,污泥浓度可达到 $50 \sim 100 g/L$ 或更高。由反应器底部进入反应区,由于水的向上流动和产生的大量气体上升形成良好的自然搅拌作用,并使一部分污泥在反应区的上方形成相对稀薄的污泥悬浮区,悬浮区污泥浓度一般在 $5 \sim 40 g/L$ 范围内。悬浮液进入分离区的沉降室,污泥在此沉降,由斜面返回反应区,澄清后的处理水溢流排出。

二、UASB 反应器的工艺特点

UASB 反应器运行的 3 个重要的前提是:①反应器内形成沉降性能良好的颗粒污泥或絮状污泥;②出产气和进水的均匀分布所形成的良好的搅拌任用;③设计合理的三相分离器,能使沉淀性能良好的污泥保留在反应器内。

1. 利用微生物细胞固定化技术——污泥颗粒化

UASB 反应器利用微生物细胞固定化技术-污泥颗粒化实现了水力停留时间和污泥停留时间的分享,从而延长了污泥泥龄,保持了高浓度的污泥。颗粒厌氧污泥具有良好的沉降性能和高比产甲烷活性,且相对密度比人工载体小,靠产生的气体来实现污泥与基质的充分接触,节省了搅拌和回流污泥的设备和能耗,无需附设沉淀分享装置。同时反应器内不需投加填料和载体,提高了容积利用率。

2. 由产气和进水的均匀分布所形成的良好的自然搅拌作用

在 UASB 反应器中,由产气和进水形成的上升液流和上窜气泡对反应区内的污泥颗粒产生重要的分级作用。这种作用不仅影响污泥颗粒化进程,同时还对形成的颗粒污泥的质量有很大的影响。同时这种搅拌作用实现了污泥与基质的充分接触。

3. 设计合理的三相分离器的应用

三相分离器是 UASB 反应器中最重要的设备。三相分离器的应用省却了辅助脱气装置,能收集从反应区产生的沼气,同时使分离器上的悬浮物沉淀下来,使沉淀性能良好的污泥能保留在反应器内。

三、UASB 反应器的运行管理

1. 污泥的培养、类型和主要性能

UASB 反应器是目前各种厌氧处理工艺中所能达到的处理负荷最高的高浓度有机废水处理装置。

UASB 反应器之所以有如此高的处理能力,是因为在反应器内以甲烷菌为主体的厌氧微生物形成了粒径为 $1 \sim 5 mm$ 的颗粒污泥,即污泥的颗粒化是 UASB 的基本特征。颗粒污泥能够长期保持其形态上的稳定性及良好的沉降性能。

(1)颗粒污泥的形成过程 UASB 反应器颗粒污泥的形成过程一般有两个阶段:第一阶段为启动与污泥活性提高阶段。在此阶段内,反应器的有机负荷一般控制在 2.0kg COD/($m^3 \cdot d$)以下,运行时间约需 $1 \sim 1.5$ 个月。第二阶段为颗粒污泥形成阶段。在此阶段内,有机负荷一般控制在 $2.0 \sim 5.0 kg$ COD/($m^3 \cdot d$)。由于产气及其搅拌作用,截留在反应器内的污泥将在重质污泥颗粒的表面富集、絮凝并生长繁殖,最终形成粒径为 $1 \sim 5 mm$ 的颗粒状污泥,此阶段也需要 $1 \sim 1.5$ 个月。第三阶段为污泥床形成阶段,在此阶段内,反应器的有机负荷大于 5kg COD/($m^3 \cdot d$),随着有机负荷的不断提高,反应器内的污泥浓度逐步提高,颗粒污泥床的高度也相应地不断增高。正常运行时,此阶段内的有机负荷可逐渐增加至

$30\sim50kg\ COD/(m^3 \cdot d)$ 或更高。通常，当接种污泥充足且操作条件控制得当时，形成具有一定高度的颗粒污泥床需要 $3\sim4$ 个月的时间。

（2）颗粒污泥的类型　UASB 反应器中的污泥一般有 3 种存在形式，即絮凝状污泥、无载体颗粒污泥和以载体力为核心而形成的颗粒污泥。颗粒污泥分为 3 种类型：①球形颗粒污泥，主要由杆状茵、丝状菌组成，颗粒粒径约 $1\sim3mm$；②松散球形颗粒污泥，主要由松散互卷的丝状菌组成，颗粒粒径在 $1\sim5mm$；③紧密球状颗粒污泥，主要由甲烷八叠球菌组成，其颗粒粒径较小，一般在 $0.1\sim0.5mm$。

（3）颗粒污泥的性质　颗粒污泥一般呈椭球形，其颜色呈灰黑或褐黑色，肉眼可观察到颗粒的表面包裹着灰白色的生物膜。颗粒污泥的密度一般为 $1.01\sim1.05g/mL$ 左右，粒径为 $0.5\sim3.0mm$（最大可达 $5mm$），污泥指数（SVI）一般在 $10\sim20mL/g$ 之间（与颗粒的大小有关），沉降速度多在 $5\sim10mm/s$ 之间。成熟的颗粒污泥其 VSS/SS 值一般为 $70\%\sim80\%$。颗粒污泥一般含有如碳酸钙这样的无机盐晶体以及纤维、砂粒等，还含有多种金属离子。颗粒污泥中的碳、氢、氮的含量大致分别为 $40\%\sim50\%$、7% 和 10% 左右。

2. 反应器运行控制要点

UASB 反应器和其他厌氧处理装置一样，在实际运行中必须对有关的操作和运转条件加以严格地控制。UASB 反应器的运行过程中，影响污泥颗粒化及处理效能的因素很多。总的来讲，UASB 反应器的工艺运行主要受接种污泥的性质及数量、进水水质（有机基质浓度及种类、营养比、悬浮团体含量、有毒有害物质）、反应器的工艺条件（处理负荷，包括水力负荷，污泥负荷和有机负荷，反应器温度，pH 值与碱度，挥发酸含量）等的影响。下面将几个主要的因素加以介绍。

（1）进水基质的类型及营养比的控制　为满足厌氧微生物的营养要求，运行过程中需保证一定比例的营养物数量。运行中主要控制厌氧反应器中的 C：N：P 比例。一般应控制 C：N：P 在 $(200\sim300)$：5：1 为宜。在反应器启动时，稍加一些氮素有利于微生物的生长繁殖。

（2）进水中悬浮固体浓度的控制　对进水中悬浮固体（SS）浓度的严格控制要求是 UASB 反应器处理工艺与其他厌氧处理工艺的明显不同之处。对低浓度废水而言，其废水中的 SS/COD 的典型值为 0.5，对于高浓度有机废水而言，一般应将 SS/COD 的比值控制在 0.5 以下。

（3）有毒有害物质的控制

① 氨氮（NH_3-N）浓度的控制：氨氮浓度的高低对厌氧微生物产生两种不同影响。当其浓度在 $50\sim200mg/L$ 时，对反应器中的厌氧微生物有刺激作用；浓度在 $1500\sim3000mg/L$ 时，将对微生物产生明显的抑制作用。一般宜将氨氮浓度控制在 $1000mg/L$ 以下。

② 硫酸盐（SO_4^{2-}）浓度的控制：UASB 反应器中的硫酸盐离子浓度不应大于 $5000mg/L$，在运行过程中 UASB 的 COD/SO_4^{2-} 比值应大于 10。

③ 其他有毒物质：导致 UASB 反应器处理工艺失败的原因，除上述几种以外，其他有毒物质的存在也必须十分注意。这些物质主要是：重金属、碱土金属、三氯甲烷、氰化物、酚类、硝酸盐和氯气等。

（4）碱度和挥发酸浓度的控制

① 碱度（HCO_3^-）：操作合理的反应器中的碱度一般应控制在 $2000\sim4000mg/L$ 之间，正常范围为 $1000\sim5000mg/L$。

② 在 UASB 反应器中挥发酸的安全浓度控制在 2000mg/L（以 HAC 计）以内，当挥发酸的浓度小于 200mg/L 时，一般是最理想的。

（5）沼气产量及其组分　当反应器运行稳定时，沼气中的 CH_4 和 CO_2 的含量也是基本稳定的。其中甲烷的含量一般为 65%～75%，二氧化碳的含量为 20%～30%。沼气中的氢（H_2）含量一般测不出，如其含量较多，则说明反应器的运行不正常。当沼气中含有硫化氢气体时，反应器将受到严重的抑制而使甲烷和二氧化碳的含量大大降低。厌氧反应过程中的沼气产量及其组分的变化直接反映了处理工艺的运行状态。

第八节　二沉池的运行管理

二沉池（Secondary Settling Tank）是活性污泥系统的重要组成部分，其作用主要是使污泥分离，使混合液澄清、浓缩和回流活性污泥。其工作效果能够直接影响活性污泥系统的出水水质和回流污泥浓度。

一、二沉池的类型

沉淀池常按池内水流方向不同分为平流式沉淀池、竖流式沉淀池和辐流式沉淀池三种。原则上，用于初次沉淀池的平流式沉淀池，辐流式沉淀池和竖流式沉淀池都可以作为二次沉淀池使用。大中型污水处理厂多采用机械吸泥的圆形辐流式沉淀池，中型也有采用多斗平流沉淀池的，小型多采用竖流式。

1. 辐流沉淀池

辐流沉淀池的池表面呈圆形或方形，池内污水呈水平方向流动，但流速是变动的。按水流方向及进出水方式的不同，辐流式沉淀池分为普通辐流式沉淀池和向心辐流式沉淀池。

普通辐流式沉淀池的直径（或边长）一般为 6～60m，最大可达 100m，中心深度 2.5～5.0m，周边深度 1.5～3.0m。如图 6-39 为中心进水周边出水的辐流式沉淀池，在池中心处设中心管，污水从池底的进水管进入中心管，在中心管周围常用穿孔挡板（或穿孔整流板）围成流入区，使污水能均匀地沿半径方向向池周流动，其水力特征是污水的流速由大向小变化。为使水在池内得以均匀流动，穿孔整流板上开孔面积的总和应为池断面的 10%～20%。流出区设置于池周，常采用三角堰或淹没式溢流孔，同时在出水堰处设置挡板和浮渣的收集、排除装置。普通辐流式沉淀池多采用机械排泥，池底坡度一般采用 0.05，坡向中心。除了机械排泥的辐流式沉淀池外，常将池径小于 20m 的辐流式沉淀池建成方形，污水沿中心管流入，池底设多个泥斗，使污泥自动滑入泥斗，形成斗式静压排泥。

向心辐流式沉淀池呈圆形，周边为流入区，而流出区既可设在池周边，也可设在池中心，因而也称为周边进水中心出水（或周边出水）辐流式沉淀池。水流进入沉淀池主体以前迅速扩散，以很低的速度从池周边进入澄清区，由于速度很小，能够避免通常高速进水时伴有的短流现象，以提高沉淀池的容积利用系数。

2. 竖流式沉淀池

如图 6-40 所示，竖流式沉淀池多为圆形，也可做成方形或多边形，相邻池壁可以合用，布置较紧凑。污水从中心管进入并在管内向下流动，通过反射板的阻挡向四周均匀分布，然后沿沉淀池的整个断面上升，出流区设于池周，澄清后的出水采用自由堰或三角堰从池面四周溢出。为了防止漂浮物外溢，在水面距池壁 0.4～0.5m 处安设挡流板，挡流板伸入水中部分的深度为 0.25～0.30m，伸出水面高度为 0.1～0.2m。

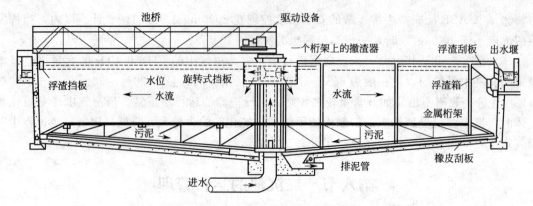

图 6-39   中心进水周边出水的辐流式沉淀池结构示意图

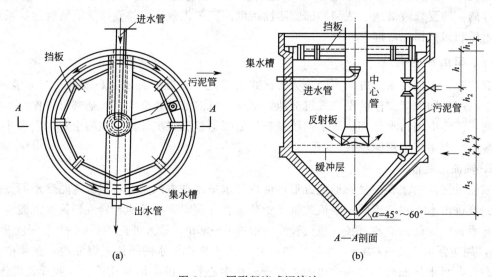

(a)   (b)

图 6-40   圆形竖流式沉淀池

竖流式沉淀池中，水流方向与颗粒沉淀方向相反，其截留速度与水流上升速度相等，上升速度等于沉降速度的颗粒将悬浮在混合液中形成一层悬浮层，对上升的颗粒进行拦截和过滤。因而竖流式沉淀池的效率比平流式沉淀池要高。

3. 平流式沉淀池

平流式沉淀池池体平面为矩形，进口和出口分设在池长的两端。池的长宽比不小于 4，有效水深一般不超过 3m，污泥斗位于沉淀池前部。平流式沉淀池沉淀效果好，使用较广泛，但占地面积大。

二、二沉池的运行管理

1. 运行管理要点

活性污泥处理系统的二次沉淀池是该系统的重要组成部分。二次沉淀池的运转是否正常，直接关系到处理系统的出水水质和回流污泥的浓度，对整个系统的净化效果产生重大影响。二沉淀池运行管理的基本要求是保证各项设备安全完好，及时调控各项运行控制参数，保证出水水质达到规定的指标。为此，除按照本章第三节初沉池的运行管理要求进行外，还应着重做好以下两个方面工作。

（1）避免短流   进入二沉池的水流，在池中停留的时间通常并不相同，一部分水的停留时间小于设计停留时间，很快流出池外；另一部分的停留时间则大于设计停留时间，这种停留时间不相同的现象叫短流。

短流使一部分水的停留时间缩短，得不到充分沉淀，降低了沉淀效率；另一部分水的停留时间可能很长，甚至出现水流基本停滞不动的死水区，减少了沉淀池的有效容积。总之，短流是影响沉淀池出水水质的主要原因之一。

形成短流现象的原因很多，如进入二沉池的流速过高；出水堰的单位堰长流量过大；二沉池进水区和出水区距离过近；二沉池水面受大风影响；池水受到阳光照射引起水温的变化；进水和池内水的密度差；以及二沉池内存在的柱子、导流壁和刮泥设施等，均可形成短流形象。

为避免短流，一是在设计中尽量采取一些措施（如采用适宜的进水分配装置，以消除进口射流，使水流均匀分布在沉淀池的过水断面上，降低紊流并防止污泥区附近的流速过大，采用指形出水槽以延长出流堰的长度；沉淀池加盖或设置隔墙，以降低池水受风力和光照升温的影响；高浓度水经过预沉，以减少进水悬浮固体浓度高产生的异重流等）；二是加强运行管理，在沉淀池投产前应严格检查出水堰是否平直，发现问题，要及时修理。在运行中，浮渣可能堵塞部分溢流堰口，致使整个出流堰的单位长度溢流量不等而产生水流抽吸，操作人员应及时清理堰口上的浮渣；用塑料加工的锯齿形三角堰因时间关系，可能发生变形，管理人员应及时维修或更换，以保证出流均匀，减少短流。通过采取上述措施，可使沉淀池的短流现象降低到最小限度。

（2）及时排泥　及时排泥是沉淀池运行管理中极为重要的工作，不论是初沉池还是二沉池都极为重要。污水处理中的沉淀池中所含污泥量较多，有绝大部分为有机物，如不及时排泥，就会产生厌氧发酵，致使污泥上浮，不仅破坏了二沉池的正常工作，而且使出水质恶化，如出水中溶解性 BOD 值上升，pH 值下降等。

二次沉淀池排泥周期一般不宜超过 2h，当排泥不彻底时应停池（放空），采用人工冲洗的方法清泥。机械排泥的沉淀池要加强排泥设备的维护管理，一旦机械排泥设备发生故障，应及时修理，以避免池底积泥过度，影响出水水质。

2. 二沉池操作规范

① 经常观察二沉池液面，看是否有污泥上浮现象。若局部污泥大块上浮且污泥发黑带臭味，则二沉池存在死区；若许多污泥块状上浮又不同上述情况，则为曝气池混合液 DO 偏低，二沉池中污泥反硝化。应及时采取针对措施避免影响出水水质。

② 调节二沉池排泥阀，观察排泥情况是否通畅。如堵塞及时疏通。

③ 定时巡视二沉池的沉淀效果，如出水浊度、泥面高度、沉淀的悬浮物状态、水面浮泥浮渣情况等，检查各管道附件、排泥装置是否正常，出水堰出流是否均匀，堰口是否堵塞，清理出水堰及出水槽内截留杂物及漂浮物。

④ 启动污泥泵，调节浮标位置，使污泥泵处在自动运行状态，根据污泥量调节回流污泥和剩余污泥量，剩余污泥进入贮泥槽。

⑤ 二沉池污泥排放量及回流量应根据生化池污泥沉降比操作。

⑥ 一般每年应将二沉池放空检修一次，检查水下设备、管道、池底与设备的配合等是否出现异常，并及时修复。

⑦ 做好分析测量与记录每班应测试项目：曝气混合液的 SV 及 DO（有条件时每小时一次或在线检测 DO）。

⑧ 每日应测定项目：进出污水流量 Q，曝气量或曝气机运行台数与状况，回流污泥量，排放污泥量；进出水水质指标：COD_{Cr}、DOD_5、SS、pH 值；污水水温；活性污泥生物相。

⑨ 每日或每周应计算确定的指标：污泥负荷 F/M，污泥回流比 R，二沉池的表面水力负荷和固体负荷，水力停留时间和污泥停留时间。

第九节　消毒系统的运行与管理

一、液氯消毒

1. 液氯消毒机理

氯在常温下是一种黄绿色的气体，为了便于运输、贮存和投加，将氯气在常温下加压至 $8\sim10atm$（$1atm=101325Pa$）可变成液态，加氯消毒中采用的是液氯。氯的消毒作用，利用的不是氯气本身，而是氯与水发生反应生成的次氯酸，反应式如下：

$$Cl_2 + H_2O \longrightarrow HOCl + H^+ + Cl^-$$

次氯酸（HOCl）的分子量很小，是不带电的中性分子，可以扩散到带负电荷的细菌细胞表面，并渗入细胞内，利用氯原子的氧化作用破坏细胞的酶系统，使其生理活动停止，最后导致死亡。在水中形成的 HOCl 是一种弱酸，因此会发生以下电离反应：

$$HOCl \longrightarrow H^+ + OCl^-$$

上式中的次氯酸根离子也具有氧化性，但由于其本身带有负电荷，一般不能靠近也带有负电荷的细菌，所以基本上无消毒作用。

2. 影响消毒效果的因素

影响氯消毒效果的因素很多，分别说明如下。

① 加氯量。加氯量的多少和水中消耗氯的物质种类及数量有密切关系，水中的有机物和还原性物质多，加氯量也将增加。加氯量增加时，余氯量也会增加，但如过量加氯，不仅增加成本，而且自来水中有氯的味道，影响水的使用。相反，如果加氯量少则达不到水质标准，极有可能因残存的细菌和病毒导致事故。

② 接触时间。加氯以后，应有一定的氯和水接触时间，通常在清水池和配水系统中完成，使氯和水中杂质以及微生物起反应，达到消毒目的。加氯时接触时间不应少于 30min，用氯胺消毒时的接触时间不少于 2h。接触时间不足，消毒效果相对差些，接触时间过长，可能会降低剩余氯量。

③ 温度。温度通过两个途径影响消毒效果：其一，温度过高或过低都会抑制微生物的生长活动，直接影响杀菌效率；其二，影响传质和反应速率。一般而言，较高温度对消毒有利。

④ 微生物特性。一般而言，病毒对消毒剂的抵抗力较强；有芽孢的比无芽孢的耐力强；寄生虫卵较易杀死，原生动物中的痢疾内变形虫的包囊却很难被杀死；单个细菌易被杀死，成团细菌（如葡萄球菌）的内部菌体难于杀死。

⑤ pH。pH 决定了氯系消毒剂的存在形态。低 pH 时，HOCl 或 NHCl 的量较大，杀菌能力强。有些微生物表面电荷特性随 pH 变化，而表面电荷可能阻碍带电消毒剂的进入，从而影响消毒效果。另外 pH 升高，在相同加氯量下，三卤甲烷的形成量增加。适宜的 pH 为 $6.5\sim7.50$。

⑥ 水中杂质水中悬浮物能掩蔽菌体，使之不受消菌剂的作用；还原性物质和有机物消

耗氧化剂，并生成有害的氯代烃、氯酚等；氮与 HOCl 作用生成氯胺。

⑦ 消毒剂与微生物的混合接触状况。加药点应高度紊流，快速完成混合。

3. 加氯消毒运行管理

① 液氯氯瓶在运输过程中应注意以下几点：应由专业人员专用车辆运输；应轻装轻卸，严禁滑动、抛滚或撞击，并严禁堆放；氯瓶不得与氢、氧、乙炔、氨及其他液化气体同车装运；遵守安全部门的其他规定。

② 液氯的贮存应注意以下事项：贮存间应符合消防部门关于危险品库房的规定。瓶入库前应检查是否漏氯，并做必要的外观检查。检漏方法，是用 10％ 的氨水对准可能漏氯部位数分钟。如果漏氯，会在周围形成白色烟雾（氯与氨生成的氯化铵晶体微粒）。外观检查包括瓶壁是否有裂缝或变形。有硬伤、局部片状腐蚀或密集斑点腐蚀时，应认真研究是否需要报废。氯瓶存放应按照先入先取先用的原则，防止某些氯瓶存放期过长。每班应检查库房内是否有泄漏，库房内应常备 10％ 氨水，以备检漏使用。

③ 氯瓶在使用时应注意以下事项：氯瓶开启前，应先检查氯瓶的放置位置是否正确，然后试开氯瓶总阀。不同规格的氯瓶有不同的放置要求。氯瓶与加氯机紧密连接并投入使用后，应用 10％ 的氨水检查连接处是否漏氯。氯瓶在使用过程中，应经常用自来水冲淋，以防止瓶壳由于降温而结霜。氯瓶使用完毕后，应保证留有 0.05～0.1MPa 的余压，以避免遇水受潮后腐蚀钢瓶，同时这也是氯瓶再次充氯的需要。

④ 加氯机的形式多种多样，结构也比较复杂，使用过程中不仅要按说明书要求正确操作，更应该切记说明书所注明的安全使用事项，确保安全操作使用。

⑤ 加氯间具备以下安全措施：加氯间应设有完善的通风系统，并时刻保持正常通风。每小时换气量一般应在 10 次以上。在加氯间内氯瓶周围冬季要有适当的保温措施，以防止瓶内形成固体。但严禁用明火等热源为氯瓶保温。加氯应在最显著、最方便的位置放置灭火工具及防毒面具。

⑥ 当发生急性氯中毒事故时，应注意以下处理事项：设法迅速将中毒者转移至新鲜空气中。对于呼吸困难者，严禁进行人工呼吸，应让其吸氧。如有条件，也可雾化吸入 5％ 的碳酸氢钠溶液。用 2％ 的碳酸氢钠溶液或生理盐水为其洗眼、鼻和口。严重中毒者，立即请医务人员处理或急送医院。此前，必要时可注射强心剂。

⑦ 做好记录与分析：每日每班应记录好氯瓶使用件号、规格、使用时间，加氯机使用台号及运行状况；每日应分析总投氯量及单位水量加氯量；每日应分析测量出水大肠菌群数，并做好测试记录；每日应记录氯瓶库房进瓶和出瓶的数量瓶号和规格；定期检查贮存的氨水和碱液的数量和质量，做好记录，必要时应予以更换。

二、次氯酸钠消毒

1. 次氯酸钠消毒原理

次氯酸钠消毒主要采用的设备是次氯酸钠发生器。次氯酸钠发生器是一套由低浓度食盐水通过通电电极发生电化学反应以后生成次氯酸钠溶液的装置。

其灭菌杀病毒原理大致有如下三种作用方式：次氯酸钠消杀最主要的作用方式是通过它的水解形成次氯酸，次氯酸再进一步分解形成新生态氧，新生态氧的极强氧化性使菌体和病毒上的蛋白质等物质变性，从而致死病源微生物。其实，氯气消毒的原理也主要是以产生出次氯酸，然后释放出新生态氧的方式。

　　根据化学测定，ppm（10^{-6}）级浓度的次氯酸钠在水里几乎是完全水解成次氯酸，次氯酸钠发生器效率高于 99.99%。其过程可用化学方程式简单表示如下：

$$NaClO + H_2O \Longrightarrow HClO + NaOH$$

$$HClO \longrightarrow HCl + [O]$$

　　其次，次氯酸在杀菌、杀病毒过程中，不仅可作用于细胞壁、病毒外壳，而且因次氯酸分子小，不带电荷，还可渗透入菌（病毒）体内，与菌（病毒）体蛋白、核酸和酶等有机高分子发生氧化反应，从而杀死病原微生物。

$$R-NH-R + HClO \longrightarrow R_2NCl + H_2O$$

　　同时，次氯酸产生出的氯离子还能显著改变细菌和病毒体的渗透压，使其细胞丧失活性而死亡。此外，次氯酸还能够分解蔬菜、水果等农副产品上所残存的微量农药。绝大多数农药都是由有机物组成的，次氯酸钠所释放出来的新态氧能氧化分解掉这些物质。

　　由于次氯酸钠发生器所生产的消毒液中不像氯气、二氧化氯等消毒剂在水中产生游离氯，所以一般难以形成因存在游离氯而生成不利于人体健康的致癌物质；也不像臭氧那样只要空气中存在很微弱的量（$0.001mg/m^3$）便会对生命造成损伤和毒害；而且，还不会像氯气同水反应会最后形成盐酸那样，次氯酸钠对金属管道不会造成严重腐蚀。

　　2. 次氯酸钠发生器基本操作

　　① 工作时，首先接通电源，次氯酸钠发生器将普通工业用盐加入化盐装置溶解成 10% 左右的盐水，打开阀门让盐水通过过滤沉淀进入储盐液箱；然后，启动自配水开关，设备自动勾配盐水到浓度为 3.5% 左右的稀盐水；再打开阀门调节好流量计，让经配兑好的盐水按设定流量通过一组阴阳极管组成的夹层式电解槽；最后，启动整流电流开关，同时打开冷却水阀门以冷却电解槽，次氯酸钠发生器开始工作。这样，整个设备就生产出了标准的次氯酸钠液体（浓度为 1% 左右）；最后，药液自动流入储药液箱，便于储藏备用和随时投加。

　　② 反冲洗：每班运行完毕，必须反冲洗一次，反冲洗时先打开放空阀，把结存在管道中的盐水排掉，然后打开反冲洗放空和反冲洗进水处来水阀，冲洗 10min 左右，然后把放空阀门打开排掉积水，待下次使用。

　　③ 酸洗：发生器累计运行 250h 需酸洗一次，根据水质情况相应延长或缩短酸洗周期，酸洗时，先打开所有排空阀门，把管道中的积存盐水排掉，然后打开进酸阀门和出酸阀门，直到出酸放空管有机管流出酸水后，关闭进酸阀门，待酸水在电极管中浸泡 1~2h 后再把酸水排掉，然后再反冲洗一次，一般稀盐酸调配浓度为 10% 左右。

　　④ 注意事项

　　a. 一般自动工作时，无需专人管理，根据设备的型号，投盐一次可工作 7~10 天，一般设备均有缺盐水时自动停机并报警功能，投盐时必须对发生器反冲洗一次，工作一个月左右必须酸洗一次。

　　b. 设备运行时，严禁无冷却运行，如遇停水，设备严禁使用。

　　c. 定期检查电源接线栓是否松动发热，高位盐箱中的滤网是否堵塞，及时排除。

　　d. 室内尽量避免烟火，保持通风良好，配备兼职人员管理。

　　三、紫外线消毒

　　1. 紫外线消毒的原理

　　紫外线消毒是利用适当波长的紫外线能够破坏微生物机体细胞中的 DNA（脱氧核糖核酸）或 RNA（核糖核酸）的分子结构，造成生长性细胞死亡和（或）再生性细胞死亡，达到杀菌消毒的效果。紫外线消毒技术是在现代防疫学、医学和光动力学的基础上，利用特殊设计的高效率、高强度和长寿命的 UV-C 波段紫外光照射流水，将水中各种细菌、病毒、寄生虫、水藻以及其他病原体直接杀死，达到消毒的目的。

2. 紫外线消毒的技术特点

(1) 高效率杀菌　紫外线对细菌、病毒的杀菌作用一般在 1s 内完成，而对传统氯气及臭氧方法来说，要达到紫外线的效果一般需要 20min～1h 的时间。

(2) 杀菌广谱性　紫外线技术在目前所有的消毒技术中，杀菌的广谱性是最高的。它对几乎所有细菌、病毒都能高效率杀灭。

(3) 无二次污染　由于紫外消毒技术不需要加入任何化学药剂，因此它不会对水及周围环境造成二次污染。

(4) 运行维护简单，费用低　紫外线消毒技术不仅消毒效率是所有消毒手段中最高的，而且其运行维护简单，运行成本低，可达每吨水 4 厘或更低，因此，其性价比是所有消毒技术中最高的。它既具有其他消毒技术无法比拟的高效率，又具有成本和运行费用低的优点。

在千吨水处理水平，它的成本只是氯消毒的 1/2，是加氯脱氯消毒的 2/5，更只有臭氧消毒成本的 1/9。即使在 10 万吨处理量水平，紫外线消毒设备的投资及运行成本也远远低于其他消毒技术。

(5) 连续大水量消毒　紫外线消毒技术的另一个特点是一年 365 天，一天 24h 连续运行。除定期需 1～2h 以内的例行保养外，其最佳操作条件是 24h 连续运行。

(6) 应用领域广　在目前所有的技术中，没有一种像紫外线技术一样，具有如此广泛的应用领域。它不仅可以消毒淡水，还可以消毒海水；不仅可以消毒饮用水，还可以消毒废水。它可以广泛应用在各种各样需要水消毒的领域。例如：养殖业淡水、海水消毒，贝类净化，农业加工用水，饮用纯净水，电子，医药，生物工业用超纯净水，各种饮料，啤酒以及食品加工等。

3. 紫外线消毒的运行管理

(1) 紫外线消毒管理要点

① 紫外线消毒系统可由若干个独立的紫外灯模块组成，且水流靠重力流动，不需要泵、管道以及阀门。

② 灯管布置要求灯管排列方向与水流方向一致，呈水平排列，且保证所有灯管互相平行和间距一致，灯管轴向与水流方向垂直的布局不予采用。

③ 所有灯管和灯管电极应保证完全浸没在污水中，正负两极应由污水自然冷却以保证在同温下工作。

④ 处理过程中绝对保证使操作人员与紫外线辐射保持有效隔离。

⑤ 紫外线消毒技术的灯管设备、外罩密封石英套管等核心技术得到了不断地完善，紫外线消毒设备运行维护简单。紫外线消毒灯管能连续工作几个月（5 个月）还不会发生生物淤积、结垢和固体沉积等现象，减轻了设备维护的负担。

⑥ 紫外线消毒效果与 UV-C 的剂量成正比关系，剂量太低对微生物的消毒效果较差，且还有修复现象（光修复和暗修复），但是如果紫外线的剂量太大就会造成浪费。因此，合理控制紫外线的剂量十分重要。当遇到水质污染临时加重时，可以用降低流量、延长紫外线照射时间的方法提高消毒效果，反之亦然。

⑦ 水体中的生物群、矿物质、悬浮物等容易积聚在灯套管表面，影响紫外光的透出，

从而影响 UV-C 的消毒效果。因此，需要设计特殊的附加机械设备来定期清洗灯套管。

⑧ 水的色度、浊度和有机物、铁等杂质都会吸收紫外线而降低紫外线的透过强度，从而影响紫外线的消毒效果。因此，在污水进入紫外消毒器以前需要有其他预处理设备，以此提高紫外线消毒器的消毒效果。

（2）紫外线消毒的系统维护与保养

① 玻璃套管表面清洗　为了确保设备消毒效果，必须定期（根据现场实际情况间隔1～3周时间）对排架的玻璃套管进行人工清洗。具体步骤如下。

a. 拔下排架重载插头并用干净的袋子包好，将排架用吊车吊起放置在维修车上；

b. 将挂在排架上面的杂物清理干净；

c. 用清洗剂（弱酸或市售玻璃清洗液等）喷洒在玻璃套管表面上；

d. 清洗人员戴上橡胶手套用抹布擦洗玻璃套管表面；

e. 将玻璃套管表面的污垢清洗掉后再清水冲洗玻璃套管表面；

f. 清洗完毕后用吊车将排架装入安装框架，并接好重载接插件。

② 气动清洗操作

系统清洗控制方式有手动和自动两种模式，均可在触摸屏上操作设定。

a. 自动清洗：当设定为自动清洗时，每隔 4h，清洗时间可根据污水水质情况调整，排架的气缸会依次伸出缩回 1 次，并不断循环运动。

b. 手动清洗：当设定为手动清洗时，排架气缸会依次伸出缩回 1 次，即停止。

c. 气缸运行压力：气缸最低运行压力为（$1kgf/cm^2 = 98.0665kPa$）$4kgf/cm^2$，系统管路压力调在 $5kgf/cm^2$ 左右，通过推压式调节旋钮进行调压，调压时往上拉动推压式调节旋钮并旋转旋钮进行调压，压力调好后压下旋钮，此时过滤减压阀锁定所需的压力供系统使用。

d. 气缸运行速度调速方法：气缸调速是调节安装在气动控制柜内的单向节流阀，采用排气节流调速，可减少慢速时振动、爬行现象。顺时针旋转单向节流阀旋钮时，气缸前进或后退速度减慢；逆时针旋转单向节流阀旋钮时，气缸前进或后退速度变快。一般气缸运行速度调在 $60\sim150mm/s$，太快会引起冲击，太慢会引起爬行现象。

③ 清洗系统保养

a. 水雾分离器为手动排水型（常闭）。当滤杯水位达到 1/3 高度时必须旋转其杯体底部旋钮进行手工排水以提高水雾分离能力。

b. 必须定期检察过滤减压阀压力是否符合规定，观察过滤杯内的积水情况，当积水达到滤杯一定量时，过滤减压阀会自动排水，以保障系统正常运行。

c. 使用前检查箱内油位是否保持在指定范围内，不够则要加至适当位置。

d. 每周打开储气罐泄水阀排除桶内积水。

e. 定期检查所有空气管路系统是否有漏气。

f. 定期清洁气缸拉杆确保排架清洗顺畅，不得出现排架清洗爬行、卡住现象。

④ 镇流器箱与中央控制柜保养和维护

a. 每天必须检查镇流器箱的空调运行情况，保证空调制冷效果。

b. 定期清除电控柜表面的灰尘。

c. 每天检查镇流器运行情况，确保每个镇流器正常工作。

d. 每天检查记录中央控制柜人机界面各个检测数据（包含电流、电压、灯管工作状态、柜内温度、紫外光强、自动清洗状态等）是否正常。

e. 定期检查柜内各个连接线是否出现老化或脱落情况等。

⑤ 水位控制装置维护和保养

a. 固定式溢流堰在安装好后要定期进行清洁。

b. 拍门式溢流堰在使用过程中要依据水量变化调节桶的水量，确保水漫过第一支灯管并控制在6cm内。

c. 定期检查拍门式溢流堰各个固定螺丝是否出现松动情况。

d. 电动式溢流堰门可根据水量的变化自动调节水位，其保养工作为：定期对电机和轴承进行加油，并检查电机的接线是否有松动等情况；定期清除电机灰尘，做好防潮、防雨工作。

（3）紫外线消毒安全注意事项　在日常操作维护保养过程中必须注意安全事项如下。

① 严禁用肉眼直视裸露的紫外灯光线，以防眼睛受紫外光伤害；

② 设备灯源模块和控制柜必须严格接地，严防触电事故；

③ 通电前一定要通水并盖好工程盖板，严禁带电打开；

④ 所有操作维护都必须先戴上防紫外光眼镜才能进行；

⑤ 非授权电工不得擅自打开系统控制柜；

⑥ 严禁改变设备灯管配置，以免影响消毒效果；

⑦ 严禁未接灯管通电，以免损坏电控系统；

⑧ 玻管洗涤液有腐蚀性，操作时应戴橡胶手套，不能溅到皮肤与眼睛。

第七章 污泥处理系统的实习

第一节 污泥处理概述

在城市污水和工业废水处理过程中产生的沉淀物质，包括污水中所含固体物质、悬浮物质、胶体物质以及从水中分离出来的沉渣，统称为污泥。正是这些污泥的不断产生，才促使污染物与污水分离，完成污水的净化。但污泥本身必须及时有效地处理和处置，确保做到"四化"——"减量化"、"稳定化"、"无害化"、"资源化"，才能保证污水处理厂的正常运行和处理效果，保护环境。污水处理过程中污泥的处理工艺包括污泥的浓缩、消化、脱水、干化及焚烧等一次处理和填埋、土地利用等最终处理。

一、污泥种类

1. 初沉污泥

初沉污泥是指污水一级处理系统中初次沉淀池沉淀下来并排除的污泥。初沉污泥正常情况下多为棕褐色略带灰色，当发生腐败时，则为灰色或黑色。一般情况下，初沉污泥有难闻的臭味，且随着工业废水比例的增大，臭味会有所降低，但工业废水带来的气味会增加。一般初沉污泥的 pH 值在 5.5～7.5 之间，含固量在 2%～4% 之间，有机分在 55%～70% 之间。

2. 腐殖污泥

腐殖污泥是指生物滤池、生物转盘等生物膜法后的二次沉淀池沉淀下来的污泥。

3. 活性污泥

活性污泥是指污水采用传统活性污泥法处理后在二次沉淀池沉淀下来的污泥，其中扣除回流至曝气池部分后的剩余部分称为剩余活性污泥。一般活性污泥含固量在 0.5%～0.8% 之间，有机分在 70%～85% 之间，pH 值在 6.5～7.5 之间。

4. 化学污泥

化学污泥是指化学法一级处理产生的污泥和污水深度处理采用混凝沉淀工艺时产生的污泥，其性质取决于采用的混凝剂种类。当采用铁盐混凝剂时，可能略显暗红色。化学污泥气味较小，且极易浓缩或脱水。由于其中有机分含量不高，所以一般不需要消化处理。

二、污泥的性能指标

1. 含水量与含水率

污泥中的水可分为间隙水、毛细结合水、表面黏附水和内部水四类：①间隙水是指被大小污泥颗粒包围的水分，约占污泥中水分的 70%，它不与污泥直接结合，因而容易与污泥分离，此类水分通过重力浓缩即可显著减少。②毛细结合水是指水在固体颗粒接触面上由毛细压力结合，或充满于固体颗粒本身裂隙中的水分，约占污泥中水分的 20%，此类水的去除需要施以与毛细水表面张力相反方向的作用力，如离心机的离心力等。③表面黏附水是指黏附在污泥小颗粒表面的水分，此类水分比毛细结合水更难分离，需采用电解质作为混凝剂进行分离。④内部水是指微生物细胞内部的水分，去除内部水必须破坏细胞结构，所以使用机械方法难以奏效，可以采用加热或冷冻等措施将其转化为外部水后处理，也可以通过好氧氧化、厌氧消化等微生物分解手段予以去除。

污泥中所含水分的多少称为含水量，通常用含水率表示，即污泥中所含水分的质量与污泥总质量之比的百分数。污水处理过程中产生的污泥含水率一般都很高，初沉池排出的污泥含水 96%～98%左右，化学沉淀污泥的含水率为 98%左右，二沉池排出的污泥含水常大于99%。污泥含水率高，体积庞大，难以直接处理和处置，一般都要进行浓缩、消化、脱水处理，脱水后的污泥含水率通常为 65%～80%，体积可大为减少。

当污泥的含水率相当大时（在 65%以上），相对密度接近于 1。通常含水率在 85%以上时，污泥呈流态，含水率 65%～85%时呈塑态，低于 60%时则呈固态。污泥含水率从99.5%降到 95%，体积缩减为原污泥的 1/10。

2. 挥发性固体和灰分

挥发性固体表示污泥中所含有机杂质的数量，而灰分表示污泥中所含无机杂质的数量。两者都可以反映污泥的稳定化程度，一般以污泥干重中所占百分比表示。

3. 可消化程度

污泥的可消化程度表示污泥中挥发性物质被消化分解的百分数。污泥中的挥发性固体，有一部分是能被分解的，分解产物主要是水、甲烷和二氧化碳；另一部分是不易或不能被分解的，如纤维素、脂肪类、乙烯类、橡胶制品等。

4. 肥分

污泥的肥分是指其中含有的植物营养素、有机物及腐殖质等，营养素主要有氮、磷、钾等植物营养成分。

5. 有毒物质

工业废水大多数都含有氰化物、汞、铅等有毒重金属或某些难以分解的有毒有机物，当污泥作为肥料使用时要注意其重金属含量应符合国家标准规定。

三、污泥的处理方法

典型的污泥处理工艺一般包括四个处理或处置阶段：污泥浓缩、污泥消化、污泥脱水、污泥处置。污泥浓缩的主要目的是使污泥初步减容，通常采用的工艺有重力浓缩、离心浓缩和气浮浓缩等。污泥消化的主要目的是使污泥中的有机物分解，通常采用的工艺有厌氧消化和好氧消化两类。污泥脱水可以使污泥进一步减容，通常有自然干化和机械脱水两大类。污泥处置是采用某种途径将最终的污泥予以消纳，途径主要有堆肥后农林使用、卫生填埋和焚烧等。

第二节　污泥浓缩与消化

一、污泥浓缩

污泥浓缩是污泥脱水的初步过程，污水处理过程中产生的污泥含水率都很高，尤其是二级生物处理过程中的剩余活性污泥，含水率一般为 99.2%～99.8%，纯氧曝气法的剩余污泥含水率较低，也在 98.5%以上，而且数量很大，对污泥的处理、利用及输送都造成了一定困难，因此必须对其进行浓缩。浓缩后的污泥近似糊状，含水率降为 95%～97%，体积可以减少为原来的 1/4，但仍可保持其流动性，可以用泵输送，可以大大降低运输费用和后续处理费用。

　　污泥浓缩的方法主要有重力浓缩法、气浮浓缩法和离心浓缩法三种。因离心浓缩法投资较高、动力费用较高、维护复杂，在污水处理厂污泥浓缩中应用较少，故本节着重介绍重力浓缩和气浮浓缩。

　　1. 重力浓缩

　　(1) 重力浓缩的特点　　重力浓缩本质上是一种沉淀工艺，属于压缩沉淀。在实际应用中，重力浓缩一般采用形同辐流式沉淀池的圆形浓缩池进行浓缩，可分为间歇式和连续式两种。前者主要用于小型污水处理厂或工厂企业的污水处理厂，后者主要用于大、中型污水处理厂。连续式重力式浓缩池可分为有刮泥机与污泥搅动装置浓缩池、无刮泥机斗式排泥浓缩池及带刮泥机的多层辐射式浓缩池 3 种。

　　这类浓缩池一般是 5～20m 的圆形钢筋混凝土池子，池底坡度为 1/100～1/12，污泥在水下的自然坡度一般为 1/20。为避免污泥厌氧发酵，连续式重力浓缩池的水力停留时间一般不超过 24h，通常为 10～16h。用于二沉池剩余污泥浓缩的重力浓缩池的水力负荷一般为 0.2～0.4m³/(m²·d)，浓缩初沉池污泥时水力负荷为 1.2～1.6m³/(m²·d)。为提高浓缩效果，刮泥机上设有搅拌杆，连同刮泥机缓慢旋转，线速度一般为 2～20mm/s，这样可以缩短浓缩时间 4～5h。通常进泥可使用离心泵或潜污泵，而排泥使用活塞式隔膜泵或柱塞泵等容积泵。

　　(2) 重力浓缩池的运行管理要点

　　① 入流污泥中的初沉池污泥与二沉池污泥要混合均匀，防止因混合不匀导致池中出现异重流扰动污泥层，降低浓缩效果。

　　② 当水温较高或生物处理系统发生污泥膨胀时，浓缩池污泥会上浮和膨胀，此时投加 Cl_2、$KMnO_4$ 等氧化剂抑制微生物的活动可以使污泥上浮现象减轻。

　　③ 必要时在浓缩池入流污泥中加入部分二沉池出水，可以防止污泥厌氧上浮，改善浓缩效果，同时还可以适当降低浓缩池周围的恶臭程度。

　　④ 浓缩池长时间没有排泥时，如果想开启污泥浓缩机，必须先将池子排空并清理沉泥，否则有可能因阻力太大而损坏浓缩机。在北方地区的寒冷冬季，间歇进泥的浓缩池表面出现结冰现象后，如果想要开启污泥浓缩机，必须先破冰也是这个道理。

　　⑤ 定期检查上清液溢流堰的平整度，如果不平整或局部被泥块堵塞必须及时调整或清理，否则会使浓缩池内流态不均匀，产生短流现象，降低浓缩效果。

　　⑥ 定期（一般半年一次）将浓缩池排空检查，清理池底的积砂和沉泥，并对浓缩机的水下部件的防腐情况进行检查和处理。

　　⑦ 定期分析测定浓缩池的进泥量、排泥量、溢流上清液的 SS 和进泥排泥的含固率，以保证浓缩池维持最佳的污泥负荷和排泥浓度。

　　⑧ 每天分析和记录进泥量、排泥量、进泥含水率、排泥含水率、进泥温度、池内温度及上清液的 SS、TP 等，定期计算污泥浓缩池的表面固体负荷和水力停留时间等运转参数，并和设计值进行对比。

　　2. 气浮浓缩

　　(1) 气浮浓缩的特点　　活性污泥的密度约为 1.0～1.005g/mL 之间，活性污泥絮体本身的密度约为 1.0～1.01g/mL，泥龄越长，其密度越接近 1.0g/mL，因而活性污泥一般不易实现重力浓缩。针对活性污泥絮体不易沉淀的特点，可顺其自然，利用气浮法向污泥中强制溶入气体，气体中大量的微小气泡附着在污泥絮体的周围，密度小于 1.0g/mL，从而使之与清液分离上浮实现污泥浓缩。

常用链条式刮泥机将升至液面的浓缩污泥刮至集泥槽，然后进入脱气池搅拌脱气。脱气的目的是将污泥中的溶气全部释放出来，否则会干扰后续的厌氧消化或脱水。

气浮池有矩形和圆形两种，泥量较小时常采用矩形池，泥量较大时常采用圆形辐流式气浮浓缩池。对于含固量在 0.5% 左右的活性污泥，经气浮浓缩后含固量可超过 4%。由于气浮池中的污泥含有溶解氧，因而恶臭现象比重力浓缩轻得多。另外，好氧消化后的污泥重力浓缩性很差，也可用气浮浓缩进行泥水分离，对于氧化沟或消化等大泥龄工艺所产生的剩余活性污泥，气浮浓缩的优势将更加突出。

（2）气浮浓缩池的运行管理要点

① 巡检时，通过观察孔观察溶气罐内的水位。要保证水位既不影响溶气效果，又防出水中央带大量未溶空气。

② 巡检时要注意观察池面情况。如果发现接触区浮渣面高低不平、局部水流翻腾剧烈，这可能是个别释放器被堵或脱落，需要及时检修和更换。如果发现分离区浮渣面高低不平、池面常有大气泡鼓出，这表明气泡与杂质絮粒黏附不好，需要调整加药量或改变混凝剂的种类。

③ 冬季水温较低影响混凝效果时，除可采取增加投药量的措施外，还可利用增加回流水量或提高溶气压力的方法，增加微气泡的数量及其与絮粒的黏附，以弥补因水流黏度的升高而降低带气絮粒的上浮性能，保证出水水质。

④ 为了不影响出水水质，在刮渣时必须抬高池内水位，因此要注意积累运行经验，总结最佳的浮渣堆积厚度和含水量，定期运行刮渣机除去浮渣，建立符合实际情况的刮渣制度。

⑤ 根据反应池的絮凝、气浮池分离区的浮渣及出水水质等变化情况，及时调整混凝剂的投加量，同时要经常检查加药管的运行情况，防止发生堵塞（尤其是在冬季）。气浮法调试进水前，首先要用压缩空气或高压水对管道和溶气罐反复进行吹扫清洗，直到没有容易堵塞的颗粒杂质后，再安装溶气释放器。进气管上要安装单向阀，以防压力水倒灌进入空压机。调试前要检查连接溶气罐和空压机之间管道上的单向阀方向是否指向溶气罐。实际操作时，要等空压机的出口压力大于溶气罐的压力后，再打开压缩空气管道上的阀门向溶气罐注入空气。

二、污泥消化

污泥消化是利用微生物的代谢作用，使污泥中的有机物质稳定化。当污泥中的挥发性固体 VSS 含量降到 40% 以下时，即可认为已达到稳定化。污泥消化稳定可以采用好氧处理工艺，也可以采用厌氧处理工艺。

1. 污泥消化的类型

（1）好氧消化　污泥的好氧消化是在不投加有机物的条件下，对污泥进行长时间的曝气，使污泥中的微生物处于内源呼吸阶段进行自身氧化消耗，不断减少。好氧消化可以使污泥中的可生物降解部分（约占污泥总量的 80%）被氧化去除，消化程度高、剩余污泥量少，处理后的污泥容易脱水。好氧消化比厌氧消化所需时间要少得多，当消化污泥为剩余活性污泥时，好氧消化水力停留时间一般为 10~15 天，当消化污泥为剩余活性污泥和初沉污泥的混合物时，好氧消化水力停留时间一般为 15~25 天，主要用于污泥产量较小的场合。好氧消化污泥负荷一般为 $0.04 \sim 0.05$ kg BOD_5/（kg MLSS·d），BOD_5 的去除率约 50%。好氧消化类似于活性污泥法，当污泥中的有机物耗尽时，微生物开始消耗其本身的原生质，以获得细胞反应所需的能量，细胞组织被好氧氧化为二氧化碳、水和氨氮，氨氮随着消化作用的进行而逐步被氧化为硝酸盐。

污泥好氧消化的特点如下：① 好氧消化上清液的 BOD_5、SS、COD_{Cr} 和氨氮等浓度较低，消化污泥量少、无臭味、容易脱水，处置方便简单。好氧消化池构造简单、容易管理，没有甲烷爆炸的危险。② 不能回收利用沼气能源，运行费用高、能耗大。消化后的污泥进行重力浓缩时，因为好氧消化不采取加热措施，所以污泥有机物分解程度随温度波动大。

（2）厌氧消化　污泥的厌氧消化是利用兼性菌和厌氧菌进行水解、酸化、产甲烷等厌氧生化反应，将污泥中的大部分固体有机物水解、液化后并最终分解掉的一种污泥处理工艺。首先，有机物被厌氧消化分解，可使污泥稳定化，使之不易腐败。其次，通过厌氧消化，大部分病原菌或蛔虫卵被杀死或作为有机物被分解，使污泥无害化。第三，随着污泥被稳定化，不仅是一种减量过程，而且将产生大量高热值的沼气，作为能源利用，使污泥资源化。另外，污泥经消化以后，其中的部分有机氮转化成了氨氮，提高了污泥的肥效。一般污水处理厂生污泥约含 65% 的有机物和 35% 的无机物，通过厌氧消化处理后，污泥中的有机物约有 $1/2 \sim 1/3$ 被分解，消化污泥的体积减小 60%～70%。

大型污水处理厂的污泥厌氧消化一般采用中温消化（30～37℃）。

2. 污泥厌氧消化的运行管理

（1）污泥厌氧消化池运行管理、维护保养、安全操作等应注意以下几个方面：

① 按一定投配率依次均匀投加新鲜污泥，并应定时排放消化污泥。

② 新鲜污泥投加到消化池，应充分搅拌，保证池内污泥浓度混合均匀，并应保持消化温度稳定。

③ 对池外加温且为循环搅拌的消化池，投泥和循环搅拌宜同时进行。

④ 对采用沼气搅拌的消化池，在产气量不足或在消化池启动期间，应采取辅助措施进行搅拌；对采用机械搅拌的消化池，在运行期间，应监控搅拌器电机的电流变化。

⑤ 定期检测池内污泥的 pH 值、脂肪酸、总碱度，进行沼气成分的测定，并应根据监测数据调整消化池运行工况。

⑥ 保持消化池单池的进、排泥的泥量平衡，定期检查静压排泥管的通畅情况。

⑦ 定期排放二级消化池的上清液，并定期检查二级消化池上清液管的通畅情况。

⑧ 每日巡视并记录池内的温度、压力和液位。

⑨ 定期检查沼气管线冷凝水排放情况。

⑩ 定期检查消化池及其附属沼气管线的气体密闭情况，发现问题，及时处理。

⑪定期检查消化池污泥的安全溢流装置；定期校核消化池内监测温度、压力和液位等的各种仪表；定期检查和校验沼气系统中的压力安全阀。

⑫ 当消化池热交换器长期停止使用时，应关闭通往消化池的相关闸阀，并应将热交换器中的污泥放空、清洗。螺旋板式热交换器宜每 6 个月清洗一次，套管式热交换器宜每年清洗 1 次。

⑬连续运行的消化池，宜 3～5 年彻底清池、检修 1 次。

⑭ 投泥泵房、阀室应设置可燃气体报警仪，并应定期维修和校验。

⑮ 池顶部应设置避雷针，并应定期检查遥测。

⑯ 空池投泥前，气相空间应进行氮气置换。

⑰ 各类消化池的运行参数应符合设计要求，可按表 7-1 中的规定确定。

表 7-1　污泥厌氧消化池的运行参数

序号	项目		厌氧中温消化池	高温消化池
1	温度/℃		33～35	52～55
2	日温度变化范围小于/℃		±1	
3	投配率/%		5～8	5～12
4	消化池（一级）污泥含水率/%	进泥	96～97	
		出泥	97～98	
	消化池（二级）污泥含水率/%	出泥	95～96	
5	pH 值		6.4～7.8	
6	沼气中主要气体成分/%		$CH_4>50$ $CO_2<40$ $CO<10$ $H_2S<1$ $O_2<2$	
7	产气率/(m³气/m³泥)		>5	
8	有机物分解率/%		>40	

（2）沼气脱硫装置运行管理、维护保养、安全操作等应注意以下几个方面：

① 定期校验脱硫装置的温度、压力和 pH 计。

② 采用保温加热的脱硫装置时，应定期检查保温系统。

③ 定期对脱硫装置进行防腐处理。

④ 定期清理和更换反应塔内喷淋系统的部件。

⑤ 每日检测脱硫效果，并应根据其效果再生或更换脱硫装置的填料，操作时还应采取必要的安全措施。

⑥ 干式脱硫装置应定期检查并记录脱硫装置的温度和压力，定时排放脱硫装置内的冷凝水，当填料再生或更换后、恢复通入沼气前，宜采用氮气置换。

⑦ 湿式脱硫装置应每日测试脱硫装置碱液的 pH 值，并保证碱液溢流通畅；每日检查碱液投加泵、碱液循环泵的运行状况；定期检查脱硫装置的气密性；定期补充碱液，冲洗并清理碱液管线，不得堵塞；当操作间内出现碱液泄漏时，应使用清水及时冲洗。

⑧ 生物脱硫装置通过观察硫泡沫的颜色，及时调节曝气量和回流量；经常监控反应塔内吸收液的 pH 值，并应及时补充吸收液；根据进气硫化氢的负荷，调控反应塔的运行组数；每日检测脱硫前后硫化氢的浓度；采用外加生物催化剂或菌种的脱硫工艺，应定期补充催化剂或菌种；应避免人身接触硫污泥、硫气泡、碱液，并应配备防护用品；定期检查脱硫系统的布气管道，并进行防腐处理。

（3）沼气柜的运行管理、安全操作、维护保养等应注意的内容如下：

① 低压浮盖式气柜的水封应保持水封高度，寒冷地区应有防冻措施。

② 沼气应充分利用，剩余沼气不得直接排放，必须经燃烧器燃烧。

③ 按时对沼气柜内的贮气量和压力进行检查并做记录。

④ 定期排放蒸汽管道、沼气管道内的冷凝水；定期对干式气柜柔膜及柜体金属结构进

行检查；沼气柜出现异常时，应及时采取相应措施。

⑤ 湿式气柜水封槽内水的 pH 值应定期测定，当 pH 值小于 6 时，应换水并保持压力平衡，严禁出现负压；定期对湿式气柜的导轨和导轮进行检查，以防气柜出现偏轨现象。

⑥ 在寒冷地区，湿式气柜水封的加热与保温设施应在冬季前进行检修。

⑦ 沼气柜内沼气处于低位状态时严禁排水。

⑧ 检修气柜顶部时，严禁直接在柜顶板上操作。

⑨ 任何人员不得随意打开沼气柜的检查孔。

⑩ 空柜通入沼气前，气相空间应进行氮气置换。

⑪ 干式气柜柔膜压力应为 2500～10000Pa；湿式气柜的压力应为 2500～4000Pa。

第三节   污泥的药剂调理

由于水处理方法不一样，产生的污泥的特性也是不一样的，在进行污泥的处理之前需要对污泥进行调理。污泥的调理主要指的是在污泥进行脱水之前对其脱水性能进行一定的预处理以提高其脱水性能。常见的污泥的调理方法是加药调理法，即在污泥中加入带有电荷的无机或有机调理剂，使污泥液体颗粒表面发生化学反应，中和颗粒表面的电荷，使水游离出来，同时使污泥颗粒凝聚成大的颗粒絮体，降低污泥的比阻抗。调理效果的好坏与调理剂种类、投加量以及环境因素等有关。

一、污泥调理剂的类型

常用的污泥调理剂有化学调理剂和生物调理剂。化学调理是目前采用得较普遍的，其实质是向污泥中投加各种化学调理剂，使污泥形成颗粒大、孔隙多和结构强等的滤饼，即改变污泥的性质，使污泥颗粒絮凝以改善污泥脱水性能。生物调理剂或生物絮凝剂是由某些微生物在适宜的生理条件（如营养物质、温度等）下，产生的有絮凝活性的次生代谢产物。微生物絮凝剂是天然高分子絮凝剂中的重要种类，具有絮凝范围广泛、有良好的絮凝沉淀性能、安全、无毒、可生物降解、无二次污染、来源广等优点，但目前主要处于实验室研究阶段。化学调理剂主要有助凝剂和絮凝剂两大类。

1. 助凝剂

助凝剂主要有石灰、硅藻土、酸性白土、珠光体、污泥焚烧灰、电厂粉尘、水泥窑灰等惰性物质，其本身一般不起絮凝作用，而在于调节污泥的 pH 值，改变污泥的颗粒结构，破坏胶体的稳定性，提高絮凝剂的絮凝效果，增强絮体强度。

石灰、水泥窑灰等助凝剂是一类较好的污泥调理剂，较适合于生污泥的调理与稳定化。它可以使污泥的 pH 值提高到 11 以上，从而显著降低由沙门菌、绦虫卵、孢囊线虫和许多其他病原物所造成的潜在危害。

2. 絮凝剂

目前，用于污泥调理的絮凝剂可分为无机絮凝剂、有机高分子絮凝剂和天然生物高分子絮凝剂。

（1）无机絮凝剂   无机絮凝剂是一种电解质化合物，主要有铝系和铁系两大类。铝系化合物有硫酸铝、明矾及三氯化铝等。铁系化合物主要有三氯化铁、氯化绿矾、绿矾、硫酸铁等。近十年来，人们又研究开发了聚铁、聚铝等无机高分子絮凝剂。

无机盐类絮凝剂〔如 $Al_2(SO_4)_3$、$AlCl_3$ 等〕，虽然历史悠久，但处理效果不理想，而聚合无机盐型絮凝剂（如聚合三氯化铝、聚合硫酸铁等）处理效果虽良好且价廉易得，但用量大，受 pH 影响大，易产生二次污染，且经无机调理剂处理污泥量增加，污泥中无机成分的比例提高，当用焚烧法对污泥进行处置时，污泥的燃烧价值降低，而将其进行土地利用时，因有机成分比例降低使得肥力下降且形成二次污染，所以无机絮凝剂逐渐被有机高分子絮凝剂所取代。

（2）有机高分子絮凝剂　合成高分子絮凝剂主要有聚丙烯酰胺（PAM）及其阴离子型、阳离子型和两性型衍生物。它是一类应用性能优良的合成高分子系列絮凝剂，其产品约占整个高分子絮凝剂产销量的 80%，除 PAM 系列外，有应用价值的还有聚乙烯亚胺、聚苯乙烯磺酸、聚乙烯吡啶等絮凝剂。

合成有机高分子絮凝剂如聚丙烯酰胺（PAM）虽然克服了无机絮凝剂的缺点（即其具有用量少，效率高，絮凝速度快等优点），但其残留物不易被生物降解，对微生物絮凝效果差，且它本身虽无毒，但其单体具有强烈的神经毒性和"三致"效应，造成对环境的二次污染，所以对其应用有所限制。

二、污泥药剂调理的注意事项

在污水、污泥采用污泥脱水机处理时，往往需要使用一些絮凝剂来达到更好的处理效果。在选择合适的絮凝剂时应注意以下几个方面。

① 污泥性状。对有机物含量高的污泥，较为有效的絮凝剂是阳离子，有机物含量越高，宜选用聚合度越高的阳离子型絮凝剂。对无机物为主的污泥，可以考虑采用阴离子。污泥性质的不同直接影响调理效果，浮渣和剩余活性污泥则较难脱水，混合污泥的脱水性能则介于两者之间。一般来说，越难脱水的污泥絮凝剂量越大，污泥颗粒细小，会导致絮凝剂消耗量的增加，污泥中的有机物含量和碱度高，也会导致絮凝剂用量的加大。另外，污泥含固率也影响絮凝剂的投加量，一般污泥含固率越高，在使用污泥脱水机时絮凝剂的投放量越大。

② 污泥酸碱度。污泥的酸碱度决定水解产物形态，同一种絮凝剂对不同酸碱度的污泥的处理效果也大不相同。铝盐的水解反应受酸碱度的影响很大，其凝聚反应的最佳酸碱度范围为 5～7。高铁盐调理剂受酸碱度的影响较小，最佳酸碱度范围为 6～11。亚铁盐在酸碱度为 8～10 的污泥中，其溶解度较高的水解产物能被氧化成溶解度较低的絮体。因此选用无机盐类絮凝剂时，首先要考虑脱水污泥的具体酸碱度，如果酸碱度偏离其凝聚反应的最佳范围，最好更换使用另一种。否则就要考虑在对污泥进行调理之前，投加酸或碱调整污泥的酸碱度。

③ 絮凝剂浓度。絮凝剂的配制浓度不仅影响调理效果，而且影响药剂消耗量和污泥脱水机泥饼产出率，其中有机高分子絮凝剂影响更为显著。一般来说，有机高分子絮凝剂配制浓度越低，药剂消耗量越少，调理效果越好。但配制浓度过高或过低都会降低泥饼产率。而无机高分子絮凝剂的调理效果几乎不受配制浓度的影响。有机高分子调理剂配制浓度在 0.05%～0.1% 之间比较合适，三氯化铁配制浓度 10% 最佳，而铝盐配制浓度在 4%～5% 最为适宜。

④ 混合处理液的温度。污泥的温度直接影响着絮凝剂的水解作用，温度低时，水解作用会变慢。如果温度低于 10℃，污泥脱水机絮凝效果会明显变差，可通过适当延长絮凝时间的方法改善调理效果。冬季气温较低时，要重视污泥脱水机的保温环节，不低于 15℃，尽量减少污泥输送过程中热量的损失。

第四节　污泥脱水机的运行管理

　　污泥经浓缩处理后，含水率仍很高，一般在 95%～97%左右，需进一步降低含水率，将污泥的含水率降低至 85%以下的过程称为脱水干化。污泥脱水干化分为自然干化与机械脱水两大类，其本质都属于过滤脱水范畴。过滤是给多孔介质（滤材）两侧施加压力差，将悬浮液过滤分成滤饼、澄清液两部分的固液分离操作，通过介质孔道的液体称为滤液，被截留的物质为滤饼或泥饼。

　　产生压力差（过滤的推动力）的方法有四种：① 依靠污泥本身厚度的静压力（自然干化床）；② 在过滤介质的一面造成负压（真空过滤）；③ 加压污泥将水分压过过滤介质（压滤）；④ 离心力（离心脱水）。各种脱水干化方法效果见表 7-2。

表 7-2　各种脱水方法效果比较表

脱水方法	自然干化	机械脱水				干燥法	焚烧法
		真空过滤法	压滤法	滚压带法	离心法		
脱水装置	自然干化场	真空转鼓 真空转盘	板框 压滤机	滚压带 式压滤机	离心机	干燥设备	焚烧设备
脱水后含水率/%	70～80	50～80	45～80	78～86	80～85	10～40	0～10
脱水后状态	泥饼状	泥饼状	泥饼状	泥饼状	泥饼状	粉状、粒状	灰状

一、常用的污泥脱水设备

1. 真空过滤设备

　　真空过滤是目前使用最广的机械脱水方法之一，它具有处理量大、能连续生产、操作平稳等优点。真空过滤分为间歇式真空过滤和连续真空过滤两种，间歇式真空过滤器有叶状过滤器，只适用于少量的污泥；连续式真空过滤设备有圆筒形、圆盘形及水平形。

　　（1）转鼓式真空过滤机　图 7-1 为转鼓式真空过滤机构造图。过滤介质覆盖在空心转鼓表面，转鼓部分浸没在污泥槽中，转鼓被径向分隔成许多扇形格间，每个格间有单独的连通管与分配头相接，分配头由转动部件和固定部件组成，固定部件通过中间的连接缝与真空管路相通，通过圆孔与压缩空气管路相连。真空转鼓每旋转一周依次经过滤饼形成区、吸干区、反应区及休止区，完成对污泥的过滤及剥落。

　　（2）水平真空带式过滤机　水平真空带式过滤机是近年来发展最快的一种真空过滤设备，主要形式有橡胶带式、往复盘式、固定盘

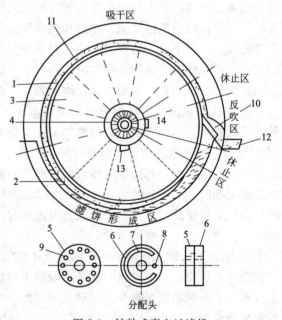

图 7-1　转鼓式真空过滤机
1—空心转鼓；2—污泥贮槽；3—扇形间隔；4—分配头；
5—转动部件；6—固定部件；7—与真空泵通的缝；
8—与空压机通的孔；9—与各扇形格相通的孔；10—刮刀；
11—泥饼；12—皮带输送器；13—真空管路；
14—压缩真空管路

式和连续移动室式四种。某公司生产的 DI
型移动室带式真空过滤机是一种结构新颖、
综合性能优异、能迅速脱水，对物料进行
固液分离的理想设备，其结构示意图参见
图 7-2。

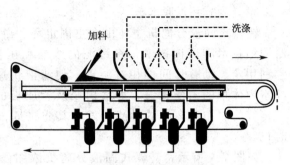

图 7-2　DI 型移动室带式真空过滤机结构示意图

2. 压滤脱水设备

加压过滤是通过对污泥加压，将污泥
中的水分挤出，作用于泥饼两侧压力差比
真空过滤时大，因此能取得含水率较低的
干污泥。间歇式加压过滤机有板框压滤机和凹板压滤机两类，连续式加压过滤机有旋转式和
按压带式两大类。

（1）板框压滤机　板框式压滤机是通过板框的挤压，使污泥内的水通过滤布排出，达到
脱水目的的一种机械脱水机械。该设备主要由凹入式滤板、框架、自动-气动闭合系统、侧
板悬挂系统、滤板振动系统、空气压缩装置、滤布高压冲洗装置及机身一侧光电保护装置等
组成。该设备构造简单、推动力大，适用于各种性质的污泥，且形成的滤饼含水率低，但它
只能间歇运行，操作管理麻烦，滤布容易损坏。

与其他型式脱水机相比，板框式压滤机的最大缺点是占地面积较大。同时，由于板框式
压滤机为间断式运行，效率低，操作间环境较差，有二次污染，国内大型污水厂已经很少采
用。但近年来，国外环保设备生产厂家在该机型上做了大量开发研制工作，使其适应了现代
化污水处理厂的要求，如通过 PLC 系统控制就可以实现系统全自动方式运行，其压滤、滤
板的移动、滤布的振荡、压缩空气的提供、滤布冲洗、进料等操作全部可以通过 PLC 远端
控制来完成，大大减轻了工人劳动强度。

（2）带式压滤机　带式压滤机是由上下两条张紧的滤带夹带污泥层，从一连串有规律排
列的滚压筒中呈 S 形经过，依靠滤带本身的张力形成对污泥层的压榨和剪切力，把污泥层中
的毛细水挤压出来，获得含固量较高的泥饼，从而实现污泥脱水。

一般带式压滤机由滤带、滚压筒、滤带张紧系统、滤带调偏系统、滤带冲洗系统和滤带
驱动系统构成。其结构原理参见图 7-3。该设备的特点是可以连续生产，机械设备较简单，
动力消耗少，无需高压泵和空压机，已广泛用于污泥的机械脱水。

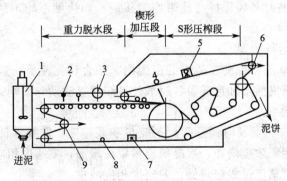

图 7-3　带式压滤机工作原理图

1—混合搅拌器；2—分料耙；3—分料辊；4—上滤带调偏辊；5—上滤带冲洗箱；
6—上滤带张紧辊；7—下滤带冲洗箱；8—下滤带调偏辊；9—下滤带张紧辊

3. 转碟式污泥脱水机

转碟式固液分离机主体由多重固定环、游动环和螺旋过滤部构成，有机地结合了过滤浓缩技术和压榨技术，将污泥的浓缩和压榨脱水工作在一筒内完成。在浓缩腔内，它利用定、动叠片间的相对游动，使滤液快速排出，永不堵塞。在脱水腔内利用螺旋腔室内体积的不断收缩，增强内压及背压板的调压机理，以独特微妙的滤体模式取代了传统的滤布和离心的过滤方式，其先进固液分离和自清洗技术将开创污泥脱水的新时代。

如图 7-4 所示，转碟式固液分离机浓缩段碟片间的空隙为 0.5mm，脱水段碟片间的空隙为 0.3mm、0.15mm，通过旋转的螺旋边缘将游动环推上，通向排出口时使空隙变狭窄，螺旋的螺距自浓缩部至脱水部也变狭窄。因此污泥脱水机主体内产生容积压力，通过背压板产生更高的内压，经过充分的脱水后，排出污泥饼；同时清扫过滤部的空隙防止堵塞。

二、带式压滤机的运行管理

1. 带式压滤机的安装调试

在压滤机安装调整过程中应注意以下事项。

① 辊的安装误差是滤带跑偏的主要因素。压滤机共有不同直径的辊几十根，如果在安装时各辊之间的平行度达不到要求，滤带将无法运行。安装时要求以机架为基准，从主动辊开始装起，依次进行安装，边安装边测量，在装配中要控制辊与机架之间的平行度和垂直度。

② 污泥在滤带上的不均匀分布可能造成滤带跑偏。由于设备安装倾斜或两个出泥口出泥不均匀，致使污泥偏向滤带一侧，使滤带的横截面上所受的拉力不一样，这样在运行时可驱使滤带跑偏。因此在水平的重力脱水段设置分料辊和分料耙，可把污泥疏散并均匀地分布在滤带表面。另外在设备安装时注意测量机架的水平度，使其平面控制在要求的误差内。

③ 滤带的接口不正，可导致滤带跑偏。滤带在出厂前要进行两次定型，一是按需要的长度裁下来定型；二是安装插环后再定型。如果两个断口有一个裁斜了，造成两侧长度不一样，误差大时滤带无法运行。由于定型后的滤带不能纠正，所以这样的滤带不能使用。因此要求滤带制造厂，出厂时必须保证接口质量，要求连接后，接口处经纬线对齐，接口线与滤带两侧边线垂直。

④ 上下刮板在安装时必须保持与滤带均匀接触，如接触不均，刮板对滤带造成的压力差也可导致滤带跑偏。

2. 带式压滤机的运行管理

① 污泥脱水机处理能力控制在适当的范围内，结合污泥流量、絮凝剂流量和差数度进行调节，避免由于负荷突然增加造成设备过载使系统频繁波动和影响处理效果，同时又能够实现较大的设备处理效率。

② 污泥浓度发生变化要及时调整絮凝剂流量和差速度，既要保证处理效果又要避免浪费；污泥流量加大或污泥浓度增加，絮凝剂流量跟踪增加，差速度相应加大；污泥流量下降或污泥浓度降低，絮凝剂流量跟踪降低，差速度相应减少。

③ 絮凝剂型号和消耗量既取决于药剂的品质与污泥性质的匹配，也取决于设备结构类型和运转工况的匹配，只有三者得到最佳的运转组合，才能实现最低絮凝剂消耗情况下，最佳的处理效果和最高的处理效率。

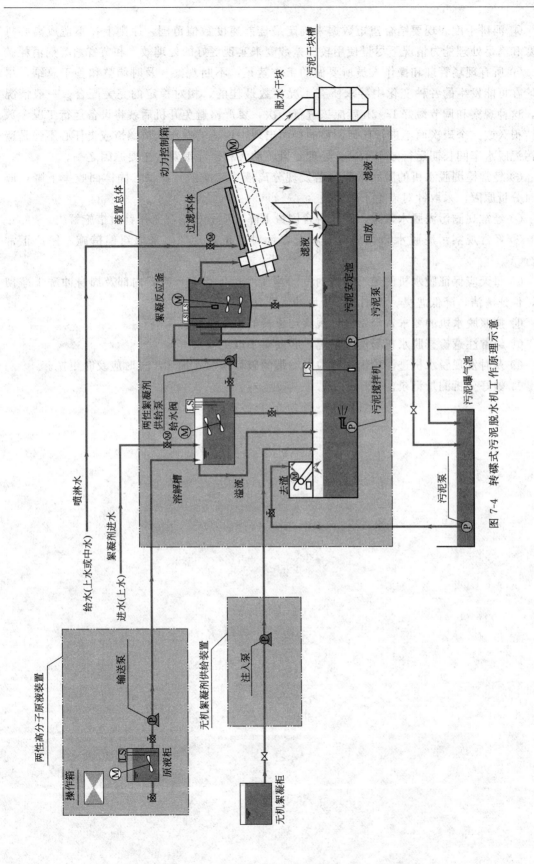

图 7-4 转碟式污泥脱水机工作原理示意

④ 泥饼干度表现要结合扭矩数据来确定最佳差速度数值范围，原则上在不造成离心机堵塞和满足处理能力情况下尽量使用较低差数度来实现更好的处理效果和节省絮凝剂消耗。

⑤ 所有现场管理和操作人员所要做的工作就是：不断观察、及时调整和善于总结，尽可能在可能发生的各种变化中寻求所有工况参数最佳的、相对稳定的完美配合。一般情况下，这种观察和调节最好 1～2h 就应该进行一次，要严格避免开机后就将设备运行工况参数坚持很久或一个班次而不进行任何调整的局面出现，现场的操作人员懒惰或责任心不强是造成污泥脱水车间长期运行效率不高、处理效果波动大和药耗浪费的主要原因之一。

⑥ 经常检测脱水机的脱水效果，若发现分离液（或滤液）浑浊，固体回收率下降，应及时分析原因，采取针对措施予以解决。

⑦ 经常观测污泥脱水效果，若泥饼含固量下降，应分析情况采用针对措施解决。

⑧ 经常观察污泥脱水装置的运行状况，针对不正常现象，采取纠偏措施，保证正常运行。

⑨ 每天应保证脱水机的足够冲洗时间，当脱水机停机时，机器内部及周身冲洗干净彻底，保证清洁，降低恶臭。否则积泥干后冲洗非常困难。

⑩ 按照脱水机的要求，经常做好观察和机器的检查维护。

⑪ 经常注意检查脱水机易磨损情况，必要时予以更换。

⑫ 及时发现脱水机进泥中泥中砂粒对滤带的破坏情况，损坏严重时应及时更换。

⑬ 做好分析测量记录。

第八章 污水处理机械设备的实习

第一节 污水处理厂设备的管理与维护

一、设备运行管理与维护的意义和内容

设备是现代化生产的物质技术基础。污水处理厂生产能否顺利进行，主要取决于机器设备的完善程度。污水处理厂有大量的处理工艺设施（或构筑物）和辅助生产设施。生产工艺设备如格栅拦污机、泵类、搅拌器、风机、投药设备、污泥浓缩机脱水机、混合搅拌设备、空气扩散装置、电动阀门等。这些工艺设备的故障将影响污水厂的运行或造成全厂的停运。

污水处理厂设备的运行管理，是指对生产全过程中的设备管理，即从选用、安装、运行、维修直至报废的全过程的管理。因此，设备运行管理维护的内容可归纳为以下几个主要方面。

① 合理选用、安全使用设备。例如选配技术先进、节能降耗的设备，根据设备的性能，安排其适当的生产任务和负荷量，为设备创造良好的工作环境条件；安排具有一定技术水平和熟练程度的设备操作者。

② 做好设备的保养和检修工作。

③ 根据需要和可能，有计划地进行设备更新改造。

④ 搞好设备验收、登记、保管、报废的工作。

⑤ 建立设备管理档案。

⑥ 做好设备事故的处理。

二、设备的运行管理与维护

1. 格栅除污机的运行维护

① 设备安装时，应注意调整好固定件和移动件（如导轨与滑块）的间隙，保证除污耙的上下动作顺利。调整好各行程开关及撞块的位置，确定时间继电器的时间间隔等，使设备按设计规定的程序完成整套循环动作。

② 调至正常后，空载试运转数小时，无故障后才能进水投入运行。

③ 电动机、减速器及轴承等各加油部位应按规定加换润滑油、脂。如使用普通钢丝绳应定期涂抹润滑脂。

④ 定期检查电动机、减速器等运转情况，及时更换磨损件，钢丝绳断股超过规定允许范围时应随时更换。同时应确定大、中修周期，按时保养。

⑤ 经常检查拨动支架组件是否灵活，及时排除夹卡异物，检查各部件螺丝是否松动。

2. 鼓风机的运行维护

① 鼓风机运行时，应定期检查鼓风机进、排气的压力与温度，冷却用水或油的液位、压力与温度，空气过滤器的压差等。做好日常读表记录，并进行分析对比。

② 定期清洗检查空气过滤器，保持其正常工作。

③ 注意进气温度对鼓风机（离心式）运行工况的影响，如排气容积流量、运行负荷与功率、喘振的可能性等，及时调整进口导叶或蝶阀的节流装置，克服进气温度变化对容积流量与运行负荷的影响，使鼓风机安全稳定运行。

④ 经常注意并定期测听机组运行的声音和轴承的振动，如发现异声或振动加剧，应立即采取措施，必要时应停车检查，找出原因后，排除故障。

⑤ 严禁离心鼓风机机组在喘振区运行。

⑥ 按说明书的要求，做好电动机或齿轮箱的检查和维护。

3. 机泵切换

机泵切换分为两种情况，即正常切换和紧急切换。

① 正常切换　对于有备用机泵，为避免备用机泵长期停用发生轴的弯曲、变形等现象，同时为了对运行的机泵进行正常的维护保养与检修，均需要定期进行泵的切换。

正常切换的原则是先开后停。其步骤如下。

按开车操作启动备用机泵。备用机泵运行正常后，本着系统的压力流量基本保持不变的原则（观察压力表、流量计），慢慢打开备用机泵的出口阀，同时关小机泵的出口阀，直到最后完全关闭。按正常停车操作需停用的机泵，做好其维护保养，使之处于完好备用状态。

② 紧急切换　当机泵运行过程中，如发生以下情况之一时，均应采取紧急切换或紧急停车：电机电流过高，或一相烧坏或电机冒着火；轴承温度突然上升，冒烟，有抱轴危险；轴与轴有破碎断裂声响时；机泵内有严重的破裂声响时；发生人身安全事故时；工艺要求紧急切换或紧急停车时。

紧急切换的原则是先停后开。其步骤为：立即按"停止"按钮，停止事故机泵的运行。按正常开车操作立即启用备用机泵。关闭事故机泵出口阀，如需检修，请电工拉去电源并挂上示意牌。联系维修工对停用机泵进行修理，使其处于完好的备用状态。

4. 加药设备

为了保证处理效果，不论使用何种混凝药剂或投药设备，应注意做到以下几点。

① 保证各设备的运行完好，各药剂的充足；

② 定量校正投药设备的计量装置，以保证药剂投加量符合工艺要求；

③ 充分保证药剂符合工艺要求的质量标准；

④ 定期检验原污水水质，保证投药量适应水质变化和出水要求；

⑤ 交接班时须交代清楚贮药池、投药池浓度；

⑥ 经常检查投药管路，防止管道堵塞或断裂，保证抽升系统正常运行；

⑦ 出现断流现象时，应尽快检查维修。

5. 污泥脱水机的运行维护管理

(1) 日常维护管理

① 经常观察、检测脱水机的脱水效果，若发现泥饼含固率下降、分离液浑浊、固体回收率下降，应及时分析情况，采取针对措施予以解决。

② 日常应保证脱水机的足够冲洗时间，以便使脱水机停机时，机器内部及周身冲洗干净彻底，保证清洁，降低恶臭。否则积泥干后冲洗非常困难。每天要保证 6h 以上的冲洗时间，冲洗水压一般不低于 0.6MPa。另外，应定期对机身内部进行清洗，以保证清洁，降低恶臭。

③ 密切注意观察污泥脱水装置的运行状况，针对不正常现象，采取纠偏措施，保证正常运行。如防止滤带打滑、滤带堵塞、滤带跑偏，防止离心脱水机中进入粗大砂粒、浮渣在螺旋上的缠绕。

④ 由于污泥脱水机的泥水分离效果受污泥温度的影响，因此在冬季应加强保温或增加污泥投药量。

⑤ 按照脱水机说明书的要求，做好经常观测项目的观测和机器的检查维护。例如水压表、泥压表、油压表和张力表等运行控制仪表。

⑥ 经常注意检查脱水机易磨损件的磨损情况，必要时予以更换。例如滤布、转辊。

⑦ 及时发现脱水机进泥中粗大砂粒对滤带或转鼓和螺旋输送器的影响或破坏情况，损坏严重时应立即停机更换。

（2）异常问题的分析及排除

① 滤饼含固量下降　其原因及解决办法如下。

a. 调质效果不好。一般由于加药量不足。当进泥质发生变化，脱水性能下降时，应重新试验，确定合适的投药量。有时是由于配药浓度不合适，配药浓度过高，絮凝剂不容易充分溶解，虽然药量足够，但调质效果不好。也有时是由于加药点位置不合理，导致絮凝时间太长或太短。以上情况均应进行试验并予以调整。

b. 带速太大。带速太大，泥饼变薄，导致含固量下降，应及时降低带速，一般保证泥饼厚度为 5～10mm。

c. 滤带张力太小。此时不能保证足够的压榨力和剪切力，使含固量降低。应适当增大张力。

d. 滤带堵塞。滤带堵塞后，不能将水分滤出，使含固量降低，应停止运行，冲洗滤带。

② 固体回收率降低　其原因及控制对策如下。

a. 带速太大，导致挤压区跑料，应适量降低带速。

b. 张力太大，导致挤压区跑料，并使部分污泥压过滤带，随滤液流失，应减小张力。

③ 滤带打滑　其原因及控制对策如下。

a. 进泥超负荷，应降低负荷。

b. 滤带张力太小，应增加张力。

c. 辊压筒坏，应及时修复或更换。

④ 滤带时常跑偏　其原因及控制对策如下。

a. 进泥不均匀，在滤带上摊布不均匀，应调整进泥口或更换平泥装置。

b. 滚压筒局部损坏或过度磨损，应予以检查更换。

c. 滚压筒之间相对位置不平衡，应检查调整。

d. 纠偏装置不灵敏，应检查修复。

⑤ 滤带堵塞严重　其原因及控制对策如下。

a. 每次冲洗不彻底，应增加冲洗时间或冲洗水压力。

b. 滤带张力太大，应适当减小张力。

c. 加药过量。PAM 加药过量，黏度增加，常堵塞滤布，另外，未充分溶解的 PAM，也容易堵塞滤带。

d. 进泥中含砂量太大，也容易堵塞滤布，应加强污水预处理系统的运行控制。

6. 潜污泵的运行维护

① 泵启动前检查叶轮是否转动灵活、油室内是否有油。通电后旋转方向应正确。

② 检查电缆有无破损、折断，接线盒电缆线的入口密封是否完好，发现有可能漏电及泄漏的地方及时妥善处理。

③ 严禁将泵的电缆作为吊线使用，以免发生危险。

④ 定期检查电动机相间和相对地间绝缘电阻，不得低于允许值，否则应拆机抢修，同时检查电泵接地是否牢固可靠。

⑤ 泵停止使用后应放入清水中运转数分钟，防止泵内留下沉积物，保证泵的清洁。

⑥ 泵从水中取出，不要长期浸泡在水中，以减少电机定子绕组受潮的机会。当气温很低时，需防止泵壳内冻结。

⑦ 叶轮和泵体之间的密封不应受到磨损，间隙不得超过允许值，否则应更换密封环。

⑧ 运行半年后应经常检查泵的油室密封状况，如油室中油呈乳化状态或有水沉淀出来，应及时更换 10~30 号机油和机械密封件。

⑨ 不要随便拆卸电泵零件，需拆卸时不要猛敲、猛打，以免损坏密封件。正常条件下工件一年后应进行一次大修，更换已磨损的易磨损件并检查紧固件的状态。

7. 计量泵的日常管理维护

① 应保持油箱内有一定油位，并定时补充。

② 填料密封处的泄漏量，每分钟不超过 8~15 滴。若泄漏量超过时，应及时处理。

③ 注意观察各主要部位的温度情况，电机温度不超过 70℃；传动机箱内润滑油温度不超过 65℃；填料函温度不超过 70℃；若泵长期停用，应将泵缸内的介质排放干净，并把表面清洗干净，外露的加工表面涂防锈油。

8. 管道阀门的运营管理与维护

污水厂常见的工艺管道有污水管、污泥管、药液管、压缩空气管、给水管、沼气管等。一般可以按其输送介质的不同分为液体输送管道和气体输送管道。液体输送管道又可分为有压液体输送管道和无压液体输送管道，而气体输送管道多为低压管道，且以空气管道为主。

(1) 有压液体输送管道的维护　在污水（压力）管道、污泥管道、给水管道等系统管多采用钢管，运行中可能出现的异常问题及解决办法如下。

① 管道渗漏　一般由于管道的接头不严或松动，或管道腐蚀等均有可能引起产生漏水现象，管道腐蚀有可能发生在混凝土、钢筋混凝土或土壤暗埋部分。管沟中管道或支设管道，当支撑强度不够或发生破坏时，管道的接头部容易松动。遇到以上现象引起的管道破漏或渗漏，除及时更换管道、做好管道补漏以外，应加强支撑、防腐等维护工作。

② 管道中有噪声　管道为非埋地敷设时，能听到异常噪声，主要原因是：a. 管道中流速过大；b. 水泵与管道的连接或基础施工有误；c. 管道内截面变形（如弯管道、泄压装置）或减小（局部阻塞）；d. 阀门密封件等不见松动而发生振动。以上异常问题可采取相应措施解决，如更换管道或阀门配件，改变管道内截面或疏通管道，做好水泵的防振和隔振。

③ 管道产生裂缝或破损（泡眼）　如由于管线埋设过浅，来往载重车多，以致压坏；闸阀关闭过紧而引起水锤而破坏；管道受到杂散土壤电流侵蚀而破坏；水压过高而损坏。发生裂缝或破坏应及时更换管道。

④ 管道冻裂　动管道敷设在土壤冰冻深度以上时，污水（泥）管道容易受冰冻而胀裂。这种问题的解决办法有重新敷设管道，重新给污水管道保温（如把管道周围土壤换成矿渣、木屑或焦炭，并在以上材料内垫 20~30cm 砂层），或适当提高输送介质的温度。

(2) 无压液体输送　污水处理厂（站）无压输送管道，多为污水管、污泥管、溢流管等，一般为铸铁管、混凝土管（或陶土管）承插连续，也有采用钢管焊接连接或法兰连接的。无压管道系统常见的故障是漏水或管道堵塞，日常维护工作在于排除漏水点，疏通堵塞管道。

① 管道漏水　引起管道漏水的原因大多数是管道接口不严，或者管件有砂眼及裂纹。接口不严引起的漏水，应对接口重新处理，若仍不见效，须用手锤及弯形凿将接口剔开，重新连接；如果是管段或管件有砂眼、裂纹或折断引起漏水，应及时将损坏管件或管段换掉，并加套管接头与原有管道接通，如有其他的原因，如振动造成连接部位不严，应采取相应措施，防止管道再次损坏。

② 管道堵塞　造成管道堵塞的原因除使用者不注意将硬块、破布、棉纱等掉入管内引起外，主要是因为管道坡度太小或倒坡而引起管内流速太慢，水中杂质在管内沉积而使管道堵塞。若管道敷设坡度有问题，应按有关要求对管道坡度进行调整。堵塞时，可采取人工或机械方式予以疏通。维护人员应经常检查管道是否漏水或堵塞，应做好检查井的封闭，防止杂物落下。

(3) 压缩空气管道的常见故障及排除方法　压缩空气管道的常见故障有以下两种。

① 管道系统漏气　产生漏气的原因往往是因为选用材料及附件质量或安装质量不好，管路中支架下沉引起管道严重变形开裂，管道内积水严重冻结将管子或管件胀裂等。

② 管道堵塞　管道堵塞表现为送气压力、风量不足，压降太大。引起的原因一般是管道内的杂质或填料脱落，阀门损坏，管内有水冻结。排除这类故障的方法是清除管内杂质，检修或更换损坏的阀门，及时排除管道中的积水。

(4) 闸门、阀门日常管理维护

① 闸门与阀门的使用及保养

a. 闸门与阀门的润滑部位以螺杆、减速机构的齿轮及蜗轮蜗杆为主，这些部位应每三个月加注一次润滑脂，以保证转动灵活和防止生锈。有些闸或阀的螺杆是裸露的，应每年至少一次将裸露的螺杆清洗干净涂以新的润滑脂。有些内螺旋式的闸门，其螺杆长期与污水接触，应经常将附着的污物清理干净后涂以耐水冲刷的润滑脂。

b. 在使用电动闸或阀时，应注意手轮是否脱开，板杆是否在电动的位置上。如果不注意脱开，在启动电机时一旦保护装置失效，手柄可能高速转动伤害操作者。

c. 在手动开闭闸或阀时应注意，一般用力不要超过 15kg，如果感到很费劲就说明阀杆有锈死、卡死或者闸杆弯曲等故障，此时如加大臂力就可能损坏阀杆，应在排除故障后再转动；当闸门闭合后应将闸门手柄反转 1~2 转，这有利于闸门再次启动。

d. 电动闸与阀的转矩限制机构，不仅起过扭矩保护作用，当行程控制机构在操作过程中失灵时，还起备用停车的保护作用。其动作扭矩是可调的，应将其随时调整到说明书给定的扭矩范围之内。有少数闸阀是靠转矩限制机构来控制闸板或阀板压力的，如一些活瓣式闸门、锥形泥阀等，如调节转矩太小，则关闭不严；反之则会损坏连杆，更应格外注意转矩的调节。

e. 应将闸和阀的开度指示器指针调整到正确的位置，调整时首先关闭闸门或阀门，将指针调零后再逐渐打开；当闸门或阀门完全打开时，指针应刚好指到全开的位置。正确的指示有利于操作者掌握情况，也有助于发现故障，例如当指针未指到全开位置而马达停转，就应判断这个阀门可能卡死。

f. 长期闭合的污水阀门，有时在阀门附近形成一个死区，其内会有泥砂沉积，这些泥砂会对蝶阀的开合形成阻力。如果开阀的时候发现阻力增大，不要硬开，应反复做开合动作，以促使水将沉积物冲走，在阻力减小后再打开阀门。同时如发现阀门附近有经常积砂的情况，应时常将阀门开启几分钟，以利于排除积砂；同样对于长期不启闭的闸门与阀门，也应定期运转 1~2 次，以防止锈死或者淤死。

② 闸门、阀门的常见故障及解决办法

a. 阀门的关闭件损坏及解决办法　损坏的原因有：关闭件材料选择不当；将闭路阀门经常当做调节阀用，高速流动的介质使密封面迅速磨损。解决办法是查明损坏原因，改用适当材料或闭路阀门不当作调节阀用。

b. 密封圈不严密　密封圈与关闭件（阀体与阀座）配合不严密时，应修理密封圈。阀座与阀体的罗纹加工不良，因而阀座倾斜，无法补救时应予更换。拧紧阀座时用力不当，密封部件受损坏，操作时应当适当用力以免损坏阀门。阀门安装前没有遵守安装规程，如没有很好清理阀体内腔的污垢与尘土，表面留有焊渣、铁锈、尘土或其他机械杂质，引起密封面上有划痕、凹痕等缺陷引起阀门故障。应当严格遵守安装规程，确保安装质量。

c. 填料室泄漏　填料室内装入整根填料，应选用正确方法填装填料。

第二节　污水处理厂设备的实习操作规程

一、粗、细格栅实习操作规程

1. 开机前的准备工作

① 检查格栅机前池内栅渣情况，确保无大的污物、杂物。

② 检查格栅机减速机内的油位是否水平，油质是否符合要求。

③ 检查格栅机电源控制柜是否送电，将格栅机调至所需状态。

④ 一切正常后方可开机。

2. 开机程序

① 粗格栅开停方法为：按下粗格栅机"开始"按钮为开启格栅机，按下"停止"按钮为关，操作中观察指示灯的显示。

② 开启粗格栅机时同时开启皮带传输机，皮带传输机开停方法为：按下皮带传输机"开始"按钮为开启带传输机，按下"停止"按钮为关，操作中观察指示灯的显示。

③ 开启细格栅机时同时开启无轴螺旋输送机，无轴螺旋输送机开停方法为：按下无轴螺旋输送机"开始"按钮为开启无轴螺旋输送机，按下"停止"按钮为关，操作中观察指示灯的显示。

④ 启动电机，驱动整个传动机构。运转应顺畅，无异常噪声。若运转不畅，应立即检查，排除故障。正常运转后，此项可省略，但新安装或检修后首次运行时须严格遵守此项规定。

⑤ 格栅运转中，应进行现场监视并及时清除格栅无法耙除的较大障碍物及螺旋输送机难以处理的杂物。雷雨天、汛期应加强巡视，增加检查次数。

⑥ 在任何检修及保养工作开始之前应切断主开关电源，确保别人无法启动。

二、沉砂池的实习操作规程

1. 启动前准备

① 操作人员应熟悉沉砂池除砂设备的构造及工作原理。

② 确保电机电源线连接正确，供给电压正常。

③ 开机前必须对电控箱设置进行检查，液位检测开关是否已打开，并对系统各润滑点进行检查。

2. 开关机规程

① 在手动控制时，必须处于现场控制状态，操作人员通过面板按钮控制单台设备开、停，正常开机顺序为：搅拌电机-泵-砂水分离器，手动状态下系统无法周期自动运行。

② 若要加大进水有机物的分离，应适当调低桨叶的高度，若要加大砂粒及有机物的去除率，应适当调高桨叶的高度。

③ 每日监测进出水的流速，确保在 0.6～1.06m/s 的允许值内。

④ 抽砂泵每 8h 开启一次，同时开启砂水分离器，运行 10min 后同时关闭抽砂泵和砂水分离器。

⑤ 开机后，操作人员必须经常巡视检查，如发现有异响、温升等不正常现象，应马上停机处理。

⑥ 沉砂池排出的沉砂应及时外运，不宜长期存放。

⑦ 旋流沉砂池是变频无级调速，停机后在 1h 后方可重新启动，否则将损坏变频器。

3. 维护规程

① 桨叶驱动装置

a. 电机：主要维护部分是其密封单元。

b. 齿轮减速单元：选用 ISO 220EP 型润滑油，油量 1.8L，每运行 10000h 更换一次。

c. 齿轮箱：每月检查一次油位，不足时添加。选用 ISO 68EP No.2 型润滑油，油量 3 加仑（约为 13.6L），每年春秋两季应更换新的润滑油。每半年检修一次。

② 提砂设备

a. 砂泵：每天检查。

b. 电机：每年检查两次；用锂基极压油脂（NLGI2）进行润滑。

c. 泵密封：每年检查一次。

③ 砂水分离器

a. 电机：每年检修一次，用锂基极压油脂（NLGI2）进行润滑。

b. 齿轮箱：每半年检修一次，每年更换一次润滑油，选用 Mobil Glygoyle HE320 或同类型的润滑油，油量 1.5L。

c. 法兰轴承：每月加注一次黄油。

d. 螺旋下部轴承：每月加注一次防水油脂 Kluber staburaggs NUB12 或同类型的油脂。

e. 每周检查一次砂水分离器的除砂效率。

f. 每月检查一次衬垫的磨损程度。

g. 每半年进行一次砂水分离器的排空和各紧固螺栓的固定。

三、鼓风机操作规程

1. 启动前的准备

① 罗茨风机启动前必须预先打开各曝气池通道阀门。

② 检查润滑油箱油位，如不足必须补足。

③ 检查卸载装置口，应处于全开位置（色标为黑白各半）。

④ 鼓风机起动前，应先检查叶轮旋转是否均匀，有无碰撞现象，风道有无堵塞现象，

或有无漏风现象，一切完好方可正常运行。

2. 风机启动规程

① 罗茨风机的运行：罗茨风机的工作过程中，工作人员必须经常注意罗茨风机的工作有无异常，注意声音、温度的变化和油压的情况。电动机三相电流是否平衡，有无杂音和不正常振动。

② 任何一个安全装置报警或切断机器运行后，必须查明原因，彻底排除故障后才允许重新投入工作，并做文字记录。

③ 工作人员应根据工艺需要随时进行曝气池送风量的调整，增大风量（减小调节池阀门开启度）或减小风量（增大调节池阀门开启度）。

④ 如有任何可能损坏罗茨风机的情况发生时，值班人可迅速按下停车按钮，使罗茨风机停车。

3. 注意事项

① 风机在正常运行时，电机温度不得超过 60℃，否则应进行检查修理。

② 经常检查叶轮转动是否平衡，各连接处是否松动，机体是否振动，应随时检查纠正。

③ 不允许任何重量压在机身上。

④ 风机在启动时，开起电闸在 15s 内不能及时运转，应立即拉开电闸进行检查。

四、吸刮泥机操作规程

1. 启动前准备

① 检查减速器的油位及油质是否正常。

② 检查各部件是否完好紧固。

③ 检查刮渣机与池壁四周是否有碰磨及障碍物。

④ 联系电工对电气系统进行检查且送电。

2. 启动检查

① 上述检查确认正常后方可启动。

② 启动后检查转向是否符合要求，待设备运行一圈后，确认设备运行正常，操作工方可离开。

③ 各运动件不得有强烈振动和异常响声，否则应停机检查原因，待消除后方可重新启动。

3. 正常运行维护

① 运行中注意观察刮板的动作情况，不能有杂物阻止其运动轨迹，运行应是连续性的，不能有停止、振动现象。

② 减速箱运行应平稳无异常响声、无振动、无过载，发现异常应及时报告处理，减速器温度不应超过 65℃。

③ 刮板不能超载运行，刮板上不应有额外的重物。

④ 为保护驱动装置，运行时务必保证过载装置正常使用。

⑤ 应避免人员或重物压在吸泥管或行架上，以免设备变形弯曲。

五、污泥搅拌器操作维护规程

1. 操作规程

① 操作人员应熟悉搅拌器的构造及工作原理。

② 确保电机电源线连接正确，供给电压正常。

③ 在污泥搅拌器运行前，应用 $0\sim500\mathrm{V}$ 兆欧表检查电机定子绕组对地绝缘电阻，最低不得低于 $1\mathrm{M}\Omega$。

④ 电源电压一定要在铭牌上标出的额定电压±5%的范围内，电源电压升高值不得超过额定电压的 10%。

⑤ 在污泥搅拌器初次启动和每次重新安装后都应检查转动方向。

⑥ 污泥搅拌器安装以后，不能长期浸在水中不用，每半个月至少运行 4h 以检查其功能和适应性，或提起放在干燥处备用。

⑦ 污泥搅拌器在使用中不得转动角度。

⑧ 每次启动前检查潜水搅拌器紧固情况，检查防护装置，并使其处于使用位置。

⑨ 运行中保证池内无外来杂质且充满液体，每次运行完毕后，进行清洗维护保养。

⑩ 污泥搅拌器的最小潜水深度为 1.1m，否则易产生水流旋涡和气蚀。

在任何检修、保养工作开始之前应切断主开关电源，还应确保别人无法启动。

2. 维护规程

① 污泥搅拌器的油室润滑油选用变压器油，一般每年更换一次。按要求依据潜水搅拌器润滑表格定期、定部位对潜水搅拌器进行润滑维护。换油操作程序：放置好污泥搅拌器，油室油塞朝下，拧松螺塞，放出润滑油，然后用洗涤油清洗油室，注入适量的润滑油，更换新的 O 形圈，将螺塞拧紧。如果油中有水，换油后三周必须重新检查一次，如油变成乳液状，应检查机械密封，必要时应更换。

② 污泥搅拌器的导杆应定期涂抹黄油。

六、螺杆泵操作规程

1. 启动前准备

① 启动前检查轴座的油腔油量、油质是否完好。

② 用手盘动联轴器，检查泵内有无异物碰撞杂声或卡死现象，并给予消除。

③ 将料液注满泵腔，严禁干摩擦。

2. 开机程序

① 打开出液管阀门后，开启电机。

② 运行中检查轴封密封是否完好，允许有呈滴状渗漏；检查泵出料量是否正常，以及振动或噪声，发现异常立即停车并排除。

③ 停车前需先关闭吸入管阀门，再关闭排出口阀门，后停止电机运行。

3. 维护规程

① 润滑维护：按要求依据螺杆泵润滑表格定期、定部位对螺杆泵进行润滑维护。

② 每次启动前检查驱动装置的对齐和紧固情况，调整联轴器于正确位置。

③ 每次启动前检查防护装置，并使其处于使用位置。

④ 保证所有管路中无外来杂质（大块坚固物体）。

⑤ 确保吸入室内进液顺畅，避免干运转（每次启动前通过吸入侧管线向泵内注入液体）。

⑥ 初运行时，密封函处漏液控制在 $50\sim100$ 滴/min，持续约 $10\sim15\mathrm{min}$。正常后，应维持在 $1\sim10$ 滴/min。如漏液过大，可以调整填料压盖，使漏液控制在允许范围。

⑦ 长期停运时，应有防冻、防颗粒物沉淀、防颗粒物淤积、防液体腐蚀保护。

⑧ 按设备使用手册及现场情况进行其他维护。

七、带式压滤机操作规程

1. 开机前检查

滤带上是否有杂物，滤带是否张紧到工作压力，清洗系统工作是否正常，刮泥板的位置是否正确，油雾器工作是否正常。

2. 开机步骤

① 启动空压机，打开进气阀，将进气压力调整到 $0.4 \sim 0.7$ MPa。

② 打开滤带张紧开关，使滤袋张紧（一般张紧气缸压力约小于调偏气缸压力）。

③ 启动主传动电机，调整变频调速器开关，慢慢旋转变频调速旋钮，使主转动电机慢慢空转（线速度一般控制在 3.6m/min 左右）。

④ 然后启动浓缩筒传动机，启动清水泵，打开清洗滤带水阀，让滤带空转几周。

⑤ 同时需将药剂搅拌稀释，将药剂液按一定的配比搅拌均匀后存放在药槽中。

⑥ 启动污泥泵、加药泵将污泥通过混合器使其充分聚凝后送到预脱水浓缩筒，调整加药量，直至出泥饼。

⑦ 调整进泥量和滤带的速度，使处理量和脱水率达到最佳。

3. 开机后检查

滤带运转是否正常，纠偏机构工作是否正常，各转动部件是否正常，有无异响。

4. 停机步骤

① 关闭污泥进料泵，停止供污泥。

② 关闭加药泵、加药系统，停止加药。

③ 停止絮凝搅拌电机。

④ 待污泥全部排尽，滤带空转把滤池清洗干净。

⑤ 打开絮凝罐排空阀放尽剩余污泥。

⑥ 用清洗水洗净絮凝罐和机架上的污泥。

⑦ 一次关闭主传动电机、清洗水泵、空压机。

⑧ 将气路压力调整到零。

5. 停机后保养

关闭进料阀，待滤带运行一周清洗干净后再关主机。切断气源，用高压水管冲洗水盘和其他沾料处（电气件和电机除外），冲净后停水。

6. 定期保养

定期给各轴承、链条、链轮、齿轮、齿条、滑道加润滑脂（10 天左右），三个月进行一次检修。及时给气动系统油雾器加润滑油，保证气动元件得到充分润滑，气缸杆外露部分及时涂润滑脂。

第九章 城市污水处理厂仪表测量实习

第一节 测量仪表基础

一、概述

污水处理工程中必须采用一定的仪器仪表对工艺过程进行监控，常规监测项目有：温度、pH 值、溶解氧（DO）、电导率、浊度、氧化还原电位（ORP）、流速和水位以及 COD、高锰酸盐指数、TOC、氨氮、总氮、总磷。其他还有：氟化物、氯化物、硝酸盐、亚硝酸盐、氰化物、硫酸盐、磷酸盐、活性氯、TOD、BOD、UV、油类、酚、叶绿素、金属离子（如六价铬）等。随着科技的发展，仪表朝着网络化、智能化、小型化、模块化等方向发展。网络化是指仪表具备网络功能，可通过网络进行数据通信。智能化是指仪表内部采用软件和硬件相结合的技术，使仪表自身具有一定的逻辑判断和分析能力，丰富了仪表的使用功能和降低了仪表的操作难度。模块化是指仪表在设计中将其各种功能设计成为多个模块，这样便于用户根据不同的使用要求选择不同的模块，降低了仪表的成本和维修难度。

目前的自动分析仪则具有：自动量程转换，遥控、标准输出接口和数字显示，自动清洗（在清洗时具有数据锁定功能）、状态自检和报警功能（如液体泄漏、管路堵塞、超出量程、仪器内部温度过高、试剂用尽、高/低浓度、断电等），干运转和断电保护，来电自动恢复，自动标定校正功能等功能。

因此必须对污水处理厂的仪表有一正确的认识，以便于监控污水处理工艺正确运行。

二、污水处理厂测量仪表基础知识

1. 测量仪表种类

在污水处理过程中，需要测量的参数是多种多样的，如污水处理厂的进、出水温度，消化池内温度、压力、液位，进入曝气池内空气流量，污水中的 pH 值、溶解氧、污泥浓度、电导率、浊度等。对于温度、压力、液位、流量这些物理量，一般称其为热工量。诸如 pH 值、溶解氧、浊度、污泥浓度、电导率等参数，称为成分量。用于测量热工量的仪表一般称为热工测量仪表。用于测量成分量的仪表则称为成分分析仪表，在污水处理过程中常常称为水质分析仪表。

测量仪表种类很多，结构各异，因而分类方法也很多。按仪表使用的能源和信号可分为气动仪表、电动仪表和液动仪表，目前常用气动仪表和电动仪表；按安装方式可分为架装仪表和盘装仪表；按组成形式可分为单元组合式仪表和基地式仪表；按所测量的参数分类，可分为压力测量仪表、液位测量仪表、温度测量仪表、流量测量仪表、成分分析仪表。

2. 测量仪表构成

尽管测量仪表种类多、类型复杂、结构各异，但都担负着共同的任务：测量出被测参数的值。因而它们在构成上具有明显的共性。它们大致都由测量元件（传感器）部分、中间传送部分和显示部分（包括变换成其他信号）构成。

实际应用中，有的仪表，如弹簧管压力表把这三部分组装在一起，也有的则把这三部分分别制成各自独立的仪表，如热电阻温度计。在这种情况下，人们又习惯于把传感器部分叫做一次仪表，把显示部分叫做二次仪表。

3. 测量仪表的测量误差与性能指标

（1）测量仪表的测量误差 进行测量的目的，是希望能正确地反映客观实际即要测量工艺参数的真实值。但是，人们无论怎样努力，都无法测得真实值，而只能尽量接近真实值。也就是说，测量值与真实值之间始终存在着一定差值，这一差值就是测量误差。

因而在使用测量仪表对生产过程中的工艺参数进行测量时，不仅需要知道仪表的指示值，而且还需知道测量仪表的指示值的准确程度，即所得到测量值接近真实值的准确程度。

测量误差通常有两种表示法，即用绝对表示法和相对表示法来表示。测量值与真实值之间的误差为绝对误差：绝对误差＝测量值－真实值；测量的绝对误差和真实值之比就是相对误差：相对误差＝绝对误差/真实值。

在实际应用中，通常利用准确度较高的标准仪表指示值来作为被测参数的真实值，而测量仪表的指示值与标准仪表的指示值之差就是测量误差。该差值越小，说明测量仪表的可靠性越高。

应该指出，在污水处理厂的实际应用过程中，对某种仪表的准确度要求就根据工艺操作的实际情况及该参数对整个工艺过程的影响程度、误差允许范围来确定，这样才能保证处理过程的经济性和合理性。

（2）测量仪表的性能指标 性能指标可衡量仪表的好坏。常用的指标有以下几项。

① 准确度或精确度 在测量中，由仪表引起的误差，叫做仪表误差，常用绝对表示法和相对表示法来表示：

$$绝对误差＝仪表的指示值－标准仪表的指示值$$

$$相对误差＝\frac{绝对误差}{标准仪表的指示值}$$

由于每台仪表的测量范围，单凭绝对误差和相对误差来判断不同评价仪表的准确与否是不够的，因而为更好地反映仪表的准确度，实际应用中常常采用相对百分误差来表示，其意义为测量仪表绝对误差占仪表量程的百分比。

② 测量仪表的恒定度 测量仪表的恒定度常用变差来表示，它是在外界条件不变的情况下，用同一仪表对某一参数值进行正反行程测量时仪表正反行程指示值之间存在的差值。

③ 测量仪表的灵敏度 测量仪表的灵敏度指仪表输出的变化量与引起次变化的被测参数的变化量之比。

④ 测量仪表的反应时间 当被测参数发生变化时，仪表指示的被测值总要过一段时间才能准确地将其表示出来，这就是仪表本身存在着的"反应时间"。有以下两种情形。

第一种情形是当参数在 t_0 时刻突然发出变化后，仪表不能立刻指示出被测参数，而是慢慢增加，经过足够的时间后，才指示出参数的准确值，如用热电阻测温时的情况。一般用时间常数来衡量。

第二种情形是当参数在 t_0 时刻突然发生变化后，仪表指示值迅速改变，但需要经过几次摆动后，才能指示出参数的准确值，如用电流表测量电流时的情况。一般用阻尼时间来衡量。

三、污水处理厂测量参数

不同的污水处理厂采用不同的工艺需要测定的参数有所变化，但主要的参数还是一致的。仪表是实现自动控制的"眼睛"，涉及了污水处理的各个环节，与生产过程有着紧密的联系，表 9-1 列出了采用活性污泥法工艺的城市污水处理厂通常需要检测的工艺参数和仪表。

表 9-1　城市污水处理厂常用仪表

序号	工艺参数	测量介质	测 量 部 位	常 用 仪 器
1	流量	污水	进、出水管道	电磁流量计、超声波流量计
			明渠	超声波明渠流量计
		污泥	回流污泥管路	电磁流量计
			回流污泥渠道	超声波明渠流量计
			剩余污泥渠道	电磁流量计
			消化池污泥管路	电磁流量计
		沼气	消化池沼气管路	孔板流量计、涡街流量计、质量计等（所有仪表要求防爆）
		空气	曝气池空气管路	孔板流量计、涡街流量计、质量流量计、均速管流量计
2	温度	污水	进、出水	Pt100 热电阻
		污泥	消化池	Pt100 热电阻
			污泥热交换器	Pt100 热电阻
3	压力	污水	泵站进出口管路	弹簧管式压力表、压力变送器
		污泥	泵站进出口管路	弹簧管式压力表、压力变送器
		空气	曝气管道通风机出口	弹簧管式压力表、压力变送器
		沼气	消化池	压力变送器（所有仪表要求防爆）
			沼气柜	压力变送器（所有仪表要求防爆）
4	减位	污水	进水泵站集水池	超声波液位计
			格栅前、后液位差	超声波液位计
		污泥	消化池	超声波液位计、变压变送器、沉入式压力变送器（所有仪表要求防爆）
			浓缩池，储泥池	超声波液位计
5	pH 值	污水	进、出口管路或渠道	pH 计
6	电导率	污水	进、出口管路或渠道	电导仪
7	浊度	污水	进、出口管路或渠道	浊度仪
8	污泥浓度	污泥	曝气池、二沉池、回流污泥管道	污泥浓度计
9	溶解氧	污水	曝气池、二沉池	溶解氧测定仪
10	污泥界面	污水、污泥	二沉池	污泥界面仪
11	COD	污水	进/出水	COD 在线测量仪
12	BOD	污水	进/出水	BOD 在线测量仪
13	沼气成分	消化沼气	消化池沼气管路	CH_4 检测仪（所有仪表要求防爆）
14	氯	污水	接触池出水	余氯测量仪

第二节　污水处理厂测量仪表实习应用

一、污水处理厂常用测量仪表

常规水质测量仪表通常采用流通式多传感器结构进行测量，无零点漂移，无需基线校正，具有一体化生物清洗及压缩空气清洗装置。

测量原理分别为：流量位超声波或电磁法，水温为温度传感器法（Platinum RTD）、pH 值为玻璃或锑电极法、DO 为金-银膜电极法（Galvanic）、电导率为电极法（交流阻抗法）、浊度为光化学法（透射原理或红外散射原理）等。本章将按测量参数分类方法来介绍测量仪表。

（一）流量测量仪表

流量计主要用于污水处理厂中的进、出水，污泥、药液及压缩空气和沼气等流量的计量。流量与其他计量的配合，可以取得最佳运行工况，从而降低能耗，提高经济效益，所以流量是污水处理厂最重要的计量之一。

流量有瞬时流量与累计流量之分。瞬时流量指流体在单位时间内流过某一截面的流体数量，单位常用 m^3/h 或 kg/h。累计流量指在某一间隔时间内，流体通过的总量，单位常用 m^3 或 kg。

流量计种类繁多，测量原理、测量方法和结构各有不同，操作和使用方法也不一样。因而进行流量计选择时应充分研究测量条件，了解流量计的性能特征，选择最适合自己工艺要求的流量计。下面主要介绍在污水处理厂中常用的几种流量计。

1. 差压式流量计

（1）差压流量计的应用场合　差压式流量计是基于流体流动的节流原理，利用流体经节流装置产生的压力差来实现流量测量。它是目前在生产中测量流量较成熟、应用较广的测量仪表。通常由能将被测流体的流量转换成压差信号的节流装置（如孔板、喷嘴、文丘里管等）和能将此差压转换成对应的流量值显示出来的差压变送器或差压计所组成。

在管道中放置能使流体产生局部收缩的元件称为节流装置。其中应用最多的是孔板，其次是喷嘴、文丘里管。在污水处理过程中，用来测量压缩空气和沼气，也常用孔板测量流入曝气池、曝气沉砂池的空气流量，消化池蒸汽搅拌流量等。

（2）差压变送器的完好条件及日常维护

① 差压变送器完好条件

a. 零部件完整，符合技术要求：铭牌及刻度盘应清晰无误，零部件应完好齐全并规格化；紧固件不得松动；可动件应灵活；端子接线应牢靠，线路标号齐全、清晰准确；密封件应无泄漏。

b. 运行正常，符合使用要求：运行时仪表应达到规定的性能指标；正常工况下仪表值应在全量程的 1/3 以上。

c. 技术资料齐全、准确，符合管理要求：说明书、合格证、校验调试记录、运行记录、零部件更换记录应齐全、准确；系统原理图和接线图应完整、准确。

② 日常维护

a. 每班至少两次向当班人员了解仪表的运行情况；查看仪表供电是否正常；查看表体、连接管路、线路、阀门是否有泄漏、损坏、腐蚀。

b. 定期维护和校验：每班进行一次仪表的外部情节工作；定期进行正、负导压管排污；每 6 个月进行一次精度检查、校验。

c. 校验用校准仪器：标准电流表为 0.1 级；标准气动信号发生器为 0.05 级；稳定电源为（24±1）VDC。

d. 零位、量程、精度的调整如下。

零位调整：变送器输入压力信号为零，变送器输出信号应为 4mA，否则调整零位调整螺钉，使其输出电流为 4mA。

量程调整：给变送器输入一个相当于满量程的压力信号，其输出应为 20mA，否则调整量程调整螺钉，使其输出电流为 20mA。

　　精度校验：零位和量程调整完毕后，用压力信号发生器向变送器分别输入相当于满量程的 0%、25%、50%、75% 和 100% 的压力信号，其输出应分别为 4mA、8mA、12mA、16mA 和 20mA；然后再由 100% 降至 75%、50%、25% 和 0%，其输出应分别为 20mA、16mA、12mA、8mA 和 4mA。在各个点上的基本误差和变差应满足仪表的精度要求。若仪表精度不能满足，应按照其说明书进行线性调整。

　　2. 电磁流量计

　　电磁流量计是利用电磁感应原理制成的流量测量仪表测量导电液体流量最常用的仪表，它可以测量各种腐蚀性介质及带有悬浮颗粒的导电液体的流量，在污水处理厂中得到广泛的应用。

　　(1) 电磁流量计组成和测量原理　　整套仪表由传感器和信号转换器两部分组成，传感器安装在工艺管道上，其结构由导管、电极、励磁线圈和铁心组成。被测介质的流量经变送器变换成感应电势后，再经转换器把感应电势信号转换成为电流信号作为输出，以便进行远方指示记录或作为控制信号。

　　测量原理为：由法拉第电磁感应定律可知，当导电的被测介质垂直于磁力线方向流动时，在与介质流动和与磁力线都垂直的方向上产生一个感应电动势 E：

$$E = KBVD \tag{9-1}$$

式中，K 为仪表常数；B 为磁感应强度；V 为流体流速；D 为管道直径。

体积流量 $Q = V \times A$，其中 $A = \pi(D/2)^2$。

所以

$$Q = \frac{\pi \left(\dfrac{D}{2}\right)^2 E}{KBD} = \frac{\pi DE}{4KB} \tag{9-2}$$

　　由上式可知，当 K、D、B 不变时，Q 与 E 成正比。但上式是在均匀直流磁场条件下导出的，由于直流磁场易使管道中的导电介质发生极化，会影响测量准确度，因此工业上常用交流磁场：$B = B_m \sin\omega t$，将 B 代入式(9-2) 得：

$$Q = \frac{\pi DE}{4KB_m \sin\omega t} \tag{9-3}$$

　　(2) 电磁流量计特点　　由于传感器部分结构简单、可靠，测量管内无活动及阻流部件，不会发生堵塞问题，因而电磁流量计具有惰性小、反应迅速、压力损失少等特点，也可以测量脉动流量。安装方便，传感器既可水平安装，也可垂直安装，在安装时，要求两个电机在同一水平面。输出电流与流量具有线性关系，它不受被测液体的物理性质（温度、压力、黏度）变化和流动状态的影响，其测量范围宽，量程比大。可用于含有纤维质或固体颗粒、悬浮物或酸、碱、盐溶液等具有一定电导率的液体的体积计量，在测量时，要求管道内流体为满管流动状态，并可进行双向测量。

　　电磁流量计也有一定的局限性和不足之处，如被测液体必须是导电的，不能测量气体流量等；另外电磁流量计的结构复杂、成本高。

　　(3) 电磁流量计的使用

　　① 被测介质的含固率应小于 10%。

　　② 电磁流量计防护等级应考虑污水处理厂潮湿且容易被水淹没的实际环境条件，一般应选择 IP67 或 IP68。

　　③ 任何情况下管道内被测介质都必须满流。

　　④ 电磁流量计应根据被测介质选择适当的口径，以保证流速在合适的范围内，通常应

选择 2~3m/s 的流速范围内。

⑤ 对含有固体颗粒并对电磁流量计衬里有磨损的介质，其流速范围应在 1~2.0m/s。

⑥ 除了用于测量二沉池出水外，都应选择带有电机自动清洗装置的电磁流量计。

⑦ 电磁流量计的变送器应做可靠的接地。

⑧ 电磁流量计的变送器安装，应满足对前后直管段的要求。

(4) 电磁流量计完好条件及日常维护

① 电磁流量计完好条件

a. 零部件完整，符合技术要求：铭牌及刻度盘应清晰无误；零部件应完好齐全并规格化；紧固件不得松动；插接件应接触良好；可调件应处于可调位置；端子接线应牢靠；密封件应无泄漏；所配防护、保温设施应完好无损。

b. 运行正常，符合使用要求；运行时，仪表应达到规定的性能指标；正常工况下仪表示值应在全量程的 1/2 以上；设备及环境整齐、清洁，符合工作要求；整机应清洁、无锈蚀，漆层应整齐，均要做固定安装；管路线路标号应齐全、清晰、准确。

② 日常维护

a. 每班至少两次巡回检查；向当班人员了解仪表的运行情况；查看仪表供电是否正常；查看表体，连接管路、线路，阀门是否有泄漏、损坏、腐蚀。

b. 定期维护和检验；每班进行一次仪表的外部清洁工作；每 3 个月进行一次零位调整。

电磁流量计结构复杂，非专业人员不能对其进行检修，但是一旦设计合格，安装正确，投入使用后，日常维护量并不大。对于老式的电磁流量计，用户一般不能在现场进行调整和标定。对于近几年引进技术生产的新型电磁流量计，用户可按照其产品说明书在现场进行量程、零点的调整。

3. 超声波流量计

超声波类流量计是一种新型的非接触式流量计，主要特点是：流体中不插入任何元件，对流速无影响，能用于任何液体，特别是具有高黏度、强腐蚀、非导电性的液体的流量测量。对于大口径管道的测量，不会因管道大而增加投资，量程比较宽。

超声波流量计的测量原理多种多样，常用的有时差法、频差法、相位差法和多普勒法。随着仪表技术的发展，各种类型的超声波流量计如用于渠道测量的明渠式超声波流量计、用于管道测量的管道式超声波流量计、管道钳夹式超声波流量计等被越来越多的污水处理厂所采用。

(1) 明渠式超声波流量计　污水处理厂流量测量仪表中，按测量仪表的安装形式分为管道式和明渠式。明渠式超声波流量计是一种在污水处理厂应用很广的流量计。在污水厂中常用的明渠有巴歇尔水槽、三角堰、梯形槽、矩形槽等。

明渠式流量计实际上是通过渠中流量液位，再换算成流量的。

(2) 管道钳夹式超声波流量计　管道钳夹式超声波流量计可以不用断开管路安装（不像电磁流量计那样需要断开管路安装），也不需要安装旁通管路和阀门，测量管路口径可以几十毫米到几米，维护方便，可在对流体无任何影响下来进行流量测量，因此被许多污水处理厂采用。

管道钳夹式超声波流量计由管道外部的两个传感器、安装导轨及附件、转换器组成。

(3) 超声波流量计的完好条件

① 零部件完整，符合技术要求：铭牌及刻度盘应清晰无误；零部件应完好齐全并规格

化；紧固件不得松动；插接件应接触良好；可调件应处于可调位置；端子接线应牢靠；密封件应无泄漏；所配防护、保温设施应完好无损。

② 运行正常，符合使用要求：运行时仪表应达到规定的性能指标；正常工况下仪表示值应在全量程的 1/3 以上。

③ 设备及环境整齐、清洁，符合工作要求：整机应清洁、无锈蚀，漆层应平整、光亮、无脱落；仪表线路敷设整齐，均要做固定安装；在仪表外壳的明显部位应有表示流体流向的永久性标志；管路线路号应齐全、清晰、准确。

④ 技术资料齐全、准确，符合管理要求：说明书、合格证、检验调试记录、运行记录、零部件更换记录应齐全、准确；系统原理图和接线图应完整、准确；仪表常数及其更改记录应齐全、准确。

（4）超声波流量计日常维护

① 每班至少两次巡回检查：向当班人员了解仪表的运行情况；查看仪表供电是否正常；查看表体、固定导轨、线路是否有损坏、腐蚀。

② 定期维护和检验：每班进行一次仪表的外部清洁工作；每 3 个月进行一次零位调整及量程的校验。

（二）温度测量仪表

在污水处理工艺过程中需要测量的参数也包括污水厂进、出水温度，消化池内温度，热交换器温度等温度。

温度是表征物体冷热程度的物理量。目前国际上用得较多的温标有华氏温标、摄氏温标、热力学温标等。

1. 温度测量仪表的分类

温度测量仪表按测量方式可分为接触式和非接触式两大类。接触式测温仪表通过感温元件与被测介质直接接触进行测量，包括常见的玻璃温度计、双金属温度计、热电阻、热电偶等。非接触式测温仪表感温元件不与被测介质接触，是通过热辐射原理来测量温度的，如光学式、比色式等。

2. 温度测量计的特点及其应用

各种温度计的特点及在污水处理厂中的应用见表 9-2。

表 9-2　各种温度计在城市污水处理厂的应用特点

温度计种类	优点	缺点	在污水处理厂的应用情况
双金属温度计	结构简单、机械强度大、就地指示	精度低，量程使用范围有限，不能远传	应用较多，常用来测机械设备系统中的温度，如鼓风机、沼气压缩机等出口温度的就地指示
热电阻	测温广、精度高、便于远传，多点、集中测量和自动控制	不能测量高温，另配显示仪表	应用较多，如消化池温度显示及控制，热交换器温度显示，进、出水温度显示
热电偶	测量元件不破坏被测物体温度场，测量范围广	需要自由端补偿，在低温段测量精度较低	应用较少，只用于高温情况下，如在沼气发电系统中发动机燃烧监视、沼气燃烧等特殊情况下使用

3. 温度测量仪的介绍

（1）热电偶　将两种不同材料的导体或半导体 A 和 B 焊接起来，构成一个闭合回路。当导体 A 和 B 的两个接点之间存在温差时，两者之间便产生电动势，因而在回路中形成一定大小的电流，这种现象称为热电效应。热电偶就是利用这一效应来工作的。热电偶的一端将 A、B 两种导体焊在一起，置于温度为 t 的被测介质中，称为工作端；另一端称为冷端，放在温度为 t_0 的恒定温度下。当工作端的被测介质温度发生变化时，热电势随之发生变化，将热电势送入显示仪表进行指示或记录，即可获得温度值。热电偶具有测量准确度高、范围广等优点。

① 热电偶的完好条件

a. 零部件完整，符合技术要求　铭牌应清晰无误；零部件应完好齐全并规格化；紧固件不得松动；端子接线应牢靠；密封件应无泄漏。

b. 运行正常，符合使用要求　运行时，热电偶应达到规定的性能指标；正常工况下仪表示值应在全量程的 1/3 以上。

c. 设备及环境整齐、清洁，符合工作要求　保护套管应清洁、无锈蚀，漆层应平整、光亮、无脱落；穿线管和软管应敷设整齐；线路标号应齐全、清晰、准确；连接导线不得靠近热源及有强磁场的电气设备。

d. 技术资料齐全、准确，符合管理要求　说明书、合格证、校验调试记录、运行记录、零部件更换记录应齐全、准确；系统原理图和接线图应完整、准确；仪表常数及其更改必须记录齐全、准确。

② 热电偶日常维护

a. 每班至少两次巡回检查　向当班人员了解热电偶的运行情况；检查接线盒是否盖好，保护套管、软管及穿线管是否破裂，连接处是否松动，发现问题及时处理，并做好巡回检查记录。

b. 定期维护和校验　每周进行一次热电偶的外部清洁工作；每 12 个月进行一次校准工作。

c. 常见故障　断路或短路，而前者又较后者为多。断路和短路故障非常容易检查，用一般万用表即可进行检查。另外，断路与短路在显示仪表上也有明显的故障现象。若断路，则显示仪表指示最大；若短路，则显示仪表指示最小。

（2）热电阻　热电阻是中低温区最常用的一种温度检测器。它的主要特点是测量准确度高，性能稳定。其中铂热电阻的测量准确度是最高的，它不仅应用于工业测温，而且被制成标准的基准温度计。热电阻测温是基于金属导体的电阻值随温度的增加而增加这一特性来进行温度测量的，一般由热电阻、温度变送器、记录或打印机组成。热电阻大都由纯金属材料制成，目前应用最多的是铂和铜。

铂热电阻的温度特性在 0～850℃ 范围内：

$$R_t = R_0(1 + At + Bt^2) \tag{9-4}$$

其中，$A = 3.90802 \times 10^{-3}$；$B = -5.802 \times 10^{-7}$。

从热电阻的测量原理可知，被测温度的变化是直接通过热电阻阻值的变化来测量的，因此，热电阻体的引出线等各种导线电阻的变化会给温度测量带来影响，为消除引线电阻的影响，一般采用三线制或四线制。

① 热电阻的完好条件

a. 零部件完整，符合技术要求　铭牌应清晰无误；零部件应完好齐全并规格化；紧固件不得松动；端子接线应牢靠；密封件应无泄漏。

b. 运行正常，符合使用要求　运行时，热电阻应达到规定的性能指标；正常工况下，热电阻工作温度应在测量范围的 20%～80%。

c. 设备及环境整齐、清洁，符合工作要求 保护套管应清洁、无锈蚀，漆层应平整、光亮、无脱落；穿线管和软管应敷设整齐；线路标号应齐全、清晰、准确；连接导线不得靠近热源及有强磁场的电气设备。

d. 技术资料齐全、准确，符合管理要求 说明书、合格证、校验调试记录、运行记录、零部件更换记录应齐全、准确；系统原理图和接线图应完整、准确；仪表常数及其更改必须记录齐全、准确。

② 热电阻日常维护

a. 每班至少两次巡回检查：向当班人员了解热电阻的运行情况；检查接线盒是否盖好，保护套管、软管及穿线管是否破裂，连接处是否松动，发现问题及时处理，并做好巡回检查记录。

b. 定期维护和校验：每周进行一次热电阻的外部清洁工作；每 12 个月进行一次校准工作。

c. 常见故障 断路或短路，而前者又较后者为多。断路和短路故障非常容易检查，用一般万用表即可进行检查。另外，断路与短路在显示仪表上也有明显的故障现象。若断路，则显示仪表指示最大；若短路，则显示仪表指示最小。

（三）液位测量仪表

污水处理工艺过程中，液位测量仪表也是污水处理厂中测量仪表的一个重要组成部分。常常通过测量格栅前后的液位差对格栅的运行进行控制；根据泵房前集水井液位对水泵进行编组控制；根据消化池、浓缩池的液位来决定进（排）泥泵的开停等。因此，液位测量在污水处理中有着十分重要的意义。

1. 液位测量仪表的种类

液位测量仪表种类很多，有超声波式、插入式、差压式、浮力式等。表 9-3 列出了在污水处理厂中常见的液位计及其特点。随着科学技术的发展及污水厂测量仪表精度、自动化程度的不断提高，老式液位计，如玻璃管、浮标等逐渐被淘汰。测量可靠，精确度高，既可就地指示，又可信号远传的仪表，用沉入式压力变送器测量液位、法兰式差压变送器测量液位等，特别是超声波液位计的应用越来越多。

表 9-3 污水处理厂常见液位计及其特点

种 类	工 作 原 理	特 点	常用部位
玻璃液位计	连通器原理	结构简单、价格低廉，但容易损坏、读数不明显、不能远传	锅炉房、鼓风机房等
浮标液位计	浮标浮于液体中,随液体位变化而升降	结构简单、价格低廉	集水井
差压液位计	基于液面升降时的液标差原理	敞口容器或封闭容器都适用,信号可以远传,但是主要有"零点迁移"问题	消化池
沉入式液位计	利用半导体扩散硅敏感元件来感知容器底部的压力	无机械运动部件,测量准确,信号可远传	集水井、集泥井等开口容器
超声波液位计	利用测量超声波在空气中传播、透液面而反射回来的时间来测量液位变化	精度高,信号可远传	格栅间、集水井、集泥井、消化池等

2. 液位测量仪表介绍

（1）超声波液位计 超声波液位计属于非接触式测量，精度较高，维护量较小，因而应用范围很广，既可以测量液体的液位，也可以测量固体的物位，还可以测量液体中不同密度介质的分界面（超声波界面计），如初沉池的泥水分离界面。超声波检测技术中，主要是利用声波的反射、折射、衰减等物理性质。不管哪一种超声波仪器，都必须把超声波发射出去，然后再把超声波接收回来，转换成电信号，完成这一部分工作的装置，称为超声波传感器，也可称为换能器或探头。超声波探头一般是利用压电材料发射和接受超声波信号，常用的材料为压电晶体或压电陶瓷。根据具体的测量方法，既可以单独使用发射和接收线探头，也可以用同一个探头，又称为接收探头。

超声波探头在电脉冲的作用下，发射一束超声波，经液面反射后，部分声波被同一探头接收到。设声波在空气中传播的速度为 c，超声波探头发射和接收声波之间的间隔时间为 Δt，则探头与被测物之间的距离 $S = c \times \Delta t / 2$，被测物的液位 $L = H - S$。这样就可测得液位的高低。

在选用超声波液位计的时候，应特别注意超声波探头的主要特性，即盲区、发射角、衰减特性和温度特性等。超声波探头每发射一次声波，需要一定的时间，这段时间所对应的距离即为盲区。被测物一旦进入盲区，仪表就会出现一个错误的测量值。所以在现场安装的时候，应让被测物与探头之间的最小距离大于盲区。探头在发射超声波的时候，其大部分能量集中在一个很小的区域，形成一个波束发射出去，该区域所对应的角度即为发射角。在安装超声波探头的时候，应当避免大的障碍物进入该区域。发射角除了跟探头的内部结构有关外，还跟声波的频率有关，频率越高，其发射角越小，其指向性越好。频率较高的声波，其指向性虽好，但容易衰弱，传播的距离有限。因此，要根据自己工艺要求，选择恰当工作频率的超声波探头。我们知道，声波在空气中传播时，其速度会受到环境温度的影响，为减小这一因素的影响，还应进行温度补偿。

① 注意问题　根据超声波液位计的非接触式测量原理，从理论上讲，它适用于污水处理工艺过程中的液位测量。但在实际应用中它会受到各种因素如安装位置、温度、压力、湿度，以及被测介质表面的泡沫、浪涌等的影响。因此，正确选择和使用超声波液位计有着十分实际的意义。

a. 环境温度的影响　环境温度的变化经影响超声波在介质中的传播速度，从而影响测量精度。

b. 冷凝水对传感器测量的影响　被测介质上面形成可凝气体时，会在超声波传感器表面形成冷凝水，这时会对测量有较大的影响，冬季在传感器表面形成冰层，仪表甚至会没有读数。因此，应尽量选择无冷凝水形成的部位，或选择在传感器内设加热装置的超声波液位计。

c. 被测介质液面泡沫、浪涌对测量的影响　被测介质液面上若堆积有大量的泡沫，或液面浪涌严重，都会对超声波产生衰减，严重时会不能测量。这一问题的解决办法为：应尽量避免在这种位置测量，或做一连通井，以取得平静液位，将超声波传感器安装于连通井上方测量。

应根据实际的测量范围来选择合适的仪表。根据超声波特性，频率越低，传输距离越远，但声波的指向性就越差；频率越高，指向性越好，但传输距离越小。目前超声波液位计的测量范围从 0.5m 至几十米。

② 超声波液位计的完好条件及日常维护

a. 超声波液位计的完好条件

Ⅰ零部件完整，符合技术要求　铭牌及刻度盘应清晰无误；零部件应完好齐全并规格化；紧固件不得松动；接插件应接触良好；可调件应处于可调位置；端子接线应牢靠；密封件应无泄漏；所配防护、保温设施应完好无损。

Ⅱ运行正常，符合技术要求　运行时，仪表应达到规定的性能指标，正常工况下，仪表示值应在全量程的 1/3 以上。

Ⅲ设备及环境整齐、清洁，符合工作要求　整机应清洁、无锈蚀，漆层应平整、光亮、无脱落；仪表线路辐射整齐；在超声波传感器表面不应有冷凝水、结冰现象；管路线标号齐全、清晰、准确。

Ⅳ技术资料齐全、准确，符合管理要求　说明书、合格证、校验调试记录、运行记录、零部件更换记录应齐全、准确；系统原理图接线图应完整、准确。

b. 日常维护

Ⅰ每班至少两次巡回检查　向当班人员了解仪表的运行情况；查看仪表供电是否正常；查看表体、固体导轨、线路是否有损坏、腐蚀。

Ⅱ定期维护和校验　每班进行一次仪表的外部清洁工作；每三个月进行一次零位调整及量程的校验。

（2）插入式液位计　插入式液位计的核心部分是一个半导体扩散硅压力敏感元件，当被测液体的密度一定时，液体对容器底部产生的压力与液位成正比，因此用扩散硅压力敏感元件便可实现各种液位的测量，用公式表达为：$p = p_0 + \rho g h$。

式中，p 为扩散硅压力敏感元件受到的压力；p_0 为大气压；ρ 为液体密度；h 为被测液位高度。被测介质压力 p 通过隔离膜片和硅油传递到硅杯元件的一侧，大气参考压力 p_0 通过导气管作用到硅杯元件的另一侧，硅杯元件是一个底部加工得很薄的杯形单晶硅片。杯底膜片在 p 和 p_0 的作用下产生弹性变形（位移极小），单晶硅是理想的弹性体，形变与压力成严格的正比关系，而且复原性能极好。硅膜片上用集成电路平面工艺方法扩散有 4 个阻值相同的电阻，并组成一个"惠斯通电桥"桥路。当硅片变形时，4 个电阻的阻值也会发生相应的变化。通过"惠斯通电桥"将电阻的变化转换成呈正比的电压信号，再经放大并转换成标准电流信号输出，这就是变送器的输出信号。

在使用时，变送器应缓缓放入被测液体中，尽量放在液体流动平缓处。

（3）差压式液位计　差压式液位计是利用容器内液位改变时液柱产生的静压也相应变化的原理而工作的。差压式液位计的调整与维护如下。

由于差压式液位计即差压变送器的使用、调整都同差压变送器一样，因此差压式液位计的日常维护、调整等均可参考"流量测量仪表"中有关差压变送器部分的描述。

污水处理厂常用差压变送器来测量消化池液位，常见的问题是引压管被污泥堵塞，使得仪表不能正常测量。解决的方法是在设计时引压管要选口径稍粗的，另外还要定期泄空冲洗，以保证引压管路畅通。

（四）压力类检测仪表

压力：指物理学中的压强，是工业生产中的重要参数之一，为了保证生产正常运行，必须对压力进行监测和控制。按压力的测量有绝对压力、表压力、负压力或真空度之分。

绝对压力：被测介质作用在容器单位面积上的全部压力。

表压力：绝对压力与大气压之差。

负压力或真空度：当绝对压力值小于大气压力值时，表压力为负值（即负压力），此负压力值的绝对值，称为真空度。

压力真空表：既能测量表压力，又能测量真空度的仪表。

常见的压力类仪表有指针式压力表、压力变送器、差压变送器、弹性式压力表等。其中差压变送器主要用于流量及液位的测量。

1. 弹性式压力表

水泵的进出水管上一般选用不锈钢耐震压力表，进行现场压力指示。为了保证弹性元件能在弹性变形的安全范围内可靠地工作，在选择压力表量程时，必须根据被测压力的大小和压力变化的快慢，留有足够的余地，因此，压力表的上限值应该高于工艺生产中可能的最大压力值。在测量稳定压力时，所测压力的最大值一般不超过仪表测量上限的 2/3；测量脉动压力时，最大工作压力不超过测量上限值的 1/2；测量高压时，最大工作压力不应超过测量上限值的 3/5。一般被测压力的最小值应不低于仪表测量上限值的 1/3。从而保证仪表的输出量与输入量之间的线性关系，提高仪表测量结果的精确度和灵敏度。

压力计安装的正确与否，直接影响到测量结果的准确性和仪表的使用寿命，应注意以下方面。

（1）取压点的选择

① 为保证测量的是静压，取压点与容器壁要垂直，并要选在被测介质直线流动的管段部分，不要选在管路拐弯、分叉、死角或其他易形成漩涡的地方。

② 取压管内端面与生产设备连接处的内壁保持平齐，不应有凸出物。

③ 帮助量液体压力时，取压点应在管道的下部，使导压管内不积存气体；测量气体压力时，取压点应在管道上方，使导压管内不积存液体。

（2）导压管铺设

① 导压管粗细要合适，尽量短，减少压力指示的迟缓。

② 安装应保证有一定倾斜度，利于积存于其中的液体排出。

③ 北方冬季注意加设保温伴热管线。应在取压与压力计间装上隔离阀，利于日后维修。

（3）压力计安装

① 压力计要安装在易观察和检修的地方。

② 应注意避开振动和高温影响。

③ 测量高压的压力计除选用有通气孔的以外，安装时表壳应向无人处，以防意外。

压力表的使用过程中应注意经常检查传压导管的严密性，及时消除渗漏现象，及时疏通导管的堵塞，如果发生零位偏移可进行调节，保证计数的正确。

2. 压力变送器

在被测点的仪表安装地点距离较远时，或数值进入系统联动时，要采用变送器把压力信号转变为电流或电压信号再进行检测。压力变送器对液位的测量多实现在管道与罐体等压力容器中。通过对容器内压力变化的测量，得出容器内液位的变化。

（1）使用与操作　对压力变送器的操作主要包括对零点的调校和对量程的调校。

零点调校应在一定的基准试验条件下进行，如对温度、湿度和气压等都有规定的要求。在零压力状态下，用精度高于压力变送器精度 3 倍以上的仪表现场仿真器，以产品规定的标准供电，预热一定时间后，观察零位输出值，若偏差超出变送器精度允许范围，对仪表进行调节。

量程调校前必须先在基准试验条件下完成零点调教。将压力变送器与基准压力计密封连接，加压至压力变送器满量程。然后观测压力变送器的输出值，如果压力变送器的输出值与理论值比对有误差，用仪表现场仿真器对变送器的量程进行调整。此过程要经过多次实验，应由从事过专门计量和仪表调校的人员操作。

（2）使用注意事项及故障分析　压力变送器属于敏感精度仪器，当应用在管路中时，要安装在远离泵、阀并加装缓冲管或缓冲容器，以免压力冲击损坏变送器。应用过程中要使压力变送器探头处于常规温度状态，可以有效保证及延长仪器的使用寿命。压力变送器常见故障见表 9-4。

表 9-4　压力变送器常见故障

故　障　现　象	产　生　原　因	解　决　方　法
输出信号出现偏差或跳字现象，而过程压力无异常波动	由安装环境造成的零点漂移	零点调整
	环境温度超出使用范围	更换仪表，或加散热装置
	变送器壳体进水或侵蚀	置于 60℃ 干燥箱中烘干后调校
	电源或二次仪表出现故障	更换或调整二次仪表滤波设置
无输出信号；开路或短路；零位输出过大或过小	电源接线反了	重新接线
	电路保护元件或芯片击穿	返厂维修
	敏感元件因过压冲击损坏	返厂维修
	供电电源或二次仪表损坏	更换或维修
	过流过压造成传感器烧毁	返厂维修

（五）成分分析仪表

1. 溶解氧分析仪（DO 仪）

溶解氧分析仪主要用来测量曝气池中溶解氧含量的高低，为污水处理厂二级生化处理系统的正常运行提供一个重要的参数，同时可以用溶氧值去控制风机的风量，还能起到节能的效果，也是工艺运行人员控制工艺运行的重要依据。

（1）溶解氧分析仪的组成　溶解氧分析仪主要由传感器和变送器两部分组成。若从传感器的结构形式上来分，主要有覆膜电极、无膜电极两种。

这两种电极都由阴极、阳极和电解液组成。

（2）应注意的问题

① 对于覆膜电极，被测介质中的油污、油脂及在曝气池中使用时微生物常常吸附在薄膜上，沾污了薄膜表面，这些都严重影响测量精度，因此需要定期清洗。一般几天就需要清洗一次电极，2～3 个月需要更换一次薄膜和电解液，更换后则需要重新校验、标定，另外，至少半个月就要标定 1 次。因此，维修工作量较大。

② 对于薄膜电极，某些产品在进行标定时必须在无氧溶液中设置零点（常用 5% 亚硫酸钠溶液作为无氧溶液），造成运行成本增加，维护量增大。近些年出现某些新型的溶解氧分析仪，不需要零点标定。

③ 一般早期生产的溶解氧分析仪要求被测介质的流速在 30～50cm/s，这种条件一般在污水厂很难满足（采用氧化沟工艺的污水处理厂除外）。目前新型溶解氧分析仪几乎在静水中都可以测量。

④ 被测介质中若存在氯离子，则被当做氧来测量，使读数发生错误；若在被测介质中存在二氧化碳，则会对覆膜电极产生中和作用；若被测介质中存在硫化氢、二氧化硫，则会影响某些金属阳电极。

（3）在污水处理厂经常遇到的实际问题

① 自动清洗装置（如旋转刮刀）和防护罩常被头发及纤维织物缠绕而不能工作。

② 探头在几个小时内即被水中油脂或微生物形成的黏膜（黏液）糊住。

③ 由于设计或安装不当，探头不能从支架或护套管中取出来。

④ 由于探头同变送器（转换器）之间的距离太远，人无法看到仪表显示值，因此至少需要两个人才能对仪表标定。

⑤ 探头放在池内形成不能被搅拌的死角，使得输出信号不能代表工艺过程的实际情况。

2. pH 计

测量原理：pH 值定义为 $pH = -\log_{10} H^+$。测量电极与参比电极之间的电势与溶液中 H^+ 活度的对数呈线性关系。在污水处理厂中所使用的 pH 计，其测量电极多为玻璃电极，参比电极可用银-氯化银电极。

在测量介质中的 pH 值时，需要进行温度补偿，如果 pH 电极本身不带测温元件，此时，可以在仪表中输入一个固定的温度值进行补偿。如果电极带有测温元件（如 PT100），此时可用该温度测量值来补偿。

在选型时，要根据不同的测量介质和具体的安装条件选择不同的电极，电极在不使用时，应让玻璃膜尽量保持湿润，在使用前，将电极在水中浸泡 24h，然后再进行校验。在校验时，当电极从一种 pH 值溶液放入另一种 pH 值溶液中时，如果条件允许，用蒸馏水冲洗电极后，再用部分欲测溶液冲洗电极。在平时维护工作特别是用于污水测量的 pH 计，要经常清洗电极，以保持其表面清洁。每个电极都有一定的使用寿命，其长短由现场的使用情况确定。

pH 计常出现的故障现象：仪表读数稳定在 7 左右，显示无变化。原因是玻璃电极输出为一个高阻抗的电压信号，其输出阻抗可高达 108Ω。因此要求电缆线的绝缘性好，最好采用专用电缆。当仪表读数不变时，可能是电缆与电极的连接部分受潮，绝缘阻抗下降，致使其输出信号变得很小。电极在正常使用时，斜率约为 59mV/pH，当电极输出为 0mV 时，pH 值约为 7。某些仪表在校验后，可在菜单中显示这两个参数，可以通过查看这两个参数来了解电极的使用状况。

3. 浊度计

浊度计的检测原理是将光束投射到水的表面，测量水表面散射光强度或将光束通过水介质后光强的减弱程度换算出水的浊度。也有同时采用散射光与透射光之比来换算出水的浊度。采用光电池将光的信号转变成电的信号，然后再通过变送器内部的放大器转换为标准信号输出。在平时的维护工作中，应保持传感器的清洁。

4. 电导率

电导率是以数字表示溶液传导电流的能力。纯水的电导率很小，当水中含无机酸、碱或盐时，电导率增加。电导率常用于间接推测水中离子的总浓度。电导率的标准单位是 S/m（西门子/米）。在测量时，将两个电极放入溶液中，可以测出两电极间的电阻 R。根据欧姆定律，湿度一定时，$R = \dfrac{\rho L}{S}$。其中，ρ 为电阻率，当 L/S 为一定值时，电导率 $K = 1/\rho = L/SR$。

5. 化学需氧量（COD）分析仪

COD 自动分析仪的主要技术原理有 6 种：①重铬酸钾消解-分光测量法；②重铬酸钾消解-库仑滴定法；③重铬酸钾消解-氧化还原滴定法；④UV 计（254nm）；⑤氢氧基及臭氧（混合氧化剂）氧化-电化学测量法；⑥臭氧氧化-电化学测量法。

从原理上讲，方法③更接近国家标准方法，方法②也是推荐的统一方法。方法①在快速COD测定仪器上已经采用。方法⑤和方法⑥虽然不属于国家标准或推荐方法，但鉴于其所具有的运行可靠等特点，在实际应用中，只需将其分析结果与国家标准方法进行比对试验并进行适当的校正后，即可予以认可。但方法④用于表征水质COD，虽然在日本已得到较广泛的应用，但欧美各国尚未推广应用（未得到行政主管部门的认可），在我国尚需开展相关的研究。

从分析性能上讲，在线COD仪的测量范围一般在10（或30）～2000mg/L，难以应用于地表水的自动监测。另外，与采用电化学原理的仪器相比，采用消解-氧化还原滴定法、消解-光度法的仪器的分析周期一般更长一些（10min～2h），前者一般为2～8min。

从仪器结构上讲，采用电化学原理或UV计的在线COD仪的结构一般比采用消解-氧化还原滴定法、消解-光度法的仪器结构简单，并且由于前者的进样及试剂加入系统简便（泵、管更少），所以不仅在操作上更方便，而且其运行可靠性也更好。

从维护的难易程度上讲，由于消解-氧化还原滴定法、消解-光度法采用的试剂种类较多，泵管系统较复杂，因此在试剂的更换以及泵管的更换维护方面较繁琐，维护周期比采用电化学原理的仪器要短，维护工作量大。从对环境的影响方面讲，重铬酸钾消解-氧化还原滴定法（或光度法，或库伦滴定法）均有铬、汞的二次污染问题，废液需要特别的处理。而UV计法和电化学法（不包括库伦滴定法）则不存在此类问题。

6. 高锰酸盐指数分析仪

高锰酸盐自动指数分析仪的主要技术原理有三种：①高锰酸盐氧化-化学测量法；②高锰酸盐氧化-电流/电位滴定法；③UV计法（与在线COD仪类似）。

从原理上讲，方法①和方法②并无本质的区别（只是终点指示方式的差异而已），在欧美各国和日本等国是法定方法，与我国的标准方法也是一致的。将方法③用于表征水质高锰酸盐指数的方法，在日本已得到较广泛的应用，但在我国尚未推广应用，也未得到行政主管部门的认可。

从分析性能上讲，目前的高锰酸盐指数在线自动分析仪已能满足地表水在线自动检测的需要。另外，与采用化学方法的仪器相比，采用氧化还原滴定法的仪器的分析周期一般更长一些（2h），前者一般为15～60min。从仪器结构上讲，两种仪器的结构均比较复杂。

7. 总有机碳（TOC）分析仪

TOC自动分析仪在欧美各国、日本和澳大利亚等国的应用较广泛，其主要技术原理有5种：①（催化）燃烧氧化-非分散红外光度法（NDIR法）；②UV催化-过硫酸盐氧化-NDIR法；③UV-过硫酸盐氧化-离子选择电极法（ISE法）；④加热-过硫酸盐氧化-NDIR法；⑤UV-TOC分析计法。

从原理上讲，方法①更接近国家标准方法，但方法②～方法④在欧美等国也是法定方法。将方法⑤用于表征水质TOC，虽然在日本已得到较广泛的应用，但在欧美各国尚未得到行政主管部门的认可。

从分析性能上讲，目前的在线TOC仪完全能够满足污染源在线自动监测的需要，并且由于其检测限较低，应用于地表水的自动监测也是可行的。另外，在线TOC仪的分析周期一般较短（3～10min）。

从仪器结构上讲，除了增加无机碳去除单元外，各类在线TOC仪的结构一般比在线COD仪简单一些。

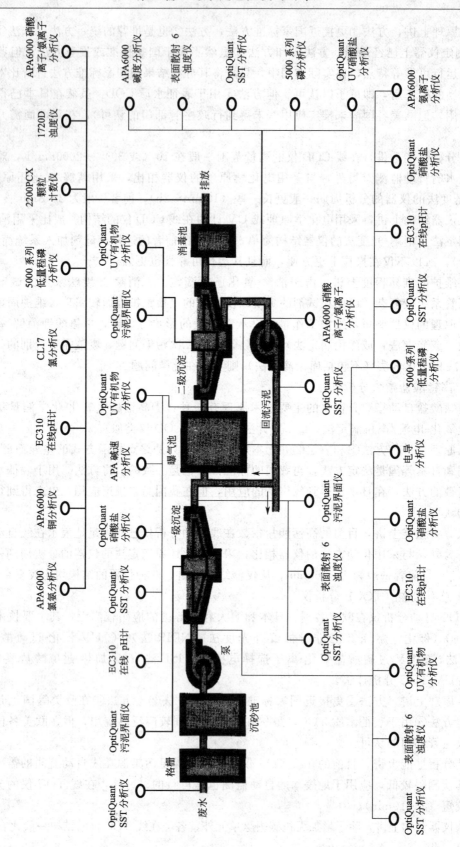

图 9-1　某仪表生产商在污水处理流程中在线仪表选配示意图

8. 氨氮和总氮分析仪

氨氮自动分析仪的技术原理主要有 3 种：①氨气敏电极电位法（pH 电极法）；②分光光度法；③傅里叶变换光谱法。在线氨氮仪等需要连续和间断测量方式，在经过在线过滤装置后，水样测定值相对偏差较大。

总氮在线自动分析仪的主要技术原理有两种：①过硫酸盐消解-光度法；②密闭燃烧氧化-化学发光分析法。

9. 磷酸盐和总磷分析仪

（反应性）磷酸盐自动分析仪主要的技术原理为光度法。总磷在线自动分析仪的主要技术原理有：①过硫酸盐消解-光度法；②紫外线照射-钼催化加热消解，FIA-光度法。

从原理上讲，过硫酸盐消解-光度法是在线总氮和总磷仪的主选方法，是各国的法定方法。基于密闭燃烧氧化-化学发光分析法的在线总氮仪和基于紫外线照射-钼催化加热消解，FIA-光度法的在线总磷仪主要限于日本。前者是日本工业规格协会（JIS）认可的方法之一。

从分析性能上讲，目前的在线总氮、总磷仪已能满足污染源和地表水自动检测的需要，但灵敏度尚难以满足评价一类、二类地表水（标准值分别为 0.04mg/L 和 0.002mg/L）水质的需要。另外，采用化学发光法、FIA-光度法的仪器的分析周期一般更短一些（10～30min），前者一般为 30～60min。

从仪器结构上讲，采用化学发光法或 FIA-光度法的在线总氮、总磷仪的结构更简单一些。

二、在线仪表污水处理厂的应用示例

各种在线检测仪表在污水处理厂的应用情况见图 9-1。

第三节　污水处理厂仪表的维护管理

一、巡回检查

仪表维护人员在自己所辖仪表维护保养责任区，根据所辖责任区仪表的分布情况，选定最佳巡回检查路线，每星期至少巡回检查二次。巡回检查时，仪表维护人员应向当班工艺人员了解仪表运行情况，生产运行人员应积极配合工作，及时反映现场仪表的工作情况。巡检的内容包括以下几方面。

① 查看仪表指示、记录是否正常，现场一次仪表（变送器）指示和控制室显示仪表、调节仪表指示值是否一致，调节器输出指示和调节阀阀位是否一致，现场与监控系统的显示是否符合。

② 查看仪表电源（电源电压是否在规定范围内）及供应情况。

③ 检查仪表保温、伴热状况（冬季开启）。

④ 检查仪表表体和连接部件有无损坏和腐蚀的情况。

⑤ 检查仪表和工艺接口泄漏情况（仪表的运行是否满足工艺运行的需要）。

二、定期润滑

定期润滑是仪表日常维护的一项重要内容，其周期应根据具体情况确定。需要定期润滑的仪表和部件主要有以下几种。

① 固定环室的双头螺栓、外露的丝扣；

② 保护箱、保温箱的门轴；

③ 恶劣环境下固定仪表、调节阀等使用的螺栓、丝扣，外露部分等。

三、定期排污

定期排污主要有两项工作，其一是排污清洗，其二是定期进行吹洗。这项工作应因地制宜，并不是所有过程检测仪表都需要定期排污。

1. 排污清洗

排污主要是针对差压变送器、压力变送器、浮球液位计和溶解氧分析仪等仪表，由于测量介质含有粉尘、油垢、微小颗粒和污物等在导压管内、测量膜上沉积（或在取压阀内沉积），直接或间接影响测量。排污清洗周期可由仪表维护人员根据实践自行确定。

定期排污应注意事项如下。

① 排污清洗前，必须和工艺人员联系，取得工艺人员认可才能进行；

② 流量或压力调节系统排污前，应先将自动切换到手动，保证调节阀开度大小不变；

③ 对于差压变送器，排污前先将三阀组正负取压阀关死；

④ 排污阀下放置容器，慢慢打开正负导压管排污阀，使物料和污物进入容器，防止物料直接排入地沟，否则，一来污染环境，二来造成浪费；

⑤ 由于阀门质量差，排污阀门开关几次以后会出现关不死的情况，应急措施是加装盲板，保证排污阀处不至泄漏，以免影响测量精确度；

⑥ 开启三阀组正负取压阀，拧松差压变送器本体上排污（排气）螺丝进行排污，排污完成拧紧螺丝；

⑦ 观察现场指示仪表，直至输出正常，若是调节系统，将手动切换成自动。

2. 吹洗

吹洗是利用吹气或冲液使被测介质与仪表部件或测量管线不直接接触，以保护测量仪表并实施测量的一种方法。吹气是通过测量管线向测量对象连续定量地吹入气体。冲液是通过测量管线向测量对象连续定量地冲入液体。对于腐蚀性、黏稠性、结晶性、熔融性、沉淀性介质进行测量，并采用隔离方式难以满足要求时，才采用吹洗。

吹洗应注意事项如下。

① 吹洗气体或液体必须是被测工艺对象所允许的流动介质，通常它应满足下列要求：与被测工艺介质不发生化学反应；清洁，不含固体颗粒；通过节流减压后不发生相变；无腐蚀性；流动性好。

② 吹洗液体供应源充足可靠，不受工艺操作影响。

③ 吹洗流体的压力应高于工艺过程在测量点可能达到的最高压力，保证吹洗液体按设计要求的流量连续稳定地吹洗。

④ 采用限流孔板或带可调阻力的转子流量计测量和控制吹洗液体或气体的流量。

⑤ 吹洗流体入口点应尽可能靠近仪表取源部位（或靠近测量点），以便使吹洗流体在测量管线中产生的压力降保持在最小值。

四、保温伴热

检查仪表保温伴热，是仪表维护人员日常维护工作的内容之一，它关系到节约能源，防止仪表冻坏，保证仪表测量系统正常运行，是仪表维护不可忽视的一项工作。

这项工作的地区性、季节性比较强。特别是北方的冬天，仪表维护人员应巡回检查仪表保温状况，检查安装在工艺设备与管线上的仪表。如电磁流量计、涡街流量计、法兰式差压变送器、浮球液位开关和调节阀等保温状况，观察保温材料是否脱落，是否被雨水打湿造成保温材料不起作用。个别仪表需要保温伴热时，要检查伴热情况，发现问题及时处理。

　　检查差压变送器导压管线保温情况，检查保温箱保温情况。差压变送器导压管内，物料由于处在静止状态，有时除保温以外还需加装伴热装置。对于电伴热应检查电源电压，保证正常运行。

第十章　城市污水处理厂自动控制实习

第一节　自动控制实习基础

一、概述

1. 污水处理过程特点与自动化要求

污水处理自动化，是污水处理厂的污水污泥处理、介质或药剂等生产过程实现自动化的简称。污水处理厂的生产过程的特点是：各种物料在管道、构筑物、设备、容器中不停地进行着物理变化、化学或生物化学反应，各种工艺参数时刻在发生变化。为了保证污水处理的运行效率高，人们常利用自动化装置进行检测和调节。另外，污水处理厂生产过程涉及臭味、腐蚀、高温或寒冷、易燃易爆等，为改善劳动条件，保证安全生产，也应实现自动化。

污水处理厂工艺过程中要用到大量的阀门、泵、风机及吸、刮泥机等机械设备，它们常常要根据一定的程序、时间和逻辑关系定时开、停。例如，在采用氧化沟处理工艺的污水处理厂，氧化沟中的转刷要根据时间、溶解氧浓度等条件定时启动或停止，在采用 SBR 工艺的污水处理厂，曝气、搅拌、沉淀、滗水和排泥应按照预定的时间程序周期运行；在采用活性污泥法的污水处理厂，初沉池的排泥，消化池的进、排泥也要根据一定的时间顺序进行。另外，污水处理的工艺过程同其他工艺过程类似，也要在一定的温度、压力、流量、液位、浓度等工艺条件下进行。但是，由于种种原因，这些数值总会发生一些变化，与工艺设定值发生偏差。为了保持参数设定值，就必须对工艺过程施加一个作用以消除这种偏差而使参数回到设定值上来。例如，消化池内的污泥温度需要控制在一定的范围内，鼓风机的出口压力需要控制在一个定值，曝气池内的溶解氧浓度要根据工艺要求控制在一定的范围内等。

2. 污水处理自动控制系统功能

污水处理厂的自动控制系统主要是对污水处理过程进行自动控制和自动调节，使处理后的水质指标达到预期要求。自动控制系统具有如下功能。

（1）控制操作　在中心控制室能对被控设备进行在线实时控制，如启停某一设备，调节某些模拟输出量的大小，在线设置 PLC 的某些参数等。

（2）显示功能　用图形实时地显示各现场被控设备的运行工况，以及各现场的状态参数。

（3）数据管理　利用实时数据库和历史数据库中的数据进行比较和分析，可得出一些有用的经验参数，有利于优化处理过程和参数控制。

（4）报警功能　当某一模拟量（如电流、压力、水位等）测量值超过给定范围或某一开关量（如电机启停、阀门开关）发生变位时，可根据不同的需要发出不同等级的报警。

（5）打印功能　可以实现报表和图形打印以及各种事件和报警实时打印。打印方式有定时打印、事件触发打印等方式。

3. 污水处理自动控制的特点

污水处理自动控制系统具有环节多，系统庞大，连接复杂的特点。它除具有一定控制系统所具有的共同特征外，如有模拟量和数字量、有顺序控制和实时控制、有开环控制和闭环控制，还有不同于一般控制系统的个性特征，如最终控制对象是 COD、BOD、SS 和 pH 值，为使这些参数达标，必须对众多设备的运行状态、各池的进水量和出水量、进泥量和排泥量、加药量、各段处理时间等进行综合调整与控制。

4. 污水处理厂自动化系统的类型

自动化装置，就是指实现自动化的工具，按照自动化系统的用途归纳起来可以分为以下四类。

（1）自动检测装置和报警装置　污水处理一般是空间或时间上的连续生产工程。各种物料在管道、处理设施和容器内不断地变化，为了控制运行，必须随时利用自动检测装置了解各生产过程中参数的变化情况。污水处理厂的各种测量就属于自动检测装置。只有采用了自动检测，才谈得上生产过程自动化问题。

自动报警装置是指用声光等信号自动地反映生产过程的情况及机器设备运转是否正常的情形。

（2）自动保护装置　当生产操作不正常，有可能发生事故时，自动保护装置能自动地采取措施（联锁），防止事故的发生和扩大，保护人身和设备的安全。实际上自动保护装置和自动报警装置往往是配合使用的。

（3）自动操作装置　利用自动操作装置可以根据工艺条件和要求，自动地启动或停运某台设备，或进行交替动作。如在污水处理工艺过程控制中利用自动操作装置时对初沉池进行排泥，则需要定时自动启动排泥泵前阀门、排泥泵等设备。

（4）自动调节装置　在工业过程控制中，有些工艺参数需要保持在规定的范围内，如污水处理过程中，曝气池内溶解氧含量需保持在 2mg/L 左右。当某种干扰使工艺参数发生变化时，就由自动调节装置对生产过程施加影响，使工艺参数回复到原来的规定值上。

总体来说，测量仪表、计算机监控系统和被控设备，即组成了现代污水处理厂的自动化系统。

二、自动控制系统

1. 自动控制的基本控制形式

（1）开环控制系统　开环控制是最简单的一种控制方式，其控制量与被控制量之间只有前向通道而没有反向通道。控制作用的传递具有单向性。由图 10-1 开环控制结构图可以看出，输出直接受输入控制。

开环控制系统的特点：系统结构和控制过程简单，但抗干扰能力弱，一般仅用于控制精度不高且对控制性能要求较低的场合。

（2）闭环控制系统　凡是系统输出信号对控制作用产生直接影响的系统，都称作闭环控制系统（亦称为反馈控制系统），如图 10-2 所示。

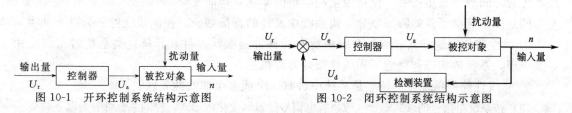

图 10-1　开环控制系统结构示意图　　　　图 10-2　闭环控制系统结构示意图

在闭环控制系统中，输入电压 U_r 减去主反馈电压 U_e，经控制器，输出电压 U_a 加在被控对象两端。

闭环控制系统的特点：系统的响应对外部干扰和系统内部的参数变化不敏感，系统可达到较高的控制精度和较强的抗干扰能力。

2. 自动控制系统的组成

根据控制对象和使用要求的不同，控制系统有各种不同的组成结构，但从控制功能角度看，控制系统一般均由以下基本环节组成。如图 10-3 所示。

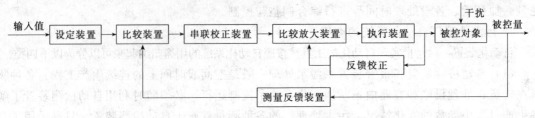

图 10-3　自动控制系统的组成

（1）设定装置　其功能是设定与被控量相对应的给定量，并要求给定量与测量变送装置输出的信号在种类和量纲上一致。

（2）比较放大装置　其功能是首先将给定量与测量值进行计算，得到偏差值，然后再将其放大以推动下一级的动作。

（3）执行装置　其功能是根据前面环节的输出信号，直接对被控对象作用，以改变被控量的值，从而减小或消除偏差。

（4）测量反馈装置　其功能是检测被控量，并将检测值转换为便于处理的信号（如电压，电流等），然后将该信号输入到比较装置。

（5）校正装置　当自控系统由于自身结构及参数问题而导致控制结果不符合工艺要求时，必须在系统中添加一些装置以改善系统的控制性能。这些装置就称为校正装置。

（6）被控对象　指控制系统中所要控制的对象，一般指工作机构或生产设备。

3. 自动控制系统的分类

自动控制系统通常分以下几类。

（1）按给定量的特征划分　自动控制系统按给定量的特征划分，可分为以下 3 类。

① 恒值控制系统：其控制输入量为一恒值。控制系统的任务是排除各种内外干扰因素的影响，维持被控量恒定不变。污水处理厂中温度、压力、流量、液位等参数的控制及各种调速系统都属此类。

② 随动控制系统（也称伺服系统）：其控制输入量是随机变化的，控制任务是使被控量快速、准确地跟随给定量的变化而变化。

③ 程序控制系统：其输入按事先设定的规律变化，其控制过程由预先编制的程序载体按一定的时间顺序发出指令，使被控量随给定的变化规律而变化。

（2）按系统中元件的特征划分　按系统中元件的特征划分，控制系统可分为以下两类。

① 线性控制系统：其特点是系统中所有元件都是线性元件，分析这类系统时可以应用叠加原理，系统的状态和性能可用线性微分方程描述。

② 非线性控制系统：其特点是系统中含有一个或多个非线性元件。

（3）按系统电信号的形式划分　按系统电信号随时间变化的形式，控制系统可分为以下两类。

① 连续控制系统：其特点是系统中所有的信号都是连续的时间变化函数。

② 离散控制系统：其特点是系统中各种参数及信号是以离散的脉冲序列或数据编码形式传递的。

4. 自动控制系统的性能评价

自动控制系统的基本性能要求可归结为"稳"、"快"、"准"三大特性指标。

（1）稳定性　稳定性是保证系统能够正常工作的前提。如果系统受到干扰后偏离了原来平衡状态，当扰动消失后，能否回到原平衡状态的问题，称为稳定性问题。当干扰消除后，系统的输出能回到原平衡工作状态，则称系统是稳定的。

（2）快速性　快速性反映了系统动态调节过程的快慢，过渡时间越短，表明快速性越好，反之亦然。

（3）准确性　准确性反映了系统输入给定值与输出响应终值之间的差值大小，用稳态误差表征。稳态误差是衡量控制系统控制精度的重要标志，系统的稳态误差为 0，称为无差系统，否则为有差系统。

三、计算机控制技术

1. 计算机控制系统的组成

计算机控制系统的组成见图 10-4。

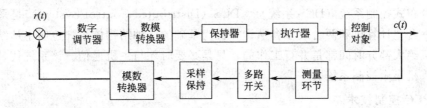

图 10-4　计算机控制系统的组成

（1）控制对象　指所要控制的装置和设备。

（2）检测单元　将被检测参数的非电量转换成电量。

（3）执行机构　其功能是根据工艺设备要求由计算机输出的控制信号，改变被调参数（如流量或能量）。常用的执行机构有电动、液动和气动等控制形式，也有的采用马达、步进电话及可控硅元件等进行控制。

（4）数字调节器与输入、输出通道　数字调节器以数字计算机为核心，它的控制规律是由编制的计算机程序来实现的。输入通道包括多路开关，采样保持器，模数转换器。输出通道包括数模转换器及保持器。

多路开关和采样保持器用来对模拟信号采样，并保持一段时间。

模数转换器把离散的模拟信号转换成时间和幅值上均为离散的数字量。

数模转换器把数字量转化成离散模拟量。

（5）外部设备　是实现计算机和外界进行信息交换的设备，简称外设，包括人机联系设备（操作台）、输入输出设备（磁盘驱动器、键盘、打印机、显示终端等）和外存储器（磁盘）。

2. 计算机控制系统的分类

（1）操作指导控制系统　在操作指导控制系统中，计算机的输出不直接作用于生产对象，属于开环控制结构。计算机根据数学模型、控制算法对检测到的生产过程参数进行处理，计算出各控制量应有的较合适或最优的数值，供操作员参考，这时计算机就起到了操作指导的作用。

该系统的优点是结构简单，控制灵活和安全可靠。缺点是要由人工进行操作，操作速度受到了人为的限制，并且不能同时控制多个回路。

（2）直接数字控制系统（DDC 系统）　DDC（Direct Digital Control）系统是通过检测元件对一个或多个被控参数进行巡回检测，经输入通道送给计算机，计算机将检测结果与设定值进行比较，再进行控制运算，然后通过输出通道控制执行机构，使系统的被控参数达到预定的要求。

DDC 系统的优点是灵活性大、计算能力强，要改变控制方法，只要改变程序就可以实现，无需对硬件线路作任何改动；可以有效地实现较复杂的控制，改善控制质量，提高经济效益。当控制回路较多时，采用 DDC 系统比采用常规控制器控制系统要经济合算，因为一台微机可代替多个模拟调节器。

（3）计算机监督控制系统（SCC 系统）　SCC（Supervisory Computer Control）系统比 DDC 系统更接近生产变化的实际情况，因为在 DDC 系统中计算机只是代替模拟调节器进行控制，系统不能运行在最佳状态，而 SCC 系统不仅可以进行给定值控制，并且还可以进行顺序控制、最优控制以及自适应控制等，它是操作指导控制系统和 DDC 系统的综合与发展。就其结构来讲，SCC 系统有两种形式，一种是 SCC＋模拟调节器控制系统，另一种是 SCC＋DDC 控制系统。

（4）分布式控制系统（DCS 系统）　DCS（Distributed Control System）是采用积木式结构，以一台主计算机和两台或多台从计算机为基础的一种结构体系，也叫主从结构或树形结构，从机绝大部分时间都是并行工作的，只是必要时才与主机通信。该系统代替了原来的中小型计算机集中控制系统。

四、PLC 控制技术

1. 可编程控制器

可编程控制器（Programmable Logical Controller，PC 或 PLC）是面向用户的专门为在工业环境下应用而开发的一种数字电子装置，可以完成各种各样的复杂程度不同的工业控制功能。它采用可以编制程序的存储器，在其内部存储执行逻辑运算、顺序运算、计时、计数和算术等操作指令，可以从工业现场接收开关量和模拟量信号，按照控制功能进行逻辑及算术运算，并通过数字量或模拟量的输入和输出来控制各种类型的生产过程。

2. 可编程序控制器的特点

（1）可靠性高、抗干扰能力强　为保证 PLC 能在恶劣的工业环境下可靠工作，在设计和生产过程中采取了一系列提高可靠性的措施。

（2）可实现三电一体化　PLC 将电控（逻辑控制）、电仪（过程控制）、计算机集于一体，可以灵活方便地组合成各种不同规模和要求的控制系统，以适应各种工业控制的需要。

（3）易于操作、编程方便、维修方便　可变成控制器的梯形图语言更易被电气技术人员所理解和掌握。具有的自诊断功能对维修人员维修技能的要求降低了。当系统发生故障时，通过软件或硬件的自诊断，维修人员可以很快找到故障所在的部位，为迅速排除故障和修复节省了时间。

（4）体积小、质量轻、功耗低　PLC 是专为工业控制而设计的，其结构紧密、坚固、体积小巧，易于装入机械设备内部，是实现机电一体化的理想控制设备。

3. 可编程控制器的主要功能

① 开关逻辑和顺序控制；

② 模拟控制；

③ 信号联锁；

④ 通信。

4. 可编程序控制器的结构与原理

可编程序控制器是以微处理器为核心的高度模块化的机电一体化装置，主要由中央处理器、存储器、输入和输出接口电路及电源四个部分组成。图 10-5 为 PLC 控制系统典型结构示意图。

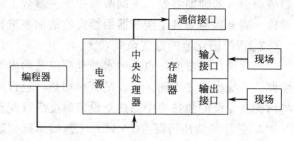

5. 可编程控制器的编程语言

可编程控制器有多种程序设计语言。在高档 PLC 中，提供有较强运算和数据转换等功能的专用高级语言或通用计算机程序设计语言。在传统的电气控制系统中，普遍采用继电器及相应的梯形图来实现 I/O 的逻辑控

图 10-5　PLC 控制系统典型结构示意图

制。PLC 梯形图几乎照搬了继电器梯形图的形式，图 10-6 为两者对照的梯形图。

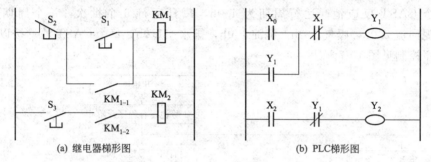

(a) 继电器梯形图　　　　　　　　　(b) PLC梯形图

图 10-6　两种梯形图

第二节　污水处理厂自动控制应用实习

一、污水处理厂常用自动控制方案

1. 曝气池中溶解氧自动调节方案

根据工艺要求，污水处理厂曝气池内的溶解氧含量通常要控制在 2mg/L 左右，过量的曝气会使能耗增高，增大运行费用；曝气不足会使溶解氧含量低，不利于水中微生物生长，会直接影响处理效果。因此，保持曝气池内溶解氧处于一定的浓度，是污水处理过程控制中比较关键的任务之一。由于曝气池内溶解氧浓度同进水水质、温度、压力、曝气量等有着非常密切的关系，这些外界条件发生变化时，溶解氧浓度也随之发生变化。如何控制曝气池中的溶解氧浓度，是污水处理过程中自动调节系统的主要任务之一。

(1) 单回路定值调解方案　定值调节，又称恒值调节，指在整个生产过程中所要控制的参数式中恒定不变，保持一定的值。在污水处理工艺中，曝气池中的溶解氧浓度在一定时间范围内需要保持不变。可以采用由溶解氧分析仪、PID 调节器、调节阀及曝气池和送气管路组成的单回路定值调节系统。由溶解氧分析仪将溶解氧测量出来并作为测量信号送入调节器。在调节器内部同工艺要求的给定值进行比较，比较的结果即为偏差信号，调节器将此偏差信号进行 PID 运算后输出去控制调节阀的开度，从而控制曝气池内的溶解氧浓度。

(2) 溶解氧、流量串级调节方案　对于大型污水处理厂曝气池的溶解氧控制，常用以溶解氧作为主调节参数和曝气流量作为副调节参数的串级调节系统。溶解氧主调节器和曝气流量副调节器串接工作，溶解氧主调节器的输出是作为副调节器的给定值，由副调节器控制调

节阀动作。溶解氧作为主调参数，是工艺要控制的指标。曝气流量为副调参数是为了稳定主参数而引入的辅助参数。主调节器按照主参数工艺给定值的偏差进行工作，副调节器按照流量这一副参数与来自主调节器的给定值的偏差进行工作，其输出直接控制调节阀。

2. 污泥消化池的温度调节系统

污泥消化池温度，也是污水处理厂工艺的参数之一。消化池污泥大多采用蒸汽加热，温度调节系统也随之不同。可以是直接加热，也可间接加热，可以在消化池内直接加热，也可将污泥在专设的加热池中加热至设定温度后投配至消化池。

3. 循环式活性污泥（CAST）工艺的运行控制方案

CAST 工艺运行控制要求 CAST 池共 2 个，均设置有进水、进气、排水、排泥控制阀和液位计。鼓风机在启动后无故障时连续运行，要求至少有一个进气阀打开，污泥回流泵一般为间歇运行。滗水器的运动是靠水力运动自动完成的，由排水控制阀控制。

每一个 CAST 反应池，运行周期为 4.0h，每日运行 6 个批次，每个周期中，进水 2.0h，污泥回流 2.0h，曝气 2.0h，沉淀 1.0h，排水＜1.0h，每个 CAST 池均按以上程序运行。其程序控制见图 10-7。

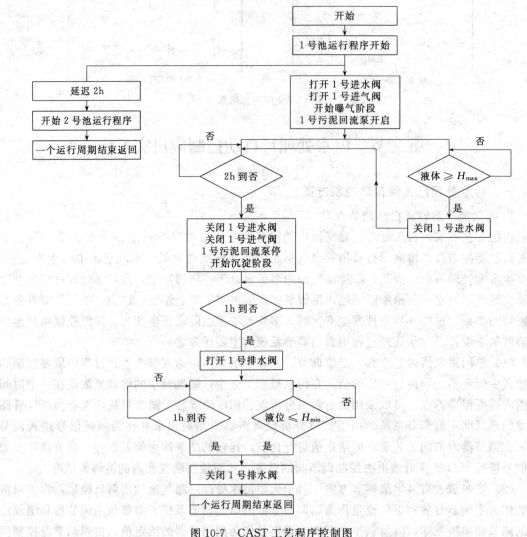

图 10-7　CAST 工艺程序控制图

4. T形氧化沟运行控制方案

T形氧化沟为三沟交替工作式氧化沟系统，运行非常灵活，曝气、沉淀均在沟内进行，不需要二沉池和污泥回流系统，通过合理地编排运行程序还可以有效地实现脱氮除磷功能。

从过程控制的角度来看，T形氧化沟的工艺运行控制就是按照一定的时间、顺序和逻辑关系对一些控制阀门、出水堰及转刷进行开启、关停控制，是典型的顺序逻辑控制。

脱氮除磷在T形氧化沟的运行程序，一般分为8个阶段，作为一个运行周期，每周期历时8h。8阶段脱氮除磷运行方式见图10-8。

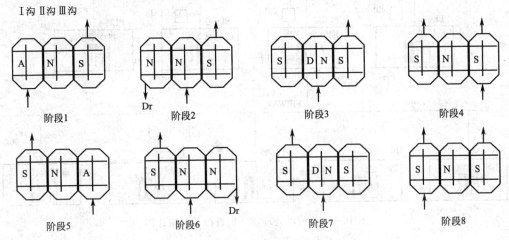

图 10-8　T形氧化沟脱氮除磷运行方式

二、污水处理厂自控系统案例

本部分介绍绵阳市某污水处理厂控制系统。

1. 自控系统概述

某污水处理厂是绵阳市第一座污水处理厂，一期 2001 年建成投产，日处理 10×10^4 t，二期 2003 年建成投产，日处理污水 5×10^4 t。该厂自动控制系统采用 SCADA 系统，一期自控系统由 4 个子站和 1 个主站构成。4 个子站主要由西门子公司 PLC 构成，1 号子站主要完成预处理部分监视控制，2 号子站主要完成生化部分监视控制，3 号子站主要完成脱水部分监视控制，4 号子站主要为中控室马赛克模拟屏服务，显示设备状态和模拟量，其中 3 号子站下设 5 个分站，分别为鼓风机自带主控屏，4 个生化池监视控制分站；中控室主站由监控计算机和报表计算机组成，分别完成人机对话和日、月、年生产报表生成。鼓风机虽然也自带 PLC 控制系统，但没有直接入网，而是通过主控屏将信号接入自控网络，拓扑图见图 10-9。

二期自控系统由 5 个子站和 1 个主站构成。4 个子站主要由西门子公司 PLC 构成，1 号子站主要完成预处理部分控制，2~4 号子站主要完成生化部分控制，5 号子站主要完成脱水部分控制，中控室主站由监控计算机和报表计算机组成，大屏显示由并接在监控计算机显示端口的投影仪完成，拓扑图见图 10-10。

一期主站和子站间通过双绞线以太网形成网络，二期主站和子站间通过光线环形以太网联成网络，一、二期网络互不相通，为独立的两套生产控制系统。

2. 厂区设备的自动控制

按工艺要求，一期系统中粗格栅的自动运行由 1 号子站负责，采用定时加液位控制，运

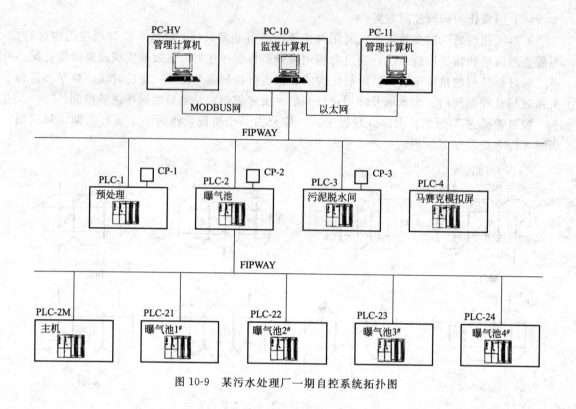

图 10-9　某污水处理厂一期自控系统拓扑图

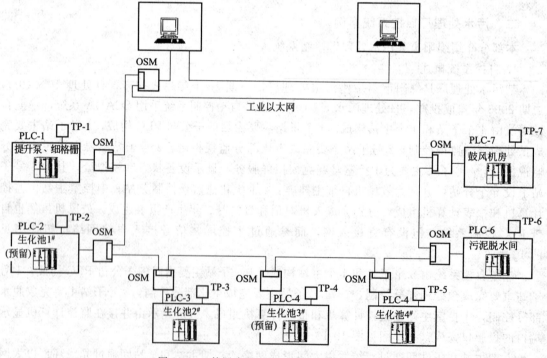

图 10-10　某污水处理厂二期自控系统拓扑图

行时间和间歇时间可以通过中央控制室管理计算机对现场控制子站进行参数设定，液位差检测由格栅前后的超声波液位差计负责，将液位差信号通过变送器转换为与 PLC 匹配的电信号。PLC 根据内部定时器和输入液位信号判断何时运行粗格栅。

进水泵的启停由 PLC 系统根据集水池液位进行自动控制，同时泵的启动数量和启动优先级也可根据液位进行预先设定。

细格栅的自动控制与粗格栅相同。

除砂部分包括两台除砂系统，自控系统给两台除砂系统以启动信号进行间歇运行，除砂系统完成抽砂和除渣由自带控制系统完成。根据该厂实际进水含砂量，对 PLC 进行参数设定，保证了除砂效果同时尽量减少设备运行时间，保证了设备的合理利用。

生化部分设备主要有推流搅拌系统和曝气系统，推流系统由推流器和搅拌器组成，其控制较为简单，根据要求通过控制计算机和控制网络完成启动和停止，正常时连续运行。曝气系统分供风部分和曝气部分，供风部分由风量可调离心鼓风机和检测仪表组成，根据曝气池水位和管参数在主控屏设定供风部分风压，当供需不等时，会影响管道压力变化，现场PLC 根据设定值和检测值调节鼓风机供风量，确保压力恒定以保证风量的供需平衡，鼓风机实际运行操作比较复杂，网络上的主控屏会根据风量需求向鼓风机控制系统发出启停或风量大小指令，而鼓风机自带的控制系统根据指令系统按照预定的顺序完成设备的调整。曝气部分由空气调节阀和溶解氧检测仪表组成，当污染物变化时，微生物活性和新陈代谢会相应变化，而此时微生物生命活动消耗水中溶解氧量也会相应变化，通过确保溶解氧的恒定，而保证微生物完成水中有机污染物的分解消耗，达到净化水时最大限度节约能耗。

沉淀池刮泥机、虹吸、污泥回流和排放、泥处理由 3 号子站 PLC 实现自动控制，刮泥机连续运行，可以通过网络控制启停，虹吸装置由真空泵和电磁阀组成，每隔一段时间，真空泵和电磁阀会运行一段时间，以排除虹吸管剩余空气，保持虹吸。系统通过检测污泥泵房污泥液位判断虹吸是否破坏。污泥回流开停根据曝气池污泥浓度和进水有机污染物浓度由运行人员通过中央控制室监控计算机控制。污泥排放根据曝气池污泥浓度由运行人员通过控制网络进行，脱水系统运行较为复杂，各参数调整也较为频繁，一般污泥脱水车间运行人员根据系统剩余污泥量，通过现场触摸屏来进行脱水系统的启停和调节运行参数。

二期自动控制系统对设备的控制与一期控制原理基本一致，只是由于工艺的不同而对自控系统的控制精度和可靠性提出了更高的要求。

3. 人机会话

污水厂自动控制系统主要目的是控制设备按照要求运行，并监视设备的运行状态，设备异常时及时报警，以便运行人员进行处理，这就要求自控系统具有良好的人机信息交流性能。该厂自控系统在建设时充分考虑其人机会话性能，首先在中央控制室设置了管理计算机，用工业组态软件编写了简易的图形模拟现场设备的状态，具有参数设置和实时报警功能，将工业自动控制系统的信息通过运行人员熟悉和习惯的台式机终端设备输入输出，增加了系统的可操作性，同时各现场子站还配备了工业触摸屏作为该站输入输出终端，极大增加了运行人员操控系统的灵活性和及时性。

各终端采用层级操作，各层通过特定密码验证授予特定权限，一般分为可视层、可控层、参数修改层，每层权限向下包容。通过此方式，加强了系统对操作人员身份辨识，也增加了系统抗人为破坏的能力。

4. 在线仪表

性能优良的智能控制系统不光具有对设备的监控性，还对被控对象状态具有全方位的检测性能。该污水处理厂自动控制系统采集了设备状态，重要设备还采集了运行电流、控制系统关键器件的状态，同时按工艺运行对数据的测量，增加了必要在线仪表，如温度、pH、液位、水量、风量、DO、OPR、SS、污泥液位等仪表，通过触摸屏和上位机可以远程显示设备状态和工艺流程参数，以便进行分析并及时调整工艺，确保出水达标。

5. 高低压配电监视系统

此功能主要是对高低压配电及供电系统的开关是合是断和状态远程监视，该厂在高压配电室专用工业控制用计算机完成此功能，该系统可以独立工作，同时通过 RS485 工业总线将重要信号送至生产监视计算机，实现配电系统的无人值班要求，用生产监控计算机显示来提示值班人员，保证厂区内所有设备在中控室的全方位监控。

6. 报警、时间累计及故障记数

系统还能对所有设备运行的时间进行统计。通过打印报表的形式输出（每 24h 输出一次）。报警功能是对设备运行出现的故障进行实时显示和打印输出，准确及时地提示操作人员哪台设备出现了故障。故障出现时，运行设备立即停止运行。此部分功能的实现，为有关人员确定设备大修时间及日常保养次数提供了依据。

7. 视频监视系统

为了探索新的自动化控制、监视、管理模式，该污水处理厂在建设时配套安装了两套视频监视系统。它配合原有的自控仪表，对进水格栅间除污机、进水泵、除砂机、洗砂机、初沉池管廊的排泥阀门、初沉池刮泥机、曝气池、污泥回流泵、吸泥机、污泥脱水机、鼓风机、高低压配电室等 21 个场所的工况，进行 24h 全天候监视。

这两套视频监视系统运行可靠。在控制室里，通过监视器可以监视全厂 21 个部位工艺设备的运行情况。如果按工艺流程在现场巡查一遍，需要 2h，而通过视频监视系统，几分钟就可以对全厂工况浏览一遍，大大提高了工作效率。

第十一章　污水处理电气设备的实习

第一节　电气设备操作实习的要求

一、电气设备的四种典型状态

（一）运行状态

指设备的开关及闸刀都在合上位置，将电源至受电端的电路接通；所有的继电保护及自动装置均在投入位置，控制及操作回路正常。

（二）热备用状态

指设备只有开关断开，而闸刀仍在合上位置，其他同运行状态。

（三）冷备用状态

指设备的开关及闸刀都在断开位置（包括线路压变闸刀），取下线路压变次级熔丝及母差保护、失灵保护压板（包括连跳其他开关的保护压板）。

① 当线路压变闸刀连接有避雷器时，线路改冷备用操作时线路压变闸刀不拉开。

② 当线路压变闸刀没有连接避雷器时，线路改冷备用状态时，对线路压变的操作只需将压变闸刀拉开即可。

（四）检修状态

指设备的所有开关、闸刀均断开，挂上接地线或合上接地闸刀。"检修状态"根据不同的设备又分为"开关检修"、"线路检修"等。

（1）线路检修　指线路在冷备用状态的基础上，线路的接地闸刀合上或在线路闸刀线路侧装设接地线。

（2）开关检修　指开关两侧闸刀均拉开，开关操作回路熔丝取下。开关的母差 CT 脱离母差回路（先停用母差，母差 CT 回路拆开并短路接地。测量母差不平衡电流在允许范围内再投母差保护），在开关两侧合上接地闸刀或装设接地线。

① 主变本体运行，但一侧开关检修时，则该开关的纵差 CT 亦应脱离主变纵差回路。

② 在交流回路切换过程中应短时停用母差或纵差保护。

③ 检修的开关与线路（或变压器）闸刀间有电压互感器时，则该电压互感器的闸刀需拉开（或取下其高低压熔丝）。

（3）主变检修　主变各侧开关及侧刀均拉开，并在变压器各侧挂上接地线（或合上接地闸刀）。

二、电气设备的安全要求

（一）电气设备运行过程安全要求

① 电气设备操作人员必须严格执行《电业安全工作规程》。

② 要根据本单位的实际情况和季节特点，做好预防工作和安全检查，发现隐患及时整改。

③ 现场要备好安全应急用具、防护器具和消防器材等，并定期进行检查试验。

④ 易燃、易爆场所的电气设备和线路的运行及检修，必须按《爆炸性环境用防爆电气设备通用要求》和《中华人民共和国爆炸危险场所电气安全规程》执行。

⑤ 电气设备必须有可靠的接地（接零）装置。防雷和防静电设施必须保持完好，且每年定期检测。化工设备接地应同时遵守《化工企业静电检查规程》。

⑥ 电气作业必须由经过专业培训、考试合格，持有电工特种作业资格证的人员进行。

⑦ 电气作业人员上岗，应按规定穿戴好劳动防护用品并正确使用符合安全要求的电气工具。

⑧ 变、配电所必须制定运行规程、巡回检查制度，明确巡回检查路线，值班人员的职责应在规程制度中明确规定。

⑨ 作业人员必须严格执行工作票、操作票制度，工作许可证制度，工作监护制度，工作间断、转移和终结制度。

⑩ 高压设备无论带电与否，值班人员不得单人移开或越过遮栏进行工作。若必须移开遮栏时，必须有监护人在场，并符合设备不停电检修安全距离要求。

⑪ 雷雨天气巡视室外设备时，巡视人员必须穿绝缘靴，并不得靠近避雷装置。

⑫ 在高压设备或大容量低压总盘上倒闸操作及在带电设备附近工作时，必须由两人进行，且由经验丰富的人员担任监护。

⑬ 供电单位与用户（调度）联系，进行有关电气倒闸操作时，值班人员必须复诵，核对无误后方可操作，并将联系内容、时间及联系人姓名记录在案。

⑭ 配电系统中，必须正确选择、安装、使用电流动作型漏电保护器，其运行管理从其规定。

（二）电气检修过程中安全要求

① 检修必须执行电气检修工作票制度，并明确工作票签发人、工作负责人（监护人）、工作许可人、工作班成员责任。工作票必须经签发人签发，许可人许可，并办理许可手续后方可作业。

② 不准在电气设备、供电线路上带电作业（无论高压或低压）。停电后，应在电源开关处上锁、拆下熔断器，并挂上"禁止合闸、有人工作"等标示牌，工作未结束或未得到许可，任何人不准随意拿下标示牌或送电。工作完毕并经复查无误后，由工作负责人将检修情况与运行值班人员做好交接后方可摘牌送电。

③ 带电检修安全要求

a. 必须带电作业时应在良好的天气进行。如遇雷、雨、雪、雾等恶劣天气不得进行带电作业。在特殊情况下，必须在恶劣天气条件下作业，应组织有关人员制定并采取必要的安全措施，经企业主管领导批准后方可进行。

b. 500V 以下可按一般带电工作要求进行。500V 以上必须是受过高压带电作业专门训练、经考试合格的人员进行操作。操作时应使用专用的工具和穿戴规定的防护用具，并严格执行操作规程。

c. 严禁利用事故停电间隙进行检修工作。在同一线路设备上进行不同项目工作时，应分别挂停电牌。

d. 在停电线路或设备上装接地线前，必须放电、验电，确认无电后，在工作地段两侧挂接地线，并在可能送电到停电设备和工作地段线路的分支线挂接地线。

e. 停电、放电、验电和检修作业，必须由负责人指派有经验的人员担任监护，否则不准进行作业。

④ 对外线杆、塔、电缆检修安全要求

a. 变、配电所出入口处或线路中间某一段有两条以上线路临近平行时，应验明检修的线路确已停电，并挂好接地线后，在停电线路的杆、塔下做好标志，设专人监护，防止误登杆、塔。

b. 对于有两个以上供电电源的线路检修时，必须采取可靠的技术措施，防止误送电。

c. 对于地下直埋或隧道电缆检修时，应切实采取措施，防止伤及临近电缆。

d. 五级以上大风时，严禁在杆、塔多回路线中进行部分线路停电检修作业。

e. 在立、撤杆和修正杆及在杆、塔上作业前，必须认真检查，防止倒杆和滑杆等事故。接地线拆除后应认为线路带电，严禁任何人再登杆、塔，并按工作结束办理汇报手续。

f. 在同杆共架的多回路线路中，部分线路停电检修，安全距离不应小于在带电线路杆、塔上工作的安全距离，因此，线路不但要有线路名称，还要有上、下、左、右的称号。登杆、塔检修作业时，每根杆、塔都应设专人监护。

⑤ 其他安全要求

a. 检修变压器及油开关时禁止使用火炉、喷灯等工具，其他部位使用明火与带电部分的距离应符合以下要求：10kV 以下不小于 1.5m；10kV 以上不小于 3m。在化工区域动火作业时，应同时遵守《厂区动火作业安全规程》。

b. 不准随意拉设临时线路。确因需要拉临时线路的，必须办理"临时用电申请手续"。其导线应用橡套绝缘电缆，线路应架空敷设，并采取防机械损伤的保护措施。380V 绝缘良好的橡皮临时线悬空架设距地面：室内不少于 2.5m，室外不少于 3m。其他临时用电具体规定遵照《施工现场临时用电安全技术规范》执行。

c. 更换熔断器，要严格按照规定选用熔丝，不得任意用其他金属丝代替。

d. 电气试验应由两人进行，并按照带电作业有关要求采取安全措施。

e. 在有腐蚀、易燃、易爆等场所应采用适当的线缆及采取相应的敷设方式，禁止明敷设。

f. 电缆在下列地点敷设应采取穿管保护措施。

Ⅰ. 电缆引入、引出建筑物，穿过楼板；

Ⅱ. 从沟道引出自电杆或墙面敷设的电缆，距地面高度 2m 以下部分；

Ⅲ. 其他可能受到机械损伤的地方；

Ⅳ. 每根电力电缆应单独穿在一根管内，但交流单芯电力电缆不得单独穿入钢管内。

(三) 变配电的巡视与倒闸操作

1. 高压设备巡视应注意以下几点

① 允许单独巡视高压设备的值班人员，巡视高压设备时，不得进行其他工作，不得移开或越过遮栏。

② 雷雨天气需要巡视室外高压设备时，应穿绝缘靴，并不得靠近避雷针。

③ 高压设备发生接地时，室内不得接近故障点 4m 以内，室外不得接近故障点 8m 以内。进入上述范围人员必须穿绝缘靴，接触设备的外壳和架构时应戴绝缘手套。

2. 倒闸操作的一般程序

(1) 送电操作的一般程序 送电操作通常容易发生的事故是带地线合闸。这是一种性质严重、影响较大的误操作事故。在发生这种事故时往往造成设备损坏、检修人员触电，以致影响电力系统的安全运行。为了防止这种错误，一般可采取下面的操作程序：

① 检查设备上装设的各种临时安全措施和接地线确已完全拆除；

② 检查有关的继电保护和自动装置确已按规定投入；

③ 检查断路器确在开闸位置；

④ 合上操动电源与断路器控制保险；

⑤ 合上电源侧隔离开关；

⑥ 合上负荷侧隔离开关；

⑦ 合上断路器；

⑧ 检查送电后，负荷电压应正常。

（2）停电操作的一般程序   停电操作一般容易发生的事故是带负荷拉隔离开关和带电挂接地线，这是性质十分严重、影响很大的误操作事故。为防止这种错误，应采用下列操作程序：

① 检查有关表计指示是否允许拉闸；

② 断开断路器；

③ 检查断路器确在新断开位置；

④ 拉开负荷侧隔离开关；

⑤ 拉开电源侧隔离开关；

⑥ 切断断路器的操作电源；

⑦ 拉开断路器控制回路保险器；

⑧ 按照检修工作票要求布置安全措施。

（四）安全管理

1. 安全技术措施和组织措施

（1）高压设备工作的分类   为了保证电气工作人员的人身安全，《电业安全工作规程》明确规定了人身安全的组织措施和技术措施。首先将在运行中的电气设备的工作分为以下三类。

第一类是全部停电工作，系指室内高压设备全部停电（包括进户线），通至邻接高压室的门全部闭锁，以及室外高压设备全部停电（包括进户线）。

第二类是部分停电工作，系指高压设备部分停电，或室内虽全部停电，而通至邻接高压室的门并未全部闭锁。

第三类是不停电工作，系指：①工作本身不需停电和没有偶然触及导电部分的危险者；②许可在带电设备外壳上或导电部分上进行的工作。

根据上述三种类型的工作，采取必要保证人身安全的组织措施和技术措施。

（2）保证安全的技术措施   为了保证安全，在工作时除采用必要的组织措施外，还应在全部停电或部分停电的电气设备上（或线路上）完成停电、验电、装设接地线、悬挂标示牌和装设遮栏等技术措施。

（3）保证安全的组织措施

① 工作票制度；

② 工作许可制度；

③ 工作监护制度；

④ 工作间断、转移和终结制度；

⑤ 倒闸操作、监护制度；

⑥ 巡回检查制度；

⑦ 交接班制度。

2. 安全用电

污水处理厂电气设备运行不安全因素很多，有的是由于安装不合格，有的是由于绝缘损坏而漏电，有的是由于错误操作或违章操作，有的是由于缺少安全技术措施，有的是由于制度不严，有的是由于现场混乱等。一般来说，造成电气设备安全事故的共同原因是防护措施配置不当和安全组织措施不健全以及安全技术措施不完善。下面简单介绍安全防护措施以及安全用电要求等。

(1) 人员

① 值班电工和维修电工应取得劳动部颁发的《电工作业上岗证》，才有上岗作业的资格。

② 值班电工和维修电工应人手一册《电业安全工作规程》，并每年考核一次，因故间断电气工作连续三个月以上者，必须重新考核《电业安全工作规程》，合格后，方能上岗作业。

③ 值班电工应经当地电力调度部门，电力调度前期培训后，方能上岗作业。

(2) 安全用具

① 10kV 配电室和电机控制中心及低压开关柜柜前应铺设 1m 宽左右的橡胶绝缘垫，以保证巡视及维修人员的安全。

② 10kV 配电室应配备绝缘靴、绝缘手套、绝缘棒、接地线、操作杆等安全用具。

③ 安全用具应存放在通风、干燥的专用场所，平时注意保养，经常保持完好状态，不得当其他工具使用，以免破损、降低绝缘水平，并按有关规定做定期试验。

(3) 安全标志

① 电机控制中心控制电动机非常多，少则几十台，多则上百台，每台设备应有一个统一的编号，便于电话指挥及联系操作，10kV 配电柜断路器及隔离开关应有送电线路的名称及回路编号。

② 在停电设备上工作，在断路器及操作把手上应挂"禁止合闸、有人工作"、"禁止合闸、线路有人工作"等标示牌，在危险的带电区域应挂警告类标示牌：如"止步、高压危险"、"禁止攀登、高压危险"等标示牌。

(4) 漏电保护　漏电保护装置的作用主要是防止由漏电引起触电事故和防止单相触电事故；其次是防止由漏电引起的火灾事故以及监视或切除一相接地故障，对污水处理厂而言，现场移动或携带式设备（如现场抽水泵、加油泵等）、现场电源开关都应装设漏电保护开关。

(5) 电气防火

① 在高压配电室、电机控制中心，应合理配合灭火器材，带电灭火应采用二氧化碳、二氟二溴甲烷或干粉灭火机等。

② 保证电气防火，应保持电气设备的电压、电流、温度不超过允许值，保持电气设备绝缘良好，保持各导电部分在运行中连接可靠、接触良好，保持电气设备清洁。

(6) 安全电压　凡手提照明灯、危险环境和特别危险环境的局部照明灯、高度不足 2.5m 的一般照明灯、危险环境和特别危险环境的携带式电动工具（如无特殊安全结构或安全措施）应用 36V 安全电压。

凡工作地点狭窄、行动不便，以及周围有大面积接地导体环境的手提照明灯，应采用12V安全电压。

电气绝缘安全用具试验周期、标准，如表11-1所示。

表 11-1　电气绝缘安全用具试验周期、标准

序号	名称	电压等级/kV	周期	交流耐压/kV	时间/min	泄漏电流
1	绝缘棒	6～10	每年一次	44	5	
		35～154		4倍线电压		
		220		3倍线电压		
2	绝缘挡板	6～10	每年一次	30	5	
		20～40		80		
3	绝缘罩	35	每年一次	80	5	
		20～44				
4	绝缘夹钳	35及以下	每年一次	3倍线电压	5	
		110		260		
5	验电笔	6～10	每半年一次	40	5	
		20～35		105		
6	绝缘手套	高压	每半年一次	8	1	≤9
		低压		2.5		≤2.9
7	绝缘靴	高压	每半年一次	15	1	≤7.5
8	绝缘绳	高压	每半年一次	105/0.5m	5	

第二节　高压配电装置运行管理与维护的实习

一、高压配电装置运行维护过程

1. 运行前检查

高压配电装置运行前应做相应的检查。

① 检查柜内是否清洁。

② 检查一、二次配线，接线有无脱落，所有紧固螺钉和销钉有无松动。

③ 检查各电气元件的整定值有无变动，并进行相应的调整。

④ 检查所有电气元件安装是否牢固，操作机构是否正确、可靠，各程序性动作是否准确无误。

⑤ 对断路器、隔离开关等主要电器及操作机构，按其操作方式试验5次。

⑥ 各继电器、指示仪表等二次元件的动作是否正确。

⑦ 检查保护接地系统是否符合技术要求，检验绝缘电阻是否符合要求。

对于手车式高压配电装置应将手车推到试验位置并锁紧，断路器手车可进行试验，试验无异常现象，可使断路器断开，解除锁紧，用蜗轮蜗杆将手车推进至工作位置并锁紧。

详细操作规程由设备供应商或总承包商根据各项目单位具体情况进行补充。

2. 巡检

高压配电装置日常巡检主要包括以下几个方面。

① 高压开关柜的各项参数（电压、电流、断流容量）在额定允许范围内。

② 各连接点温度不超过 700℃

③ 各元件声音正常，瓷件无闪络放电现象。

④ 仪表和信号指示准确无误。

3. 维护

日常维护事项主要包括以下几个方面。

① 保持柜内清洁。

② 全部紧固螺钉和销钉紧固。

③ 端子及其他部位紧固，确认无脱落现象。

④ 检查柜中的电气开断元件等是否有温升过高烧伤接触面，并予以更换。

⑤ 调整油断路器主、副油筒中油标油面，高于或低于界线都将降低油断路器的开断能力。

⑥ 所有开断元件的触点弹簧长期使用后，弹力可能减少，应定期地检查和维护，调整其压缩量，使其处于最佳工作状态。

二、电机控制柜

电机控制柜是指将接于交流低压回路的电动机全套控制和保护设备（如自动开关、接触器、热继电器、按钮、信号灯等），按一定规格系统装配成标准化的单元组件。结构一般做成可抽出的抽屉形式，每台组件控制相应规格的一台电动机，将此标准的单元组件装成柜体，组成多回路电动机控制，可实现多台电动机的集中控制。

1. 运行前检查

电机控制中心运行前的检查和试验应包括以下内容。

① 检查屏内是否清洁、无垢。

② 用手操作刀开关、组合开关、短路器等，不应有卡住或操作用力过大现象。

③ 刀开关、短路器、熔断器等各部分应接触良好。

④ 电器的辅助触点的通断是否符合要求。

⑤ 短路器等主要电器的通断是否符合要求。

⑥ 二次回路的接线牢固、整齐。

⑦ 仪表与互感器的变比及接线极性是否正确。

⑧ 母线连接是否良好，其支持绝缘子、夹持件等附件是否安装牢固可靠。

⑨ 保护电器的整定值是否符合要求，熔断器的熔体规格是否正确，辅助电路各元件的接点是否符合要求。

⑩ 保护接地系统是否符合技术要求，并应有明显标记。表计和继电器等二次元件的动作是否准确无误。

⑪ 用兆欧表测量绝缘电阻值是否符合要求，并按要求做耐压试验。

⑫ 检查抽屉式结构的主开关，其机械联锁是否有效，电气联锁是否可靠。

2. 巡检

日常巡检工作应特别注意柜的开断元件及母线等是否有温升过高或过烫、冒烟、异常的音响及不应有的放电等不正常现象。记录运行中的电压，电流，温度，湿度等运行参数。

3. 维护

日常维护应着重于经常发生事故的部位，如绝缘破坏或老化、接触部分的烧损及导线连接处过热和线圈温升过高、控制回路接触不良或动作不准确、保护装置的特性不良、机械运动部分和操作机构的磨损和断裂。日常维护工作应包括以下内容。

① 保持柜内电器元件的干燥、清洁，防腐和油压。

② 清除尘埃和污物，包括导体、绝缘体。

③ 对断开、闭合次数较多的断路器，应定期检查其主触点表面的烧损情况，并进行维修。断路器每经过一次短路电流，应及时对其触点等部位进行检修。

④ 对于主接触器，特别是动作频繁的系统，应经常检查主触点表面，当发现触点严重烧损时，应及时更换，不能使用。

⑤ 经常检查按钮是否操作灵活，其接点接触是否良好。

⑥ 对于抽屉的一、二次接插件是否插接可靠，抽屉式功能单元的抽出和插入是否灵活，有无卡住现象。

⑦ 抽屉拉出时，应使接触器、断路器等断开，将抽屉退到试验位置，拔下二次插头，再将抽屉拉出柜外。

三、电动机运行使用的监视与维护

电动机运行使用过程中监视与维护应包括以下内容。

① 电压波动不得太大。因为电动机的转矩与电压的平方成正比，所以电压波动对转矩的影响很大。一般情况下，电压波动不得超过$\pm 5\%$的范围。

② 三相电压不平衡不得太大。三相电压不平衡会引起电动机额外的发热。一般要求三相电压中任何一相电压与三相电压平均值之差不超过三相电压平均值的5%。

③ 三相电流不平衡不得太大。当各相电流均未超过额定电流时，三相电流中任何一相与三相电流平均值偏差不得大于三相电流平均值的10%。

④ 对电动机的轴承润滑一般每6个月加油一次（连续运转）。在巡视时，应观察有无油脂外溢，并注意观察其颜色的变化。

⑤ 监视电机的温度，检查冷却空气是否畅通。

⑥ 电动机温度过高不一定是由于负载过重或周围环境温度过高造成的，三相电动机两相运行，电动机内部绕组或铁芯短路，装配或安装不合格等因素都可能造成电动机过热。

⑦ 电动机（除潜水电机外）运行允许的振动值（双振幅）应不大于表11-2的规定。

表 11-2　电动机的允许振动值

同步转速/(r/min)	3000	1500	1000	750 以下
双振幅值/mm	0.05	0.085	0.1	0.12

⑧ 三相电动机不得两相运行。电动机一相断电，造成非全相运行，容易因过热而损坏绝缘，应当立即切断电源，检查非全相的原因。

四、变频器的调试

变频器的调试工作包括以下几个方面。

1. 通电前的检查

① 变频器型号规格是否有误。

② 安装环境是否有问题。

③ 整机连接件有无松动，接插件是否可靠插入，有无脱落和损坏。

④ 电缆是否符合要求。

⑤ 主电路、控制电路的电气连接有无松动，接地是否可靠。

⑥ 各接地端子的外接线路有无接错，屏蔽线连接是否符合要求。

⑦ 全部外部端子与接地端子间用500V兆欧表测量，电阻应在10MΩ以上。

⑧ 主电路电源电压是否符合规定值。

⑨ 箱内有无金属或电缆线头等异物遗留，必要时进行清扫。

2. 不接电动机，变频器单独调试

① 先将所有的操作开关断开。

② 将频率设定（即速度设定），电位器调到最小值。

③ 接通主线路电源开关（一般内部冷却风扇、面板等控制电路、程序电路等都同时通电），稍等一会，检查各电路有无发热、异味、冒烟等现象，各指示灯是否正常。

④ 查变频器所设定的参数，可根据实际要求修改或重新设定数据。

⑤ 给出正转或反转指令，由旋转频率给定位器，观察频率指示是否正确。

⑥ 如频率显示不是数字式，必要时还要校正频率表。

3. 变频器带电动机空载运行

① 先将所有操作开关断开。

② 将频率设置电位器调至最小值。

③ 接通主电源开关（风扇、面板等控制电路、程序电路同时通电）。

④ 给正转或反转指令，首先在几赫运行，观察电动机的旋转方向是否正确。一般正转指令，是指电动机旋转为逆时针方向（指轴端）。

⑤ 电动机旋转方向反了，不必颠倒主电路的相序，可通过调换控制端子的接线，即可改变旋转方向。

⑥ 逐渐加大设定值，观察频率升高到最大值时电动机运行情况，测量转速、输出电压。

⑦ 停机后，检查频率设定电位器的位置，再观察加速运行和减速运行是否平滑稳定。

4. 变频器带电动机负载运行

① 接通主电源开关。

② 根据负载实际要求，变更参数设定。

③ 在正转指令下，逐渐顺时针调节频率给定电位器，电动机转速逐渐上升，同时观察机械的旋转方向是否正确，如有误要更改接线。当电位器右旋到底时，要对应最高频率和转速。在加速期间，要观察机械有无拍频、振动等现象。然后再将电位器反时针（左旋），而电动机转速也随之逐渐降低，直至停止。注意：当给定频率在启动频率之下时，电动机应不转动。

④ 保持给定最高频率（对应最高转速）时，接入正转指令，电动机转速从给定加速时间升速，直至最高转速稳定运行。如在加速过程中有过载现象，则可能设定加速时间过短，应进行调整。

⑤ 在电动机满载运行时，关断正转指令信号则电动机按设定减速时间减速直至停止。

⑥ 在反转指令下，重复③～⑤项调试。

⑦ 在运行中，有些设定参数可以改变，有些则不允许改变，应根据不同型号的变频器操作说明进行。

五、二次设备的操作与维护

在高压配电柜和电机控制中心中，对主设备进行监视、测量、控制和保护的设备称为二次设备。二次设备对主设备的安全运行是必不可少的，二次设备根据用途可分为测量仪表、继电保护装置、信号装置、自动装置和操作电源。

为保证配电系统在出现故障时保护装置能准确可靠地动作，操作电源要求必须非常可靠。目前常见操作电源有 3 种：由蓄电池供电的直流电源、整流电源及交流电源。

1. 蓄电池电源的维护

蓄电池电源的电压与被保护电路无关联，在主回路出现故障时，仍能供电，是一种独立的电源。

2. 二次回路的绝缘检查

运行中的二次回路一般每年检查一次绝缘性能。检查前要清除设备导线上的脏物。保证各种设备导线的清洁干燥。

在高压配电和电机控制中心中都需要电气仪表对各种参数进行测量，用以保证电气设备和工艺设备的安全经济地运行。正确地使用仪表及精心维护可以有效地延长仪表的使用寿命，仪表的使用与维护应注意以下几方面。

检查被测量值是否在仪表的最大量程内，精度等级是否适宜。检查仪表外壳、玻璃有无损伤，各种标志、极性是否清楚。

检查端钮、刻度盘、调整器有无损伤，指针是否有弯曲变形及被卡住的现象。若指针弯曲变形，应拆开修理，不能通过调零纠正。指针转动不灵时，禁止摇摆敲击仪表，应送交专门人员修理。

仪表出现故障后从装置拆卸下来时，应注意安全，在确信切断电源后再拆卸。

装设仪表的地方空气应清洁干燥，无腐蚀性气体。环境温度适宜，无影响仪表精度的振动及干扰磁场。

维护中还应注意检查仪表接线是否良好可靠，接线方式是否正确，确保仪表对配电系统的可靠监测。

仪表应按规定作定期核试验和调整，出现故障的仪表应及时修理或更换。

第三篇 污水处理厂设计环节

第十二章 污水厂设计依据与工艺流程的选择

第一节 设 计 依 据

一、国家标准

国家标准是指由国家标准化主管机构批准发布，对全国经济、技术发展有重大意义，且在全国范围内统一的标准。国家标准是在全国范围内统一的技术要求，由国务院标准化行政主管部门编制计划，协调项目分工，组织制定（含修订），统一审批、编号、发布。法律对国家标准的制定另有规定的，依照法律的规定执行。

国家标准分为强制性国家标准（GB）和推荐性国家标准（GB/T）。国家标准的编号由国家标准的代号、国家标准发布的顺序号和国家标准发布的年号（发布年份）构成。强制性国家标准是保障人体健康、人身、财产安全的标准和法律及行政法规规定强制执行的国家标准；推荐性国家标准是指生产、检验、使用等方面，通过经济手段或市场调节而自愿采用的国家标准。但推荐性国家标准一经接受并采用，或各方商定同意纳入经济合同中，就成为各方必须共同遵守的技术依据，具有法律上的约束性。在水污染控制工程方面的现行国家标准主要有以下几种

(1) GB 50014—2006，室外排水设计规范（2011 版）

(2) CJJ 60—2011，城镇污水处理厂运行、维护及安全技术规程

(3) CECS 97：97，鼓风曝气系统设计规程

(4) CECS 265：2009，曝气生物滤池工程技术规程

(5) HJ 2014—2012，生物滤池法污水处理工程技术规范

(6) HJ 578—2010，氧化沟活性污泥法污水处理工程技术规范

(7) HJ 2008—2010，污水过滤处理工程技术规范

(8) HJ 2005—2010，人工湿地污水处理工程技术规范

(9) HJ 579—2010，膜分离法污水处理工程技术规范

(10) HJ 2021—2012，内循环好氧生物流化床污水处理工程技术规范

(11) HJ 2009—2011，生物接触氧化法污水处理工程技术规范

(12) HJ 2024—2012，完全混合式厌氧反应池废水处理工程技术规范

(13) HJ 2007—2010，污水气浮处理工程技术规范

(14) HJ 2006—2010，污水混凝与絮凝处理工程技术规范，

(15) HJ 2023—2012，厌氧颗粒污泥膨胀床反应器废水处理工程技术规范

(16) HJ 576—2010，厌氧-缺氧-好氧活性污泥法污水处理工程技术规范

(17) HJ 2010—2011，膜生物法污水处理工程技术规范

（18）HJ 577—2010，序批式活性污泥法污水处理工程技术规范

（19）HJ 2015—2012，水污染治理工程技术导则

（20）HJ 2013—2012，升流式厌氧污泥床反应器污水处理工程技术规范

二、标准图集

标准图集是供设计选用、方便施工、方便预算的图纸，不是强制性条文，但一经选用写在施工图上，就应照图施工。标准图集中的具体内容是可以和设计人商量修改的，强制性条文是不可以更改的。

标准图集必须符合国家制图标准；符合相关设计规范的构造、计算规定；结果必须满足验收规范达到的效果。适合全国的，应经国家部委批准颁发为国家标准图集；仅适合地区、省的，经省厅级主管部门批准颁发为地方标准图集。目前针对环境工程水污染控制工程的标注图集较少，但给排水标准图集较多，可以借鉴参考。

三、设计手册

主要有《给水排水设计手册》、《污水处理厂工艺设计手册》、《水处理工程师手册》、《环境工程设计手册》等。这些设计手册可以作为污水处理厂设计的参考和指导资料。

第二节　工艺流程的选择

一、城市污水处理厂工艺流程概述

二级生物处理指利用水中的微生物来去除污水中的碳源有机物，二级强化生物处理是指除利用微生物来去除污水中的碳源有机物外，还需去除污水中的氮和磷。城市污水二级及二级强化处理一般以好氧生物处理为主，好氧处理可分为活性污泥法和生物膜法两大类。活性污泥法是利用河川自净原理，人工创建的生化净化污水处理方法。城市污水厂适用的方法主要有 AB 法、SBR 法、氧化沟法、AO 法、A^2O 法、水解好氧法等。生物膜法是利用土壤自净原理发展起来的，通过附着在各种载体上的生物膜来处理污水的好氧生物处理法，主要包括生物转盘、生物滤池和生物接触氧化法等工艺。

二、污水处理工艺流程选择的依据和原则

1. 污水处理级别的确定

选择污水处理工艺流程时首先应按受纳水体的性质确定出水水质要求，并依此确定处理级别，排水应达到国家排放标准。设市城市和重点流域及水资源保护区的建制镇必须建设二级污水处理设施；受纳水体为封闭或半封闭水体时，为防止富营养化，城市污水应进行二级强化处理，增强除磷脱氮的效果；非重点流域和非水源保护区的建制镇，根据当地的经济条件和水污染控制要求，可先行一级强化处理，分期实现二级处理。

2. 工艺流程选择应考虑的技术因素

主要包括处理规模；进水水质特性，重点考虑有机物负荷、氮磷含量；出水水质要求，重点考虑对氮磷的要求以及回用要求；各种污染物的去除率；气候等自然条件，北方地区应考虑低温条件下稳定运行；污泥的特性和用途。

3. 工艺流程选择应考虑的技术经济因素

包括批准的占地面积，征地价格；基建投资；运行成本；自动化水平，操作难易程度，当地运行管理能力。

4. 工艺流程选择的原则

保证出水水质达到要求；处理效果稳定，技术成熟可靠、先进适用；降低基建投资和运行费用，节省电耗；减小占地面积；运行管理方便，运转灵活；污泥需达到稳定；适应当地的具体情况；可积极稳妥地选用污水处理新技术。

三、污水处理工艺流程的比较和选择方法

在选定污水处理工艺流程时可以采用下面介绍的一种或几种比较方法。

1. 在方案初选时可以采用定性的技术比较

城市污水处理工艺应根据处理规模、水质特性、排放方式和水质要求、受纳水体的环境功能以及当地的用地、气候、经济等实际情况和要求，经全面的技术比较和初步经济比较后优选确定。方案选择比较时需要考虑的主要技术经济指标包括：处理单位水量投资、削减单位污染物投资、处理单位水量电耗和成本、削减单位污染物电耗和成本、占地面积、运行性能可靠性、管理维护难易程度、总体环境效益等。定性比较时可以采用有定论的结论和经验值等，而不必进行详细计算。

2. 经济比较方法

经济比较在选定最终采用的工艺流程时，应选择 2～3 种工艺流程进行全面的定量化的经济比较。可以采用年成本法或净现值法进行比较。

① 年成本法。将各方案的基建投资和年经营费用按标准投资收益率，考虑复利因素后，换算成使用年限内每年年末等额偿付的成本—年成本，比较年成本最低者为经济可取的方案。

② 净现值法。将工程使用整个年限内的收益和成本（包括投资和经营费）按照适当的贴现率折算为基准年的现值，收益与成本现行总值的差额即净现值，净现值大的方案较优。

③ 多目标决策法。多目标决策是根据模糊决策的概念，采用定性和定量相结合的系统评价法。按工程特点确定评价指标，一般可以采用 5 分制评分，效益最好的为 5 分，最差的为 1 分。同时，按评价指标的重要性进行级差量化处理（加权），分为极重要、很重要、重要、应考虑、意义不大五级。取意义不大权重为 1 级，依次按 $2n-1$ 进级，再按加权数算出评价总分，总分最高的为多目标系统的最佳方案。评价指标项目及权重应根据项目具体情况合理确定。

进行工艺流程选择时，可以先根据污水处理厂的建设规模、进水水质特点和排放所要求的处理程度，排除不适用的处理工艺，初选 2～3 种流程，然后再针对初选的处理工艺进行全面的技术经济对比后确定最终的工艺流程。

第十三章　物理处理单元工艺设计

第一节　格栅的设计

一、格栅设计参数的确定

1. 格栅的栅条间距

若格栅设置于水处理系统之前，其格栅间距可采用 10～25mm（机械清污）或 25～40mm（人工除污）。当格栅设置于水泵前时，应根据水泵进口口径按表 13-1 选用。对于阶梯式格栅除污机、回转式固液分离机和转鼓式格栅除污机的栅条间隙或栅孔可按需要确定。

表 13-1　栅条间隙

水泵口径/mm	<200	250～450	500～900	1000～3500
栅条间隙/mm	15～20	30～40	40～80	80～100

如泵站较深，泵前格栅机械清除或人工清除比较复杂，可在泵前设置仅为保护水泵正常运转的、空隙宽度较大的粗格栅（宽度根据水泵要求，国外资料认为可大到 100mm）以减少栅渣量，并在处理构筑物前设置间隙宽度较小的细格栅，保证后续工序的顺利进行。这样既便于维修养护，投资也不会增加。

2. 格栅栅条断面形状

栅条断面形状可按表 13-2 选用。圆形断面栅条水力条件好、水流阻力小，但刚度差，一般多采用矩形断面栅条。

表 13-2　栅条断面形状与尺寸

栅条断面	正方形	圆形	锐边矩形	带半圆的矩形	两头半圆的矩形
尺寸/mm	20　20　20 / 20	φ20　φ20　φ20	10　10　10 / 50	10　10　10 / 50	10　10　10 / 50

3. 格栅的安装角度

格栅的安装倾角可以增加有效格栅面积 40%～80%，而且便于清洗和防止因堵塞而造成过高的水头损失。除转鼓式格栅除污机外，机械清除格栅的安装角度宜为 60°～90°，人工清除格栅的安装角度宜为 30°～60°。国外关于格栅倾角的相关数据见表 13-3。

格栅高度一般应高出栅前最高水位 0.3m 以上，当格栅井较深时，格栅井的上部可采用混凝土胸墙或钢挡板满封，以减小格栅的高度。

格栅上部必须设置工作平台，其高度应高出格栅前最高设计水位 0.5m，工作平台上应有安全和冲洗设施，其两侧过道的宽度不应小于 0.7m；工作台正面过道宽度按清渣方式确定：人工清渣时不小于 1.2m，机械清渣时不小于 1.5m。同时，格栅除污机底部前端距井壁尺寸，钢丝绳牵引除污机或移动悬吊葫芦抓斗式除污机应大于 1.5m；链动刮板除污机或回转式固液分离机应大于 1.0m。

表 13-3 格栅倾角

资料来源	格栅倾角	
	人工清除	机械清除
国内污水厂	一般为 45°~75°	
日本指南	45°~60°	70°左右
美国污水厂手册	30°~45°	40°~90°

4. 过栅流速

栅前渠道内的水流速度一般取 0.4~0.9m/s，污水过栅流速宜采用 0.6~1.0m/s。过栅流速太大或太小都会影响截污效果和栅前泥砂的沉积。格栅的总宽度不应小于进水渠有效断面宽度的 1.2 倍，如与滤网串联使用，可按 1.8 倍左右考虑。

5. 格栅拦截的栅渣量 W_1

栅渣量与栅条间隙、当地废水特征、废水流量以及城市污水管道的类型等因素有关。当缺乏当地运行资料时，可采用下列数据。

格栅间隙 16~25mm 时，栅渣量 0.10~0.05m^3 栅渣/$10^3 m^3$ 废水；

格栅间隙 30~50mm 时，栅渣量 0.03~0.01m^3 栅渣/$10^3 m^3$ 废水。

栅渣的含水率一般为 80%，表观密度约 960kg/m^3，有机质高达 85%，极易腐烂。栅渣的收集、装卸设备，应以其体积为考虑依据。污水处理厂内贮存栅渣容器，不应小于一天截留的栅渣体积量。

6. 清渣方式

栅渣的清除方式一般按所需的清渣量而定，当栅渣量小于 0.2m^3/d 时采用人工除污格栅，当栅渣量大于 0.2m^3/d 时采用机械格栅除污机，机械格栅除污机的台数不宜少于 2 台，如为一台时应设置人工格栅以备使用。

关于栅渣的输送设备，一般粗格栅渣宜采用带式输送机，细格栅渣宜采用螺旋输送机；对输送距离大于 8.0m 的宜采用带式输送机，对距离较短的宜采用螺旋输送机；而当污水中有较大的杂质时，不管输送距离长短，均以采用皮带输送机为宜。

7. 除臭措施

一般情况下污水预处理构筑物，散发的臭味较大，格栅除污机、输送机和压榨脱水机的进出料口宜采用密封形式。根据污水提升泵站、污水厂的周围环境情况，确定是否需要设置除臭装置。

二、格栅的设计计算

《室外排水设计规范》(GB 50014—2006) 第 6.2.6 条规定：各处理构筑物的个（格）数不应少于 2 个（格），并应按并联设计。因此格栅的设计应按两组并联考虑，其中一台备用。

图 13-1 为格栅水力计算示意图。

1. 格栅槽的宽度（或称为格栅的建筑宽度）B

$$B = s(n-1) + bn \tag{13-1}$$

$$n = \frac{Q_{\max} \sqrt{\sin\alpha}}{bhv} \tag{13-2}$$

式中，s 为栅条宽度，m；n 为栅条间隙数目（当栅条间隙数为 n 时，栅条的数目应为

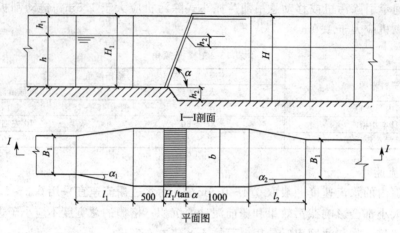

图 13-1   格栅水力计算示意图

$n-1$）；b 为栅条间隙，m；Q_{max} 为最大设计流量，m^3/s；α 为格栅的倾斜角，（°）；h 为栅前水深，m；$\sin\alpha$ 为考虑格栅倾角的经验系数；v 为过栅流速，m/s。

2. 格栅前后渠底高差（即通过格栅的水头损失）h_2

$$h_2 = Kh_0 \tag{13-3}$$

$$h_0 = \xi \frac{v^2}{2g} \sin\alpha \tag{13-4}$$

式中，h_0 为计算水头损失，m；g 为重力加速度，m/s^2；K 为考虑截留污物引起格栅过流阻力增大的系数，一般取 $K=2\sim3$，或按 $K=3.36v-1.32$ 求得；ξ 为阻力系数，其值与栅条的断面形状有关，可按表 13-4 选取。

工程中为了简化计算，h_2 可按经验定为 $0.10\sim0.30m$，最大不超过 $0.50m$。

表 13-4   阻力系数 ξ 计算公式

栅条断面形状	公式	说明
锐边矩形	$\xi = \beta(\frac{s}{b})^{\frac{4}{3}}$ （β 为形状系数）	$\beta=2.42$
半圆形迎水面矩形		$\beta=1.83$
圆形		$\beta=1.79$
迎背水面均为半圆		$\beta=1.67$
正方形	$\xi = (\frac{b+s}{\varepsilon b}-1)^2$	ε 为收缩系数，一般取 0.64

3. 栅后槽总高度 H

$$H = h + h_1 + h_2 \tag{13-5}$$

式中：h 为栅前水深，m；h_1 为栅前渠道超高，一般为 0.3m。

4. 格栅的总建筑长度 L

$$L = l_1 + l_2 + 1.0 + 0.5 + \frac{H_1}{\tan\alpha} \tag{13-6}$$

式中：l_1 为进水渠道渐宽部位长度，m，$l_1 = \frac{B-B_1}{2\tan\alpha_1}$；

B_1 为进水渠道宽度，m；α_1 为进水渠道渐宽部位的展开角度，一般为 $20°$；l_2 为格栅槽与出水渠道连接处渐窄部位的长度，m，一般取 $l_2=0.5l_1$；H_1 为格栅前的渠道深度，m。

5. 每日栅渣量 $W(m^3/d)$

$$W=\frac{3600\times24Q_{\max}W_1}{1000K_2} \tag{13-7}$$

式中，W_1 为栅渣量，$m^3/10^3 m^3$ 污水；$Q_{\max}$ 为最大设计流量，m^3/s；K_2 为生活污水量总变化系数，见表 13-5。

表 13-5　生活污水流量总变化系数

平均日流量/(L/s)	4	6	10	15	25	40	70	120	200	400	750	1600
K_2	2.3	2.2	2.1	2.0	1.89	1.80	1.69	1.59	1.51	1.40	1.30	1.20

注：表中的平均流量是指一天当中的平均流量。

三、格栅的选型

格栅设计计算之后，需要根据设计尺寸及参数，查格栅产品表进行格栅的选型。机械格栅除污机的类型很多，具体形式分类如表 13-6 所示。总的可分为前清式（或前置式）、后清式（或后置式）、自清式三大类。前清式（或前置式）机械格栅除污机的除污齿耙设在格栅前（迎水面）以清除栅渣，目前市场上该种型式居多，如三索式、高链式等；后清式（或后置式）机械格栅除污机的除污齿耙设在格栅后面，耙齿向格栅前伸出清除栅渣，如背耙式、阶梯式等；自清式机械格栅除污机无除污齿耙，但能从结构设计上自行将污物卸除，同时辅以橡胶刷或压力清水冲洗，如网篦式清污机、梨形齿耙固液分离机等。

表 13-6　格栅除污机的形式分类

分类	传动方式	牵引部件工况	格栅形状	除污机安装方式		代表性格栅
前清式（前置式）	液压	旋臂式	弧形	固定式		液压传动伸缩臂式弧形格栅除污机
	臂式	摆臂式				摆臂式弧形格栅除污机
		回转臂式				旋臂式格栅除污机
	钢丝绳	伸缩臂式	平面格栅	移动式	台车式	移动式伸缩臂格栅除污机
		三索式				钢丝绳牵引移动式格栅除污机
					悬挂式	葫芦抓斗式格栅除污机
		二索式		固定式		三索式格栅除污机
						滑块式格栅除污机
	链式	干式				高链式格栅除污机
						爬式格栅除污机
		湿式				回转式多耙格栅除污机
后清式						背耙式格栅除污机
						回转式固液分离机
自清式（栅片移行式）	曲柄式		阶梯形			阶梯式格栅除污机
	螺旋式		鼓形			鼓形螺旋格栅除污机

第二节　沉砂池的设计

常用的沉砂池有平流式沉砂池、曝气式沉砂池、涡流式沉砂池等。沉砂池的设计应遵循以下原则：①按去除相对密度约 2.65、粒径 0.2mm 以上的砂粒设计。②沉砂池的座数或分格数应不小于 2 个，并按并联设计。当水量较少时，可以考虑单格工作，一格备用；当水量较大时，则两格同时工作。③生活污水的沉砂量按 0.01～0.02L/(人·d)、城市废水按 $1\times10^6\,m^3$ 废水产生沉砂 $30m^3$ 计；沉砂含水率约为 60%，容重约 $1500kg/m^3$。

一、曝气沉砂池设计

图 13-2 为曝气沉砂池的断面图，其水流部分是一个矩形渠道，沿池壁一侧的整个长度上设置曝气装置。池底沿渠长设有一集砂槽，池底以坡度 $i=0.1～0.5$ 向集砂槽倾斜，以保证砂粒滑入；吸砂机或刮砂机安置在集砂槽内。

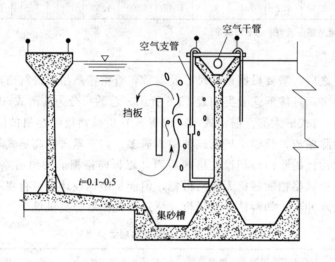

图 13-2　曝气沉砂池的断面图

1. 曝气沉砂池的主要控制参数

① 水平流速宜为 0.1m/s，过水断面周边的最大漩流速度为 0.25～0.30m/s；如果考虑预曝气，过水断面增大为原来的 3～4 倍。

② 最高时流量的停留时间应大于 2min，一般为 4～6min；如作为预曝气，则可延长池身，使停留时间增加为 10～30min。

③ 有效水深宜为 2.0～3.0m，宽深比宜为 1～1.5，长宽比取 5∶1。

④ 处理每立方米污水的曝气量宜为 0.1～0.2m³ 空气。

2. 曝气沉砂池的设计计算

（1）曝气沉砂池总有效容积 V

$$V=Q_{max}t\times60 \tag{13-8}$$

式中，Q_{max} 为最大设计流量，m^3/s；t 为最大设计流量时的停留时间，min。

（2）水流断面面积 A

$$A=\frac{Q_{max}}{v_1} \tag{13-9}$$

式中，v_1 为最大设计流量时的水平流速，m/s。

（3）池子总宽度 B

$$B=\frac{A}{h_2} \tag{13-10}$$

式中，h_2 为设计有效水深，m。

（4）沉砂池长度 L

$$L=\frac{V}{A}=V_1 t \times 60 \qquad (13\text{-}11)$$

（5）每小时所需空气量 q

$$q=dQ_{max} \times 3600 \qquad (13\text{-}12)$$

式中，d 为 $1m^3$ 废水每小时所需空气量，$m^3/(m^3 \cdot h)$，可按表 13-7 确定。

表 13-7　单位池长所需空气量

曝气管水下浸没深度/m	最小空气用量/[$m^3/(m^3 \cdot h)$]	达到良好除砂效果时的最大空气量/[$m^3/(m^3 \cdot h)$]
1.5	12.5	30
2.0	11.0~14.5	29
2.5	10.5~14.0	28
3.0	10.5~14.0	28
4.0	10.0~13.5	25

曝气装置多采用穿孔管曝气器，穿孔管孔径 $\varphi 2.5 \sim 6.0mm$，安装在池的一侧，距池底约 $0.6 \sim 0.9m$，空气管上设置空气调节阀。

二、多尔沉砂池

如图 13-3 所示，多尔沉砂池为一个浅的方形水池，主要由污水入口、整流器、沉砂池、刮砂机、排砂坑、洗砂机、有机物回流装置、回流管以及排砂机等组成。在池的一边设有与池壁平行的进水槽，并在整个池壁上设有整流器。沉砂池底的砂粒用一台安装在转轴上的刮砂机，把砂粒从中心刮到边缘，进入集砂斗。砂粒用往复式刮砂机或螺旋式输送器进行淘洗，以去除有机物。刮砂机上装有浆板，用以产生一股反方向的水流，将从砂上洗下来的有机物带走，回流到沉砂池中，淘洗的砂粒以及其他无机颗粒由排砂机排出。

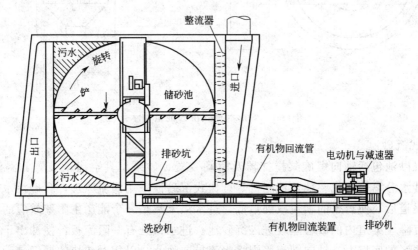

图 13-3　多尔沉砂池结构示意图

多尔沉砂池的面积根据要求去除的砂粒直径和废水温度确定，最大设计流速为 $0.3m/s$。其设计参数见表 13-8。

表 13-8   多尔沉砂池设计参数列表

	沉砂池直径/m	3.0	6.0	9.0	12.0
最大流量/(m³/s)	要求去除砂粒直径为 0.21mm	0.17	0.70	1.58	2.80
	要求去除砂粒直径为 0.15mm	0.11	0.45	1.02	1.81
沉砂池深度/m		1.1	1.2	1.4	1.5
最大设计流量时的水深/m		0.5	0.6	0.9	1.1
洗砂器宽度/m		0.4	0.4	0.7	0.7
洗砂器斜面长度/m		8.0	9.0	10.0	12.0

三、圆形涡流沉砂池

圆形涡流式沉砂池具有占地少、除渣效率高、操作环境好、设备运行可靠等优点。其中最具代表性的就是美国 Smith&Loveless 公司的比式（PISTA）沉砂池和英国 Jones&Attwood 公司的钟式（JETA）沉砂池。圆形涡流式沉砂池结构示意图见图 13-4。

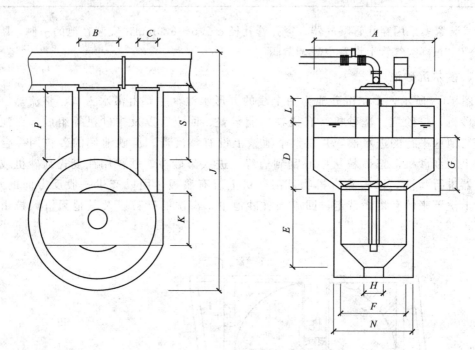

图 13-4   圆形涡流式沉砂池结构示意图

1. 比式沉砂池

比式沉砂池包括轴向螺旋桨搅拌器及驱动装置、砂泵、真空启动装置、涡流砂粒浓缩器、螺旋砂水分离输送机、就地控制机等。比式沉砂池采用涡流原理，含砂污水在经过平而直的进水渠道后，使得水的紊流减到最低，进水渠末端是一个能产生附壁效应的斜坡，可使部分已经沉降于渠道内的砂粒顺坡进入沉砂池。进水口处有一阻流板，使冲出于板上的水流下折到分选区的底板上。轴向螺旋桨则将水流导向池心，以相对较快的速度带动水流从池心向上移动，由此形成一个涡形水流。较重的砂粒从靠近池心的环形孔口落入集砂区，较轻的有机物由于螺旋桨的作用与砂粒分离，最终引向出水渠。

比式沉砂池的参考尺寸和驱动功率见表 13-9。

表 13-9　比式沉砂池的参考尺寸和驱动功率

型　　号		1.0	2.5	4.0	7.0	12.0	20.0	30.0	50.0	70.0
处理量/(m³/h)		158	395	633	1104	1896	3158	4750	7875	11042
沉砂池直径	A/m	1.83	2.13	2.44	3.05	3.66	4.88	5.49	6.10	7.32
	B/m	0.61	0.76	0.91	1.22	1.52	2.13	2.44	2.74	3.35
	C/m	0.31	0.38	0.46	0.61	0.76	1.06	1.22	1.37	1.67
沉砂池深度	D/m	1.12	1.12	1.22	1.45	1.52	1.68	1.98	2.13	2.13
	E/m	1.52	1.52	1.52	1.68	2.03	2.08	2.13	2.44	2.44
砂斗直径	F/m	0.91	0.91	0.91	1.52	1.52	1.52	1.52	1.52	1.83
	H/m	0.31	0.31	0.46	0.46	0.46	0.46	0.46	0.46	0.46
	J/m	6.40	6.71	7.01	7.62	8.99	12.34	14.02	15.69	19.60
	N/m	1.06	1.06	1.67	1.67	1.67	1.67	1.67	1.67	1.98
	P/m	0.61	0.76	0.91	1.22	1.52	1.83	2.13	2.74	3.05
	S/m	4.57	4.57	4.57	4.57	5.33	7.47	8.53	9.60	11.73
驱动机构功率/kW		0.56	0.86	0.86	0.75	0.75	1.50	1.50	1.50	1.50
桨板转速/(r/min)		20	20	20	14	14	13	13	13	12

2. 钟式沉砂池

钟式沉砂池是仿比式沉砂池中最具代表性的一种，1986 年申请专利。钟式沉砂池由减速电机、减速箱、叶片驱动杆、转盘叶片、空气提升和空气冲洗系统、吸砂管及平台钢梁组成。水流流经较短的进水渠进入沉砂池，由驱动装置带动叶片旋转；由于重力作用，分选区水流分为两个环流：内环在叶轮推动下向上流动，外环则基本保持静止。砂粒以重力沉降到外环的斜底上，并顺斜坡滑入集砂区；轻的有机物则在径向叶轮的推力作用下与砂粒分离，返回到水流中去。

钟式沉砂池推荐选用气提装置从集砂区排砂，钟式沉砂池的结构尺寸如表 13-10 所示。

表 13-10　钟式沉砂池的结构尺寸列表

Jeta 型号	流量/(L/s)	A/m	B/m	C/m	D/m	E/m	F/m	G/m	H/m	J/m	K/m	L/m	功率/kW
50	50	1.83	1.0	0.305	0.61	0.30	1.40	0.30	0.30	0.20	0.80	1.10	0.55
100	110	2.13	1.0	0.380	0.76	0.30	1.40	0.30	0.30	0.30	0.80	1.10	0.55
200	180	2.43	1.0	0.450	0.90	0.30	1.35	0.40	0.30	0.40	0.80	1.15	0.55
300	310	3.05	1.0	0.610	1.20	0.30	1.35	0.45	0.30	0.45	0.80	1.35	0.75
550	530	3.65	1.5	0.750	1.50	0.40	1.55	0.60	0.51	0.58	0.80	1.45	0.75
900	880	4.87	1.5	1.00	2.00	0.40	1.70	0.50	0.51	0.60	0.80	1.85	1.10
1300	1320	5.48	1.5	1.10	2.20	0.40	1.70	1.00	0.61	0.63	0.80	1.85	1.10
1750	1750	5.80	1.5	1.20	2.40	0.40	2.20	1.30	0.75	0.70	0.80	1.95	1.50
2000	2200	6.10	1.5	1.20	2.40	0.40	2.50	1.30	0.89	0.75	0.80	1.95	2.20

3. 圆形涡流式沉砂池的设计参数

① 最高时流量的停留时间不应小于 30s；

② 设计水力表面负荷宜为 $150 \sim 200 m^3 / (m^2 \cdot h)$；

③ 有效水深宜为 $1.0 \sim 2.0 m$，池径与池深比宜为 $2.0 \sim 2.5$；

④ 池中应设立式桨叶分离机；

⑤ 砂斗容积不应大于 2d 的沉砂量。

第三节　沉淀池的设计

一、普通沉淀池的设计原则与参数选择

根据结构及运行方式的不同，沉淀池可分为普通沉淀池和浅层沉淀池（斜板与斜管）两大类；按照水在池内的总体流向，普通沉淀池可分为平流式、辐流式和竖流式三种。

沉淀池的设计包括功能设计和结构设计两部分，设计良好的沉淀池应满足以下三个基本要求：有足够的沉降分离面积；有结构合理的入流和出流装置，能均匀布水和集水；有尺寸合适、性能良好的污泥和浮渣的收集和排放设备。相关参数的选取原则如下。

1. 设计流量

当污水自流进入沉淀池时，应以最大流量作为设计流量；当污水通过泵提升进入沉淀池时，应按水泵工作期间最大组合流量作为设计流量。

2. 经验设计参数

沉淀池设计的主要依据是经过处理后达到所应达到的水质要求，据此应确定以下参数：污水应达到的沉淀效率、悬浮颗粒的最小沉速、表面负荷、沉淀时间以及水在池内的平均流速等。这些参数一般通过沉淀实验取得，无实测资料时，依据经验值选取。2006 版《室外排水设计规范》（GB 50014）中给出的经验数据如下。

① 沉淀池的设计数据按表 13-11 确定。

表 13-11　沉淀池设计数据

沉淀池类型		沉淀时间 /h	表面水力负荷 /[m³/(m²·h)]	每人每日污泥量 /[g/(人·d)]	污泥含水率 /%	固体负荷 /[kg/(m²·d)]
初次沉淀池		0.5~2.0	1.5~4.5	16~36	95~97	—
二次沉淀池	生物膜法后	1.5~4.0	1.0~2.0	10~26	96~98	≤150
	活性污泥法后	1.5~4.0	0.6~1.5	12~32	99.2~99.6	≤150

② 沉淀池的有效水深宜采用 2.0~4.0m。

③ 初次沉淀池的污泥区容积，除设机械排泥的宜按 4h 的污泥量计算外，宜按不大于 2d 的污泥量计算。活性污泥法处理后的二次沉淀池污泥区容积，宜按不大于 2h 的污泥量计算，并应有连续排泥措施；生物膜法处理后的二次沉淀池污泥区容积，宜按 4h 的污泥量计算。

④ 排泥管的直径不应小于 200mm。

⑤ 当采用静水压力排泥时，初次沉淀池的静水头不应小于 1.5m；二次沉淀池的静水头，生物膜法处理后不应小于 1.2m，活性污泥法处理后不应小于 0.9m。

⑥ 初次沉淀池的出口堰最大负荷不宜大于 2.9L/(s·m)；二次沉淀池的出水堰最大负荷不宜大于 1.7L/(s·m)。

3. 沉淀池数目

沉淀池的数目不应少于 2 座，并应考虑其中一座发生故障时，全部流量能通过另一座沉淀池的可能性。也就是说，用一座沉淀池来校核全部流量通过时的沉淀效率。

二、辐流沉淀池的设计

1. 结构设计

　　辐流沉淀池的池表面呈圆形或方形，池内污水呈水平方向流动，但流速是变动的。按水流方向及进出水方式的不同，辐流式沉淀池分为普通辐流式沉淀池和向心辐流式沉淀池。

　　普通辐流式沉淀池的直径（或边长）一般为6～60m，最大可达100m，中心深度2.5～5.0m，周边深度1.5～3.0m。图13-5为中心进水周边出水的辐流式沉淀池，在池中心处设中心管，污水从池底的进水管进入中心管，在中心管周围常用穿孔挡板（或穿孔整流板）围成流入区，使污水能均匀地沿半径方向向池周流动，其水力特征是污水的流速由大向小变化。为使水在池内得以均匀流动，穿孔整流板上开孔面积的总和应为池断面的10%～20%。流出区设置于池周，常采用三角堰或淹没式溢流孔，同时在出水堰处设置挡板和浮渣的收集、排除装置。普通辐流式沉淀池多采用机械排泥，池底坡度一般采用0.05，坡向中心。除了机械排泥的辐流式沉淀池外，常将池径小于20m的辐流式沉淀池建成方形，污水沿中心管流入，池底设多个泥斗，使污泥自动滑入泥斗，形成斗式静压排泥。

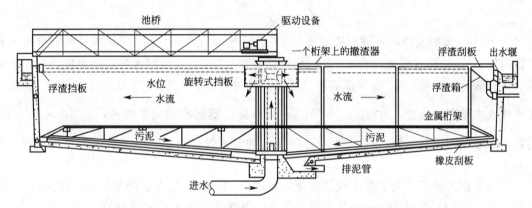

图13-5　中心进水周边出水的辐流式沉淀池结构示意图

　　向心辐流式沉淀池呈圆形，周边为流入区，而流出区既可设在池周边，也可设在池中心，因而也称为周边进水中心出水（或周边出水）辐流式沉淀池。水流进入沉淀池主体以前迅速扩散，以很低的速度从池周边进入澄清区，由于速度很小，能够避免通常高速进水时伴有的短流现象，以提高沉淀池的容积利用系数。

　　向心式辐流沉淀池有5个功能区，即配水槽、导流絮凝区、沉淀区、出水区和污泥区，见图13-6。配水槽设置于周边，槽底均匀开设布水孔及短管；作为二沉池时，由于导流絮凝区设有布水孔及短管，使水流在区内形成回流，促进絮凝作用，从而提高去除率；而且，该区的容积较大，向下的流速较小，不会对底部污泥产生冲击。底部水流的向心流动可将污

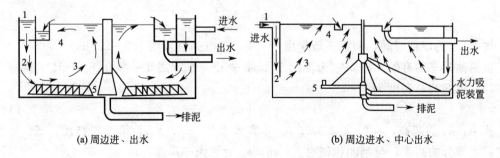

(a) 周边进、出水　　　　　　　　　　　(b) 周边进水、中心出水

图13-6　向心辐流式沉淀池

1—配水槽；2—导流絮凝区；3—沉淀区；4—出水区；5—污泥区

泥推入池中心的排泥管。出水槽的位置可设置在 R 处、$R/2$ 处、$R/3$ 处或 $R/4$ 处，出水槽的位置不同，容积利用系数也不同，参见表 13-12。

表 13-12　出水槽不同位置的容积利用系数

出水槽位置	容积利用系数/%	出水槽位置	容积利用系数/%
R	93.6	$R/3$	87.5
$R/2$	79.7	$R/4$	85.7

2. 功能设计（以向心辐流沉淀池为例）

（1）配水槽　采用环形平底槽等距离设置布水孔，孔径一般取 50～100mm，并加 50～100mm 长度的短管。管内水流平均流速 v_n 为：

$$v_n = \sqrt{2t\mu G_m} \tag{13-13}$$

$$G_m^2 = \left(\frac{v_1^2 - v_2^2}{2t\mu}\right)^2 \tag{13-14}$$

式中，v_n 为配水管内水流平均流速，m/s，一般为 0.3～0.8m/s；t 为导流絮凝区平均停留时间，s，池周有效水深为 2～4m 时，t 取 360～720s；μ 为污水的运动黏度，与水温有关，可查阅有关手册；G_m 为导流絮凝区的平均速度梯度，一般可取 10～30s^{-1}；v_1 为配水孔水流收缩断面的流速，m/s，$v_1 = \dfrac{v_n}{\varepsilon}$；$v_2$ 为导流絮凝区平均向下流速，m/s，$v_2 = \dfrac{Q_1}{f}$；ε 为收缩系数，因设有短管，取 $\varepsilon = 1$；Q_1 为每池的最大设计流量，m^3/s；f 为导流絮凝区环形面积，m^2。

（2）导流絮凝区　为了施工安装方便，宽度 $B > 0.4$m，与配水槽等宽，并用式（13-14）验算值 G_m，若 G_m 值在 10～30s^{-1} 之间为合格；否则需调整 B 值重新计算。

（3）沉淀池的表面积 A 和池径 D

$$A = \frac{Q_{max}}{nq_0} \tag{13-15}$$

$$D = \sqrt{\frac{4A}{\pi}} \tag{13-16}$$

式中，Q_{max} 为最大设计流量，m^3/h；n 为沉淀池的个数；q_0 为表面负荷，一般应通过沉淀实验确定，此处可取 3.0～4.0m^3/（m$^2 \cdot$ h）。对于辐流式沉淀池，直径 D（或正方形的边长）不宜小于 16m。

（4）沉淀池的有效水深 h_2

$$h_2 = \frac{Q_{max} \times t}{nA} \tag{13-17}$$

式中，t 为沉淀时间，初沉一般采用 1～2h，二沉一般采用 1.5～2.5h。

沉淀池的平均有效水深 h_2 一般不大于 4m，直径与水深之比一般介于 6～12 之间。

（5）沉淀池总高度 H

$$H = h_1 + h_2 + h_3 + h_4 + h_5 \tag{13-18}$$

式中，h_1 为超高，一般取 0.3m；h_2 为有效水深，m；h_3 为缓冲层高度，m；h_4 为污泥斗以上部分的高度，与刮泥机械有关，m；h_5 为污泥斗高度，m。

（6）辐流式沉淀池的排泥　辐流式沉淀池的排泥方式也分静压排泥和机械排泥两类，当辐流式沉淀池直径（或边长）小于 20m 时，可以考虑做成方形，在池底设四个贮泥斗，利用重力排泥，污泥量与贮泥斗的计算方法与平流式沉淀池相同，污泥在贮泥斗中停留时间取4h。为满足排泥要求，池底设 0.05 左右的坡度，坡向贮泥斗，中央贮泥斗的坡度为 0.12～0.16。采用机械刮泥时，沉淀池的缓冲层上缘应高出刮泥板 0.3m。

三、竖流式沉淀池的设计

1. 结构设计

如图 13-7 所示，竖流式沉淀池多设计成圆形，也可做成方形或多边形，相邻池壁可以合用，布置较紧凑。污水从中心管进入并在管内向下流动，通过反射板的阻拦向四周均匀分布，然后沿沉淀池的整个断面上升，出流区设于池周，澄清后的出水采用自由堰或三角堰从池面四周溢出。为了防止漂浮物外溢，在水面距池壁 0.4～0.5m 处安设挡流板，挡流板伸入水中部分的深度为 0.25～0.30m，伸出水面高度为 0.1～0.2m。

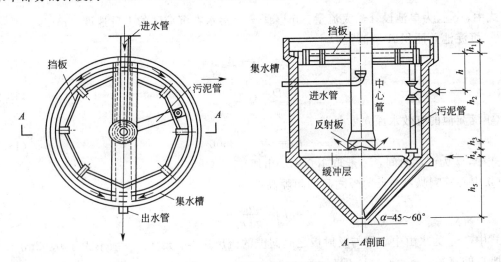

图 13-7 圆形竖流式沉淀池

竖流式沉淀池的直径或边长控制在 4～7m 之间，一般不超过 10m。为了保证水流自下而上垂直流动，要求池直径 D 与沉淀区有效水深的比值不大于 3，否则池内水流就有可能变成辐流而使絮凝作用减少，发挥不了竖流式沉淀池的优点。

中心管下口应设喇叭口及反射板，其构造及尺寸如图 13-8 所示。污水在中心管内的流速对悬浮物的去除效果有一定影响，当在中心管下部设反射板时，其流速可取 100mm/s；当中心管下部不设反射板时，污水在中心管内的流速不应大于 30mm/s。

竖流式沉淀池下部呈截头圆锥状的部分为污泥区，贮泥斗倾斜角要求 50°～60°，采用静水压力排泥，静水压力为 1.5～2.0m，污泥管上端超出水面应不小于 0.4m。

2. 功能设计

竖流沉淀池功能设计所用公式与平流式沉淀池相似，污水上升速度 v 应小于等于颗粒的最小沉降速度 u_0。沉淀池的过水断面等于水的表面积与中心管的面积之差，沉淀区的工作高度按中心管喇叭口到水面的距离考虑。

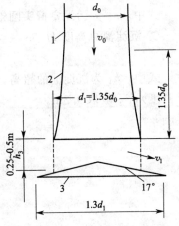

图 13-8 中心管反射板结构示意图
1—中心管；2—喇叭口；3—反射板

首先根据原水中悬浮物浓度 C_1 及排放水中允许含有的悬浮物浓度 C_2，计算应达到的去除率。然后根据沉淀曲线确定与去除率相对应的最小沉降速度 u_0，以及所需要的沉淀时间 t。如果没有进行沉淀实验，缺乏相应的设计参数，则在设计时可以采用设计规范规定的数据。

① 中心管有效断面积 A_1 与直径 d_0

$$A_1 = \frac{q_{max}}{v_0} \tag{13-19}$$

式中，v_0 为中心管内流速，m/s。

② 沉淀池工作部分的有效断面积 A_2

$$A_2 = \frac{q_{max}}{v} \tag{13-20}$$

式中，q_{max} 为单池设计最大流量，m^3/s；v 为污水在沉淀区的上升速度，m^3/s。

③ 沉淀池总面积 A 及池径 D

$$A = A_1 + A_2 \tag{13-21}$$

$$D = \sqrt{\frac{4A}{\pi}} \tag{13-22}$$

④ 沉淀池的有效水深 h_2

$$h_2 = v \times t \times 3600 \tag{13-23}$$

式中，t 为沉淀时间，一般取 $1.0 \sim 2.0$h。

⑤ 中心管喇叭口与反射板之间的间隙高度 h_3

$$h_3 = \frac{q_{max}}{v_1 \pi d_1} \tag{13-24}$$

式中，v_1 为水由中心管与反射板之间间隙的流出速度，m/s，一般不大于 0.02m/s；d_1 为喇叭口的直径，m，$d_1 = 1.35 d_0$。

⑥ 污泥区的计算　污泥贮存所需的容积的计算与平流式沉淀池相同，而截头圆锥部分的容积 V_1 按下式计算：

$$V_1 = \frac{\pi h_5}{3}(R^2 + Rr + r^2) \tag{13-25}$$

式中，h_5 为污泥室截头圆锥部分的高度，m；R、r 为截头圆锥上、下部半径，m。

⑦ 沉淀池总高度 H

$$H = h_1 + h_2 + h_3 + h_4 + h_5 \tag{13-26}$$

式中，h_1 为沉淀池的超高，一般取 0.3m；h_4 为反射板底部距污泥表面的高度（即缓冲层高度），一般取 0.3m。

第十四章　生物处理单元工艺设计

第一节　活性污泥处理单元设计

一、曝气池设计

1. 主要设计参数

处理城市污水的生物反应池的主要设计参数，可按表 14-1 的规定取值。

表 14-1　传统活性污泥法去除碳源污染物的主要设计参数

类　别	L_s /[kg/(kg·d)]	X /(g/L)	L_V /[kg/(m³·d)]	污泥回流比 /%	总处理效率 /%
普通曝气	0.2~0.4	1.5~2.5	0.4~0.9	25~75	90~95
阶段曝气	0.2~0.4	1.5~3.0	0.4~1.2	25~75	85~95
吸附再生曝气	0.2~0.4	2.5~6.0	0.9~1.8	50~100	80~90
合建式完全混合曝气	0.25~0.5	2.0~4.0	0.5~1.8	100~400	80~90

当曝气池的始端设置缺氧或厌氧选择区（池）时，水力停留时间可采用采用 0.5~1.0h。

2. 曝气池容积计算

当以去除碳源污染物为主时，生物反应池的容积可按下列公式计算：

（1）按污泥负荷计算

$$V=\frac{24Q(S_0-S_e)}{1000L_s X} \tag{14-1}$$

（2）按污泥泥龄计算

$$V=\frac{24QY\theta_c(S_0-S_e)}{1000X_V(1+K_d\theta_c)} \tag{14-2}$$

式中，V 为生物反应池的容积，m³；S_0 为生物反应池进水五日生化需氧量，mg/L；S_e 为生物反应池出水五日生化需氧量，mg/L，当去除率大于 90% 时可不计入；Q 为生物反应池的设计流量，m³/h；L_s 为生物反应池的五日生化需氧量污泥负荷，kgBOD₅/(kgMLSS·d)；X 为生物反应池内混合液悬浮固体平均浓度，gMLSS/L；Y 为污泥产率系数，kgVSS/kgBOD₅，宜根据试验资料确定，无试验资料时，一般取为 0.4~0.8；X_V 为生物反应池内混合液挥发性悬浮固体平均浓度，gMLVSS/L；θ_c 为设计污泥泥龄，d，其数值为 0.2~15；K_d 为衰减系数，d⁻¹，20℃ 的数值为 0.04~0.075。衰减系数 K_d 值应以当地冬季和夏季的污水温度进行修正，并按下列公式计算：

$$K_{dT}=K_{d20}(\theta_T)^{T-20} \tag{14-3}$$

式中，K_{dT} 为 T(℃) 时的衰减系数，d⁻¹；K_{d20} 为 20℃ 时的衰减系数，d⁻¹；T 为设计温度，℃；θ_T 为温度系数，采用 1.02~1.06。

（3）曝气池面积按下式计算

$$F=\frac{V}{H} \tag{14-4}$$

式中，F 为曝气池面积 m^2；H 为曝气池水深，h；V 为曝气池容积，m^3。

二、曝气系统的设计

1. 曝气池需氧量计算

生物反应池中好氧区的污水需氧量，根据去除的五日生化需氧量、氨氮的硝化和除氮等要求，按下列公式计算：

$$R=0.001aQ(S_0-S_e)-c\Delta X_V+b[0.001Q(N_k-N_{ke})-0.12\Delta X_V]-$$
$$0.62b[0.001Q(N_t-N_{ke}-N_{oe})-0.12\Delta X_V] \tag{14-5}$$

式中，R 为污水需氧量，kgO_2/d；Q 为生物反应池的进水流量，m^3/d；S_0 为生物反应池进水五日生化需氧量浓度，mg/L；S_e 为生物反应池出水五日生化需氧量浓度，mg/L；ΔX_V 为排出生物反应池系统的微生物量，kg/d；N_k 为生物反应池进水总凯氏氮浓度，mg/L；N_{ke} 为生物反应池出水总凯氏氮浓度，mg/L；N_t 为生物反应池进水总氮浓度，mg/L；N_{oe} 为生物反应池出水硝态氮浓度，mg/L；$0.12\Delta X_V$ 为排出生物反应池系统的微生物中含氮量，kg/d；a 为碳的氧当量，当含碳物质以 BOD_5 计时，取 1.47；b 为常数，氧化每公斤氨氮所需氧量，kgO_2/kgN，取 4.57；c 为常数，细菌细胞的氧当量，取 1.42。

去除含碳污染物时，去除每公斤五日生化需氧量可采用 $0.7\sim1.2kgO_2$。

2. 充氧量和供氧量的计算

单位时间被曝气设备供给曝气池混合液的氧量称为供氧量，供氧量只有一部分直接转移到废水中去，成为充氧量。在供氧量与充氧量之间存在着充氧效率 E_A。

对于鼓风曝气，各种空气扩散装置产品说明书中所列的 E_A 值是在标准状态下通过脱氧清水的曝气试验测定，所以曝气池混合液需氧量（R）必须换成相应于水温 20℃、气压为一个大气压时脱氧清水的充氧量（R_0）。

$$R_0=\frac{RC_{S(20)}}{\alpha[\beta\rho C_{S(T)}-C_L]\times1.024^{T-20}} \tag{14-6}$$

式中，R_0 为标准状态下曝气池污水需氧量，kgO_2/d；$C_{S(20)}$、$C_{S(T)}$ 为大气压力下 20℃ 和实际温度 T(℃) 时水中氧的饱和度，mg/L；C_L 为水中实际溶解氧浓度，mg/L；T 为实际水温，℃；α、β、ρ 为修正系数，$\alpha=\dfrac{污水中的\ K_{L}\alpha_W}{清水中的\ K_L\alpha}$，$\beta=\dfrac{污水中的\ C_{sw}}{清水中的\ C_S}$，$\rho=\dfrac{实际气压(Pa)}{1.013\times10^5(Pa)}$。

鼓风曝气池的 C_S 值应取扩散器出口与曝气池混合液表面量出的平均值 C_{Sm}：

$$C_{Sm}=C_S\left(\frac{P_b}{2.026\times10^5}+\frac{Q_t}{42}\right) \tag{14-7}$$

式中，C_S 为水中氧饱和浓度，mg/L；P_b 为扩散器出口处绝对压力，Pa；Q_t 为气泡离开池面时氧的百分比，$Q_t=\dfrac{21(1-E_A)}{79+21(1-E_A)}\times100\%$；$E_A$ 为扩散器的氧转移效率，一般为 $5\%\sim15\%$ 左右。

鼓风曝气时所需的供氧量 G_S 计算公式为：

$$C_S=\frac{R_0}{0.3E_A}\times100 \tag{14-8}$$

对于机械曝气装置，可直接根据其性能图标与充氧量 R_0 的对应关系进行选择。

3. 曝气设备的设计

(1) 鼓风曝气设备设计

① 扩散装置的选择及其布置　在小型实验中多用小气泡扩散装置，在我国生产实践中应用较广的是穿孔管、微孔曝气头和竖管曝气设备。

② 曝气器数量计算　曝气器所需数量，应从供氧、服务面积两方面计算。

a. 按供氧能力计算曝气器数量：

$$h_1 = \frac{R_0}{24q_c} \tag{14-9}$$

式中，h_1 为按供氧能力所需曝气器个数，个；R_0 为由式(14-6)所得曝气器污水标准状态下生物处理需氧量，kgO_2/d；q_c 为曝气器标准状态下，与曝气器工作条件接近时的供氧能力，$kgO_2/(h \cdot 个)$。

b. 按服务面积计算曝气器数量：

$$h_2 = \frac{F}{f} \tag{14-10}$$

式中，h_2 为按服务面积所需曝气器个数，个；F 为由式(14-4)所得曝气器面积，m^2；f 为单个曝气器服务面积，m^2。

当算得 h_1 与 h_2 二者相差较大时，应经调整 f 或 q_c 重复上述计算，直至二者接近时为止。部分类型的曝气器的性能参数见表 14-2～表 14-5。

表 14-2　HGB 型橡胶膜微孔曝气器清水充氧性能

工作条件			充氧能力		
服务面积 f/m^2	水深 H/m	风量 $/(m^3/h)$	充氧能力 $q_c/(kg/h)$	氧利用率 $\varepsilon/\%$	理论动力效率 $E/[kg/(kW \cdot h)]$
0.5	4.3	2	0.148	22.9	7.38
		3	0.198	20.15	6.2

表 14-3　刚玉钟罩式微孔曝气器清水充氧性能

工作条件			充氧能力			
服务面积 f/m^2	水深 H/m	风量 $/(m^3/h)$	Klas $/min^{-1}$	q_c $/(kg/h)$	ε $/\%$	E $/[kg/(kW \cdot h)]$
0.25	4.0	1	0.149	0.082	24.8	8.25
		2	0.284	0.156	23.4	7.82
		3	0.378	0.208	20.9	6.74
0.50	4.0	1	0.067	0.071	21.5	7.33
		2	0.127	0.137	20.4	6.91
		3	0.167	0.180	18.0	5.81
0.80	4.0	1	0.035	0.063	18.9	6.51
		2	0.067	0.118	17.8	5.96
		3	0.099	0.180	17.3	5.73

表 14-4　Φ600 双伞型曝气器清水充氧性能

充氧性能	有效水深	服务面积			
		风量	0.8	2.56	4.0
Klas $/min^{-1}$	4.3	30	0.536	0.139	0.091
		40	0.756	0.182	0.127
		50	0.932	0.234	0.160

续表

充氧性能	有效水深	服务面积　　　风量	0.8	2.56	4.0
q_c /(kg/h)	4.3	30	1.05	0.83	0.88
		40	1.43	1.10	1.19
		50	1.81	1.42	1.51
ε /%	4.3	30	10.9	8.5	9.0
		40	10.9	8.4	9.2
		50	10.9	8.5	9.2
E /[kg/(kW·h)]	4.3	30	3.65	2.69	2.81
		40	3.71	2.67	2.93

表 14-5　Φ400 双伞型曝气器清水充氧性能

工作 条件	服务面积 f/m²	0.8			1.67			2.56		
	水深 H/m	4.3			4.3			4.3		
	通风量 q/(m³/h)	10	15	20	10	15	20	10	15	20
清水 充氧 性能	q_c/(kg/h)	0.35	0.52	0.73	0.33	0.48	0.65	0.30	0.47	0.60
	ε/%	10.8	10.7	11.2	10.3	9.3	9.5	9.1	9.5	9.3
	E/[kg/(kW·h)]	3.8	3.6	3.8	3.4	3.6	3.5	3.1	3.3	3.3

③ 空气管的布置与管径计算　首先根据曝气池的实际情况进行空气管的布置。以三廊道式曝气池为例，可以采用图 14-1 所示，在两个相邻廊道设置一条配气管道，共设三条，每条干管设若干对竖管（支管）。

空气干管的经济流速宜采用 10～15m/s，通向扩散支管的经济流速可取 4～5 m/s，根据已知经济流速和所通过的空气量即可初步确定空气管管径。鼓风曝气系统的总压力损失为空气管道系统的压力损失与空气扩散装置的压力损失之和，空气管道系统的压力损失包括沿程损失（h_1）和局部阻力损失（h_2）两项。扩散装置在使用过程中容易堵塞，故在设计中规定空气通过扩散装置的阻力损失一般为 4.9～9.8kPa，根据所选扩散装置的不同可酌情减少。

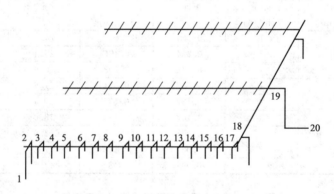

图 14-1　空气管计算草图

④ 鼓风机的选择　供气量在进行曝气池设计时已经计算好，空气压力 P（即风压）也可根据下式估算：

$$P = P_{atm} + 980 \times H \tag{14-11}$$

式中，P_{atm} 为大气压，$1P_{atm}=1.013\times10^3 Pa$；$H$ 为扩散装置距水面深度，m。

空气量和风压可按以上方法确定，视情况不同设空气过滤器和空气预热器。在选择鼓风机时，以空气量和风压为依据，并要求有一定的储备能力，以保证空气供应的可靠性和运转上的灵活性，为适应负荷的变化，使运行具有灵活性，工作鼓风机的台数不应少于两台，因此总台数不宜少于三台。

（2）机械曝气设备的设计　应根据叶轮的吸氧率（15%～25%）、动力效率[2.5～3.5kgO_2/(kW·h)]、加工条件等因素选择机械曝气叶轮的形状，叶轮直径的选择主要依据曝气池混合液的需氧量和曝气池结构。

（3）曝气设备的性能测试　曝气设备的性能测试可在曝气池竣工后用清水进行，也可在投产运行后进行，旨在验证设备是否符合设计要求。

性能测试最通用的方法是用还原剂亚硫酸钠消氧，为了加快消氧过程，可用氧化钴作为催化剂，当溶解氧的浓度逐渐趋于零后，开动曝气设备，水中的溶解氧会逐渐上升，按一定的时间间隔用溶氧仪测定溶解氧浓度，得到一系列溶解氧浓度的时间变化数据。最后根据这些数据计算总传氧系数和氧的传递速率。

运行条件下的测定可分为非稳定状态和稳定状态，前者混合液中的溶解氧随时间变化，而后者混合液中的溶解氧不随时间变化。

第二节　氧化沟工艺设计

一、氧化沟设计参数

对于城市污水，氧化沟系统通常的预处理采用粗细格栅和沉砂池，一般不设初沉池。混合液在沟底的最低流速不宜小于 0.3m/s，以确保混合液呈悬浮状态。氧化沟污泥回流比采用 60%～200%，设计污泥浓度为 2000～4500mg MLSS/L，氧化沟中的氧转移效率为 1.5～2.1kg/(kW·h)。设计参数与进出水水质密切相关，与是否脱氮脱磷密切相关。

氧化沟处理城镇污水或水质类似城镇污水的工业废水去除碳源污染物时，主要设计参数见表 14-6；生物脱氮时，其主要设计参数见表 14-7；同时脱氮除磷的主要设计参数见表 14-8。

表 14-6　去除碳源污染物主要设计参数

项目名称		符号	单位	参考值
反应池 BOD_5 污泥负荷		L_S	kgBOD_5/(kgMLVSS·d)	0.14～0.36
			kgBOD_5/(kgMLSS·d)	0.10～0.25
反应池混合液悬浮固体平均浓度		X	kgMLSS/L	2.0～4.5
反应池混合液挥发性悬浮固体平均浓度		X_V	kgMLVSS/L	1.4～3.2
MLVSS 在 MLSS 中所占比例	设初沉池	y	gMLVSS/gMLSS	0.7～0.8
	不设初沉池		gMLVSS/gMLSS	0.5～0.7
BOD_5 容积负荷		L_V	kgBOD_5/(m³·d)	0.20～0.25
设计污泥泥龄		θ_c	d	5～15
污泥产率系数	设初沉池	Y	kgVSS/kgBOD_5	0.3～0.6
	不设初沉池		kgVSS/kgBOD_5	0.6～1.0
总水力停留时间		HRT	h	4～20
污泥回流比		R	%	50～100
需氧量		O_2	kgO_2/kgBOD_5	1.1～1.8
BOD_5 总处理率		η	%	75～95

表 14-7　生物脱氮主要设计参数

项目名称		符号	单位	参考值
反应池 BOD_5 污泥负荷		L_S	$kgBOD_5/(kgMLVSS \cdot d)$	0.07~0.21
			$kgBOD_5/(kgMLSS \cdot d)$	0.05~0.15
反应池混合液悬浮固体平均浓度		X	kgMLSS/L	2.0~4.5
反应池混合液挥发性悬浮固体平均浓度		X_V	kgMLVSS/L	1.4~3.2
MLVSS 在 MLSS 中所占比例	设初沉池	y	gMLVSS/gMLSS	0.65~0.75
	不设初沉池		gMLVSS/gMLSS	0.5~0.65
BOD_5 容积负荷		L_V	$kgBOD_5/(m^3 \cdot d)$	0.12~0.50
总氮负荷率		L_{TN}	$kgTN/(kgMLSS \cdot d)$	≤0.05
设计污泥泥龄		θ_c	d	12~25
污泥产率系数	设初沉池	Y	$kgVSS/kgBOD_5$	0.3~0.6
	不设初沉池		$kgVSS/kgBOD_5$	0.5~0.8
缺氧水力停留时间		t_n	h	1~4
好氧水力停留时间		t_o	h	6~14
总水力停留时间		HRT	h	7~18
污泥回流比		R	%	50~100
混合液回流比		R_i	%	100~400
需氧量		O_2	$kgO_2/kgBOD_5$	1.1~2.0
BOD_5 总处理率		η	%	90~95
NH_3-N 总处理率		η	%	85~95
TN 总处理率		η	%	60~85

表 14-8　生物脱氮除磷主要设计参数

项目名称		符号	单位	参考值
反应池 BOD_5 污泥负荷		L_S	$kgBOD_5/(kgMLVSS \cdot d)$	0.10~0.21
			$kgBOD_5/(kgMLSS \cdot d)$	0.07~0.15
反应池混合液悬浮固体平均浓度		X	kgMLSS/L	2.0~4.5
反应池混合液挥发性悬浮固体平均浓度		X_V	kgMLVSS/L	1.4~3.2
MLVSS 在 MLSS 中所占比例	设初沉池	y	gMLVSS/gMLSS	0.65~0.7
	不设初沉池		gMLVSS/gMLSS	0.5~0.65
BOD_5 容积负荷		L_V	$kgBOD_5/(m^3 \cdot d)$	0.20~0.70
总氮负荷率		L_{TN}	$kgTN/(kgMLSS \cdot d)$	≤0.06
设计污泥泥龄		θ_c	d	12~25
污泥产率系数	设初沉池	Y	$kgVSS/kgBOD_5$	0.3~0.6
	不设初沉池		$kgVSS/kgBOD_5$	0.5~0.8
厌氧水力停留时间		t_p	h	1~2
缺氧水力停留时间		t_n	h	1~4
好氧水力停留时间		t_o	h	6~12
总水力停留时间		HRT	h	8~18
污泥回流比		R	%	50~100
混合液回流比		R_i	%	100~400
需氧量		O_2	$kgO_2/kgBOD_5$	1.1~1.8
BOD_5 总处理率		η	%	85~95
TP 总处理率		η	%	50~70
TN 总处理率		η	%	55~80

二、氧化沟设计计算

1. 设计思路

氧化沟的设计可以结合水力负荷、BOD_5 负荷、预计的处理率（BOD_5、脱氮和污泥稳定化等），混合液悬浮固体浓度和污泥龄等因素合理计算。在借鉴上述设计参数的基础上，采用平均进水流量作为设计流量。在氧化沟设计中除了要考虑传统碳源的去除，还要考虑污水的硝化和污泥的稳定化问题。

2. 好氧区容积计算

好氧区容积（V_1）的计算方法主要有以下两种。

（1）动力学计算方法

$$V_1 = \frac{KY\theta_c Q(S_0 - S)}{X(1 + k_d\theta_c)} \tag{14-12}$$

式中，V_1 为好氧区有效容积，m^3；K 为污水量总变化系数；Q 为平均日污水进水流量，m^3/d；S_0 为进水 BOD_5 含量，mg/L；S 为出水 BOD_5 含量，mg/L；Y 为污泥产率系数，$kgVSS/kgBOD_5$，按半生产性实验数据求得；θ_c 为污泥龄，d，其值根据处理要求选定；X 为混合液挥发性悬浮固体 MLVSS 浓度，Mg/L；k_d 为内源代谢系数，d^{-1}，按实验数据求得，并根据当地冬季和夏季温度修正。

在上述的参数中，Y、k_d 可通过动力学方法测定，污泥龄和负荷可以采用动力学计算方法计算，若考虑污泥稳定化的要求，对于硝化是充足的。若不考虑污泥稳定化，也可以采用动力学方法计算硝化所需负荷和停留时间。

对于一体化和交替式氧化沟，污泥龄的计算需要扣除其沉淀部分的污泥量，同样对于脱磷除氮的氧化沟也要扣除其污泥量，才能满足硝化和污泥稳定化的要求。

（2）经验设计法（有机污泥负荷法）

$$V_1 = \frac{Q(S_0 - S)}{L_X X} \tag{14-13}$$

式中，L_X 为 BOD_5 污泥负荷，$kgBOD_5/(kgMLVSS \cdot d)$。

3. 缺氧区容积计算

缺氧区容积（V_2）按下式计算：

$$V_2 = \frac{Q(N_0 - N_w - N)}{L_{TN} X} \tag{14-14}$$

式中，V_2 为缺氧区有效容积，m^3；N_0 为进水 TN 浓度，mg/L；N_w 为随剩余污泥排放出去的氮量，mg/L；N 为随出水排放出去的氮量，mg/L；L_{TN} 为总氮负荷率，$kgTN/(kgMLSS \cdot d)$。

4. 厌氧选择区容积计算

厌氧选择区容积（V_3）采用水力停留时间进行计算，其计算式如下：

$$V_3 = \frac{Q(t_n + t_p)}{24} \tag{14-15}$$

式中，V_3 为厌氧区有效容积，m^3；t_n 为缺氧区水力停留时间，h；t_p 为厌氧区水力停留时间，h。

5. 氧化沟总容积

氧化沟总容积（V）为：

$$V = V_1 + V_2 + V_3 \tag{14-16}$$

式中，V 为氧化沟去除碳、氮、磷所需要的总有效容积，m^3。

对于一体化和交替式氧化沟，虽然不需要另设沉淀池和污泥回流设施，但其池容应该扣除沉淀所需容积。

三、需氧量计算

氧的供给是以需氧量为依据的，计算需氧量时，假定除了用于合成的那一部分有机物外，所有有机物都被氧化。同样，除了用于合成的那部分氮外，其余的氮都应先被氧化，然后在反硝化的过程中再被还原，此过程还可获得一部分氧。因此，需氧量可以表示为：

需氧量＝[去除的 BOD－剩余污泥的 BOD]＋[去除氮的需氧量－剩余污泥含 NH_4^+-N 氧化所需氧量]－反硝化中获得的氧量

用公式可表示为：

$$O_2 = Q\frac{S_0 - S_e}{1 - e^{-K_t}} - 1.42\Delta X_{VSS} + 4.5Q(N_0 - N_e) - 0.56\Delta X_{VSS} - 2.6Q\Delta NO_3 \quad (14\text{-}17)$$

式中，O_2 为同时去除 BOD_5 和脱氮所需的氧量，kg O_2/d；Q 为平均日污水进水流量，m^3/d；S_0 为进水 BOD_5 含量，mg/L；S_e 为出水 BOD_5 含量，mg/L；N_0 为进水中 TN 浓度，mg/L；N_e 为出水中 TN 浓度，mg/L；K_t 为 t℃时的脱氮速率，kg NO_3-N/(kg MLSS·d)，根据实验资料确定；ΔX_{VSS} 为每日产生的生物污泥量，kgVSS/d；ΔNO_3 为还原或反硝化的硝酸盐氮量，mg NO_3^--N/L。

得到需氧量后，可根据工艺要求选择曝气设备。由于考虑厌氧或缺氧的要求，还需核算混合需要的最小净输入功率（以确保沟内平均水流速度大于等于 0.3m/s）。混合要求的最小功率可用下式计算：

$$P/V = 0.94\,(\mu)^{0.3}(MLSS)^{0.298} \quad (14\text{-}18)$$

式中，μ 为绝对黏滞性系数，20℃时等于 1.0087；P/V 为单位体积需要的净输入功率，W/m^3；MLSS 为氧化沟中混合液污泥浓度，mg/L。

四、沉淀池和剩余污泥量的设计

1. 沉淀池的设计

氧化沟工艺由于通常采用延时曝气工艺参数，因此污泥的沉降性能要优于普通活性污泥法工艺。典型的沉淀池设计参数见表 14-9。

表 14-9   氧化沟工艺中沉淀池设计的推荐参数

溢流率/[m^3/(m^2·d)]	固体负荷/[kg/(m^2·d)]	堰负荷率/[m^3/(m·d)]
12.2～20.4	4.9～82	124～186

2. 剩余污泥量的确定

针对我国城市污水的特点，在泥龄为 10～30d，氧化沟工艺的污泥产率为 0.3～0.5kg VSS/kg 时去除 BQD_5。剩余污泥量的计算应考虑泥中惰性物质和沉淀池出水流失的固体，基本公式可表示为：

$$\Delta x = Q\Delta S[Y/f(1 + K_d\theta_c)] + X_1Q - X_eQ \quad (14\text{-}19)$$

式中，Δx 为总的剩余污泥量，kg/d；ΔS 为进水 BOD_5（mg/L）与出水 BOD_5（mg/L）的浓度差；f 为 MLVSS/MLSS 之比；θ_c 为设计污泥停留时间，d；X_1 为污泥中的惰性物质，mg/L，为进水总悬浮物浓度（TSS）与挥发性悬浮物浓度（VSS）之差；X_e 为随出水流出的污泥量，mg/L。

五、氧化沟设计细节

1. 氧化沟沟体

氧化沟一般建为环状沟渠形，其平面可为圆形和椭圆形或长方形的组合，其四周池壁可为钢筋混凝土直墙，也可根据图纸情况挖成斜坡并衬砌。二沉池、厌氧区与缺氧区、好氧区可合建，也可分建。其分组布置形式应根据占地、沟型等条件设计。处理构筑物应根据当地气温和环境条件，采取防冻措施。

2. 氧化沟的几何尺寸

氧化沟的渠宽、有效水深视占地、氧化沟分组和曝气设备性能等情况而定。一般情况，当采用曝气转刷时，有效水深 $H=2.6\sim3.5m$；采用曝气转盘时，$H=3.0\sim4.5m$；采用表面曝气时，$H=4.0\sim5.0m$；当同时配备搅拌措施和鼓风曝气时，水深尚可加大。氧化沟直线段的长度最小 12m 或最小是水面处渠宽的 2 倍（不包括奥贝尔氧化沟）。氧化沟的宽度与曝气器的宽度相关。

一般所有的曝气池超高不应小于 0.5m。氧化沟的超高与选用的曝气设备性能有关，当采用曝气转刷、曝气转盘时，超高可为 0.6m；当采用表面曝气机时，其设备平台宜高出设计水面 1.0～1.2m。同时应该设置控制泡沫的喷嘴或其他有效控制泡沫的方法。

3. 进、出水管

当两组以上氧化沟并联运行，或采用交替式氧化沟时，应设进水配水井，其中可设（自动控制）配水堰或配水闸，以保证均匀（自动）配水和控制流量。

氧化沟的进水和回流污泥进入点应该在曝气器的上游，使得它们与沟内混合液立即混合。氧化沟的出水点应该在曝气器的下游，并且与进水点和回流活性污泥进入点足够远，以避免短流。从沉淀池引出来的回流污泥管可通至厌氧选择区或缺氧选择区，并根据运行情况调整污泥回流量。

在所有设计流量的范围内，携带污水和固体的渠道和管道应该保持自净流速或通过搅拌保持固体处于悬浮状态。每一曝气池单元的进出口应该适当地设计阀门、闸板阀或其他控制水流到此单元的装置。系统的水力特性应该允许在任何一个单元停止运行时，可以承受最大的水力负荷。

4. 出水可调堰

氧化沟的水位由可调堰控制，以改变曝气设备的浸没深度。适应不同需氧量的运行要求。堰的长度采用设计流量加上最大回流量计算，以防曝气器浸没过深。当采用交替工作氧化沟时，配水井中的配水堰或配水闸宜采用自动控制装置，以便控制流量和变换进水方向。根据多沟式氧化沟工作状态的转换，其溢流堰应采用自动控制装置，以使出水方向随之变换。

5. 导流墙和导流板

在氧化沟所有曝气器的上、下游应设置横向的水平挡板。上游挡板高 1.0～2.0m，垂直安装于曝气转刷上游 2.0～5.0m 处，主要是为了使表面的较高流速转入池底，同时降低混合液表面流速，提高传氧速率。在曝气器下游 2.0～3.0m 处应该设置水平挡板，与水平呈 60°倾斜放置。挡板要超过 1.8m 水深，以保证在整个延深度方向混合液的适当混合。

在弯道处应设置导流墙，导流墙应设于偏向弯道的内侧，以使较多的水流向汇集。可根据沟宽确定导流墙的数量，在只有一道导流墙时，可设在内壁 1/3 处（设两道导流墙时外侧渠道宽为 $W/2$）。为了避免弯道出口靠中心隔墙一侧流速过低，造成回流或引起污泥下沉，导流墙在下游方向需延伸一个沟宽（W）的长度。

6. 曝气器的位置

曝气器应正好位于弯道下游直线段氧化沟 4.5m 处。立式表曝机应该设在弯道处。转刷（后转盘）的淹没深度应该在 100～300mm，转刷（转盘）应该在整个沟宽方向布满，并且有足够安装轴承的位置。

7. 走道和防飞溅控制

氧化沟的走道应能适应曝气器的维修需要，一般设在曝气器之上。同时应该采用防飞溅挡板以免曝气器溅水到走道上。

8. 测量装置

应该对原污水和回流污泥的流量设置测量装置。测量装置应该有累计并有记录。当设计中所有回流污泥与原污水在一点混合，那么应该测量到各个氧化沟的混合液流量。

第三节 SBR 工艺设计

一、设计参数

1. 处理水质要求

SBR 进水应符合下列条件。

① 水温宜为 12～35℃、pH 值宜为 6～9、BOD_5/COD_{Cr} 的值宜不小于 0.3；

② 有去除氨氮要求时，进水总碱度（以 $CaCO_3$ 计）/氨氮（NH_3-N）的值宜不小于 7.14，不满足时应补充碱度；

③ 有脱氮要求时，进水的 BOD_5/总氮（TN）的值宜不小于 4.0，总碱度（以 $CaCO_3$ 计）/氨氮的值宜不小于 3.6，不满足时应补充碳源或碱度；

④ 有除磷要求时，进水的 BOD_5/总磷（TP）的值宜不小于 17。

2. 主要设计参数

① SBR 工艺处理城镇污水或水质类似城镇污水的工业废水去除有机污染物时，去除碳源污染物主要设计参数按表 14-10 取值。工业废水的水质与城镇污水水质差异较大时，设计参数应通过试验或参照类似工程确定。

表 14-10 去除碳源污染物主要设计参数

项目名称		符号	单位	参考值
反应池 BOD_5 污泥负荷		L_S	$kgBOD_5/(kgMLVSS \cdot d)$	0.25～0.50
			$kgBOD_5/(kgMLSS \cdot d)$	0.10～0.25
反应池混合液悬浮固体平均浓度		X	kgMLSS/L	3.0～5.0
反应池混合液挥发性悬浮固体平均浓度		X_V	kgMLVSS/L	1.5～3.0
污泥产率系数	设初沉池	Y	$kgVSS/kgBOD_5$	0.3
	不设初沉池		$kgVSS/kgBOD_5$	0.6～1.0
总水力停留时间		HRT	h	8～20
活性污泥容积指数		SVI	mL/g	70～100
需氧量		O_2	$kgO_2/kgBOD_5$	1.1～1.8
充水比		m		0.40～0.50
BOD_5 总处理率		η	%	80～95

② SBR 工艺处理城镇污水或水质类似城镇污水的工业废水去除氨氮污染物时，主要设

计参数按表 14-11 取值。工业废水的水质与城镇污水水质差异较大时，设计参数应通过试验或参照类似工程确定。

表 14-11　去除氨氮污染物主要设计参数

项目名称		符号	单位	参考值
反应池 BOD$_5$ 污泥负荷		L_S	kgBOD$_5$/(kgMLVSS·d)	0.10~0.30
			kgBOD$_5$/(kgMLSS·d)	0.07~0.20
反应池混合液悬浮固体平均浓度		X	kgMLSS/L	3.0~5.0
污泥产率系数	设初沉池	Y	kgVSS/kgBOD$_5$	0.4~0.8
	不设初沉池		kgVSS/kgBOD$_5$	0.6~1.0
总水力停留时间		HRT	h	10~29
活性污泥容积指数		SVI	mL/g	70~120
需氧量		O_2	kgO$_2$/kgBOD$_5$	1.1~2.0
充水比		m		0.30~0.40
BOD$_5$ 总处理率		η	%	90~95
NH$_3$-N 总处理率		η	%	85~95

③ SBR 工艺处理城镇污水或水质类似城镇污水的工业废水要求具有脱氮功能时，主要设计参数按表 14-12 取值。工业废水的水质与城镇污水水质差异较大时，设计参数应通过试验或参照类似工程确定。

表 14-12　SBR 工艺去除污染物（要求脱氮）主要设计参数

项目名称		符号	单位	参考值
反应池 BOD$_5$ 污泥负荷		L_S	kgBOD$_5$/(kgMLVSS·d)	0.06~0.20
			kgBOD$_5$/(kgMLSS·d)	0.04~0.13
反应池混合液悬浮固体平均浓度		X	kgMLSS/L	3.0~5.0
总氮负荷率			kgTN/(kgMLSS·d)	≤0.05
污泥产率系数	设初沉池	Y	kgVSS/kgBOD$_5$	0.3~0.6
	不设初沉池		kgVSS/kgBOD$_5$	0.5~0.8
缺氧水力停留时间占反应时间比例			%	20
好氧水力停留时间占反应时间比例			%	80
总水力停留时间		HRT	h	15~30
活性污泥容积指数		SVI	mL/g	70~140
需氧量		O_2	kgO$_2$/kgBOD$_5$	0.7~1.1
充水比		m		0.30~0.35
BOD$_5$ 总处理率		η	%	90~95
NH$_3$-N 总处理率		η	%	85~95
TN 总处理率		η	%	60~85

④ SBR 工艺处理城镇污水或水质类似城镇污水的工业废水要求脱氮除磷时，主要设计参数按表 14-13 的取值。工业废水的水质与城镇污水水质差异较大时，设计参数应通过试验或参照类似工程确定。

表 14-13　SBR 工艺去除污染物（要求脱氮除磷）主要设计参数

项目名称		符号	单位	参考值
反应池 BOD$_5$ 污泥负荷		L_S	kgBOD$_5$/(kgMLVSS·d)	0.15~0.25
			kgBOD$_5$/(kgMLSS·d)	0.07~0.15
反应池混合液悬浮固体平均浓度		X	kgMLSS/L	2.5~4.5
总氮负荷率			kgTN/(kgMLSS·d)	≤0.06
污泥产率系数	设初沉池	Y	kgVSS/kgBOD$_5$	0.3~0.6
	不设初沉池		kgVSS/kgBOD$_5$	0.5~0.8

项目名称	符号	单位	参考值
厌氧水力停留时间占反应时间比例		%	5~10
缺氧水力停留时间占反应时间比例		%	10~15
好氧水力停留时间占反应时间比例		%	75~85
总水力停留时间	HRT	h	20~30
污泥回流比(仅适用 CAST 或 CASS 工艺)	R	%	20~100
混合液回流比(仅适用 CAST 或 CASS 工艺)	R_i	%	≥200
活性污泥容积指数	SVI	mL/g	70~140
需氧量	O_2	$kgO_2/kgBOD_5$	1.5~2.0
充水比	m		0.30~0.35
BOD_5 总处理率	η	%	85~95
TP 总处理率	η	%	50~75
TN 总处理率	η	%	55~80

⑤ SBR 法的每天周期数宜为整数,如 2、3、4、5、6。

⑥ 反应池水深一般为 4.0~6.0m,当采用矩形池时,反应池长宽比为 (1:1)~(2:1)。

⑦ 反应池设计超高一般取 0.5~1.0m。

⑧ 反应池的数量不宜少于 2 个,并且均为并联设计。

二、SBR 工艺设计计算

1. 反应池有效反应容积

SBR 反应池容积,可按下式计算:

$$V = \frac{24Q'S_0}{1000XL_st_R} \tag{14-20}$$

式中,V 为反应池有效容积,m^3;Q' 为每个周期进水量,m^3;S_0 为反应池进水五日生化需氧量,mg/L;L_s 为反应池的五日生化需氧量污泥负荷,$kgBOD_5/(kgMLSS \cdot d)$;X 为反应池内混合液悬浮固体(MLSS)平均浓度,$kgMLSS/m^3$;t_R 为每个周期反应时间,h。

2. SBR 工艺各工序的时间

(1)进水时间

$$t_F = \frac{t}{n} \tag{14-21}$$

式中,t_F 为每池每周期所需要的进水时间,h;t 为一个运行周期需要的时间,h;n 为每个系列反应池个数。

(2)反应时间

$$t_R = \frac{24S_0m}{1000XL_S} \tag{14-22}$$

式中,m 为充水比,可参照表 4-10~表 4-13 取值;S_0 为反应池进水五日生化需氧量,mg/L;L_S 为反应池的五日生化需氧量污泥负荷,$kgBOD_5/(kgMLSS \cdot d)$;X 为反应池内混合液悬浮固体(MLSS)平均浓度,$kgMLSS/m^3$。

(3)沉淀时间 t_s 宜为 1h。

(4)排水时间 t_D 宜为 1.0~1.5h。

(5)一个周期所需时间可按下式计算

$$t = t_R + t_s + t_D + t_b \tag{14-23}$$

式中,t_b 为闲置时间,h。

三、供氧系统计算

1. 供氧系统污水需氧量

$$O_2 = 0.001aQ(S_0 - S_e) - c\Delta X_V + b[0.001Q(N_k - N_{ke}) - 0.12\Delta X_V] -$$
$$0.62b[0.001Q(N_t - N_{ke} - N_{oe}) - 0.12\Delta X_V] \tag{14-24}$$

式中，O_2 为污水需氧量，kgO_2/d；Q 为污水设计流量，m^3/d；S_0 为反应池进水五日生化需氧量，$mgBOD_5/L$；S_e 为反应池出水五日生化需氧量，$mgBOD_5/L$；ΔX_V 为排出反应池系统的微生物量，$kgMLVSS/d$；N_k 为反应池进水总凯氏氮浓度，mg/L；N_{ke} 为反应池出水总凯氏氮浓度，mg/L；N_t 为反应池进水总氮浓度，mg/L；N_{oe} 为反应池出水硝态氮浓度，mg/L；a 为碳的氧当量，当含碳物质以 BOD_5 计时，取 1.47；b 为氧化每公斤氨氮所需氧量，kgO_2/kgN，取 4.57；c 为细菌细胞的氧当量，取 1.42。

2. 标准状态下污水需氧量

$$O_S = K_0 O_2 \tag{14-25}$$

$$K_0 = \frac{C_S}{\alpha(\beta C_{SW} - C_o) \times 1.024^{(T-20)}} \tag{14-26}$$

式中，O_S 为标准状态下污水需氧量，kgO_2/d；K_0 为需氧量修正系数；C_S 为标准状态下清水中饱和溶解氧浓度，mg/L，取 9.17；α 为混合液中总传氧系数与清水中总传氧系数之比，一般取 $0.80 \sim 0.85$；β 为混合液的饱和溶解氧值与清水中的饱和溶解氧值之比，一般取 $0.90 \sim 0.97$；C_{SW} 为 $T(\text{℃})$、实际压力时，清水饱和溶解氧浓度，mg/L；C_o 为混合液剩余溶解氧，mg/L，一般取 2；T 为设计水温，℃。

3. 鼓风机供气量

鼓风曝气时，可按下列公式将标准状态下污水需氧量，换算为标准状态下的供气量：

$$G_S = \frac{O_S}{0.28E_A} \tag{14-27}$$

$$E_A = \frac{100(21 - O_t)}{21(100 - O_t)} \tag{14-28}$$

式中，G_S 为标准状态下的供气量，m^3/d；E_A 为曝气设备的氧利用率，%；O_t 为曝气后反应池水面逸出气体中氧的体积百分比，%。

第四节　生物膜法工艺设计

一、生物滤池设计

1. 设计参数与要求

① 低负荷生物滤池进水的五日生化需氧量宜控制在 200mg/L 以下，高于此值时，宜将处理出水回流，以稀释进水有机物浓度。高负荷生物滤池进水的五日生化需氧量值应控制在 300mg/L 以下，否则宜用生物滤池处理出水回流，回流比经计算求得。当进水污染物浓度较高或者含有一定的对微生物有毒成分的污（废）水时，也应进行回流。塔式生物滤池进水的五日生化需氧量应控制在 500mg/L 以下，否则处理出水应回流。

② 低负荷生物滤池采用碎石类滤料时，应符合滤池下层滤料粒径宜为 60～100mm，层厚 0.2m；上层滤料粒径宜为 30～50mm，层厚 1.3～1.8m；采用碎石类滤料的滤池处理城市污水或与城市污水水质相近的工业废水时，常温下，水力负荷以滤池面积计，宜为 1.0～

$3.0m^3/(m^2 \cdot d)$；五日生化需氧量容积负荷以滤料体积计，宜为 $0.15 \sim 0.3 kgBOD_5/(m^3 \cdot d)$。

③ 低负荷生物滤池的布水可采用固定布水系统，由投配池、配水管网和喷嘴三部分组成。借助投配池的虹吸作用，使得布水过程自动间歇进行。喷洒周期一般为 $5 \sim 15min$。安装在配水管上的喷嘴应该高出滤料表面 $0.15 \sim 0.20m$，喷嘴口径通常为 $15 \sim 20mm$。

④ 低负荷生物滤池应采用自然通风方式进行供氧，滤池底部空间的高度不应小于 $0.6m$，沿滤池池壁四周下部应设置自然通风孔，其总面积不应小于池表面积的 1%。

⑤ 低负荷生物滤池的池底应设 $1\% \sim 2\%$ 坡度，坡向集水沟，集水沟以 $0.5\% \sim 2\%$ 的坡度，坡向总排水沟，总排水沟的坡度不宜小于 0.5%，并有冲洗底部排水渠的措施。

⑥ 高负荷生物滤池滤料层和承托层的总高度宜为 $2.0 \sim 4.0m$。当采用自然通风时，滤料层高度不应大于 $2.0m$；当滤料层高度超过 $2.0m$ 时，应采取人工强制通风措施。

⑦ 高负荷生物滤池宜采用碎石或塑料制品作滤料，当采用碎石类滤料时，滤池下层滤料粒径宜为 $70 \sim 100mm$，厚 $0.2m$；上层滤料粒径宜为 $40 \sim 70mm$，厚度不宜大于 $1.8m$；处理城市污水时，常温下，水力负荷以滤池面积计宜为 $10 \sim 36m^3/(m^2 \cdot d)$；五日生化需氧量容积负荷以滤料体积计，不宜大于 $1.8kgBOD_5/(m^3 \cdot d)$。

⑧ 塔式生物滤池直径宜为 $1.0 \sim 3.5m$，直径与高度之比宜为 $(1:6) \sim (1:8)$；滤料层厚度宜根据试验资料确定，宜为 $8 \sim 12m$。

⑨ 塔式生物滤池水力负荷和五日生化需氧量容积负荷应根据试验资料确定。无试验资料时，水力负荷宜为 $80 \sim 200m^3/(m^2 \cdot d)$，五日生化需氧量容积负荷宜为 $1.0 \sim 3.0kgBOD_5/(m^3 \cdot d)$。

⑩ 塔式生物滤池的滤料应采用轻质材料，可采用的有聚乙烯波纹板、玻璃钢蜂窝和聚苯乙烯蜂窝等。

⑪ 塔式生物滤池滤料应分层，每层高度不宜大于 $2m$，分层处宜设栅条。滤料层与层的间距宜为 $0.2 \sim 0.4m$。塔顶宜高出滤料层 $0.5m$。

2. 生物滤池设计计算

（1）滤料总体积　滤料总体积可按下式计算：

$$V = \frac{QS_0}{1000L_V} \tag{14-29}$$

式中，V 为滤料总体积（堆积体积），m^3；Q 为滤池的设计流量，m^3/d；S_0 为滤池进水五日生化需氧量，mg/L；L_V 为滤池五日生化需氧量容积负荷，$kgBOD_5/(m^3 \cdot d)$，低负荷生物滤池宜为 $0.15 \sim 0.3kgBOD_5/(m^3 \cdot d)$，高负荷生物滤池不宜大于 $1.8kgBOD_5/(m^3 \cdot d)$，塔式生物滤池宜为 $1.0 \sim 3.0kgBOD_5/(m^3 \cdot d)$。

（2）滤池有效面积

$$F = \frac{V}{H} \tag{14-30}$$

式中，F 为滤池有效面积，m^2；H 为滤料层总高度，m，低负荷生物滤池宜为 $1.5 \sim 2.0m$。

（3）滤池直径

$$D = 2 \times \sqrt{\frac{F}{n\pi}} \tag{14-31}$$

式中，D 为滤池直径，m；n 为滤池个数。

（4）回流比

$$R = \left(\frac{Fq}{Q} - 1\right) \times 100\% \tag{14-32}$$

式中，R 为回流比，%；q 为滤池水力负荷，$m^3/(m^2 \cdot d)$。对高负荷生物滤池，当 $q < 10 m^3/(m^2 \cdot d)$ 时，应该加大回流倍数，使得 q 达到 $10 m^3/(m^2 \cdot d)$ 以上，q 通常在 $10 \sim 36 m^3/(m^2 \cdot d)$ 之间；对于低负荷生物滤池，q 通常在 $1 \sim 3 m^3/(m^2 \cdot d)$；塔式生物滤池宜为 $80 \sim 200 m^3/(m^3 \cdot d)$，如不满足，需采用处理水回流稀释。

（5）用水力负荷校核滤池面积

$$q = \frac{Q}{F} \qquad (14\text{-}33)$$

二、曝气生物滤池设计

1. 曝气生物滤池的工艺流程及选择

① 主要去除污水中含碳有机物时，宜采用单级碳氧化曝气生物滤池（以下简称碳氧化滤池）工艺，工艺流程见图 14-2。

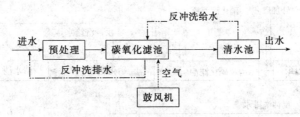

图 14-2　碳氧化滤池工艺流程

② 要求去除污水中含碳有机物并完成氨氮的硝化时可采用碳氧化滤池工艺流程，并适当降低负荷；也可采用碳氧化滤池和硝化曝气生物滤池（以下简称硝化滤池）两级串联工艺，工艺流程见图 14-3。

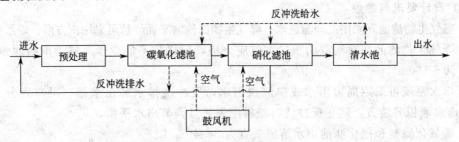

图 14-3　碳氧化滤池＋硝化滤池两级组合工艺流程

③ 当进水碳源充足且出水水质对总氮去除要求较高时，宜采用前置反硝化滤池＋硝化滤池组合工艺，见图 14-4。

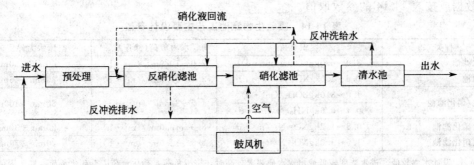

图 14-4　前置反硝化滤池＋硝化滤池两级组合工艺流程

④ 当进水总氮含量高、碳源不足而出水对总氮要求较严时可采用后置反硝化工艺，同时外加碳源，见图14-5；或者采用前置反硝化滤池，同时外加碳源，见图14-6。前置反硝化的生物滤池工艺中硝化液回流率可具体根据设计 NO_3-N 去除率以及进水碳氮比等确定。外加碳源的投加量需经过计算确定。

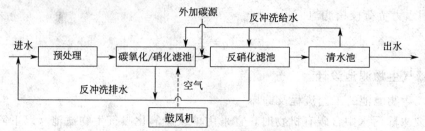

图 14-5 外加碳源后置反硝化滤池两级组合工艺流程

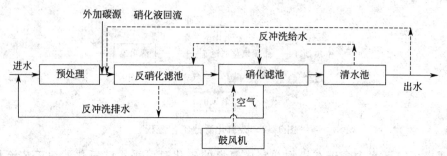

图 14-6 外加碳源前置反硝化滤池两级组合工艺流程

2. 池体的设计

(1) 设计要求与参数

① 曝气生物滤池宜采用上向流进水；曝气生物滤池的平面形状可采用正方形、矩形或圆形。

② 曝气生物滤池在滤池截面积过大时应分格，分格数不应少于 2 格。单格滤池的截面积宜为 50～100m²。

③ 出水系统可采用周边出水或单侧堰出水，反冲洗排水和出水槽（渠）宜分开布置。应设置出水堰板等装置，防止反冲洗时滤料流失并且调节出水平衡。

④ 碳氧化滤池和硝化滤池出水溶解氧宜为 3～4mg/L。

⑤ 安装在滤板上的滤头布置密度，反硝化生物滤池不宜小于 49 个/m²，其他曝气生物滤池不宜小于 36 个/m²，并应考虑滤头水头损失及堵塞率。

⑥ 曝气生物滤池的容积负荷和水力负荷宜根据试验资料确定，无试验资料时，可采用经验数据或按表 14-14 的参数取值。

表 14-14 曝气生物滤池工艺主要设计参数

种类	容积负荷	水力负荷（滤速）	空床水力停留时间
碳氧化滤池	3.0～6.0kgBOD₅/(m³·d)	2.0～10.0m³/(m²·h)	40min～60min
硝化滤池	0.6～1.0kgNH₃-N/(m³·d)	3.0～12.0m³/(m²·h)	30min～45min
碳氧化/硝化滤池	1.0～3.0kgBOD₅/(m³·d) 0.4～0.6kgNH₃-N/(m³·d)	1.5～3.5m³/(m²·h)	80min～100min
前置反硝化滤池	0.8～1.2kgNO₃-N/(m³·d)	8.0～10.0m³/(m²·h)	20min～30min
后置反硝化滤池	1.5～3.0kgNO₃-N/(m³·d)	8.0～12.0m³/(m²·h)	20min～30min

注：1. 设计水温较低、进水浓度较低或出水水质要求较高时，有机负荷、硝化负荷、反硝化负荷应取下限值。

2. 反硝化滤池的水力负荷、空床停留时间均按含硝化液回流水量确定，反硝化回流比应根据总氮去除率确定。

（2）滤料体积

$$V=\frac{Q(X_0-X_e)}{1000L_{VX}}$$ (14-34)

式中，V 为滤料体积（堆积体积），m^3；Q 为设计进水流量，m^3/d；X_0 为曝气生物滤池进水 X 污染物浓度，mg/L；X_e 为曝气生物滤池出水 X 污染物浓度，mg/L；L_{VX} 为 X 污染物的容积负荷，$kgX/(m^3\cdot d)$，碳氧化、硝化、反硝化时 X 分别代表五日生化需氧量、氨氮和硝态氮，取值见表 4-14。

（3）滤池截面积 滤池总截面积可按式(14-35) 计算：

$$A_n=\frac{V}{H_1}$$ (14-35)

单格滤池截面积可按式(14-36) 计算：

$$A_0=\frac{A_n}{n}$$ (14-36)

式中，A_n 为滤池总截面积，m^2；V 为滤料体积（堆积体积），m^3；H_1 为滤料层高度，m；A_0 为单格滤池截面积，m^2；n 为滤池格数，个。

（4）滤池总高度 滤池总高度为滤料层高度、承托层高度、滤板厚度、配水区高度、清水区高度和滤池超高相加之和，即

$$H=H_1+H_2+H_3+H_4+H_5+H_6$$ (14-37)

式中，H 为滤池总高度，m；H_1 为滤料层高度，m，取值为 2.5～4.5m；H_2 为承托层高度，m，取值为 0.3～0.4m；H_3 为滤板厚度，m；H_4 为配水区高度，m，取值为 1.2～1.5m；H_5 为清水区高度，m，取值为 0.8～1.0m；H_6 为滤池超高，m，取值为 0.5m。

3. 滤料选择

① 曝气生物滤池所用滤料应满足如下要求：

a. 形状规则，近似球形；

b. 具有较好的强度，不易磨损；

c. 比表面积大；

d. 亲水性能好；

e. 不得使处理后的水产生有毒有害成分。

② 曝气生物滤池滤料粒径宜取 2～10mm。当采用多个滤池串联时，对于一级滤池或者反硝化滤池，宜选用粒径为 4～10mm 的滤料，对于二级及后续滤池可选用粒径为 2～6mm 的滤料。

③ 曝气生物滤池滤料堆积密度一般为 750～900kg/m³。

④ 曝气生物滤池滤料比表面积一般大于 1m²/g。

⑤ 应根据工程实际情况以及用户要求确定曝气生物滤池滤料的有效粒径（d_{10}）、不均匀系数（K_{80}）或均匀系数（K_{60}）。

⑥ 小于设计确定的最小粒径、大于设计确定的最大粒径的滤料的量均不应超过 5%（以质量计）。

4. 曝气量计算

（1）单位需氧率

$$q_{Rc}=\frac{a\Delta S(BOD_5)+bX_0}{TBOD_5}$$ (14-38)

式中，q_{Rc} 为单位质量的 BOD_5 所需的氧量，$kgO_2/kgBOD_5$；$\Delta S(BOD_5)$ 为曝气生物滤池进水、出水 BOD_5 浓度差值，mg/L；$TBOD_5$ 为曝气生物滤池进水 BOD_5 浓度值，mg/L；a、b 为需氧量系数，$kgO_2/kgBOD_5$，一般 a 取 0.82，b 取 0.28；X_0 为曝气生物滤池进水悬浮物浓度值，mg/L。

（2）实际需氧量

碳氧化滤池实际需氧量：$\qquad R_S = R_C$ （14-39）

硝化滤池实际需氧量：$\qquad R_S = R_N$ （14-40）

同步碳氧化/硝化滤池实际需氧量：$R_S = R_C + R_N$ （14-41）

前置反硝化工艺的后置碳氧化滤池实际需氧量：$R_S = R_C + R_N - R_{DN}$ （14-42）

其中

$$R_C = \frac{Q q_{Rc} TBOD_5}{1000} \tag{14-43}$$

$$R_N = \frac{4.57 Q \Delta S(TKN)}{1000} \tag{14-44}$$

$$R_{DN} = \frac{2.86 Q \Delta S(TN)}{1000} \tag{14-45}$$

式中，R_S 为单位时间曝气生物滤池的实际需氧量，kgO_2/d；R_C 为单位时间内曝气生物滤池去除 BOD_5 的需氧量，kgO_2/d；R_N 为单位时间内曝气生物滤池氨氮硝化的需氧量，kgO_2/d；R_{DN} 为单位时间内生物滤池反硝化抵消的需氧量，kgO_2/d；$\Delta S(TKN)$ 为硝化滤池进水、出水凯氏氮浓度差值，mg/L；$\Delta S(TN)$ 为反硝化滤池进水、出水总氮浓度差值，mg/L；4.57 为每硝化 1g 氨氮需消耗 4.57g 氧；2.86 为每还原 1gNO$_3$-N 可节约 2.86g 氧。水温为 T、压力为 P 时的需氧量按下式计算：

$$R_0 = \frac{R_S C_{Sm(T)}}{\alpha \times 1.024^{T-20} [\beta \rho C_{S(T)} - C_1]} \tag{14-46}$$

$$C_{Sm(T)} = C_{S(T)} \left(\frac{Q_t}{42} + \frac{P_b}{2.026 \times 10^5} \right) \tag{14-47}$$

$$Q_t = \frac{21 \times (1 - E_A)}{79 + 21 \times (1 - E_A)} \tag{14-48}$$

$$P_b = P + 9.8 \times 10^3 \times H \tag{14-49}$$

式中，R_0 为标准状态下，单位时间曝气生物滤池的需氧量，kgO_2/d；R_S 为水温为 T（℃）时，单位时间曝气生物滤池的实际需氧量，kgO_2/d；α 为氧的传质转移系数，对于生活污水 α 值为 0.8；β 为饱和溶解氧修正系数，对于生活污水 β 值为 0.9～0.95；ρ 为修正系数，对于生活污水 ρ 值为 1；$C_{Sm(T)}$ 为水温为 T 时布气装置在水下深度处至池液面的平均溶解氧值，mg/L；$C_{S(T)}$ 为水温为 T 时清水中的饱和溶解氧浓度，mg/L；C_1 为滤池出水中的剩余溶解氧浓度，宜为 3～4mg/L；Q_t 为当滤池氧的利用率为 E_A 时，从滤池中逸出气体中含氧量的百分数，%；P_b 为当滤池水面压力为 P 时，布气装置安装在滤池液面下 H 深度时的绝对压力，Pa；E_A 为滤池的氧的利用率，%，一般为 5%～15%；P 为滤池水面压力，Pa；H 为布气装置安装在滤池液面下的深度，m。

（3）供气量

$$G_S = \frac{R_0}{0.28 E_A} \tag{14-50}$$

式中，G_S为鼓风曝气时，标准状态下的供气量，m^3/d；0.28 为标准状态下（0.1MPa、20℃）的每立方米空气中含氧量，kgO_2/m^3。

三、生物转盘的设计

1. 生物转盘工艺设计

工艺设计的主要内容是转盘的总面积。设计参数主要有停留时间、容积水力负荷和盘面面积有机负荷。

（1）按盘面面积有机负荷（N）计算转盘总面积（F）的公式

$$F=\frac{Q(L_a-L_t)}{N}$$
(14-51)

式中，F 为转盘总面积，m^2；N 为面积负荷，$gBOD_5/(m^2\text{盘片}\cdot d)$，一般取 $10\sim20gBOD_5/(m^2\text{盘片}\cdot d)$。

（2）按表面水力负荷（q）计算的公式

$$F=\frac{Q}{q}$$
(14-52)

式中，q 为水力负荷，一般为 $50\sim100L/(m^2\text{盘片}\cdot d)$。

2. 负荷率的确定

生物转盘计算用的各项负荷原则上应通过试验确定，在条件受限制时，可选用表 14-15 所列数据。

表 14-15 生活污水的面积负荷

盘面负荷/[$gBOD_5/(m^2\text{盘面}\cdot d)$]	6	10	25	30	60
BOD 去除率/%	93	92	90	81	60

3. 生物转盘结构设计

（1）盘片 盘片用聚氯乙烯、聚乙烯、泡沫聚苯乙烯、玻璃钢、铝合金或其他材料制成；盘片的形状可以是平板或波纹板。盘片的直径一般为 $2.0\sim3.6m$，如现场组装直径可以大一些，甚至可达 $5.0m$，采用表面积较大的盘片能够缩小反应槽的平面面积，减少占地面积。盘片的厚度与材料、直径及构造，见表 14-16。

表 14-16 不同材料的盘片厚度

材料名称	聚苯乙烯泡沫塑料	硬聚氯乙烯	玻璃钢	金属板
盘片厚度/mm	$10\sim15$	$3\sim5$	$1\sim2.5$	1

（2）盘片间距 进水段一般为 $25\sim35mm$，出水段一般为 $10\sim20mm$。

（3）盘片周边与反应槽内壁的距离 一般为 $0.1D$，但不得小于 $150mm$。

（4）转轴中心与水面距离 不得小于 $150mm$。

（5）转盘浸没率 即转盘浸于水中面积与盘面总面积之比，一般为 $20\%\sim40\%$。

（6）转盘转速 一般为 $0.8\sim3.0r/min$，线速度为 $15\sim18m/min$。

四、生物接触氧化工艺设计

1. 设计参数

（1）进水水质要求 接触氧化池的进水应符合下列条件。

① 水温宜为 $12\sim37℃$、pH 宜为 $6.0\sim9.0$、营养组合比（BOD_5：氨氮：磷）宜为

100：5：1，当氮磷比小于营养组合比时，应适当补充氮、磷；

②去除氨氮时，进水总碱度（以 CaCO$_3$ 计）/氨氮（NH$_3$-N）的比值不宜小于 7.14，不满足时应补充碱度；

③脱总氮时，进水的易降解碳源 BOD$_5$/总氮值不宜小于 4.0，不满足时应补充碳源。

（2）去除碳源污染物　城镇污水处理工程和水质类似城镇污水的工业废水处理工程按表 14-17 中所列的设计参数取值。但水质相差较大时，应通过试验或参照类似工程确定设计参数。

表 14-17　去除碳源污染物主要设计参数（设计水温 20℃）

项目名称	符号	单位	参考值
BOD$_5$ 填料容积负荷	M_c	kgBOD$_5$/(m^3 填料·d)	0.5～3.0
悬挂式填料填充率	η	%	50～80
反应池混合液挥发性悬浮固体平均浓度	X_V	%	20～50
污泥产率系数	Y	kgVSS/kgBOD$_5$	0.2～0.7
总水力停留时间	HRT	h	2～6

（3）除碳与脱氮　同时除碳脱氮时，应设置缺氧池和接触氧化池，主要工艺设计参数按表 14-18 取值。

表 14-18　脱氮处理主要设计参数（设计水温 10℃）

项目名称	符号	单位	参考值
BOD$_5$ 填料容积负荷	M_c	kgBOD$_5$/(m^3 填料·d)	0.4～2.0
硝化填料容积负荷	M_N	kgTKN/(m^3 填料·d)	0.5～1.0
好氧池悬挂式填料填充率	η	%	50～80
好氧池悬浮式填料填充率	η	%	20～50
缺氧池悬挂式填料填充率	η	%	50～80
缺氧池悬浮式填料填充率	η	%	20～50
总水力停留时间	HRT	h	4～16
	HRT$_{DN}$	h	缺氧段 0.5～3.0
污泥产率系数	Y	kgVSS/kgBOD$_5$	0.2～0.6
出水回流比	R	%	100～300

2. 池容设计

① 接触氧化池有效容积

$$V=\frac{Q(S_0-S_e)}{1000M_c\eta} \tag{14-53}$$

式中，V 为接触氧化池的设计容积，m^3；Q 为接触氧化池的设计流量，m^3/d；S_0 为接触氧化池进水五日生化需氧量，mg/L；S_e 为接触氧化池出水五日生化需氧量，mg/L；M_c 为接触氧化池填料去除有机污染物的五日生化需氧量容积负荷，kgBOD$_5$/(m^3 填料·d)；η 为填料的填充比，%。

② 脱氮反应的接触氧化池有效容积

a. 硝化好氧池有效容积可按下式计算

$$V=\frac{Q(N_{IKN}-N_{EKN})}{1000M_N\eta} \tag{14-54}$$

式中，N_{IKN} 为接触氧化池进水凯氏氮，mg/L；N_{EKN} 为接触氧化池出水凯氏氮，mg/L；M_N 为接触氧化池的硝化容积负荷，kgTKN/(m^3 填料·d)。

b. 反硝化缺氧池有效容积

$$V_{DN} = \frac{Q(N_{IN} - N_{EN})}{1000 M_{DNL} \eta}$$ (14-55)

式中，V_{DN} 为缺氧池的设计容积，m^3；N_{IN} 为反硝化池进水的硝态氮，mg/L；N_{EN} 为反硝化池出水的硝态氮，mg/L；M_{DNL} 为缺氧池的反硝化容积负荷，$kgNO_x\text{-}N/(m^3 \cdot d)$。

③ 同时去除碳源污染物和氨氮时，接触氧化池设计池容应分别计算去除碳源污染物的容积负荷和硝化容积负荷。接触氧化池的设计池容应取其高值；或将两种计算值之和作为接触氧化池的设计池容。

④ 池容校核　采用水力停留时间对计算得出的池容进行校核：

$$V = \frac{Q HRT}{24}$$ (14-56)

式中，HRT 为水力停留时间，h。

3. 池体设计

① 接触氧化法池的长宽比取 2:1～1:1，有效水深取 3～6m，超高不宜小于 0.5m。

② 接触氧化池采用悬挂式填料时，应由下至上布置曝气区、填料层、稳水层和超高。其中，曝气区高采用 1.0～1.5m，填料层高取 2.5～3.5m，稳水层高取 0.4～0.5m。

③ 接触氧化池进水应防止短流，进水端宜设导流槽，其宽度不宜小于 0.8m。导流槽与接触氧化池之间应用导流墙分隔。导流墙下缘至填料底面的距离宜为 0.3～0.5m，至池底的距离不宜小于 0.4m。

④ 竖流式接触氧化池宜采用堰式出水，过堰负荷宜为 2.0～3.0L/(s·m)。

⑤ 接触氧化池底部应设置排泥和放空装置。

4. 加药系统设计

(1) 一般要求

① 加药设备应不少于 2 套，应采用精密计量泵投加。

② 化学药剂储存容量应为理论加药量的 4～7d 的总投加量。

(2) 外加碳源　接触氧化池进水的 BOD_5/TKN 小于 4 时，应在缺氧池（区）中投加碳源。投加碳源量按下式计算：

$$BOD_5 = 2.86 \times \Delta N \times Q$$ (14-57)

式中，BOD_5 为投加的碳源对应的 BOD_5 量，mg/L；ΔN 为硝态氮的脱除量，mg/L。

(3) 化学除磷

① 污水生物除磷不能达到要求时，宜采用化学除磷。药剂种类、投加量和投加点宜通过试验或参照类似工程确定。

② 化学除磷的药剂宜采用铝盐、铁盐或石灰。采用铝盐或铁盐时，宜按照铁或铝与污水总磷的摩尔比为 (1.5～3):1 进行投加。

③ 接触铝盐和铁盐等腐蚀性物质的设备和管道应采取防腐措施。

5. 污泥系统

① 沉淀池表面负荷宜按常规活性污泥法二沉池设计值的 70%～80% 取值。

② 污泥量设计应同时考虑剩余活性污泥和化学除磷污泥。

③ 去除有机物产生的污泥量宜按去除每公斤 BOD_5 产生 0.2～0.4kgVSS 计算。

④ 化学除磷的污泥量应按化学反应计量。

⑤ 接触氧化池不宜单独设置污泥消化系统。

⑥ 剩余污泥应计量，宜采用湿污泥计量法或干污泥计量法。

五、内循环好氧生物流化床工艺设计

1. 设计参数

① 进水水质要求

a. 水温宜为 $10\sim37℃$，pH 宜为 $6.0\sim9.0$，BOD_5/COD_{Cr} 值宜大于 0.3，营养组合比（BOD_5：氮：磷）宜为 100：5：1，进水 COD_{Cr} 浓度宜低于 1000mg/L；

b. 有去除氨氮要求时，进水总碱度（以 $CaCO_3$ 计）/氨氮值宜≥7.14，不满足时应补充碱度；

c. 有脱除总氮要求时，反硝化要求进水的碳源 BOD_5/总氮值宜≥4.0，总碱度（以 $CaCO_3$ 计）/氨氮值宜≥3.6，不满足时应补充碳源或碱度；

d. 有除磷要求时，污水中的五日生化需氧量（BOD_5）/总磷的比值宜大于 17：1；

e. 要求同时除磷、脱氮时，宜同时满足 c. 和 d. 的要求。

② 根据脱氮除磷要求，宜在流化床内设置缺氧区、化学除磷区或是在工艺中单独设置缺氧池和除磷设施。

③ 单台流化床的最大污水处理能力为 2500m³/d，当处理水量大于 2500m³/d 时，宜采用多台流化床联合运行的方式，但最多不宜超过 4 台，多台布置时宜设置配水设施。

④ 酸碱药剂、碳源药剂和除磷药剂储存罐容量应按理论加药量的 $4\sim7d$ 的投加量设计，加药系统不宜少于 2 个，宜采用计量泵投加。

⑤ 容积负荷（N_V）根据试验或同类污水的设计参数确定，如无其他资料时，可参考如下经验数据。

a. 当废水 $BOD_5/COD_{Cr}>0.4$ 时，N_V 取 $3\sim5kgCOD/(m^3\cdot d)$；

b. 当废水中 $0.3<BOD_5/COD_{Cr}<0.4$ 时，N_V 取 $1\sim3kgCOD/(m^3\cdot d)$；

c. 当废水中 $BOD_5/COD_{Cr}<0.3$ 时，应通过预处理和前处理提高 BOD_5/COD_{Cr} 的值，使其大于 0.3。

⑥ 对于生活污水，水力停留时间取 $2\sim4h$，对于工业废水取 $3\sim5h$ 或视其可生化性确定。

⑦ 流化床的好氧反应区容积不宜超过 400m³。好氧反应区的高径比一般为 $3\sim8$。

⑧ 好氧反应区与缺氧反应区的容积比一般为 $(2.5\sim3)$：1；流化床直径与缺氧区直径之比一般为 $(1.8\sim2.0)$：1。

⑨ 流化床分隔数为偶数，一般是 4、6、8 等。

2. 主要工艺流程

① 用于城镇污水处理时，或者生活污水与工业废水混合处理时，且 $BOD_5/COD_{Cr}>0.3$，可采用图 14-7 所示的工艺流程。

② 用于工业废水处理时，或者生活污水与工业废水混合处理时，且 $BOD_5/COD_{Cr}<0.3$，可采用图 14-8 所示的工艺流程。

3. 流化床设计

（1）流化床结构

① 好氧生物流化床的结构如图 14-9 所示；有反硝化脱氮要求时，流化床内可设置缺氧

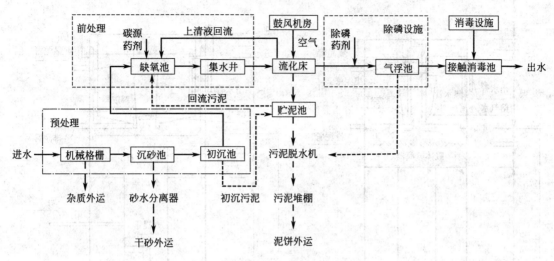

图 14-7　城镇污水处理工艺流程图

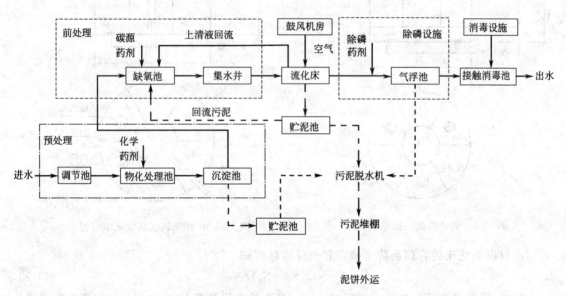

图 14-8　工业废水处理工艺流程图

区和好氧区，结构如图 14-10 所示，其中心筒处为缺氧区、其他区域为好氧区。流化床中，载体分离器以上部分为分离区，载体分离器以下部分为反应区，图 14-9 和 14-10 中箭头方向表示水流方向。

　　② 降流区与升流区面积之比 (A_d/A_r) 宜为 1～1.5，其中降流区面积 $A_d = A_{d1} + A_{d2} + A_{d3} + A_{d4}$，升流区面积 $A_r = A_{r1} + A_{r2} + A_{r3}$。

　　③ 好氧反应区隔板下端距流化床底部的底隙 (B) 一般为 600mm。

　　④ 载体分离器下部空间距离 (E) 一般为 B 值的 1.0～1.2 倍。

　　⑤ 载体分离器上部空间距离 (G) 一般为 E 值的 0.3～0.5 倍。

　　⑥ 气液分离区直径 (D_3) 宜为进水管管径的 3～5 倍，$K \geqslant 200$ mm，$J \geqslant 150$ mm。

　　⑦ 固液分离区 H_1、H_2 和 H_3 设计可参照加压溶气气浮的相关要求进行设计。

　　（2）好氧反应区容积

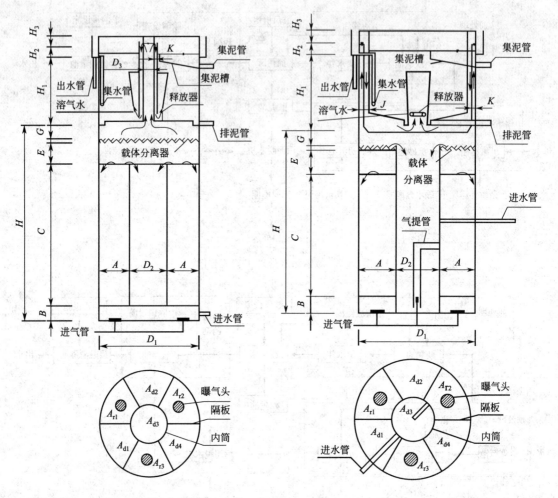

图 14-9　流化床的一般结构   图 14-10　有缺氧区的流化床结构

① 根据流化床的容积负荷来确定好氧反应区容积

$$V_1 = Q(S_0 - S_e)/N_V \tag{14-58}$$

式中，V_1 为流化床好氧反应区容积，m^3；Q 为污水设计流量，m^3/d；S_0 为流化床进水化学需氧量，mg/L；S_e 为流化床出水化学需氧量，mg/L；N_V 为容积负荷，$kgCOD/(m^3 \cdot d)$。

② 根据水力停留时间来确定好氧反应区容积

$$V_1 = Q\theta \tag{14-59}$$

式中，θ 为水力停留时间，h。

（3）缺氧反应区容积

$$V_2 = \frac{V_1 D_2^2}{D_1^2 - D_2^2} \tag{14-60}$$

式中，V_2 为缺氧反应区容积，m^3；V_1 为流化床好氧反应区容积，m^3；D_1 为流化床直径，m；D_2 为缺氧反应区直径，m。

（4）好氧反应区的高径比

$$\frac{H}{D_1} = \frac{H}{2d/N} = \frac{NH}{2d} \tag{14-61}$$

式中，H 为流化床高度，m；D_1 为流化床直径，m；N 为流化床分隔数；d 为好氧反应区横截面面积相等的圆的直径，m。

4. 流化床载体

(1) 载体选择

① 载体一般选用陶粒、橡胶和塑料类载体等。陶粒载体粒径以 1～2mm 为宜，密度宜为 1.50g/cm³ 左右，磨损率宜不大于 0.5%；橡胶载体粒径以 2～8mm 为宜，密度宜为 1.30g/cm³ 左右；塑料类载体粒径以 10～25mm 为宜，密度宜为 0.94～0.98g/cm³。

② 载体的级配以 $d_{\max}/d_{\min}<2$ 为宜。

③ 载体的形状宜接近球形；载体表面应粗糙，以利于微生物栖附、生长。

(2) 载体投加量

① 投加载体的体积占好氧反应区的体积比应按下式计算

$$C_S = \frac{X_V}{1000 m_i} \times 100\% \tag{14-62}$$

式中，C_S 为投加载体的体积占好氧反应区的体积比；X_V 为流化床内混合液挥发性悬浮固体平均浓度，gMLVSS/L；m_i 为单位体积载体上的生物量，g/mL。

一般情况下，投加载体的体积为好氧反应区体积的 15%～30%。

② 流化床中所需的生物浓度

$$X = \frac{N_V}{N_S} \tag{14-63}$$

式中，X 为流化床内生物浓度，kgMLVSS/m³；N_V 为容积负荷，kgCOD/(m³·d)；N_S 为污泥负荷，宜为 0.2～1.0kgCOD/(kgMLVSS·d)。

③ 单位体积载体上的生物量

$$m_1 = \frac{\rho \rho_c}{\rho_s}\left[\left(\frac{r+\delta}{r}\right)^3 - 1\right] \tag{14-64}$$

式中，m_1 为单位体积载体上的生物量，g/mL；ρ 为生物膜干密度，g/mL；ρ_c 为载体的堆积密度，g/mL；ρ_s 为载体的真密度，g/mL；δ 为膜厚，mm；r 为载体平均半径，mm。

第五节　上流式厌氧污泥床工艺设计

一、UASB 设计参数

1. 进水水质要求

UASB 反应器应符合下列进水条件。

① pH 值宜为 6.0～8.0。

② 常温厌氧温度宜为 20～25℃，中温厌氧温度宜为 35～40℃，高温厌氧温度宜为 50～55℃。

③ 营养组合比（COD$_{Cr}$∶氨氮∶磷）宜为（100～500）∶5∶1。

④ BOD$_5$/COD$_{Cr}$ 的比值宜大于 0.3。

⑤ 进水中悬浮物含量宜小于 1500mg/L；进水中氨氮浓度宜小于 2000mg/L；进水中硫酸盐浓度宜小于 1000mg/L；进水中 COD$_{Cr}$ 浓度宜大于 1500mg/L。

⑥ 严格控制重金属、氰化物、酚类等物质进入厌氧反应器的浓度。

2. 容积负荷

反应器的容积负荷应通过试验或参照类似工程确定，处理中、高浓度复杂废水的 UASB 反应器设计负荷可参考表 14-19。

表 14-19　不同条件下絮状和颗粒污泥 UASB 反应器采用的容积负荷

废水 COD_{Cr} 浓度/(mg/L)	在 35℃采用的负荷/$[kgCOD_{Cr}/(m^3 \cdot d)]$	
	颗粒污泥	絮状污泥
2000～6000	4～6	3～5
6000～9000	5～8	4～6
＞9000	6～10	5～8

注：高温厌氧情况下反应器负荷宜在本表的基础上适当提高。

3. 工艺设计要求

① UASB 反应器工艺设计宜设置两个系列，具备可灵活调节的运行方式，且便于污泥培养和启动。反应器的最大单体体积应小于 3000m³。

② UASB 反应器的有效水深应在 5～8m 之间。

③ UASB 反应器内废水的上升流速宜小于 0.8m/h。

④ UASB 反应器宜采用多点布水装置，进水管负荷可参考表 14-20。

表 14-20　进水管负荷

典型污泥	每个进水口负责的布水面积/m²	负荷/$[kgCOD_{Cr}/(m^3 \cdot d)]$
颗粒污泥	0.5～2	2～4
	＞2	＞4
絮状污泥	1～2	＜1～2
	2～5	＞2

二、UASB 设计

上流式厌氧污泥床（简称 UASB）设计的主要内容有：① 选择适宜的池型和确定有效容积及主要部位尺寸；② 设计进水配水系统和三相分离器；③ 排泥和刮渣系统设计。

1. 反应器容积计算

UASB 有效容积（不包括三相分离器）的确定，多采用容积负荷法，容积负荷值与反应器的温度、废水的性质和浓度有关，同时与反应器内是否能形成颗粒污泥也有很大的关系。对于某种废水，容积负荷的确定应通过试验确定，如可参考同类型废水选用。对于食品工业废水或与其性质相似的其他工业废水，其容积负荷率可参考表 14-21，COD 的去除率可达 80％～90％。如果反应器内不能形成颗粒污泥，主要为絮状污泥时，容积负荷一般不超过 5kgCOD/(m³·d)。反应器的有效高度应根据进水浓度通过试验确定，一般为 4～6m，浓度低时可减小高度。

表 14-21　不同温度的设计容积负荷率

温度/℃	高温 50～55	中温 30～35	常温 20～25	低温 10～15
容积负荷率/$[kg COD/(m^3 \cdot d)]$	20～30	10～20	5～10	2～5

反应器容积计算公式为：

$$V = \frac{Q \times S_0}{1000 \times N_V} \tag{14-65}$$

式中，V 为反应器有效容积，m³；Q 为 UASB 反应器设计流量，m³/d；N_V 为容积负荷，kg $COD_{Cr}/(m^3 \cdot d)$；S_0 为 UASB 反应器进水有机物浓度，mg COD_{Cr}/L。

2. 进水系统设计

大阻力穿孔管配水系统能比较好地保证配水均匀，结构如图 14-11 所示。配水管的中心距可采用 1.0～2.0m，出水孔距也可以采用 1.0～2.0m，孔径为 10～20mm，常取 15mm，孔口向下或与垂线呈 45°角方向，每个出水孔服务面积为 2～4m²，配水管径最好不小于 100mm，配水管中心线距池底 200～250mm，出水孔出口流速不小于 2m/s。

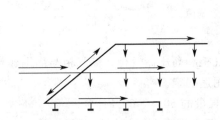

图 14-11　穿孔管配水系统

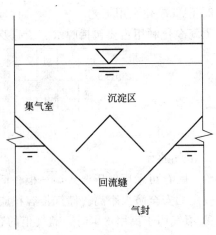

图 14-12　单元三相分离器基本构造图

3. 反应区及三相分离器设计

三相分离器的形式比较多，常用的三相分离器如图 14-12 所示。各部分上流速度推荐设计值如表 14-22 所示。

表 14-22　UASB 上流速度推荐设计值

名称	u_y	u_x	u_O	u_G
数值/(m/h)	1.25～3	≤8	≤12	≥1

4. 排泥装置设计要点

① UASB 反应器的污泥产率为 0.05～0.10kg VSS/kg COD_{Cr}，排泥频率宜根据污泥浓度分布曲线确定。应在不同高度设置取样口，根据监测污泥浓度制定污泥分布曲线。

② UASB 反应器宜采用重力多点排泥方式；排泥点宜设在污泥区中上部和底部，中上部排泥点宜设在三相分离器下 0.5～1.5m 处。

③ 排泥管管径应大于 150mm；底部排泥管可兼作放空管。

5. 出水收集装置

① 出水收集装置设在 UASB 反应器顶部。断面为矩形的反应器出水采用几组平行出水堰的出水方式，断面为圆形的反应器出水采用放射状的多槽或多边形槽出水方式。

② 集水槽上应加设三角堰，堰上水头大于 25mm，水位宜在三角堰齿 1/2 处。

③ 出水堰口负荷一般小于 1.7L/(s·m)。

④ 处理废水中含有蛋白质或脂肪、大量悬浮固体，宜在出水收集装置前设置挡板。

⑤ UASB 反应器进出水管道宜采用聚氯乙烯（PVC）、聚乙烯（PE）、聚丙烯（PPR）等材料。

三、沼气净化及利用

1. 沼气产量

UASB 反应器的沼气产率为 $0.45\sim0.50\text{m}^3/\text{kg COD}_{Cr}$，沼气产量按公式（4-66）计算。

$$Q_a=\frac{Q\times(S_0-S_e)\times\eta}{1000}\qquad(14\text{-}66)$$

式中，Q_a 为沼气产量，m^3/d；η 为沼气产率，$\text{m}^3/\text{kgCOD}_{Cr}$。

2. 沼气净化利用工艺

沼气净化利用主要包括脱水、脱硫及沼气贮存，系统组成见图 14-13。

图 14-13　沼气净化系统图

3. 沼气贮存

沼气贮存可采用低压湿式储气柜、低压干式储气柜和高压储气柜。储气柜与周围建筑物应有一定的安全防火距离。储气柜容积应根据不同用途确定。

① 沼气用于民用炊事时，储气柜的容积按日产气量的 $50\%\sim60\%$ 计算。

② 沼气用于锅炉、发电时，应根据沼气供应平衡曲线确定储气柜的容积；无平衡曲线时，储气柜的容积应不低于日产气量的 10%。

③ 沼气储气柜输出管道上宜设置安全水封或阻火器。沼气利用工程应设置燃烧器，严禁随意排放沼气，应采用内燃式燃烧器。

4. 沼气利用

沼气日产量低于 1300m^3 的 UASB 反应器，宜作为炊事、采暖或厌氧换热的热源，沼气日产量高于 1300m^3 的 UASB 反应器可进行发电利用或作为炊事、采暖或厌氧换热的热源。

第十五章 污泥处理与处置设计

第一节 浓缩与脱水工艺设计

一、重力浓缩池设计

1. 设计规定

① 当进泥为初次污泥时，其含水率一般为95%～97%，浓缩后污泥含水率为92%～95%。

② 当进泥为剩余污泥时，其含水率一般为99.2%～99.6%，浓缩后污泥含水率为97%～98%。

③ 当进泥为混合污泥时，其含水率一般为98%～99%，浓缩后污泥含水率为94%～96%。

④ 浓缩时间不宜小于12h，但也不要超过24h。

⑤ 浓缩池有效水深最低不小于3m，一般宜为4m。

⑥ 污泥室容积和排泥时间，应根据排泥方法和两次排泥间时间而定，当采用定期排泥时，两次排泥间隔一般可采用8h。

⑦ 集泥设施：辐流式污泥浓缩池的集泥装置，当采用吸泥机时，池底坡度可采用0.003；当采用刮泥机时，不宜小于0.01。不设刮泥设备时，池底一般设有泥斗。泥斗与水平面的倾角，应不小于50°。刮泥机的回转速度为0.75～4r/h，吸泥机的回转速度为1r/h，其外缘线速度一般宜为1～2m/min。同时在刮泥机上可安设栅条，以便提高浓缩效果，在水面设除浮渣装置。

⑧ 构造及附属设施：一般采用水密性钢筋混凝土建造。内设污泥投入管、排泥管、排上清液管，排泥管最小管径采用150mm，一般采用铸铁管。

⑨ 上清液：浓缩池的上清液，应重新回到初沉池前进行处理。其数量和有机物含量参与全厂的物料平衡计算。

⑩ 二次污染：污泥浓缩池一般均散发臭气，必要时应考虑防臭或脱臭措施。臭气控制可以从以下三方面着手，即封闭、吸收和掩蔽。所谓封闭，是指用盖子或其他设备封住臭气发生源；所谓吸收，是指用化学药剂来氧化或净化臭气；所谓掩蔽，是指采用掩蔽剂使臭气暂时不向外扩散。

2. 设计参数

重力浓缩池的设计参数可见表15-1。

表 15-1 重力浓缩池设计参数

污泥种类	进泥含水率 /%	出泥含水率 /%	水力负荷 /[m³/(m²·d)]	固体通量 /[kg/(m²·d)]	溢流 TSS/(mg/L)
初沉池污泥	95～97	92～95	24～33	80～120	300～1000
生物膜	96～99	94～98	2.0～6.0	35～50	200～1000
剩余污泥	99.2～99.6	97～98	2.0～4.0	10～35	200～100
混合污泥	98～99	94～96	4.0～10.0	25～80	300～800

3. 重力浓缩池设计计算

（1）浓缩池的面积

$$A = \frac{QC}{M}(\text{m}^2) \tag{15-1}$$

式中，Q 为污泥量，m^3/d；C 为污泥固体浓度，kg/L；M 为污泥固体通量，$\text{kg}/(\text{m}^2 \cdot \text{d})$。

（2）浓缩池的直径

$$D = \sqrt{\frac{4A_1}{\pi}}(\text{m}) \tag{15-2}$$

式中，A_1 为单池面积，$A_1 = \dfrac{A}{n}$；n 为池子个数。

（3）浓缩池的高度 在缺少实验数据时，把重力浓缩池的深度划分为以下五部分。

① 浓缩池工作部分并有效水深高度 h_1：

$$h_1 = \frac{TQ}{24A}(\text{m}) \tag{15-3}$$

式中，T 为浓缩时间，$12\text{h} < T < 24\text{h}$；$Q$ 为污泥量，m^3/d；A 为浓缩池面积，m^2。

② 浓缩池超高 h_2，一般取 0.3m。

③ 缓冲层高度 h_3，一般取 0.3m。

④ 刮泥设备所需池底坡度造成的深度 h_4：

$$h_4 = \frac{D}{2} \times i(\text{m}) \tag{15-4}$$

式中，i 为池底坡度，根据排泥设备取 0.003~0.01，常用 0.05；D 为池子直径，m。

⑤ 泥斗深度 h_5 根据排泥间隔计算泥斗容积后（正圆台）确定高度：

$$h_5 = \frac{D - d}{2}\tan\theta(\text{m}) \tag{15-5}$$

式中，D 为圆台上口直径；d 为圆台下底直径；θ 为泥斗壁与水平面的倾角，θ 不小于 50°。

浓缩池有效深度：

$$H' = h_1 + h_2 + h_3(\text{m}) \tag{15-6}$$

浓缩池总深度：

$$H = h_1 + h_2 + h_3 + h_4 + h_5(\text{m}) \tag{15-7}$$

二、板框压滤机设计选型

1. 设计计算

板框压滤机的设计主要包括压滤机面积的设计，可通过式(15-8) 计算：

$$A = 1000(1 - p)Q/L \tag{15-8}$$

式中，A 为压滤机过滤面积；p 为污泥含水率；Q 为污泥量，m^3/h；L 为压滤机产率，$\text{kg}/(\text{m}^2 \cdot \text{h})$。

其他设计参数如最佳滤布、调节方法、过滤压力、过滤产率等可由试验求得。压滤机的产率与污泥性质、滤饼厚度、过滤时间、过滤压力、滤布等条件有关，一般为 2~4$\text{kg}/(\text{m}^2 \cdot \text{L})$。

2. 设备选型要点

在对板框式压滤机进行设备选型时，应考虑以下几个方面的内容。

① 对泥饼含固率的要求。一般板框压滤机与其他类型的脱水机相比，泥饼含固率最高，可达 35%，如果从减少污泥堆置占地因素考虑，板框式压滤机应该是首选方案。

② 框架的材质。

③ 滤板及滤布的材质，要求耐腐蚀，滤布要具有一定的抗拉强度。

④ 滤板的移动方式，要求可以通过液压-气动装置全自动或半自动完成，以减轻操作人员的劳动强度。

⑤ 滤布振荡装置，以使滤饼易于脱落。

与其他型式脱水机相比，板框式压滤机的最大缺点是占地面积较大。同时，由于板框式压滤机为间断式运行，效率低，操作间环境较差，有二次污染，国内大型污水厂已经很少采用。但近年来，国外环保设备生产厂家在该机型上做了大量开发研制工作，使其适应了现代化污水处理厂的要求，如通过 PLC 系统控制就可以实现系统全自动方式运行，其压滤、滤板的移动、滤布的振荡、压缩空气的提供、滤布冲洗、进料等操作全部可以通过 PLC 远端控制来完成，大大减轻了工人劳动强度。

三、带式压滤机设计

1. 带式压滤机的工艺过程

带式压滤机的脱水工艺过程分以下三个基本阶段。

(1) 污泥絮凝　污泥在脱水前必须先经过絮凝过程。絮凝是指用一种絮凝剂（即一种聚合物——高分子电解质）对悬浮液进行预处理，使悬浮液中的固相粒子发生粘接产生凝聚现象，使固液分离。絮凝效果的好坏，对脱水效果有很大的影响。对于各种类型的污泥必须合理地选择絮凝剂及确定絮凝剂的最佳用量，以便获得最好的絮凝效果。

污泥絮凝是在主机前部的混合搅拌器内进行的。

(2) 重力脱水　压滤机在压滤之前有一水平段，在这一段，大部分游离水靠本身的重力分离。从设计方面考虑这一段应尽可能延长，但长度增加后使机器的外形尺寸加大，此段长度一般为 2～4m。此段内设有分料耙和分料辊，其作用是把污泥疏散，并使其均匀地分布在滤布表面，使之在重力脱水区更好地脱去水分。此段内大约能脱去 50% 的游离水。

(3) 压榨脱水　污泥经重力脱水后，随着滤布的移动进入上、下层网带之间的锲形加压段，得到预压缩脱水，又脱去一部分物料表面的游离水，然后进入由七个辊组成的"S"形压榨段。由于物料随着网带移动，受到反向弯曲产生的剪切力，造成物料之间的相对移动，进一步脱去物料内部的游离水，使物料变得更加坚实成为泥饼。泥饼的含水率为 70%～80%，在泥饼出口处，上、下滤布都设有塑料刮板，刮去粘在滤布上未脱落的泥饼。

2. 主要部件的设计

(1) 滤带宽度　滤带宽度是压滤机设计的主要参数，压滤机有效滤带宽度可按式 (15-9) 计算：

$$w = 1000 \left(1 - \frac{p_w}{100} \right) \times \frac{Q}{V} \times \frac{1}{T} \tag{15-9}$$

式中，w 为有效滤带宽度；p_w 为进泥含水率；Q 为脱水污泥量；V 为污泥脱水负荷；T 为压滤机每天工作的时间。

污泥的脱水负荷应该由试验或经验数据确定，城市污水厂污泥可按表 15-2 估计。

表 15-2　污泥脱水负荷表

污泥类别	初沉原污泥	初沉消化污泥	混合原污泥	混合消化污泥
泥饼产率/[kg/(m·h)]	250	300	150	200

（2）主传动装置　为满足带式压滤机使用不同速度的要求，主传动系统的变速采用无级变速。其结构是采用电磁调速电机，经行星摆线减速机减速，再经链轮传动至主传动辊，带动滤布运动，滤带速度可在 0.5～4m/min 之间调节。

（3）滤带张紧及滤带自动调偏装置　滤机上的滤带张紧和滤带调偏装置均采用气动传动。上、下滤布的张紧分别依靠两个悬挂式气缸来完成。当滤带的拉力需要调整时，可调节控制滤带张紧气缸的减压阀。减压阀的压力可在 0.1～0.4MPa 之间调节。

在上、下滤带的两侧设有机动换向阀，当滤布脱离正常位置时将触动换向阀杆，接通阀内气路，使调偏气缸带动导向辊运动，在导向辊的作用下使滤带恢复原位。图 15-1 为其工作原理图。

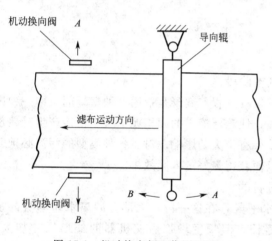

图 15-1　机动换向阀工作原理图

通过实际运行和国内外同类型产品比较，气动传动比机械传动或液压传动具有动作可靠平稳、灵敏度高、维修方便，而且没有污染等特点。

（4）滤带冲洗装置　带式压滤机在工作过程中，滤带要连续地运转，为保持滤带清洁，避免污泥陷入带网缝隙造成堵塞，因此必须有可靠的冲洗装置。

（5）轴承的选择　压滤机的转速低，支承压辊的轴承主要受经向力。另外，压滤机的工作环境很差，工作时的污水对轴承具有一定的腐蚀，所以要求所选择的轴承必须有良好的密封性。

（6）滤带　目前带式压滤机使用的滤带，大多数都是由国产单纤维聚酯材料构成。编织的形式各种各样，按种类划分可分为单层网、双层网；按编织系列划分可分为三综、四综等。选择滤带时根据要脱水的泥浆类型进行选择。

聚酯单丝直径 0.2～0.9mm，干网伸长率 0.65%～0.85%，聚酯网的宽度和长度可根据需要和厂方商定。

第二节　污泥好氧发酵

污泥好氧发酵是指在有氧条件下，污泥中的有机物在好氧发酵微生物的作用下降解，同时好氧反应释放的热量形成高温（>55℃）杀死病原微生物，从而实现污泥减量化、稳定化和无害化的过程。

一、污泥好氧发酵工艺流程及类型

1. 工艺流程及产污环节

污泥好氧发酵通常包括前处理、好氧发酵、后处理和贮存等过程。前处理包括破碎、混合、含水率和碳氮比的调整；好氧发酵阶段通常采用一次发酵方式；后处理主要包括破碎和筛分，有时需要干燥和造粒。污泥好氧发酵工艺流程及产污环节见图 15-2。

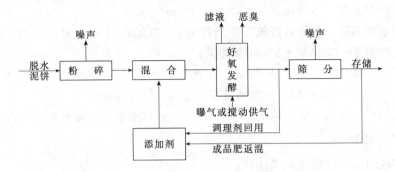

图 15-2　污泥好氧发酵工艺流程及产污环节

污泥好氧发酵过程中产生的主要污染物是恶臭气体、粉尘及滤液。

2. 污泥好氧发酵工艺类型

（1）条垛式好氧发酵　条垛式好氧发酵通常采用露天强制通风的发酵方式，经前处理工段处理后的混合物料被堆置在经防渗处理后的地面上，形成梯形断面的长条形条垛。条垛式好氧发酵分为静态和间歇动态两种工艺。

静态好氧发酵是指在污泥混合物料所堆放的地面上铺设供风管道系统，通过强制通风或抽气的方式为好氧发酵过程提供所需氧气。

间歇动态好氧发酵是指采用轮式或履带式等翻（抛）堆设备，定期翻堆，使混合物料与空气充分接触，保持好氧发酵过程所需氧气。

目前通常采用静态强制通风与定期翻堆相结合的条垛式好氧发酵工艺。

（2）发酵槽（池）式好氧发酵　发酵槽（池）式好氧发酵是指在厂房中设置若干发酵槽，槽底设供风管道和排水管道，槽壁顶部设轨道，供翻堆机械移转，定期翻堆。发酵槽（池）式好氧发酵的典型工艺为阳光棚发酵槽。

阳光棚发酵槽是指利用阳光棚的透光和保温性能，提高发酵槽内温度。发酵槽底部安装通风管道系统，通过强制通风来保证好氧发酵过程所需氧气。

二、好氧发酵工艺参数

（1）水力停留时间（20℃下）　剩余活性污泥 10～15d；剩余活性污泥和初沉污泥的混合污泥 15～25d。

采用条垛式好氧发酵时，无通风典型动态发酵周期约 20d；加设通风系统后发酵周期约 15d，温度 55℃以上持续 5～7d；采用发酵槽（池）式好氧发酵时，阳光棚发酵槽每隔 1～2d 翻堆一次，温度 55℃以上持续 5～7d，发酵周期约 20d。

（2）污泥浓度　为了达到发酵池内的充分混合和必要的溶解氧浓度，限制浓缩污泥浓度在 2%～3%。发酵池的挥发性固体负荷 1.6～4.8kgVSS/(m³·d)。

（3）污泥温度　好氧消化是放热反应，池内温度稍高于入池污泥温度，大致为 20～25℃。当温度低于 20℃时，水力停留时间将大为延长，pH 值随之下降。

（4）需氧量　分解污泥中有机物的需氧量约为 $2kgO_2/kgVSS$，为保持混合液 1～2mg/L 的氧浓度，充气量按 15～20L/(min·m³MLSS) 和 20～40L/(min·m³MLSS) 池容计算。扩散装置采用大气泡曝气器，氧转移效率 5%～8%。

（5）池型和池数　采用分格矩形池或圆形池。池数不少于2座。矩形池有效水深3～5m，长和水深比取1～2，超高0.9～1.2m。

（6）搅拌所需能量　用机械曝气器20～40W/m³。

（7）好氧发酵消耗　条垛式好氧发酵能耗为1～7(kW·h)/m³发酵产品。发酵槽（池）式好氧发酵能耗为5～15(kW·h)/m³发酵产品。

（8）污泥有机质含量　好氧发酵前，污泥混合物料含水率调到55%～65%，碳氮比（C/N）为25∶1～35∶1，有机质含量通常不小于50%，pH值6～8。

（9）恶臭控制　好氧发酵堆体上部铺设5～10cm的覆盖物料吸附恶臭气体。

三、发酵池计算

好氧发酵池的有效容积按下式计算：

$$V = Qt \tag{15-10}$$

式中，V为好氧发酵池所需容积，m³；Q为处理污泥量，m³/d；t为停留时间，d。

四、好氧发酵污染物排放及控制

1. 好氧发酵污染物排放

（1）大气污染物　污泥好氧发酵微生物对有机质进行分解时产生恶臭气体，主要包括氨、硫化氢、醇醚类以及烷烃类气体。污泥好氧发酵的翻堆和通风过程中会产生粉尘。

（2）水污染物　污泥好氧发酵过程产生的滤液中化学需氧量（COD$_{Cr}$）浓度为2000～6000mg/L，五日生化需氧量（BOD$_5$）浓度为60～4500mg/L。条垛式污泥好氧发酵采用露天方式时需考虑场地雨水。

（3）噪声　污泥好氧发酵过程中的噪声主要来源于前处理设备、翻堆设备和通风设备等，噪声水平为70～85dB（A）。

2. 好氧发酵污染物削减量

经好氧发酵处理后的污泥含水率小于40%，有机物降解率大于40%，蠕虫卵死亡率大于95%，粪大肠菌群菌值大于0.01，种子发芽指数不小于70%。

3. 污染控制措施

① 污泥好氧发酵过程中产生的恶臭气体宜集中收集后进行生物除臭。

② 粉尘集中收集后采用除尘器进行处理。

③ 污泥好氧发酵场产生的滤液以及露天发酵场的雨水集中收集，部分回喷至混合物料堆体，补充发酵过程中的水分要求，其余回流到城镇污水处理厂或自建的处理装置。

④ 对于污泥好氧发酵设备产生的噪声采取消声、隔振、减噪等措施进行防治。

第三节　污泥厌氧消化

污泥厌氧消化是指在厌氧条件下，通过微生物作用将污泥中的有机物转化为沼气，从而使污泥中有机物矿化稳定的过程。厌氧消化可降低污泥中有机物的含量，减少污泥体积，提高污泥的脱水性能。

一、污泥厌氧消化的工艺流程及类型

1. 工艺流程及产污环节

污泥经过浓缩池浓缩后，利用泵提升进入热交换器，然后进入厌氧消化池，在微生物作

用下污泥中有机物得到降解。厌氧消化过程产生的沼气经脱水、脱硫后可作为燃料利用。消化稳定后的污泥经脱水形成泥饼外运处置。污泥厌氧消化工艺流程及产污环节见图15-3。

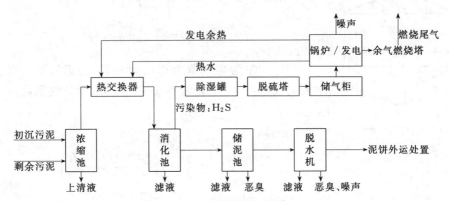

图 15-3　污泥厌氧消化工艺流程及产污环节

污泥厌氧消化产生的主要污染物包括消化液、沼气利用时排放的尾气以及设备噪声。

2. 污泥厌氧消化工艺类型

（1）高温厌氧消化　经过浓缩、均质后的污泥（含水率94%～97%）进入高温[（53±2)℃]厌氧消化池进行厌氧消化，有机物降解率可达40%～50%，对寄生虫（卵）的杀灭率可达99%，消化时间为10～15d。高温厌氧消化池投配率以7%～10%为宜。

该工艺的特点是微生物生长活跃，有机物分解速度快，产气率高，停留时间短，但需要维持消化池的高温运行，能量消耗较大，系统稳定性较差。

（2）中温厌氧消化　经过浓缩、均质后的污泥（含水率94%～97%）进入中温[（35±2)℃]厌氧消化池进行厌氧消化。中温厌氧消化分为一级中温厌氧消化（停留时间约20d）和二级中温厌氧消化（停留时间约10d）。中温厌氧消化池投配率以5%～8%为宜。

该工艺的特点是消化速率较慢，产气率低，但维持中温厌氧的能耗较少，沼气产能能够维持在较高水平。

二、厌氧消化池设计

1. 发酵池的容积

按有机物负荷计算：

$$V = S_V/S \tag{15-11}$$

式中，V 为消化池的计算容积，m^3；S_V 为有机物质量，kg/d；S 为消化池的有机物负荷，$kg/(m^3 \cdot d)$，取 $2.4 \sim 6.4 kg/(m^3 \cdot d)$。

2. 消化池个数确定

消化的有机物量较大时，应设多个消化池：

$$V_1 = V/n \tag{15-12}$$

式中，V_1 为每一个消化池的容积，m^3；n 为消化池的个数。

为生产安全起见，消化池的个数应不少于两个。

3. 典型的柱锥形消化池尺寸计算

为了造成充分混合及良好的搅拌条件，通常设计的柱锥形消化池，常使柱体部分的高度约等于池子的半径。一个柱锥形消化池计算简图见图15-4，由积气罩、上锥体（池盖）、柱体、下锥体组成。设上锥角 $\alpha = 20°$，下锥角 $\alpha = 30°$，则发酵池总容积与壳体总面积的计算如下。

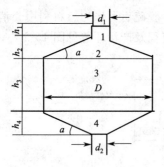

图 15-4 柱锥形发酵池

集气罩：

$$V_1 = \frac{\pi}{4} d_1^2 h_1 \tag{15-13}$$

$$F_1 = \frac{\pi}{4} d_1^2 + \pi d_1 h_1 \tag{15-14}$$

式中，V_1 为集气罩容积，m^3；F_1 为集气罩表面积，m^2；d_1 为集气罩直径，m，常用 $1\sim2m$；h_1 为集气罩高度，m，常用 1m。

上锥体：

$$V_2 = \frac{1}{3} \pi h_2 \left(\frac{D^2}{4} + \frac{Dd_1}{4} + \frac{d_1^2}{4} \right) \tag{15-15}$$

$$F_2 = \frac{\pi}{2} (D + d_1) \frac{h_2}{\sin\alpha} \tag{15-16}$$

$$h_2 = \left(\frac{D}{2} - \frac{d_1}{2} \right) \tan\alpha \tag{15-17}$$

式中，V_2 为上锥体体积，m^3；F_2 为上锥体表面积，m^2；h_2 为上锥体高度，m；D 为消化池直径，m；α 为锥角，常用 20°。

柱体：

$$V_3 = \frac{\pi}{4} D^2 h_2 \tag{15-18}$$

$$F_3 = \pi D h_3 \tag{15-19}$$

$$h_3 = \frac{D}{2} \tag{15-20}$$

式中，V_3 为柱体部分体积，m^3；F_3 为柱体壳体表面积，m^2；h_3 为柱体部分高度，m。

下锥体：

$$V_4 = \frac{\pi}{3} \left(\frac{D^2}{4} + \frac{Dd_2}{4} + \frac{d_2^2}{4} \right) \tag{15-21}$$

$$F_4 = \frac{\pi}{4} D^2 + \frac{\pi}{2} (D + d_2) \frac{h_4}{\sin\alpha} \tag{15-22}$$

$$h_4 = \left(\frac{D}{2} - \frac{d_2}{2} \right) \tan\alpha \tag{15-23}$$

式中，V_4 为下锥体体积，m^3；F_4 为下锥体壳体表面积，m^2；h_4 为下锥体高度，m；d_2 为下锥截顶直径，m，采用 1m；α 为下锥角，常用 $20°\sim30°$。

消化池的总容积为：

$$V = V_1 + V_2 + V_3 + V_4 \, (m^3) \tag{15-24}$$

消化池的壳体总面积为：

$$F = F_1 + F_2 + F_3 + F_4 \, (m^2) \tag{15-25}$$

若下锥角采用 $\alpha = 30°$，则消化池的总容积与壳体总面积为：

$$V = 0.458 D^3 \, (m^3) \tag{15-26}$$

$$F = 3.25 D^2 \, (m^2) \tag{15-27}$$

长条形消化池，在求出消化池容积后，可按高与宽相等，长宽比为 $4\sim8$ 设计。

三、中温污泥消化系统热平衡计算

1. 消化系统耗热量计算

消化系统总耗热量经常保持要求的温度，保证消化过程顺利进行。热平衡计算包括消化系统耗热量计算、消化池保温设计、热交换器的热损失三部分。

（1）加热生污泥耗热量

$$Q_1 = \frac{V'}{24}(T_D - T_S) \times 1000 \tag{15-28}$$

式中，Q_1 为耗热量，kJ/h；V' 为每日投入消化池的生污泥量，m^3/d；T_D 为消化污泥温度，℃；T_S 为生污泥温度，℃。

（2）消化池池体热损失

$$Q_2 = \sum F \times K(T_D - T_A) \times 1.2 \tag{15-29}$$

式中，Q_2 为消化池池体热损失，kJ/h；F 为池盖、池壁及池底的散热面积，m^2；T_A 为池外介质的温度，℃；K 为池盖、池体与池底的传热系数，$kJ/(m^2 \cdot h \cdot ℃)$。池盖 $K \leq 2.94kJ/(m^2 \cdot h \cdot ℃)$，池壁 $K \leq 2.52kJ/(m^2 \cdot h \cdot ℃)$（池外为大气），池底 $K \leq 1.89kJ/(m^2 \cdot h \cdot ℃)$（池外为土壤）。

（3）输泥管道与热交换器的耗热量　输泥管道与热交换器的耗热量 Q_3 可取加热生污泥耗热量和消化池池体热损失和的 $5\% \sim 15\%$。

2. 消化池保温设计

为减少消化池内热量损失，节约能耗，在消化池体外侧应设保温结构。由保温层和保护层组成。保温结构的厚度可通过消化池池壁结构低限热阻 R_0^d 进行计算。即使消化池池壁结构的总热阻 $R_0 \geq R_0^d$。

（1）保温材料厚度计算

$$\delta = \lambda(R_0^d - R_0') \tag{15-30}$$

式中，λ 为保温材料的热导率，$kJ/(m^2 \cdot h \cdot ℃)$；R_0^d 为池壁结构低限热阻，$(m^2 \cdot h \cdot ℃)/kJ$。

$$R_0^d = \frac{T_D - T_A}{\Delta T'} \times R_n \times k \times A \tag{15-31}$$

式中，$\Delta T'$ 为冬季池壁结构允许温差，℃，一般 $\Delta T' = 7 \sim 10℃$；R_n 为池壁结构热阻，$(m^2 \cdot h \cdot ℃)/kJ$；k 为温度修正系数，对消化池盖 $k = 1$；A 为保温材料变形和池壁结构热惰性系数，对压缩的保温材料 $A = 1.2$，热惰性指标 $D_0 \leq 3$ 的材料 $A = 1.1$，其他材料 $A = 1$。

对于多层保温结构，热惰性指标 D_0 可采用下式计算：

$$D_0 = \sum R_i \times S_i \tag{15-32}$$

式中，D_0 为多层保温结构的热惰性指标；R_i 为某一层材料的热阻，$(m^2 \cdot h \cdot ℃)/kJ$；S_i 为某一层材料的蓄热系数，$kJ/(m^2 \cdot h \cdot ℃)$。

池壁结构中除保温材料外的总热阻计算：

$$R_0' = R_n + \Sigma R + R_w \tag{15-33}$$

式中，R_0' 为池壁结构中除保温材料外的总热阻，$(m^2 \cdot h \cdot ℃)/kJ$；R_w 为池壁结构外表面热阻，$(m^2 \cdot h \cdot ℃)/kJ$。

$$\sum R = \frac{\delta_i}{\lambda_i} \tag{15-34}$$

式中，δ_i 为除保温材料外各层池壁结构厚度，m；λ_i 为除保温材料外各层池壁结构热导率，kJ/(m²·h·℃)；R 为各部分热导率的允许值，kJ/(m²·h·℃)。

（2）钢筋混凝土池体保温材料厚度计算 采用上述计算方法较为复杂，为简化计算，对于固定盖式消化池，池体结构为钢筋混凝土时，各部保温材料厚度 δ：

$$\delta = \frac{1000 \times \dfrac{\lambda_G}{K} - \delta_G}{\dfrac{\lambda_G}{\lambda_B}} \tag{15-35}$$

式中，λ_G 为消化池各部钢筋混凝土的热导率，kJ/(m²·h·℃)；λ_B 为保温材料的热导率，kJ/(m²·h·℃)；δ_G 为消化池各部分结构厚度，mm。

四、厌氧消化污染物排放

1. 沼气利用排放的尾气

沼气中甲烷含量为 60%～65%，二氧化碳（CO_2）含量为 30%～35%，硫化氢（H_2S）含量为 0～0.3%。

沼气燃烧或发电会产生尾气，尾气中主要污染物为氮氧化物（NO_x）、二氧化硫（SO_2）和一氧化碳（CO）。

2. 消化液

消化液中化学需氧量（COD_{Cr}）浓度为 300～1500mg/L；悬浮物（SS）浓度为 200～1000mg/L；氨氮（NH_3-N）浓度为 100～2000mg/L；总磷（TP）浓度为 10～200mg/L。

3. 噪声

污泥厌氧消化过程中噪声的主要来源为发电机。在未加隔声罩的情况下，国产发电机距机体 1m 处噪声约 110dB（A）。

五、污染物削减及污染防治措施

1. 污染物削减量

经中温厌氧消化后的污泥有机物降解率不小于 40%，蠕虫卵死亡率大于 95%。

2. 污染防治措施

① 沼气利用前采用脱水、脱硫等措施进行净化。

② 厌氧消化产生的消化液单独收集，集中处理，可采用脱氮工艺、化学除磷及鸟粪石结晶等方法处理。

③ 沼气发电机组设备产生的噪声采用消声、隔声、减振等措施进行防治。室外设备须加装隔声罩。

六、污泥厌氧消化前处理新技术

污泥厌氧消化前经过前处理，能够减少污泥消化的停留时间，提高产气量。污泥水热干化技术和超声波处理技术是污泥厌氧消化前处理技术中研究较成熟的两种技术。

污泥水热干化技术是指在一定温度和压力下使加热后污泥中的微生物细胞破碎，释放胞内大分子有机物，同时水解大分子有机物，进而破坏污泥胶体结构，从而改善污泥的脱水性能和厌氧消化性能。

超声波处理技术是指利用极短时间内超声空化作用形成的局部高温、高压条件，伴随强烈的冲击波和微射流，轰击微生物细胞，使污泥中微生物细胞壁破裂，进而减少消化的停留时间，提高产气量。

第四节 污泥焚烧技术

污泥焚烧是指在一定温度和有氧条件下，污泥分别经蒸发、热解、汽化和燃烧等阶段，其有机组分发生氧化（燃烧）反应生成 CO_2 和 H_2O 等气相物质，无机组分形成炉灰/渣等固相惰性物质的过程。

一、污泥焚烧工艺及类型

1. 污泥焚烧工艺流程

污泥焚烧系统主要由污泥接收、贮存及给料系统、热干化系统、焚烧系统（包括辅助燃料添加系统）、热能回收和利用系统、烟气净化系统、灰/渣收集和处理系统、自动监测和控制系统及其他公共系统等组成。污泥干化焚烧工艺流程见图 15-5。

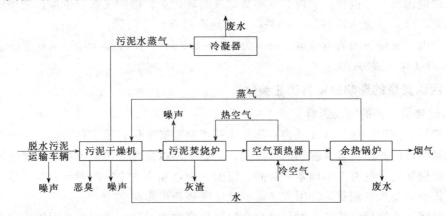

图 15-5 污泥干化焚烧工艺流程

2. 污泥焚烧工艺类型

（1）前处理技术 污泥焚烧前处理技术通常指脱水或热干化等工艺，以提高污泥热值，降低运输和贮存成本，减少燃料和其他物料的消耗。

热干化工艺有半干化（含固率达到 $60\%\sim80\%$）和全干化（含固率达到 $80\%\sim90\%$）两种。热干化工艺一般仅用于处理脱水污泥，主要技术性能指标（以单机升水蒸发量计）为：热能消耗 $2940\sim4200kJ/kgH_2O$；电能消耗 $0.04\sim0.90kW/kgH_2O$。

污泥含固率在 $35\%\sim45\%$ 时，热值为 $4.8\sim6.5MJ/kg$，可自持燃烧，通常后面直接接焚烧工艺。用作土壤改良剂、肥料，或作为水泥窑、发电厂和焚烧炉燃料时，须将污泥含固率提高至 $80\%\sim95\%$。

（2）单独焚烧 单独焚烧是指在专用污泥焚烧炉内单独处置污泥。

流化床焚烧炉是目前单独焚烧技术中应用最多的焚烧装置，主要有鼓泡式和循环式两种，其中尤以鼓泡流化床焚烧炉应用较多。

污泥单独焚烧时，在焚烧炉启动阶段，可通过安装启动燃烧器或向焚烧炉膛内添加辅助燃料等方式将炉膛温度预热至 850℃ 以上，然后向焚烧炉炉膛内供给污泥。

（3）混合焚烧技术

① 污泥与生活垃圾混烧 在生活垃圾焚烧厂的机械炉排炉、流化床炉、回转窑等焚烧

设备中，污泥可以以直接进料或混合进料的方式与生活垃圾混合焚烧。

污泥与生活垃圾直接混合焚烧时会增加烟气和飞灰产生量，降低灰渣燃烬率，增加烟气净化系统的投资和运行成本，降低生活垃圾发电厂的发电效率和垃圾处理能力。

② 污泥的水泥窑协同处置　经水泥窑产生的高温烟气干化后的污泥进入水泥窑煅烧可替代部分黏土作为水泥原料，达到协同处置污泥的目的。干化后的污泥可在窑尾烟室（块状燃料）或上升烟道、预分解炉、分解炉喂料管（适用于块状燃料）等处喂料。

利用水泥窑系统处置污泥时须控制污泥中硫、氯和碱等有害元素含量，折合入窑生料其硫碱元素的当量比 S/R 应控制为 0.6~1.0，氯元素应控制为 0.03%~0.04%。

利用水泥窑焚烧污泥的直接运行成本为 60~100 元/t（80% 湿污泥）。

③ 污泥的燃煤电厂协同处置　可利用燃煤电厂的循环流化床锅炉、煤粉锅炉和链条炉等焚烧炉将污泥与煤混合焚烧。为提高污泥处置的经济性，优先考虑利用电厂余热干化污泥后进行混烧。

直接掺烧污泥会降低焚烧炉内温度和焚烧灰的软化点，增加飞灰产生量，增加除尘和烟气净化负荷，降低系统热效率 3%~4%，并引起低温腐蚀等问题。

利用火电厂焚烧污泥的单位运行成本为 100~120 元/t（80% 湿污泥），系统改造成本约为 15 万元/t（80% 湿污泥）。

二、污泥焚烧的影响因素与工艺参数

1. 污泥焚烧工艺的主要影响因素

焚烧的目的侧重于减量（或减容）和燃烧后产物的安全化、稳定化方面，这一点与以获取燃烧热量为目的的燃烧是有差别的。因此，焚烧必然以良好的燃烧为基础，要使燃料完全燃烧。支配燃烧过程的有 3 个因素：时间、温度、废物和空气之间的混合程度。这 3 个因素有着相互依赖的关系，而每一个因素又可单独对燃烧产生影响。

（1）时间　燃烧反应所需的时间就是烧掉固体废物的时间。这就要求固体废物在燃烧层内有适当的停留时间。燃料在高温区的停留时间应超过燃料的燃烧所需的时间。一般认为，燃烧时间与固体废物粒度的 1~2 次方成正比，加热时间近似地与粒度的平方成比例。如燃烧速度在某一要求速度时，停留时间将取决于燃烧室的大小和形状。反应速度随温度的升高而加快，所以在较高的温度下燃烧时所需的时间较短。因此，燃烧室越小，在可利用的燃烧时间内氧化一定量的燃料的温度就必须愈高。

固体粒度愈细，与空气的接触面愈大，燃烧速度快，固体在燃烧室内的停留时间就短。因此，确定废物在燃烧室内的停留时间时，考虑固体粒度大小很重要。

（2）温度　燃料只有达到着火温度（又称起燃点），才能与氧反应而燃烧。着火温度是在氧存在下可燃物开始燃烧所必须达到的最低温度，因此燃烧室温度必须保持在燃料起燃温度以上。若燃烧过程的放热速率高于向周围的散热速率，燃烧过程才能继续进行，并使燃烧温度不断提高。一般来说，温度高则燃烧速度快，废物在炉内停留的时间短，而且此时燃烧速度受扩散控制，温度的影响较小，即使温度上升 40℃，燃烧时间只减少 1%，但炉壁及管道等容易损坏。当温度较低时，燃烧速度受化学反应控制，温度影响大，温度上升 40℃，燃烧时间减少 50%。所以，控制合适的温度十分重要。

（3）废物和空气之间的混合程度　为了使固体废物燃烧完全，必须往燃烧室内鼓入过量的空气。氧浓度高，燃烧速度快，这是燃烧的最基本条件。对具体的废物燃烧过程，需要根据物料的特性和设备的类型等因素确定过剩气量。但除了空气供应充足，还要注意空气在燃烧室内的分布，燃料和空气中氧的混合如湍流程度，混合不充分，将导致不完全燃烧产物的生成。对于废液的燃烧，混合可以加速液体的蒸发；对于固体废物的燃烧，湍流有助于破坏燃烧产物在颗粒表面形成的边界面，从而提高氧的利用率和传质速率，特别是扩散速率为控制速率时，燃烧时间随传质速率的增大而减少。

2. 污泥焚烧的工艺参数

① 污泥焚烧高温烟气在 850℃ 以上的停留时间大于 2s，灰渣热灼减率不大于 5% 或总有机碳（TOC）不大于 3%。

② 循环流化床焚烧炉流化速度通常为 3.6～9m/s，鼓泡流化床焚烧炉流化速度通常为 0.6～2m/s。

③ 污泥与生活垃圾混合焚烧时，污泥与生活垃圾的质量之比不超过 1∶4；利用水泥窑炉混烧的污泥汞含量小于 3mg/kgDS，最大进料比例不超过混合物料总量的 5%。

④ 采用半干法烟气净化处理工艺时，烟气停留时间 10～15s，碱性吸附剂过量系数 1.5～2.5，脱酸效率＞98%。为防止布袋除尘器发生露点腐蚀，入口气体温度应为 130～140℃。

三、污泥焚烧消耗与污染物削减

1. 污泥焚烧消耗

(1) 焚烧物料消耗　污泥焚烧消耗的物料主要是燃料、水、碱性试剂和吸附剂（如活性炭）等。

为加热和辅助燃烧，需添加辅助燃料。将重油作为辅助燃料时，其消耗为 0.03～0.06m³/t 干污泥；将天然气作为辅助燃料时，其消耗 4.5～20m³/t 干污泥。

污泥焚烧主要用水单元是烟气净化系统，水耗均值约为 15.5m³/t 干污泥。其中，干式烟气净化系统基本不消耗水，湿式系统耗水量最高，半湿式系统居于两者之间。

碱性试剂如氢氧化钠消耗为 7.5～33kg/t 干污泥，熟石灰乳消耗为 6～22kg/t 干污泥。

(2) 焚烧能量消耗　污泥焚烧厂主要消耗热能和电能。热能产出量与污泥低位热值高低密切相关，经由烟气处理和排放造成的热量损失约占污泥焚烧输出热量的 13%～16%。

污泥焚烧厂消耗电能的主要工艺单元是机械设备的运转，电耗通常为 60～100(kW·h)/t（80% 湿污泥）。

2. 污染物削减

预除尘＋半干法是最佳烟气净化组合系统之一。预除尘可选用旋风除尘器，半干法可选用喷雾洗涤器与袋式除尘器的组合。添加碱性吸附剂后的脱酸效率可达 90% 以上，可去除 0.05～20μm 的粉尘，除尘效率可达 99% 以上。在布袋除尘器后采用选择性非催化还原法（SNCR），可达到 30%～70% 的脱硝效率。

在标准状态下，干烟气含氧量以 6% 计，烟尘排放浓度不大于 30mg/m³，二氧化硫不大于 350mg/m³，氮氧化物不大于 450mg/m³。

四、污染物排放及污染防治措施

1. 污染物排放

污泥焚烧过程排放的主要污染物有恶臭气体、烟气、灰渣、飞灰和废水。

(1) 大气污染物　由于国内污泥焚烧大气污染物排放数据较少，根据对国外污泥焚烧厂大气污染物排放统计，污泥焚烧产生的烟气经净化处理后，通常烟尘排放浓度为 0.6～30mg/m³；二氧化硫排放浓度为 50mg/m³ 以下；氮氧化物（以 NO_2 计）排放浓度为 50～200mg/m³；二噁英排放浓度在 0.1ngTEQ/m³ 以下；重金属镉排放浓度为 0.0006～0.05mg/m³，汞排放浓度为 0.0015～0.05mg/m³。

（2）废水　湿式烟气净化系统会产生工艺废水。

灰渣收集、处理和贮存废水：采用湿式捞渣机收集灰渣时，会产生灰渣废水；污泥露天贮存时，雨水进入产生废水。

热干化过程中产生冷凝水，其化学需氧量（COD_{Cr}）含量高（约为 2000mg/L），氮也较高（约为 600～2000mg/L），还含有一定量的重金属。

（3）固体残留物　污泥焚烧产生的飞灰约占焚烧固体残留物总量的 90%（流化床）；灰渣和烟气净化固体残留物合计约占焚烧固体残留物总量的 10%（流化床）。

2. 污染防治措施

为避免二噁英的生成及其前驱物的合成，应通过优化炉膛设计、优化过量空气系数、优化一次风和二次风的供给和分配、优化燃烧区域内烟气停留时间、温度、湍流度和氧浓度等设计和运行控制方式；避免或加快（<1s）在 250～400℃ 的温度范围内去除粉尘。在除尘器之前的烟气流中喷射含碳物质、活性炭或焦炭等吸附剂，可降低二噁英排放。

污泥焚烧系统产生的废水集中收集处理。

污泥焚烧过程产生的灰渣以及烟气净化产生的飞灰分别收集和储存。灰渣集中收集处置，飞灰经鉴别属于危险废物的，按危险废物进行处置。

五、污泥焚烧新技术

喷雾干燥＋回转式焚烧炉技术是利用喷雾干燥塔的雾化喷嘴将经预处理的脱水污泥雾化，干燥热源主要为焚烧产生的高温烟气，干化后的污泥被直接送入回转式焚烧炉焚烧。尾气采用旋风除尘器＋喷淋塔＋生物除臭填料喷淋塔处理。

处理每吨含水率为 80% 的脱水污泥，平均燃煤消耗量为 30～50kg/t(煤热值 21000kJ/kg)，电耗为 50～60(kW·h)/t；单位投资成本为 10 万～20 万元/t，单位直接运行成本为 80～100 元/t。

第五节　污泥土地处理技术

污泥土地利用是指将经稳定化和无害化处理后的污泥通过深耕、播撒等方式施用于土壤中或土壤表面的一种污泥处置方式。污泥中丰富的有机质和氮、磷、钾等营养元素以及植物生长必需的各种微量元素可改良土壤结构，增加土壤肥力，促进植物的生长。

一、污泥土地处理工艺与类型

1. 污泥土地处理工艺

污泥土地利用工艺流程及产污环节见图 15-6。

污泥土地利用过程排放的主要污染物是恶臭气体和粉尘。污泥中重金属、病原体等也会造成环境问题。

2. 污泥土地利用工艺类型

（1）园林绿化　污泥用于园林绿化是指将污泥用作景观林、花卉和草坪等的肥料、基质和营养土。污泥中矿化的有机质和营养物质提供丰富的腐殖质和可利用度高的营养物质，可改善土壤结构和组成，并使营养物质更易为植物吸收。

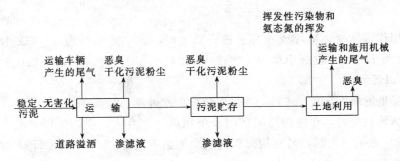

图 15-6　污泥土地利用工艺流程及产污环节

污泥用于园林绿化时，须根据树木种类采用不同的污泥施用量。

（2）林地利用　污泥用于林地利用是指将污泥施用于密集生产的经济林，如薪材林或人工杨树林等。

将污泥施于幼林时，会出现与其他植物种类进行竞争的情况，从而降低幼树对营养物质和微量元素的摄入量，并增强杂草生长能力。

（3）土壤修复及改良　土壤修复及改良是指将污泥用作受到严重扰动土地的修复和改良土，从而恢复废弃土地或保护土壤免受侵蚀。污泥可用在采煤场、取土坑、露天矿坑和垃圾填埋场等。

该方法的具体操作方式和环境影响取决于所施用场地的原有用途。

当目标是改善土壤质量时，可采用污泥直接施用或与其他肥料混合施用的方式。

二、污泥土地处理工艺参数

① 采用土地利用方式处置的污泥应满足表 15-3 中的要求。

表 15-3　污泥土地利用技术施用污泥的指标要求

项　　目		参数要求
无害化指标	臭度	<2 级（六级臭度）
	粪大肠菌群菌值	0.01
	蛔虫卵死亡率	≥95%
	种子发芽指数	≥70%
	pH 值	5.5～8.5
	含水率	≤45%
稳定化指标	有机物降解率	≥40%
	其他	样品在 20℃继续消化 30d，挥发分组分的减量须少于 15%；或比好氧呼吸速率小于 1.5mgO₂/[h·g 污泥（干重）]
污泥污染物限值 [最高最高容许含量/(mg/kg)]	镉及其化合物（以 Cd 计）	20
	汞及其化合物（以 Hg 计）	15
	铅及其化合物（以 Pb 计）	1000
	铬及其化合物（以 Cr 计）	1000
	砷及其化合物（以 As 计）	75
	硼及其化合物（以 B 计）	150
	矿物油	3000
	苯并[a]芘	3
	铜及其化合物（以 Cu 计）	500
	锌及其化合物（以 Zn 计）	1000
	镍及其化合物（以 Ni 计）	200

② 污泥施用避开降水期和夏季炎热高温气候，施用前将污泥或污泥与土壤的混合物堆

置大于 5d。

③ 污泥用作园林绿化草坪或花卉种植介质土时，单位施用量为 6～12kgDS/m²；用作小灌木栽培介质土时，单位施用量为 12～24kgDS/m²；用作乔木栽培介质土时，单位施用量为 10～80kgDS/m²。

④ 施用场地的坡度宜大于 6%，并采取防止雨水冲刷、径流等措施。

⑤ 污泥林地利用时，在施用污泥期间及施用后 3 个月内，限制人以及与人接触密切的动物进入林地；施用污泥时，氮含量每年每公顷用量不超过 250kg(以 N 计)，磷含量每年每公顷用量不超过 100kg(以 P_2O_5 计)。

三、土地利用污染物排放及其污染防治

1. 土地利用污染物排放

(1) 大气污染物　污泥贮存、运输及施用到土壤中后，污泥中的有机组分会持续挥发或降解，产生恶臭物质，以氨、硫化氢和烷烃类气体等形式排放。

污泥原料的贮存、运输、装卸以及污泥土地利用等过程会排放粉尘。

(2) 水污染物　污泥土地利用时的运输和存储过程有滤液产生。

(3) 有机污染物　经稳定化工艺（厌氧消化和好氧发酵等）处理后的污泥中仍含有未降解有机物，且含有少量难降解有机化合物，如苯并[a]芘、二噁英、可吸附有机卤化物和多氯联苯等。

(4) 重金属及其化合物　污泥中主要含有铜、锌、镍、铬、镉、汞和铅等重金属，多以离子化合物形态存在，在土地利用过程中，应特别关注铜、锌和镉造成的环境问题。

(5) 病原菌　经无害化处理后的污泥中蛔虫卵死亡率通常大于 95%，粪大肠菌群菌值大于 0.01。

(6) 营养元素（氮、磷、钾等）　土地利用过程中，污泥中的氮、磷、钾等营养元素会随径流以淋失的方式进入地表水，以渗透的方式进入地下水体。

2. 污染防治措施

污泥堆放、贮存设施和场所进行防渗、防溢流和加盖等措施防止滤液及臭气污染；渗滤液集中收集和处理。

有效控制污泥的施用频率和施用量，同时加强对施用场地的监测。

四、污泥土地处理最佳可行工艺

污泥土地利用污染防治最佳可行技术主要是将经稳定化和无害化处理后的污泥或污泥产品进行园林绿化、林地利用或土壤修复及改良等综合利用。

污泥土地利用污染防治最佳可行技术工艺流程见图 15-7。

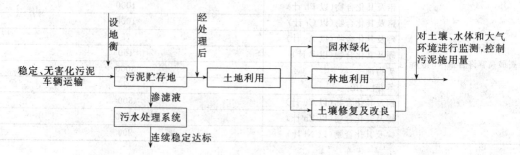

图 15-7　污泥土地利用污染防治最佳可行技术工艺流程

第六节　各种工艺单元污泥产量计算

一、污水预处理工艺的污泥产量

污水预处理通常包括初沉池、水解池、AB 法 A 段和化学强化一级处理工艺等，其污泥产量计算如下式：

$$\Delta X_1 = aQ(\mathrm{SS_i} - \mathrm{SS_o}) \tag{15-36}$$

式中，ΔX_1 为预处理污泥产生量，kg/d；$\mathrm{SS_i}$ 为进水悬浮物质量浓度，kg/m³；$\mathrm{SS_o}$ 为出水悬浮物质量浓度，kg/m³；Q 为设计平均日污水流量，m³/d；a 为系数，无量纲。初沉池 $a=0.8\sim1.0$，排泥间隔较长时，取下限；AB 法 A 段 $a=1.0\sim1.2$；水解工艺 $a=0.5\sim0.8$；化学强化一级处理和深度处理工艺根据投药量，$a=1.5\sim2.0$。

二、带预处理系统的活性污泥法及其变形工艺剩余污泥产生量

$$\Delta X_2 = \frac{(aQL_r - bX_V V)}{f} \tag{15-37}$$

式中，ΔX_2 为剩余活性污泥量，kg/d；f 为 MLVSS/MLSS 之比值，对于生活污水，通常为 $0.5\sim0.75$；V 为曝气池容积，m³；X_V 为混合液挥发性污泥浓度，kg/m³；a 为污泥产生率系数，kgVSS/kgBOD₅，通常可取 $0.5\sim0.65$kgVSS/kgBOD₅；b 为污泥自身氧化率，kg/d，通常可取 $0.05\sim0.1$kg/d。

$$L_r = L_a - L_e \tag{15-38}$$

式中，L_r 为有机物浓度（BOD₅）降解量，kg/m³；L_a 为曝气池进水有机物（BOD₅）浓度，kg/m³；L_e 为曝气池出水有机物（BOD5）浓度，kg/m³。

三、不带预处理系统的活性污泥法及其变形工艺剩余污泥产生量

$$\Delta X_3 = \frac{[YQ(S_0 - S_e) - K_d V X_V]}{f} + f_1 Q(\mathrm{SS_0} - \mathrm{SS_e}) \tag{15-39}$$

式中，ΔX_3 为剩余活性污泥量，kg/d；Y 为污泥产率系数，kgVSS/kgBOD₅，20℃时为 $0.3\sim0.6$kgVSS/kgBOD₅；S_0 为生物反应池内进水五日生化需氧量，kg/m³；S_e 为生物反应池内出水五日生化需氧量，kg/m³；K_d 为衰减系数，d⁻¹，通常可取 $0.05\sim0.1$d⁻¹；V 为生物反应池容积，m³；X_V 为生物反应池内混合液挥发性悬浮固体（MLVSS）平均浓度，g/L；$\mathrm{SS_0}$ 为生物反应池进水悬浮物浓度，kg/m³；$\mathrm{SS_e}$ 为生物反应池出水悬浮物浓度，kg/m³；f_1 为悬浮物（SS）的污泥转化率，宜根据试验资料确定，无试验资料时可取 $0.5\sim0.7$gMLSS/gSS；带预处理系统的取下限，不带预处理系统的取上限。

四、带有预处理的好氧生物处理工艺污泥总产量

通常指带有初沉池、水解池、AB 法 A 段等预处理工艺的二级污水处理系统，会产生两部分污泥。带深度处理工艺时，其污泥总产生量计算公式如下：

$$W_1 = \Delta X_1 + \Delta X_2 \tag{15-40}$$

式中，W_1 为污泥总产生量，kg/d；ΔX_1 为预处理污泥产生量，kg/d；ΔX_2 为剩余活性污泥量，kg/d。

五、不带预处理的好氧生物处理工艺污泥总产量

通常指具有污泥稳定功能的延时曝气活性污泥工艺（包括部分氧化沟工艺、SBR 工

艺），污泥龄较长，污泥负荷较低。该工艺只产生剩余活性污泥，其污泥总产生量计算公式如下：

$$W_3 = \Delta X_3 \tag{15-41}$$

式中，W_3 为污泥总产生量，kg/d；ΔX_3 为剩余活性污泥量，kg/d。

六、消化工艺污泥总产量

通常指城镇污水处理厂采用消化工艺对污泥进行减量稳定化处理，处理后污泥量计算公式如下：

$$W_2 = W_1 \times (1-\eta) \times \frac{f_1}{f_2} \tag{15-42}$$

式中，W_2 为消化后污泥总量，kg/d；W_1 为原污泥总量，kg/d；η 为污泥挥发性有机固体降解率，其计算式为：

$$\eta = \frac{q \times k}{0.35(W \times f_1)} \times 100\% \tag{15-43}$$

0.35 为 COD 的甲烷转化系数，通常（$W \times f_1$）大于 COD 浓度，且随污泥的性质不同发生变化；q 为实际沼气产生量，m³/h；k 为沼气中甲烷含量，%；W 为厌氧消化池进泥量，干污泥（DSS）计，kg/h；f_1 为原污泥中挥发性有机物含量，%；f_2 为消化污泥中挥发性有机物含量，%。

七、初次沉淀池污泥计量

排泥量计算公式：

$$V_1 = S \sum_{i-1}^{n} (h_{f,i} - h_{a,i}) - Q_i t_i \tag{15-44}$$

式中，V_1 为初沉池每日排泥量，m³/d；n 为每日排泥次数（d⁻¹），$n=24/T$，T 为排泥周期，h；S 为初沉池截面积，m²；$h_{f,i}$ 为集泥池中初沉污泥排泥前泥位，m；$h_{a,i}$ 为集泥池中初沉污泥排泥后泥位，m；Q_i 为初沉池排泥期间，集泥池（浓缩池）提升泵流量，m³/h；t_i 为初沉池排泥时间，h。

第十六章　污水厂的总体布局设计

第一节　污水厂的平面布置

污水处理厂的平面布置包括：处理构筑物、办公楼、化验楼和其他辅助建筑物，以及各种管道、道路、绿化等的布置。根据污水处理厂的规模大小，采用1：200～1：1000比例尺的地形图绘制总平面图，管道布置可单独绘制。

一、各处理单元构筑物的平面布置

处理构筑物是污水处理厂的主体建筑物，在做平面布置时应根据各构筑物的功能要求和水力要求，结合地形和地质条件，确定它们在厂区内的平面位置。对此，应考虑以下几个方面。

① 处理构筑物应布置紧凑，大型污水处理厂以采用矩形池为宜，各处理单元毗邻布置连成一片、节约用地。可以沟渠代替联络管线，最大可能减少沿程损失。

② 总图布置应考虑远近期结合，有条件时，可按远期规划水量布置，将构筑物分为若干系列，分期建设。

③ 贯通、连接各处构筑物之间的管、渠，使之便捷、直通，避免迂回曲折。

④ 土方量做到基本平衡，并避开劣质土壤地段。

⑤ 在处理构筑物之间，应保持一定距离，以保证敷设连接管、渠的要求，一般的间距可取值5～10m，某些有特殊要求的构筑物，如污泥消化池、沼气贮罐等，其间距应按有关规定确定。

⑥ 污泥处理构筑物应考虑尽可能单独布置，以方便管理，应布置在厂区夏季主导风向的下风向。

二、管、渠的平面布置

① 在各处理构筑物之间，设有贯通、连接的管、渠。此外，还应设有能够使各处理构筑物能够独立运行的管、渠，当某一处构筑物因故停止工作时，其后接处理构筑物仍能够保持正常的运行。

② 应设超越全部处理构筑物，直接排放水体的超越管。

③ 在厂区内还应设有空气管路、沼气管路、给水管路及输配电线路。这些管线有的敷设在地下，但大都在地上，对它们的安装既要便于施工和维护管理，又要紧凑，少占用地。

④ 布置管线时，管线之间及其他构（建）筑物之间，应留出适当的距离，给水管或排水管距构（建）筑物不小于3m，给水管相排水管的水平距离，当$d<200m$时，不应小于1.5m，当$d>200m$时，不小于3m，详见表16-1。

三、辅助建筑物的平面布置

污水厂内的辅助建筑物有中央控制室、配电间、机修间、仓库、食堂、宿舍、综合楼等。它们是污水处理厂不可缺少的组成部分。

表 16-1 管道距建（构）筑物最小距离 （单位：m）

项目	建筑物	围墙和篱栅	公路边缘	高压电线杆支座	照明电线杆柱	给水干管（>300m）	污水管	雨水管
给水干管（>300m）	3~5	2.5	1.5~2	2	3	2~3	2~3	2~3
污水管	3	1.5	1.5~2		1.5	2~3	1.5	1.5
雨水管	3	1.5	1.5~2		1.5	2~3	1.5	0.8

① 辅助建筑物建筑面积的大小应按具体情况条件而定。辅助建筑物的设置应根据方便、安全等原则确定。

② 生活居住区、综合楼等建筑物应与处理构筑物保持一定距离，应位于厂区夏季主风向的上风向。

③ 操作工人的值班室应尽量布置在使工人能够便于观察各处理构筑物和运行情况的位置。

四、厂区绿化

平面布置时应安排充分的绿化地带，改善卫生条件，为污水厂工作人员提供优美的环境。

五、道路布置

在污水厂内应合理的修建道路，方便运输，要设置通向各处理构筑物和辅助建筑物的必要通道，道路的设计应符合如下要求。

① 主要车行道的宽度：单车道为 3.5~4m，双车道为 6~7m，并应有回车道。

② 车行道的转弯半径不宜小于 6m，一般为 6~10m。

③ 人行道的宽度为 1.5~2.0m。

④ 通向高架构筑物的扶梯倾角不宜大于 45°。

④ 天桥宽度不宜小于 1m。

第二节 污水厂的高程布置

污水处理厂高程布置的任务是：确定各处理构筑物和泵房等的标高，选定各连接管渠的尺寸并决定其标高。计算决定各部分的水面标高，以使污水能按处理流程在处理构筑物之间通畅地流动，保证污水处理厂的正常运行。

一、高程布置的原则

① 以距离最长、水头损失最大的流程进行水力计算。

② 水力计算时以近期的日最大污水量 Q_{max} 作为设计流量来计算处理构筑物和管渠的水头损失。

③ 涉及远期流量的管渠和设备时，应以远期的日最大污水量 Q_{max} 计算。

④ 设置终点泵站的污水处理厂，水力计算常以接受处理后污水水体的最高水位作为起点，逆污水处理流程向上倒推计算，以使处理后污水在洪水季节也能自流排出，而水泵需要的扬程则较小，运行费用也较低。但同时应考虑到构筑物的挖土深度不宜过大，以免土建投资过大和增加施工上的困难。还应考虑到因维修等原因需将池水放空而在高程上提出的要求。

⑤ 污水、污泥流程应配合好，尽量减少需抽升的污泥量；污泥干化场、污泥浓缩池（湿污泥池）、消化池等构筑物高程的决定，应注意它们的污泥水能自动排入污水入流干管或

其他构筑物的可能性。

⑥ 污水尽量经一次提升就能依靠重力通过各净化构筑物。

⑦ 既要考虑某些构筑物的排空，构筑物的挖土深度又不宜过大，以免土建投资过大且增加施工困难。

⑧ 应与厂区的地形、地质条件相联系。

⑨ 在绘制总平面图的同时，应绘制污水与污泥的纵断面图或工艺流程图。绘制纵断面图时采用的比例尺横向与总平面图同，纵向为 1：50～1：100。

二、水头损失计算方法

污水处理厂的水流常依靠重力流动，以减少运行费用。为此，必须精确计算其水头损失（初步设计或扩初设计时，精度要求可较低）。水头损失包括处理构筑物中的水头损失、构筑物连接管（渠）的水头损失和计量设施的水头损失三种。

1. 构筑物水头损失

构筑物的水头损失与构筑物种类、型式和构造有关。初步设计时，可按表 16-2 所列数据估算。污水流经处理构筑物的水头损失，主要产生在进口、出口和需要的跌水处，而流经构筑物本身的水头损失则较小。

表 16-2　各构筑物水头损失估算

构筑物名称	水头损失/cm	构筑物名称	水头损失/cm
格栅	10～25	生物滤池（工作高度为 2m 时）	
沉砂池	10～25	装有旋转式布水器	270～280
平流沉淀池	20～40	装有固定喷洒布水器	450～475
竖流沉淀池	40～50	混合流或接触池	10～30
辐流沉淀池	50～60	污泥干化场	200～350
双层沉淀池	10～20	配水井	10～20
污水潜流入曝气池	25～50	混合池（槽）	40～60
污水跌水入曝气池	50～150	反应池	40～50

2. 连接管渠的水头损失

水流流过连接前后两构筑物的管道（包括配水设备）的水头损失，包括沿程与局部水头损失，可按下式计算：

$$h = h_1 + h_2 = \sum iL + \sum \xi \frac{v^2}{2g} \tag{16-1}$$

式中，h_1 为沿程水头损失，m；h_2 为局部水头损失，m；i 为单位管长的水头损失，根据流量、管径和流速查"水力计算表"获得；L 为连接管段长度，m；ξ 为局部阻力系数，查设计手册；g 为重力加速度，m/s²；v 为连接管中流速，m/s。

连接管中流速一般为 0.6～2.2m/s，进入沉淀池时流速可以低些；进入曝气池或反应池时，流速可以高些。流速太低，会使管径过大，相应管件及附属构筑物规格亦增大；流速太高时，则要求管（渠）坡度较大，会增加填、挖土方量等。

确定管径时，可适当考虑留有水量发展的余地。

3. 计量设施的水头损失

计量槽、薄壁计量堰、流量计的水头损失可通过有关计算公式、图表或设备说明书确定。一般污水处理厂进水、出水管上计量仪表中水头损失可按 0.2m 计算，流量指示器中的水头损失按 0.1～0.2m 计算。

第十七章 工程结构与辅助工程设计

第一节 工程结构设计

一、工程结构形式

1. 处理设施结构形式

处理设施采用的结构形式有钢筋混凝土形式和钢结构形式。在有些情况下还有可能是砖混或配筋砖石结构形式。

2. 辅助设施结构形式

大多数辅助设施是建筑物，一般采用砖混结构。若为多层综合楼，可采用框架结构，若为一层大开间建筑，亦可采用砖木结构。某些辅助设施可能是钢筋混凝土结构（如回用水水池）、钢结构（如溶药罐、投药罐）或钢筋混凝土与钢的混合形式（如沼气贮气柜）。

厂区其他小型设施或管（渠）系统附属构筑物多采用砖结构或砖混结构。

厂区道路一般采用灰土、炉渣、石块、沥青、混凝土等材料。

二、工程结构与工艺设计的关系

工程结构设计的任务是依据已经完成的工艺设计，根据工程地质、水文地质、气象特点和材料供应等，分析各构筑物受力特点，确定结构型式与计算简图后，选定结构材料的品种与规格，再根据内力分析结果计算构筑物结构尺寸、数量、构造措施、制作加工与装配措施及其技术要求，最后完成结构施工图。

结构设计应向工艺设计提供对工艺构筑物构造设计（尤其是细部构造）的意见，构件、设备、管道与附件加工制作安装意见，以及构筑物结构设计尺寸。

同时结构设计应从工艺设计获得以下资料：构筑物工艺施工图（包括细部构造详图，设备、构件、管道及其附件安装图），大型设备荷重、基础设置要求，预埋件和预留孔洞的位置和尺寸要求。同样，构筑物工艺布置时就结构方面应考虑以下问题。

① 小型处理构筑物平面尺寸布置时，长度宜控制在 $20m \times (1.1 \sim 1.2)$ m 之内，否则池长方向需设沉降缝等，池直臂深度与池宽之比 H/B 宜控制在 2.0 之内，否则垂直墙厚度变化过大。工艺设计时，对于结构部件要有尺寸概念，否则有时会造成工艺布置返工。

② 房屋的尺寸取决于工艺设备的尺寸，但决定工艺尺寸时也要照顾到建筑设计的尺寸确定原理，其中一条就是建筑模数的确定。

③ 工艺设计时要经常想到设备等如何与结构部件衔接，特别是由于工艺的特殊要求，需要在墙、板上开孔或穿洞时更要注意，否则结构设计就不好处理。

④ 工艺构筑物内可能会出现水压变化的情况，应与结构设计协调考虑。如构筑物（SBR 反应池、浓缩污泥池）内水面的升降变化；构筑物本身深度的差异（如平流沉淀池的平底与污泥斗处的水深差，混凝沉淀池反应区与沉淀区的水深差等）。

⑤ 构筑物基础的埋深主要考虑以下因素：在冰冻线下面，在埋没深度处土壤耐压力是

否足够，尽量避免埋在地下水位下（土壤的允许耐压力随深度增加而增加，但遇水时施工需排水，且可能有浮力影响问题）。

三、混凝土结构

1. 混凝土结构的主要种类

（1）素混凝土　素混凝土是针对钢筋混凝土、预应力混凝土等而言的。素混凝土是钢筋混凝土结构的重要组成部分，由水泥、砂（细骨料）、石子（粗骨料）、矿物掺合料、外加剂等，按一定比例混合后加一定比例的水拌制而成。普通混凝土干表观密度为 $1900 \sim 2500 kg/m^3$，是由天然砂、石作骨料制成的。当构件的配筋率小于钢筋混凝土中纵向受力钢筋最小配筋百分率时，应视为素混凝土结构。这种材料具有较高的抗压强度，而抗拉强度却很低，故一般在以受压为主的结构构件中采用，如柱墩、基础墙等。

（2）钢筋混凝土　当在混凝土中配以适量的钢筋，则为钢筋混凝土。钢筋和混凝土这种物理、力学性能很不相同的材料之所以能有效地结合在一起共同工作，主要靠两者之间存在黏结力，受荷后协调变形。再者这两种材料温度线膨胀系数接近，此外，钢筋至混凝土边缘之间的混凝土，作为钢筋的保护层，使钢筋不受锈蚀并提高构件的防火性能。由于钢筋混凝土结构合理地利用了钢筋和混凝土两者性能特点，可形成强度较高、刚度较大的结构，其耐久性和防火性能好，可模性好，结构造型灵活，以及整体性、延性好，减少自身重量，适用于抗震结构等特点，因而在建筑结构及其他土木工程中得到广泛应用。

（3）预应力混凝土　预应力混凝土是在混凝土结构构件承受荷载之前，利用张拉配在混凝土中的高强度预应力钢筋而使混凝土受到挤压，所产生的预压应力可以抵消外荷载所引起的大部分或全部拉应力，也就提高了结构构件的抗裂度。这样的预应力混凝土一方面由于不出现裂缝或裂缝宽度较小，所以它比相应的普通钢筋混凝土的截面刚度要大，变形要小；另一方面预应力使构件或结构产生的变形与外荷载产生的变形方向相反（习惯称为"反拱"），因而可抵消后者一部分变形，使之容易满足结构对变形的要求，故预应力混凝土适宜于建造大跨度结构。混凝土和预应力钢筋强度越高，可建立的预应力值越大，则构件的抗裂性越好。同时，由于合理有效地利用高强度钢材，从而节约钢材，减轻结构自重。由于抗裂性高，可建造水工、储水和其他不渗漏结构。

2. 混凝土结构优缺点

（1）优点　钢筋混凝土结构除了比素混凝土结构具有较高的承载力和较好的受力性能以外，与其他结构相比还具有下列优点。

① 就地取材。钢筋混凝土结构中，砂和石料所占比例很大，水泥和钢筋所占比例较小，砂和石料一般都可以由建筑工地附近提供。

② 节约钢材。钢筋混凝土结构的承载力较高，大多数情况下可用来代替钢结构，因而节约钢材。

③ 耐久、耐火。钢筋埋放在混凝土中，经混凝土保护不易发生锈蚀，因而提高了结构的耐久性。当火灾发生时，钢筋混凝土结构不会像木结构那样被燃烧，也不会像钢结构那样很快达到软化温度而破坏。

④ 可模性好。钢筋混凝土结构可以根据需要浇捣成任意形状。

⑤ 现浇式或装配整体式钢筋混凝土结构的整体性好，刚度大。

（2）缺点　混凝土结构的缺点具体体现在以下几个方面。

① 自重大。钢筋混凝土的重力密度约为 $25kN/m^3$，比砌体和木材的重力密度都大。尽管比钢材的重力密度小，但结构的截面尺寸较大，因而其自重远远超过相同跨度或高度的钢结构的重量。

② 抗裂性差。如前所述，混凝土的抗拉强度非常低，因此，普通钢筋混凝土结构经常带裂缝工作。尽管裂缝的存在并不一定意味着结构发生破坏，但是它影响结构的耐久性和美观。当裂缝数量较多和开展较宽时，还将给人造成一种不安全感。

③ 性质脆。混凝土的脆性随混凝土强度等级的提高而加大。

3. 混凝土结构设计的现行规范与标准

与污水处理厂混凝土结构设计有关的现行国家标准主要有以下内容。

(1) 混凝土结构设计规范 (GB 50010—2010)

(2) 建筑结构荷载规范 (GB 50009—2012)

(3) 建筑结构可靠度设计统一标准 (GB 50068—2001)

(4) 工程结构可靠性设计统一标准 (GB 50153-2008)

(5) 建筑抗震设计规范 (GB 50011—2010)

(6) 给水排水工程构筑物结构设计规范 (GB 50069—2002)

(7) 给水排水工程管道结构设计规范 (GB 5332—2002)

(8) 建筑地基基础设计规范 (GB 50007—2011)

(9) 构筑物抗震设计规范 (GB 50191—2012)

(10) 混凝土结构工程施工质量验收规范 [GB 50204—2002 (2011 年版)]

(11) 给水排水工程钢筋混凝土水池结构设计规程 (CECS 138：2002)

(12) 给水排水工程钢筋混凝土沉井结构设计规程 (CECS 137：2002)

(13) 给水排水工程埋地预制混凝土圆形管管道结构设计规程 (CECS 143：2002)

(14) 给水排水工程埋地管芯缠丝预应力混凝土管和预应力钢筒混凝土管管道结构设计规程 (CECS 140：2002)

(15) 给水排水工程埋地矩形管管道结构设计规程 (CECS 145：2002)

(16) 给水排水工程水塔结构设计规程 (CECS 134：2002)

(17) 冷轧带肋钢筋混凝土结构技术规程 (JGJ 95—2011)

在对知识结构集成要求较高的今天，污水处理工艺设计人员应该能够读识结构设计图，并且能够进行简单的结构设计。

四、砌体结构

砌体结构是由块材和砂浆砌筑而成的墙、柱作为建筑物主要受力构件的砌体为主制作的结构。它包括砖结构、石结构和其他材料的砌块结构。分为无筋砌体结构和配筋砌体结构。砌体结构在我国应用很广泛，这是因为它可以就地取材，具有很好的耐久性及较好的化学稳定性和大气稳定性，有较好的保温隔热性能。较钢筋混凝土结构节约水泥和钢材，砌筑时不需模板及特殊的技术设备，可节约木材。砌体结构的缺点是自重大、体积大，砌筑工作繁重。

由于砖、石、砌块和砂浆间黏结力较弱，因此无筋砌体的抗拉、抗弯及抗剪强度都很低。由于其组成的基本材料和连接方式，决定了它的脆性性质，从而使其遭受地震时破坏较重，抗震性能很差，因此对多层砌体结构抗震设计需要采用构造柱、圈梁及其他拉结等构造措施以提高其延性和抗倒塌能力。

1. 砌体结构的特点

（1）砌体结构的主要优点

① 容易就地取材。砖主要用黏土烧制，石材的原料是天然石，砌块可以用工业废料——矿渣制作，来源方便，价格低廉。

② 砖、石或砌块砌体具有良好的耐火性和较好的耐久性。

③ 砌体砌筑时不需要模板和特殊的施工设备。在寒冷地区，冬季可用冻结法砌筑，不需特殊的保温措施。

④ 砖墙和砌块墙体能够隔热和保温，所以既是较好的承重结构，也是较好的围护结构。

（2）砌体结构的缺点

① 与钢和混凝土相比，砌体的强度较低，因而构件的截面尺寸较大，材料用量多，自重大。

② 砌体的砌筑基本上是手工方式，施工劳动量大。

③ 砌体的抗拉、抗剪强度都很低，因而抗震性能较差，在使用上受到一定限制；砖、石的抗压强度也不能充分发挥；抗弯能力低。

④ 黏土砖需用黏土制造，在某些地区过多占用农田，影响农业生产。

2. 砌体结构的现行规范与标准

（1）砌体结构设计规范（GB 50003—2011）

（2）砌体结构工程施工质量验收规范（GB 50203—2011）

（3）砌体工程现场检测技术标准（GB/T50315—2011）

（4）多孔砖砌体结构技术规范（JGJ 137—2001）

（5）砌筑砂浆配合比设计规程（JGJ/T 98—2010）

五、钢结构

钢结构是以钢材制作为主的结构，是主要的建筑结构类型之一。钢材的特点是强度高、自重轻、整体刚性好、变形能力强，故用于建造大跨度和超高、超重型的建筑物特别适宜；材料匀质性和各向同性好，属理想弹性体，最符合一般工程力学的基本假定；材料塑性、韧性好，可有较大变形，能很好地承受动力荷载；建筑工期短；其工业化程度高，可进行机械化程度高的专业化生产。钢结构今后应研究高强度钢材，大大提高其屈服点强度；此外要轧制新品种的型钢，例如 H 型钢（又称宽翼缘型钢）和 T 型钢以及压型钢板等以适应大跨度结构和超高层建筑的需要。

1. 钢结构的特点

（1）钢结构的优点

① 钢结构与其他建设相比，在使用中、设计、施工及综合经济方面都具有优势，造价低，可随时移动。

② 钢结构住宅比传统建筑能更好地满足建筑上大开间灵活分隔的要求，并可通过减少柱的截面面积和使用轻质墙板，提高面积使用率，户内有效使用面积提高约 6％。

③ 节能效果好，墙体采用轻型节能标准化的 C 型钢、方钢、夹芯板，保温性能好，抗震度好，节能 50％。

④ 将钢结构体系用于住宅建筑可充分发挥钢结构的延性好、塑性变形能力强的特点，具有优良的抗震抗风性能，大大提高了住宅的安全可靠性。尤其在遭遇地震、台风灾害的情况下，钢结构能够避免建筑物的倒塌性破坏。

⑤ 建筑总重轻。钢结构住宅体系自重轻，约为混凝土结构的一半，可以大大减少基础造价。

⑥ 施工速度快。工期比传统住宅体系至少缩短三分之一，1000m² 只需 20 天、五个工人即可完工。

⑦ 环保效果好。钢结构住宅施工时大大减少了砂、石、灰的用量，所用的材料主要是绿色、100％回收或降解的材料。在建筑物拆除时，大部分材料可以再用或降解，不会造成垃圾。

⑧ 建筑风格灵活、丰实。大开间设计，户内空间可多方案分割，可满足用户的不同需求。

⑨ 符合住宅产业化和可持续发展的要求。钢结构适宜工厂大批量生产，工业化程度高，并且能将节能、防水、隔热、门窗等先进成品集合于一体，成套应用，将设计、生产、施工一体化，提高建设产业的水平。

⑩ 钢结构与普通钢筋混凝土结构相比，其匀质、高强、施工速度快、抗震性好和回收率高等优越性，钢比砖石和混凝土的强度和弹性模量要高出很多倍，因此在荷载相同的条件下，钢构件的质量轻。从被破坏方面看，钢结构是在事先有较大变形预兆，属于延性破坏结构，能够预先发现危险，从而避免。

⑪ 钢结构厂房具有总体轻，节省基础，用料少，造价低，施工周期短，跨度大，安全可靠，造型美观，结构稳定等优势。钢结构厂房广泛应用于大跨度工业厂房、仓库、冷库、高层建筑、办公大楼、多层停车场及民宅等建筑行业。

（2）缺点

① 复杂性　钢结构工程项目施工质量问题的复杂性，主要表现在引发质量问题的因素繁多，产生质量问题的原因也复杂，即使是同一性质的质量问题，原因有时也不一样，从而为质量问题的分析、判断和处理增加了复杂性。例如焊接裂缝，其既可发生在焊缝金属中，也可发生在母材热影响中，既可在焊缝表面，也可在焊缝内部；裂缝走向既可平行于焊道，也可垂直于焊道，裂缝既可能是冷裂缝，也可能是热裂缝；产生原因也有焊接材料选用不当和焊接预热或后热不当之分。

② 严重性　钢结构工程项目施工质量问题的严重性表现在：一般的，影响施工顺利进行，造成工期延误，成本增加；严重的，建筑物倒塌，造成人身伤亡，财产受损，引起不良的社会影响。

③ 可变性　钢结构工程施工质量问题还将随着外界变化和时间的延长而不断地发展变化，质量缺陷逐渐体现。例如，钢构件的焊缝由于应力的变化，使原来没有裂缝的焊缝产生裂缝；由于焊后在焊缝中有氢的活动的作用便可产生延迟裂缝。又如构件长期承受过载，则钢构件要产生下拱弯曲变形，产生隐患。

2. 现行主要规范与标准

（1）钢结构设计规范（GB 50017—2012）

（2）钢结构工程施工规范（GB 50755—2012）

（3）冷弯薄壁型钢结构技术规范（GB 50018—2002）

（4）钢结构工程施工质量验收规范（GB 50205—2001）

（5）门式钢架轻型房屋钢结构技术规程［CECS 102：2002（2012 年版）］

（6）钢结构高强度螺栓连接的设计、施工及验收规程（JGJ 82—91）

第二节　电气与自控设计

污水处理工程电气与自控设计的任务包括：确定供电的负荷等级、变（配）电所的负荷等级、线路走向及电气与自控的设计标准，完成交（配）电所、控制室的布置、线路布置和用电设备安装等施工图。该专业设计应力求简单、运行可靠、操作方便、设备少且便于维修。

进行电气与自控制设计之前，设计人员应了解污水处理工程的概况。

① 工艺总体布置固、工艺流程图；

② 工程用电设备的型号、规格、工作参数、安装和备用的台数、安装位置（工艺施工图）等；

③ 工艺对用电设备控制的设计要求；

④ 工艺过程或设备的自动运行程序和要求。

继电保护是电力设计中必须要具备的，它的基本任务是：当电力系统发生故障或异常工况时，在可能实现的最短时间和最小区域内，自动将故障设备从系统中切除，或发出信号由值班人员消除异常工况根源，以减轻或避免设备的损坏和对相邻地区供电的影响。

自动控制设计是提高科学管理水平、降低劳动强度、保证处理质量、节约能耗和药耗的重要技术措施。如某鼓风曝气池中，若溶解氧保持一定，使鼓风量随进水污染负荷而变化，其结果可节约电量 10％。自动控制的目的一般如下。

① 实现用电设备控制的自动化。

② 通过主要用电设备的自动控制（如变频调速水泵、风机、曝气机等）协调供求矛盾，提高运行效率。

③ 实现工艺过程的自动控制，保证处理过程的最优运行，提高处理效果。但实现最优控制需要大量的统计资料和建立各种数控模型，需要设计人员的不断摸索。是否采用自动控制，选择时应根据工艺要求、自控技术成熟程度、技术管理水平、投资等方面进行综合考虑。

污水处理运行（尤其是大型污水厂）的自动监测、自动记录、自动操作、自动调节和控制是今后的技术发展方向。

第三节　计量与检测设计

完善的计量与检测是污水处理厂保证处理效果和提高技术管理水平的重要而又必要的手段。污水处理厂的设计即使是非常合理，但如运行管理不善，也不能使整个处理厂运行正常和充分发挥其净化功能。

通过计量和检测手段，对污水处理厂的运行做好观测、监测、记录与调节控制，具体内容包括以下几个方面。

① 处理的污水量；

② 污泥产量或污泥处理量；

③ 消化气（沼气）产量；

④ 空气、药剂、蒸汽耗用量；

⑤ 污水处理厂和主要处理构筑物的处理效率；

⑥ 某些指导运行的参数，如曝气池的溶解氧、污泥浓度、回流污泥浓度等；

⑦ 微生物观测（主要对生化处理装置）。

污水处理厂的运行和化验工作，都必须备有值班记录本，逐日记录其运行情况事故、设备维修等事项。以上记录，还应设立技术档案妥善保管。

污水处理厂计量与检测设计主要是相关仪器仪表的选型设计，其仪器仪表的类型和相关特征已经在第二篇中进行了论述，此处不再赘述。

第四节　其他辅助工程设计

城市污水处理厂，一般需设置独立的给水、雨水、采暖与通风系统，由相关专业参照国家设计规范设计。企业小型污水处理厂的这些辅助工程由总厂直接配套，污水处理项目可不做设计。现对部分辅助工程的设计内容进行简介，有助于污水处理工艺设计人员的了解。

一、污水处理厂给水设计

给水工程的任务是自水源取水，并将其净化到所要求的水质标准后，经输配水系统送往用户。给水工程包括水源、取水工程、净水工程、输配工程四部分。经净水工程处理后，水源由原水变为通常所称的自来水，满足建筑物的用水要求。室内给水工程的任务是按水量、水压供应不同类型建筑物的用水。根据建筑物内用水用途可分为生活给水系统、生产给水系统和消防给水系统。

污水处理厂的给水点主要包括建筑物内的生活用水、加药系统用水、污泥脱水系统冲洗用水、室外和建筑消防用水等。其主要设计内容包括以下几个方面。

① 各用水点的水量计算；

② 建筑给水管道的布置与设计；

③ 消防给水系统的布置与设计；

④ 生产单元用水管道的布置与设计。

二、污水处理厂雨水设计

污水处理厂雨水设计的主要内容为以下几个方面。

① 雨水量的计算；

② 建筑物屋面雨水系统的选型与设计；

③ 室外雨水口和雨水检查井的布置；

④ 室外雨水管道的布置与设计。

三、污水处理厂污水管网设计

污水处理厂除生产工艺过程中的污水管网外，还有建筑内污水管道及厂区污水管网，其主要设计内容包括以下几个方面。

① 建筑排水系统的排水点分析及污水量计算；

② 建筑内部排水管道的设计；

③ 室外污水排水管网的布置与设计。

第十八章 污水处理厂设计深度与成果

第一节 污水处理厂设计深度

设计深度是设计图纸的深浅程度。污水处理工程一般应分为方案设计、初步设计和施工图设计三个阶段；对于技术要求简单的污水处理工程，经有关主管部门同意，并且合同中有不做初步设计的约定，可在方案设计审批后直接进入施工图设计。

各阶段设计文件编制深度应按以下原则进行。

① 方案设计文件，应满足编制初步设计文件的需要；对于投标方案，设计文件深度应满足标书要求。

② 初步设计文件，应满足编制施工图设计文件的需要。

③ 施工图设计文件，应满足设备材料采购、非标准设备制作和施工的需要。对于将项目分别发包给几个设计单位或实施设计分包的情况，设计文件相互关联处的深度应当满足各承包或分包单位设计的需要。

第二节 污水处理厂设计成果

一、初步设计成果

污水处理厂初步设计的成果包括：设计说明书、工程概算书、主要材料及设备表和初步设计图纸等。

1. 设计说明书的内容

（1）概述

① 设计依据 设计委托书（或设计合同）、批准的可研报告、环境影响评价报告及选厂报告等的批准机关、文号、日期、批准的主要内容，业主的主要要求，采用的规范和标准，初勘资料及工程测量资料。

② 主要设计资料 资料名称、来源、编制单位及日期，一般包括用水、用电协议，环保部门的批准书，流域或区域环境治理的可行性研究报告等。

③ 城市（或区域）概况及自然条件 建设现状、总体规划分期修建计划及有关情况，概述地表、地貌、工程地质、地下水水位、水文地质、气象、水文等有关情况。

④ 现有排水工程概况及存在问题 现有污水泵站、处理厂的水量、位置、处理工艺、设施的利用情况，工业废水处理程度，水体及环境污染情况，积水情况以及存在的问题。

（2）设计概要

① 污水量计算及水质 汇总各工业企业内部现有和预计发展的生产污水、生产假定净水和生活污水水量、水质，说明住宅区规划发展的生活污水量和确定生活污水量标准和变化系数的理由，并综合说明近、远期总排水量及工程分期建设的确定。如水质有碍生化处理或污水管的运用时，应提出解决措施意见。

② 工程规模 说明污水处理厂近、远期设计污水处理量，占地面积等。

③ 天然水体 说明排水区域内大然水体的名称、卫生情况、水文情况（包括代表性的流量、流速、水位和河床性质等），现在使用情况及当地环保部门及其他有关部门对水体的排放要求。

④ 污水处理系统选择及总体布置 根据污水处理的要求，提出几个可能的污水处理方案，进行技术经济比较，论证方案的合理性和先进性，择优推荐方案，列出方案的系统示意图。

（3）污水处理厂设计

① 说明污水处理厂位置的选择，选定厂址考虑的因素，如地理位置、地形、地质条件、防洪标准、卫生防护距离与城镇布局关系，占地面积等。

② 根据进厂的污水量和污水水质，说明污水处理和污泥处置采用的方法选择、工艺流程、总平面布置原则、预计处理后达到的标准。

③ 按流程顺序说明各构筑物的方案比较或选型，工艺布置，主要设计数据、尺寸、构造材料及其所需设备选型、台数与性能，采用新技术的工艺原理特点。

④ 说明采用的污水消毒方法或深度处理的工艺及其有关说明。

⑤ 根据情况说明处理、处置后的污水、污泥的综合利用，对排放水体的卫生环境影响。

⑥ 简要说明厂内主要辅助建筑物及生活福利设施的建筑面积及其使用功能。

⑦ 说明厂内给水管及消防栓的布置，排水管布置及雨水排除措施、道路标准、绿化设计。

（4）建筑设计

① 说明根据生产工艺要求或使用功能确定的建筑平面布置、层数、层高、装修标准，对室内热工、通风、消防、节能所采取的措施。

② 说明建筑物的立面造型及其周围环境的关系。

③ 辅助建筑物及职工宿舍的建筑面积和标准。

④ 除满足上述要求外，尚需符合原建设部《建筑工程设计文件编制深度规定》（2003年版）的有关规定。

（5）结构设计

① 工程所在地区的风荷、雪荷、工程地质条件、地下水位、冰冻深度、地震基本烈度。对场地的特殊地质条件（如软弱地基、膨胀土、滑坡、溶洞、冻土、采空区、抗震的不利地段等）应分别予以说明。

② 根据构（建）筑物使用功能、生产需要所确定的使用荷载、地基土的承载力设计值、抗震设防烈度等，阐述对结构设计的特殊要求（如抗浮、防水、防爆、防震、防蚀等）。

③ 阐述主要构筑物和大型管渠结构设计的方案比较和确定，如结构选型，地基处理及基础形式，伸缩缝、沉降缝和抗震缝的设置，为满足特殊使用要求的结构处理，主要结构材料的选用，新技术、新结构、新材料的采用。

④ 应概述对重要构筑物、管渠穿越河道、倒虹管、复杂的管渠排出口等特殊工程的施工方法。

⑤ 除满足上述要求外，尚需符合原建设部《建筑工程设计文件编制规定》（2003年版）。

（6）采暖通风与空气调节设计

① 设计范围及其他专业提供的本工程设计资料等。

② 设计计算参数：室外主要气象参数，各构（建）筑物的计算温度。

③ 采暖系统：各建（构）筑物热负荷；热源状况与选择及热媒参数；采暖系统的形式及补水与定压；室内外供热管道布置方式和敷设原则；采暖设备、散热器类型、管道材料及保温材料的选择。

④ 通风系统：需要通风的房间或部位；通风系统的形式和换气次数；通风系统设备的选择；降低噪声措施；通风管道材料及保温材料的选择；防火技术措施。

⑤ 空气调节系统：需要空调的房间及冷负荷；空调（风、水）系统、控制简述及必要的气流组织说明；空气调节系统设备的选择；降低噪声措施；空气调节管道材料及保温材料的选择；防火技术措施。

⑥ 锅炉房：确定锅炉设备选型（或其他热源）；供热介质及参数的确定；燃料来源与种类；锅炉用水水质软化、降低噪声及消烟除尘措施；简述锅炉房组成及附属设备间设置的布置；锅炉房消防及安全措施。

⑦ 采暖通风与空调设计节能环保措施和需要说明的问题。

⑧ 计算书（供内部使用）：对负荷、风量和水量、主要管道水力等应做初步计算，确定主要管道和风道的管径、风道尺寸及主要设备的选择。

⑨ 对于大型厂站及厂前区综合管理楼和宿舍楼等建筑物的设计要求参见《建筑工程设计文件编制深度规定》中采暖通风与空气调节、热能动力及建筑给排水有关章节的深度要求。

（7）供电设计

① 说明设计范围及电源资料概况。

② 电源及电压：说明电源电压，供电来源，备用电源的运行方式，内部电压选择。

③ 负荷计算：说明用电设备种类，并以表格表明设备容量，计算负荷数值和自然功率因数，功率因数补偿方法，补偿设备的数量以及补偿后功率因数结果，补偿方式。

④ 供电系统：说明负荷性质及其对供电电源可靠程度的要求，内部配电方式，变电所容量、位置、变压器容量和数量的选定及其安装方式（室内或室外），备用电源、工作电源及其切换方法。

⑤ 保护和控制：说明采用继电保护方式。控制的工艺过程，各种遥测仪表的传递方法、信号反映、操作电源类型等，确定防雷保护措施，接地装置，防爆要求。

⑥ 厂区管缆敷设、主要设备选型、电话及火灾报警装置的设置。

⑦ 计量：说明计量方式。

（8）仪表、自动控制及通信设计

① 说明厂站控制模式、仪表、自动控制设计的原则和标准，全厂控制功能的简单描述，仪表、自动控制测定的内容、各系统的数据采集和调度系统，包括带监控点的流程图。

② 说明通信设计范围及通信设计内容，有线及无线通信。

③ 仪表系统防雷、接地和克服干扰的内容。

（9）机械设计

① 说明污水厂所需设备的选型、规格、数量及主要结构特点。

② 机修间说明书，表明机修间维修范围、面积、设备种类、人员安排等。

（10）环境保护　包括处理厂所在地点对附近居民点的卫生环境影响；排放水体的稀释

能力,排放水排入水体后的影响以及用于污水灌溉的可能性;污水回用、污泥综合利用的可能性或出路;处理厂处理效果的监测手段;锅炉房消烟除尘措施和预期效果;降低噪声措施。

(11) 劳动保护

① 格栅间和泵房地下部分散发有害有毒气体的可能性和防范措施。

② 消化池等散发易燃易爆气体的可能性和防范措施。

③ 采用减轻劳动强度,电气安全保护,防滑梯、护栏、转动设备防护罩等防护措施。

④ 考虑浴室、厕所、更衣室等卫生设施。

⑤ 对主要防范措施提出预期效果和综合评价。

⑥ 安全设施。

(12) 消防　根据构(建)筑物的消防保护等级,考虑必要的安全防火间距,消防道路、安全出口、消防给水等措施。

(13) 节能　结合工程实际情况,叙述能耗情况及主要节能措施,包括建筑物隔热措施、节电、节药和节水措施,余热利用,说明节能效益。

(14) 人员编制及经营管理　提出需要的运行管理机构和人员编制的建议;提出年总成本费用并计算每一立方米的排水成本费用;单位水量的投资指标;分期投资的确定。

(15) 对于阶段设计要求　需提请在设计审批时解决或确定的主要问题;施工图设计阶段需要的资料和勘测要求。

2. 工程概算书

(1) 概算文件组成　概算文件由封面、扉页、概算编制说明、总概算书、综合概算、单位工程概算书、主要材料用量及技术经济指标组成。

① 封面和扉页　封面有项目名称,编制单位、编制日期及第几册共几册内容,扉页有项目名称、编制单位、单位资格证书号、单位主管、审定、审核、专业负责人和主要编制人的署名。

② 概算编制说明。

③ 概算书　包括各单项(单位)工程概算书及总概算书。

(2) 概算编制说明应包括的内容

① 工程概况:包括建设规模、工程范围,并明确工程总概算中所包括和不包括的工程项目费用。有几个单位共同设计和编制概算,应说明分工编制的情况。

② 编制依据:批准的可行性研究报告及其他有关文件,具体说明概算编制所依据的设计图纸及有关文件,使用的定额、主要材料价格和各项费用取定的依据及编制方法。

③ 钢材、木材、水泥总用量,管道工程主要管道数量,道路工程沥青及其制品用量。

④ 工程总投资及各项费用的构成。

⑤ 资金筹措及分年度使用计划,如使用外汇,应说明使用外汇的种类、折算汇率及外汇使用的条件。

⑥ 有关问题的说明:概算编制中存在的问题及其他需要说明的问题。

(3) 工程总概算编制内容

① 总概算书:建设项目总概算书由各综合概算及工程建设其他费用概算、预算费用、固定资产投资方面调节税、建设期贷款利息及流动资金组成。

② 综合概算书:综合概算书是单项工程建设费用的综合文件,由专业的单位工程概算

书组成。工程内容简单的项目可以由一个或几个单项工程组成汇编为一份综合概算书，也可将综合概算书内的内容直接编入概算，而不另单独编制综合概算书。

③ 单位工程概算书：单位工程概算书是指一项独立的建（构）筑物中按专业工程计算工程费用的概算文件。单位工程概算书由工程直接费、其他工程费和综合费用组成。

④ 附属或小型房屋建筑工程，可参照类似工程的造价指标编制。对于与主体工程配套的其他专业工程，条件不成熟时也可采用估算列入总概算。

⑤ 设备及管线安装工程可根据工程的具体情况及实际条件，套用定额或参照工程概预算测定的安装工程费用指标进行编制。

⑥ 工程建设其他费用编制：工程建设其他费用系指工程费用外的建设项目必须支出的费用。其他费用应计列的项目及内容应结合工程项目实际确定。其费用计算可参照原建设部《市政工程投资估算编制办法》。

⑦ 预备费。

⑧ 固定资产投资方向调节税：应根据《中华人民共和国固定资产投资方向调节税暂行条例》及其实施细则、补充规定等文件计算。

⑨ 流动资金。

3. 主要材料及设备表

提出全部工程及分期建设需要的三材、管材及其他主要设备、材料的名称、规格（型号）、数量等（以表格方式列出清单）。

4. 设计图纸

初步设计一般应包括下列图纸，根据工程内容可增加或减少。

（1）污水处理厂总平面图　比例一般采用 1：200～1：500，图上表示出坐标轴线、等高线、风玫瑰（指北针）平面尺寸，标注征地范围坐标，绘出现有和设计的建、构筑物及主要管渠、围墙、道路及相关位置，绿化景观示意，竖向设计，列出构筑物和建筑物一览表、工程量表和主要技术经济指标表。

（2）污水、污泥流程断面图　采用比例竖向 1：100～1：200 表示出生产流程中各构筑物及其水位标高关系，主要规模指标。

（3）主要构筑物工艺图　采用比例一般 1：50～1：200，图上表示出工艺布置，设备、仪表及管道等安装尺寸、相关位置、标高（绝对标高）。列出主要设备、材料一览表，并注明主要设计技术数据。

（4）主要建筑物、构筑物建筑图　应包括平面图、立面图和剖面图，采用比例一般 1：50～1：200，图上表示出主要结构和建筑配件的位置，基础做法，建筑材料、室内外主要装修、建筑构造、门窗以及主要构件截面尺寸等。

（5）供电系统和主要变、配电设备布置图，厂区管缆路由图　表示变电、配电、用电起动保护等设备位置、名称、符号及型号规格，附主要设备材料表。

（6）自动控制仪系统布置图　仪表数量多时，绘制系统控制流程图，当采用微机时，绘制微机系统框图。

（7）通风、锅炉房及供热系统布置图

（8）机械设备布置图　包括专用机械设备和非标机械设备设计图，表明设备的规格、性能、安装位置及操作方式等设计参数；机修车间平面图，表明机修间设备型号、数量及布置。

二、施工图设计成果

施工图设计成果包括设计说明书、修正概算或工程预算、主要材料及设备表和设计图纸四部分。

1. 设计说明书

① 设计依据　包括的内容有：摘要说明初步设计批准的机关、文号、日期及主要审批内容；施工图设计资料依据；采用的规范、标准和标准设计；详细勘测资料。

② 设计内容　包括：工艺设计；建筑结构设计（详见原建设部《建筑工程设计文件编制深度规定》）；其他专业设计；对照初步设计变更部分的内容、原因、依据等。

③ 采用的新技术、新材料的说明。

④ 施工安装注意事项及质量验收要求。有必要时另编主要工程施工方法设计。

⑤ 运转管理注意事项。

⑥ 排水下游出路说明。

2. 修正概算或工程预算

（1）施工图预算编制依据

① 国家有关工程建设和造价管理的法律、法规和方针政策。

② 施工图设计项目一览表，各专业设计的施工图和文字说明、工程地质勘察资料。

③ 主管部门颁布的现行建筑工程和安装工程预算定额、费用定额和有关费用规定的文件。

④ 现行的材料、构配件预算价格，现行有关设备的原价及运杂费率。

⑤ 现行的有关其他费用的定额、指标或价格。

⑥ 建设场地的自然条件和施工条件。

⑦ 经批准的施工组织设计、施工方案和技术措施。

⑧ 合同中的有关条款。

（2）施工图预算文件组成　施工图预算文件组成内容应包括封面、扉页、编制说明、总预算书和（或）综合预算书、单位工程预算书、主要材料表以及需要补充的单位估价表。

（3）单位工程施工图预算和总预算书的编制

① 建筑安装工程预算：根据主管部门颁发的现行建筑安装工程预算定额或综合预算定额、单位估价表及规定的各项费用标准，按各专业设计的施工图、工程地质资料、工程场地的自然条件和施工条件，计算工程数量，引用规定的定额和取费标准进行编制。

② 设备及安装工程预算：设备购置费按各专业设备表所列出的设备型号、规格、数量和设备按非标设备估价办法或设备加工订货价格计算。设备安装按照规定的定额和取费标准编制。

③ 工程建设其他费用、预备费、税费以及建设期借款利息：计算办法与概算相同。

3. 主要材料及设备表

提出全部工程及分期建设需要的三材、管材及其他主要设备、材料的名称，规格（型号）、数量等（以表格方式列出清单）。

4. 设计图纸

（1）总体布置图　采用比例 1:2000~1:10000，图上内容基本同初步设计，而要求更为详细确切。

（2）污水处理厂总平面图　比例 1:200~1:500，包括风玫瑰图、等高线、坐标轴线、构筑物、围墙、绿地、道路等的平面位置，注明厂界四角坐标及构筑物四角坐标或相对位置，构筑物的主要尺寸和各种管渠及室外地沟尺寸、长度、地质钻孔位置等，并附构筑物一览表、工程量表、厂区主要技术经济指标表、图例及有关说明。

（3）污水、污泥工艺流程图　采用比例竖向1：100～1：200，表示出生产工艺流程中各构筑物及其水位标高关系，主要规模指标。

（4）竖向布置图　对地形复杂的污水厂进行竖向设计，内容包括厂区原地形、设计地面、设计路面、构筑物标高及土方平衡数量图表。

（5）厂内管渠结构示意图　表示管渠长度、管径（渠断面）、材料、闸阀及所有附属构筑物，节点管件、支墩，并附工程量及管件一览表。

（6）厂内主要排水管渠纵断面图　表示各种排水管渠的埋深、管底标高、管径（断面）、坡度、管材、基础类型、接口方式、排水井、检查井、交叉管道的位置、标高、管径（断面）等。

（7）厂内各构筑物和管渠附属设备的建筑安装详图　采用比例1：10～1：50。

（8）管道综合图　当厂内管线布置种类多时，对于干管干线进行平面综合，绘出各管线的平面布置，注明各管线与构筑物、建筑物的距离尺寸和管线间距尺寸，管线交叉密集的部分地点，适当增加断面图，表明各管线间的交叉标高，并注明管线及地沟等的设计标高。

（9）绿化布置图　比例同污水处理厂平面图。表示出植物种类、名称、行距和株距尺寸、种栽位置范围，与构筑物、建筑物、道路的距离尺寸，各类植物数量（列表或旁注），建筑小品和美化构筑物的位置、设计标高，如无绿化投资，可在建筑总平面图上示意，不另出图。

（10）单体建构筑物设计图

① 工艺图：比例一般采用1：50～1：100，分别绘制平面、剖面图及详图，表示出工艺布置，细部构造，设备，管道、阀门、管件等的安装位置和方法，详细标注各部尺寸和标高（绝对标高），引用的详图、标准图，并附设备管件一览表以及必要的说明和主要技术数据。

② 建筑图：比例一般采用1：50～1：100，分别绘制平面、立面、剖面图及各部构造详图、节点大样，注明轴线间尺寸、各部分及总尺寸、标高设备或基座位置、尺寸与标高等，留孔位置的尺寸与标高，表明室外用料做法，室内装修做法及有特殊要求的做法，引用的详图、标准图并附门窗表及必要的说明。尚需满足原建设部《建筑工程设计文件编制深度规定》规定。

③ 结构图：比例一般采用1：50～1：100，绘出结构整体及构件详图，配筋情况，各部分及总尺寸与标高，设备或基座等位置、尺寸与标高，留孔、预埋件等位置、尺寸与标高，地基处理、基础平面布置、结构形式、尺寸、标高，墙柱、梁等位置及尺寸，屋面结构布置及详图。引用的详图、标准图。汇总工程量表，主要材料表、钢筋表（根据需要）及必要的说明。尚需满足原建设部《建筑工程设计文件编制深度规定》规定。

④ 采暖通风与空气调节、锅炉房（其他动力站）、室内给排水安装图。

a. 包括图纸目录、设计与施工说明、设备表、设计图纸、计算书。

b. 一般建（构）筑物要求表示出图例，各种设备、管道、风道布置与建筑物的相关位置和尺寸绘制的有关安装平面图、剖面图、安装详图、系统（透视）图、立管图。

c. 锅炉房绘出设备平面布置图、剖面图注明设备定位尺寸、设备编号及安装标高，必要时还应注明管道坡度及坡向；系统图应绘出设备、各种管道工艺流程，就地测量仪表设置的位置，按本专业制图规定注明符号、管径及介质、流向，并注明设备名称或编号。

d. 室外管网应绘出管道、管沟平面图，图中表示管线支架、补偿器、检查井等定位尺寸或坐标，并注明管线长度及规格、介质代号、设备编号，简单项目或地势平坦处，可不绘管道纵断面图而在管道平面图主要控制点直接标注或列表说明，设计地面标高、管道敷设高度（或深度）、坡度、坡向、地沟断面尺寸等；管道、管沟横断面图，应表示管道直径、保温厚度、两管中心距等，直埋敷设管道应标出填砂层厚度及埋深等；节点详图，应绘制检查井（或管道操作平台）、管道及附件的节点等。

e. 大型厂站以及厂前区综合管理楼和宿舍楼等建筑物其出图深度参见《建筑工程设计文件编制深度规定》中采暖通风与空气调节、热力动力及建筑给排水有关章节的深度要求。

(11) 锅炉房、采暖通风和空气调节布置图及供热系统流程图

① 布置图表示锅炉及辅机等设备位置、名称、符号及型号规格，附主要设备材料表。较复杂的通风与空气调节系统及热交换站等参见锅炉房的出图深度。

② 供热系统流程图标明图例符号、管径，设备编号（与设备表编号一致）。

③ 一般工程采暖通风和空气调节初步设计阶段可不出图，只列出主要设备表。当较大型工程有特殊要求时，其出图深度参见《建筑工程设计文件编制深度规定》中采暖通风与空气调节、热能动力及建筑给排水有关章节的深度要求。

(12) 电气

① 厂（站）高、低压变配电系统图和一、二次回路接线原理图：包括变电、配电、用电起动和保护等设备型号、规格和编号。附设备材料表，说明工作原理，主要技术数据和要求。

② 各构筑物平面、剖面图：包括变电所、配电间、操作控制间、电气设备位置，供电控制线路敷设；接地装置，设备材料明细表和施工说明及注意事项。

③ 各种保护和控制原理图、接线图：包括系统布置原理图，引出或引入的接线端子板编号、符号和设备一览表以及动作原理说明。

④ 电气设备安装图：包括材料明细表，制作或安装说明。

⑤ 厂区室外线路照明平面图：包括各构筑物的布置，架空和电缆配电线路，控制线路及照明布置。

⑥ 非标准配件加工详图。

(13) 仪表及自动控制 需要表示出有关工艺流程的检测与自控原理图，全厂仪表及控制设备的布置、仪表控制流程图、仪表及自控设备的接线图和安装图，仪表及自控设备的供电、供气系统图和管线图，工业电视监视系统图，控制柜、仪表屏、操作台及有关自控辅助设备的结构布置图和安装图，仪表间、控制室的平面布置图，仪表自控部分的主要设备材料表。

(14) 机械设计

① 专用机械设备的设备安装图，表明设备与基础的连接，设备的外形尺寸、规格、重量等设计参数。

② 非标机械设备施工图，包括符合国家标准的机械总图、部件图、零件图。

③ 机修车间平、剖面图、设备一览表，表明设备的种类、型号、数量及布置。

参 考 文 献

[1] 张可方. 水处理实验技术 [M]. 广州：暨南大学出版社，2003.

[2] 李光浩. 环境监测实验 [M]. 武汉：华中科技大学出版社，2009.

[3] 国家环境保护总局. 水和废水监测分析方法 [S]. 第 4 版. 北京：中国环境科学出版社，2002.

[4] 国家环境保护总局科技标准司. 最新中国环境标准汇编 [S]. 北京：中国环境科学出版社，2001.

[5] 魏复盛. 国家环境保护局. 空气和废气监测分析方法 [S]. 北京：中国环境科学出版社，2003.

[6] 吴同华. 环境监测技术实习 [M]. 北京：化学工业出版社，2003.

[7] 阎吉昌. 环境分析 [M]. 北京：化学工业出版社，2002.

[8] 孙成. 环境监测实验 [M]. 北京：科学出版社，2003.

[9] 奚旦立. 环境监测 [M]. 第 3 版. 北京：高等教育出版社，2004.

[10] 陈杰瑢. 物理性污染控制 [M]. 北京：高等教育出版社，2011.

[11] 国家环境保护局科技标准司环境工程科技协调委员会. 活性污泥法污水处理厂的运转管理 [M]. 北京：中国环境科学出版社，1992.11

[12] 周同友，李海波. 污水处理设施监督与管理 [M]. 石家庄：河北科学技术出版社，2006.

[13] 冯生华. 城市中小型污水处理厂的建设与管理 [M]. 北京：化学工业出版社，2001.

[14] 蒋文举，侯峰，宋宝增. 城市污水厂实习培训教程 [M]. 北京：化学工业出版社，2007.

[15] 李亚峰. 城市污水处理厂运行管理 [M]. 北京：化学工业出版社，2010.

[16] 曾科. 污水处理厂设计与运行 [M]. 北京：化学工业出版社，2011.

[17] 唐受印，戴友芝. 水处理工程师手册 [M]. 北京：化学工业出版社，2000.

[18] 张大群. DAT-IAT 污水处理技术 [M]. 北京：化学工业出版社，2003.

[19] 张智，蒋绍阶，张勤. 给排水科学与工程专业毕业设计指南 [M]. 北京：水利水电出版社，2008.

[20] 张中和. 给水排水设计手册（第 5 册）：城镇排水 [M].（第 2 版）. 北京：中国建筑工业出版社，2004.

[21] 崔福义，彭永臻，南军. 给排水工程仪表与控制 [M]. 北京：中国建筑工业出版社，2006.

[22] GB 50014-2006. 室外排水设计规范（2011 版）[S]. 北京：中国标准出版社，2011.

[23] CJJ 60-2011. 城镇污水处理厂运行、维护及安全技术规程 [S]. 北京：中国标准出版社，2011.

[24] CECS 97：97. 鼓风曝气系统设计规程 [S]. 北京：中国计划出版社，1997.

[25] CECS 265：2009. 曝气生物滤池工程技术规程 [S]. 北京：中国计划出版社，2009.

[26] HJ 2014—2012. 生物滤池法污水处理工程技术规范 [S]. 北京：中国环境科学出版社，2012.

[27] HJ 578—2010. 氧化沟活性污泥法污水处理工程技术规范 [S]. 北京：中国环境科学出版社，2010.

[28] HJ 2008—2010. 污水过滤处理工程技术规范 [S]. 北京：中国环境科学出版社，2010.

[29] HJ 2005—2010. 人工湿地污水处理工程技术规范 [S]. 北京：中国环境科学出版社，2010.

[30] HJ 579—2010. 膜分离法污水处理工程技术规范 [S]. 北京：中国环境科学出版社，2010.

[31] HJ 2021—2012. 内循环好氧生物流化床污水处理工程技术规范 [S]. 北京：中国环境科学出版社，2012.

[32] HJ 2009—2011. 生物接触氧化法污水处理工程技术规范 [S]. 北京：中国环境科学出版社，2011.

[33] HJ 2024—2012. 完全混合式厌氧反应池废水处理工程技术规范 [S]. 北京：中国环境科学出版社，2012.

[34] HJ 2007—2010. 污水气浮处理工程技术规范 [S]. 北京：中国环境科学出版社，2010.

[35] HJ 2006—2010. 污水混凝与絮凝处理工程技术规范 [S]. 北京：中国环境科学出版社，2010.

[36] HJ 2023—2012. 厌氧颗粒污泥膨胀床反应器废水处理工程技术规范 [S]. 北京：中国环境科学出版社，2012.

[37] HJ 576—2010. 厌氧-缺氧-好氧活性污泥法污水处理工程技术规范 [S]. 北京：中国环境科学出版社，2010.

[38] HJ 2010—2011. 膜生物法污水处理工程技术规范 [S]. 北京：中国环境科学出版社，2011.

[39] HJ 577—2010. 序批式活性污泥法污水处理工程技术规范 [S]. 北京：中国环境科学出版社，2010.

[40] HJ 2015—2012. 水污染治理工程技术导则 [S]. 北京：中国环境科学出版社，2012.

[41] HJ 2013—2012. 升流式厌氧污泥床反应器污水处理工程技术规范 [S]. 北京：中国环境科学出版社，2012.

附录1 三沟式氧化沟工艺流程及实践内容指引

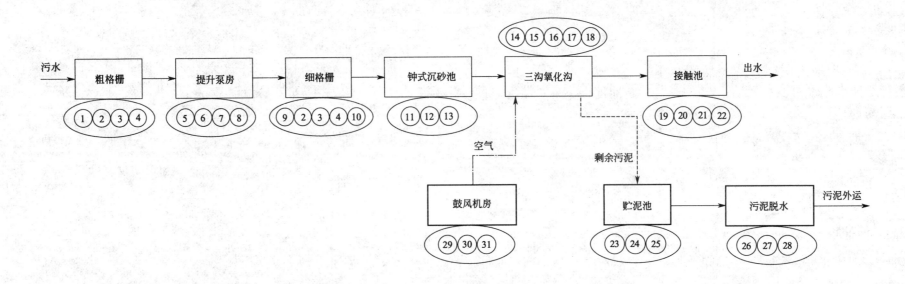

内容索引：

①粗格栅的构造与管理（第六章第一节）　　②格栅除污机的运行维护（第八章第一节）　　③格栅的操作规程（第八章第二节）　　④格栅的设计（第十三章第一节）

⑤污水泵站的运行管理（第六章第二节）　　⑥潜污泵的运行维护（第八章第一节）　　⑦泵房内仪表管理与操作（第九章第二节）　　⑧泵房的高程布置（第十六章第二节）

⑨细格栅的构造与管理（第六章第一节）　　⑩进水水质测定（第二章第一节～第二章第四节）　　⑪沉砂池的运行与管理（第六章第一节）　　⑫沉砂池的操作规程（第八章第二节）

⑬沉砂池的设计（第十三章第二节）　　⑭氧化沟的构造与管理（第六章第四节）　　⑮氧化沟的设计（第十四章第二节）　　⑯氧化沟中氨氮测定（第二章第三节）

⑰活性污泥评价指标实验（第一章第四节）　　⑱污水微生物检测（第四章第三节～第四章第四节）　　⑲消毒系统的运行与管理（第六章第八节）　　⑳出水水质的检测（第二章第一节～第二章第四节）

㉑出水中细菌总数的测定（第四章第一节）　　㉒出水中粪大肠菌群的测定（第四章第二节）　　㉓污泥的药剂调理（第七章第三节）　　㉔污泥搅拌器的操作维护（第八章第二节）

㉕污泥产量计算（第十五章第六节）　　㉖带式压滤机的运行与管理（第七章第四节）　　㉗带式压滤机的操作规程（第八章第二节）　　㉘带式压滤机的设计（第十五章第一节）

㉙鼓风机的运行维护（第八章第一节）　　㉚鼓风机的操作规程（第八章第二节）　　㉛污水厂噪声监测（第三章第一节～第三章第二节）

附录 2 AOE 工艺流程及实践内容指引

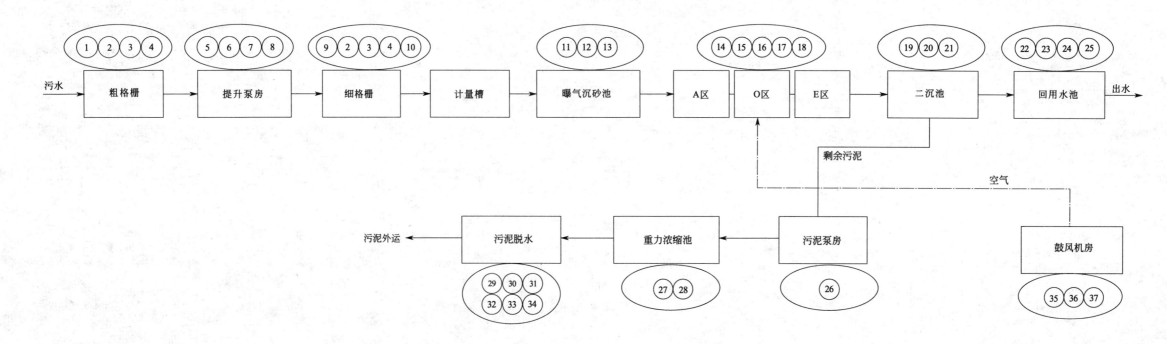

内容索引：

①粗格栅的构造与管理（第六章第一节）　　②格栅除污机的运行维护（第八章第一节）　　③格栅的操作规程（第八章第二节）　　④格栅的设计（第十三章第一节）

⑤污水泵站的运行管理（第六章第二节）　　⑥潜污泵的运行维护（第八章第一节）　　⑦泵房内仪表管理与操作（第九章第二节）　　⑧泵房的高程布置（第十六章第二节）

⑨细格栅的构造与管理（第六章第一节）　　⑩进水水质测定（第二章第一节～第二章第四节）　　⑪沉砂池的运行与管理（第六章第一节）　　⑫沉砂池的操作规程（第八章第二节）

⑬沉砂池的设计（第十三章第二节）　　⑭曝气系统的管理与维护（第六章第三节）　　⑮曝气池的设计（第十四章第一节）　　⑯氨氮、COD 测定（第二章第三节～第二章第四节）

⑰活性污泥评价指标实验（第一章第四节）　　⑱污水微生物检测（第四章第三节～第四章第四节）　　⑲二沉池的运行管理（第八章第二节）　　⑳吸刮泥机的操作规程（第八章第二节）

㉑二沉池的设计（第十三章第三节）　　㉒消毒系统的运行与管理（第六章第八节）　　㉓出水水质的检测（第二章第一节～第二章第四节）　　㉔出水中细菌总数的测定（第四章第一节）

㉕出水中粪大肠菌群的测定（第四章第二节）　　㉖污泥泵的操作规程（第八章第二节）　　㉗重力浓缩池的构造与管理（第七章第二节）　　㉘重力浓缩池的设计（第十五章第一节）

㉙污泥的药剂调理（第七章第三节）　　㉚污泥搅拌器的操作维护（第八章第二节）　　㉛污泥产量计算（第十五章第六节）　　㉜带式压滤机的运行与管理（第七章第四节）

㉝带式压滤机的操作规程（第八章第二节）　　㉞带式压滤机的设计（第十五章第一节）　　㉟鼓风机的运行维护（第八章第一节）　　㊱鼓风机的操作规程（第八章第二节）

㊲污水厂噪声监测（第三章第一节～第三章第二节）

附录3 UNITANK 工艺流程及实践内容指引

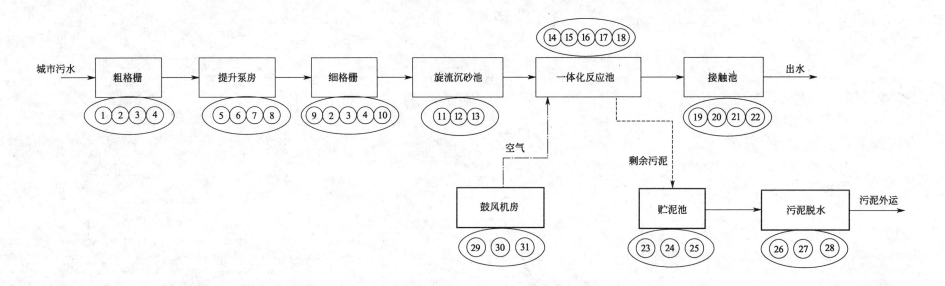

内容索引：

①粗格栅的构造与管理（第六章第一节）　②格栅除污机的运行维护（第八章第一节）　③格栅的操作规程（第八章第二节）　④格栅的设计（第十三章第一节）

⑤污水泵站的运行管理（第六章第二节）　⑥提升泵的运行维护（第八章第一节）　⑦泵房内仪表管理与操作（第九章第二节）　⑧泵房的高程布置（第十六章第二节）

⑨细格栅的构造与管理（第六章第一节）　⑩进水水质测定（第二章第一节～第二章第四节）　⑪沉砂池的运行与管理（第六章第一节）　⑫沉砂池的操作规程（第八章第二节）

⑬沉砂池的设计（第十三章第二节）　⑭反应池的构造与管理（第六章第四节）　⑮反应池的设计（第十四章第二节）　⑯反应池中氨氮测定（第二章第三节）

⑰活性污泥评价指标实验（第一章第四节）　⑱污水微生物检测（第四章第三节～第四章第四节）　⑲消毒系统的运行与管理（第六章第八节）　⑳出水水质的检测（第二章第一节～第二章第四节）

㉑出水中细菌总数的测定（第四章第一节）　㉒出水中粪大肠菌群的测定（第四章第二节）　㉓污泥的药剂调理（第七章第三节）　㉔污泥搅拌器的操作维护（第八章第二节）

㉕污泥产量计算（第十五章第六节）　㉖带式压滤机的运行与管理（第七章第四节）　㉗带式压滤机的操作规程（第八章第二节）　㉘带式压滤机的设计（第十五章第一节）

㉙鼓风机的运行维护（第八章第一节）　㉚鼓风机的操作规程（第八章第二节）　㉛污水厂噪声监测（第三章第一节～第三章第二节）